炼化能量系统优化技术丛书

乙烯装置能量系统优化技术

姚平经　都　健　主编

石油工业出版社

内容提要

本书论述了乙烯生产过程系统能量优化的基本原理、方法以及先进的节能理论和技术，重点是对实际工程案例进行了翔实的研讨，介绍现有乙烯生产装置节能技术改造的实施方法与步骤，更切实地提高分析问题和解决问题的能力，培养树立全局观念和优化思想。

本书主要面向从事炼化能量系统优化的工程技术人员和管理人员，也可用作大专院校相关专业的教学参考书。

图书在版编目（CIP）数据

乙烯装置能量系统优化技术 / 姚平经，都健主编

北京：石油工业出版社，2018.1

（炼化能量系统优化技术丛书）

ISBN 978-7-5021-9102-3

Ⅰ. ①乙… Ⅱ. ①姚… ②都… Ⅲ. ①乙烯-化工设备-节能-研究 Ⅳ. ①TQ325.1

中国版本图书馆 CIP 数据核字（2017）第 267351 号

出版发行：石油工业出版社

（北京安定门外安华里 2 区 1 号楼 100011）

网　址：www.petropub.com

编辑部：（010）64523738 图书营销中心：（010）64523633

经　销：全国新华书店

印　刷：北京中石油彩色印刷有限责任公司

2018 年 1 月第 1 版 2018 年 1 月第 1 次印刷

787×1092 毫米 开本：1/16 印张：21

字数：420 千字

定价：120.00 元

（如出现印装质量问题，我社图书营销中心负责调换）

《炼化能量系统优化技术丛书》
编　委　会

《炼化能量系统优化技术丛书》
编 写 组

主　　编：何盛宝

副 主 编：段　伟

编写人员（按姓氏笔画排序）：

于建宁　王　勇　王　瑶　王东东　王学文
田建伟　任敦泾　庄芹仙　刘　强　刘志红
刘维康　闫庆贺　李　杰　李　诚　李士雨
李国庆　李彦涛　杨友麒　杨树林　吴思东
何启伟　佟　珂　张子鹏　张继昌　陈为民
陈以俊　赵艳微　段　伟　姜晓春　姚平经
都　健　黄明富　章龙江　韩志忠　樊希山

组织协调：刘维康　王爱玲　杨树林　姜　芳

《乙烯装置能量系统优化技术》
编　写　组

主　　编： 姚平经　都　健

主　　审： 匡卓贤　段　伟

编写人员（按姓氏笔画排序）：

王　勇　王　瑶　刘宏吉　刘维康　刘琳琳
张子鹏　佟　珂　杨树林　肖春景　段　伟
姚平经　都　健　韩志忠　樊希山　魏奇业

序　一

可持续发展是21世纪的突出主题，这将促使生产企业更加重视节约能源，开发环境友好的生产过程，在提高经济效益的同时履行社会责任。石油化工工业作为我国国民经济发展的基础和支柱产业，其节能降耗对提高国家整体能源利用水平具有举足轻重的影响。

2013年我国石油对外依存度已达到58.1%，2020年可能突破68%，直接关系到我国能源战略安全。加上近期全国发生的大范围持续雾霾天气，其影响范围广、持续时间长、污染物浓度高，更是引发了国内外的广泛关注。根据国家发展和改革委员会《2013年上半年节能减排形势分析》，受雾霾天气影响面积约占国土面积的1/4，受影响人口约6亿，这将促使节能减排考核政策更为严格，监管力度也空前加大。国家已将节能减排纳入国有骨干企业任期业绩考核和“十二五”经营业绩考核，并将中国石油所属62家企业纳入“万家企业节能低碳行动”，节能减排任务十分艰巨。因此，必须从战略和全局高度充分认识节能减排工作的重要性和紧迫性，切实采取有效措施实现节能降耗。

节能减排问题从来不是一个简单的指标问题，背后反映出的是企业生产技术水平、经营管理水平问题，也是企业社会责任是否到位问题。节能减排工作千头万绪，既是持久战，也是攻坚战。越是深入推进，遇到的瓶颈和困难就会越多，就越需要做到统筹兼顾，重点突破。近年来，中国石油通过强化督办和考核力度、积极调整产业结构、大力推广先进技术，有效推动了节能减排工作难中求进，履行了对社会责任的承诺。但也同时要意识到，随着原油劣质化程度提高、产品质量升级和节能工作的深入，常规、局部的节能技术已经很难实现企业能耗进一步大幅下降，只有通过技术创新，才能实现节能降耗的持续和经济效益的不断提升。能量系统优化技术是国家致力推广的十大重点节能技术之一，以往由于技术、人才和软硬件基础薄弱，该技术的开发、应用及推广比较缓慢。2008年，中国石油设立了“炼化能量系统优化研究”重大科技专项，历时四年，依靠技术创新，系统开发并示范推广了能量系统优化技术，培养了专业配套的技术团队，形成了由一系列模拟优化软件集成的工具平台，在获得明显经济效益和社会效益的同时，积累了针对实际炼化生产过程能量系统优化的实践经验。

一般企业与先进企业之间的差距，很大程度上是人才拥有量、人才素质和人才作用发挥的差距。因此，深入、持续开展节能工作的关键是培养一批高素质、充满活力的专业技术队伍。专项实施过程中，在国内过程工业和能量系统优化领域专家学者的大力支持下，以系统总结国内外能量系统优化的先进理论和技术方法为基础，结合积累的实际优化经验和大量实例，编写了《炼化能量系统优化技术丛书》，以期将中国石油对能量系统优化工作的认识、理解以及在该领域技术探索的进展贡献于社会，服务于企业节能工作的开展。

该套丛书共分四册，包括《炼油化工生产过程能量系统优化技术概论》《炼油能量系统优化技术》《乙烯装置能量系统优化技术》和《公用工程能量系统优化技术》。期望该套丛书的出版，能够为从事能量系统优化技术应用与研究人员提供一套较为系统和实用的参考资料，为我国炼化行业节能增效发挥积极的促进作用。

中国石油天然气集团公司副总经理

序　二

在炼油、化工企业的生产系统中，从原料到产品的加工过程，始终伴有能量的供应、转换、利用、回收、排弃等环节。节能是降低资源消耗、提高经济效益的有效途径。中国石油一直高度重视在设备及装置层次上的节能减排工作，通过推广先进的节能设备及节能新工艺等措施，使企业能源利用效率取得了显著成绩。以炼油企业为例，我国有些装置的能耗已接近世界水平，但整个炼油厂的单位原油加工量的能耗还不理想，与国外相比仍有相当大的差距。其主要原因除了一些生产装置本身的能耗比较高以外，全厂各工艺装置之间，各装置与全厂蒸汽动力系统、原料和产品储运系统以及其他辅助系统之间还缺乏热联合或热集成。显然，目前一些在设备及装置层次上的节能措施已经难以继续有力推动企业能耗的下降。事实上，系统的规模越大越复杂，挖掘节能潜力的机会也越多，唯有从系统全局的角度对全过程系统的能量转换和供求关系上进行分析整合，才能达到更大的节能效果的目的。

能量系统优化技术就是运用系统工程的理论和方法，在综合过程模拟、过程能量集成、系统优化及优化控制等多种学科的基础上，逐步发展成熟的一项前景广阔的节能技术。这一技术已被我国列为国家致力推广的重点节能技术，其主要内容是对过程能量系统进行分析，找出用能的瓶颈所在，提出改善能量利用的各种方案，通过能量系统的整体优化，谋求全厂能量的最优利用，在提高企业经济效益的同时实现节能降耗。近年来，国外许多大石油公司，如 Shell、BP、DOW 等已将这一技术作为炼油化工企业节能降耗和减排的主要手段。这些公司通过建立全厂工艺、能量系统模型，分析企业整体的能量利用过程，制订优化方案，结合生产和节能技术改造，使企业能耗降低10％～15％。

炼化行业是用能密集型行业，在目前的能源价格和环保压力的情况下，节能降耗的工作愈显重要和紧迫。有鉴于此，2008 年中国石油以能量系统优化为主线，因时顺势设立了“炼化能量系统优化研究”重大科技专项。在项目开展期间组织国内相关专家编写了《炼化能量系统优化技术丛书》。该套丛书共分四册，包括《炼油化工生产过程能量系统优化技术概论》《炼油能量系统优化技术》《乙烯装置能量系统优化技术》和《公用工程能量系统优化技术》，对炼化能量系统优化技术做了全面系统的论述，其特点是理论与实践并重，特别是结合重大科技专项中的实际工程案例，进行翔实研讨，突出了系统节能与优化的观念。可以预期，该套丛书的出版将对我国炼化企业的节能减排起到重要的指导和促进作用。

中国工程院院士、清华大学教授　陈丙珍

前　言

根据中国石油“炼化能量系统优化研究”重大科技专项项目组的安排，开展了《炼化能量系统优化技术丛书》之《乙烯装置能量系统优化技术》分册的编写工作。其目的是广泛宣传、介绍乙烯生产过程的先进能量系统优化理论、方法和经验，以及乙烯装置工艺技术的最新进展，以推广能量系统优化技术，提升企业的能源利用水平。

本书主要面向乙烯装置能量系统优化的工程技术人员和管理人员。本书在编写过程中注重了如下几点：

（1）参考国内外相关文献、资料，阐述基本概念、原理和方法以及先进的节能理论和技术，注重系统用能分析、瓶颈诊断以及解决瓶颈方法；

（2）多举已成功实施的实例，案例分析力求翔实，工作步骤尽可能具体，以有效地培养分析实际问题和解决工程问题的能力；

（3）全书在贯穿先进的能量系统优化理论和方法的基础上，力求阐明用能分析和节能降耗技术改造的全局观念和优化思想。

本书共分七章，第一章由姚平经、段伟编写；第二章由王瑶、张子鹏编写；第三章由都健、刘琳琳编写；第四章由佟珂、刘宏吉、魏奇业编写；第五章由韩志忠编写；第六章由樊希山编写；第七章由王勇、杨树林、肖春景、刘维康编写。全书由姚平经、都健主编，匡卓贤、段伟主审。

丛书主编何盛宝根据总体编写目标确定了本书编写大纲，对本书提出了具体编写要求并进行了终稿审定。本书在编写过程中得到了中国石油规划总院的悉心组织和鼎力支持。参加本书编写的单位有大连理工大学、中国石油科技管理部、中国石油规划总院、中国石油兰州石化公司和中国石油集团东北炼化工程有限公司吉林设计院，参编人员具有较丰富的工程设计以及教学和科学研究实践经验，在此对他们的辛勤工作表示衷心的感谢。编委会、主审专家和参审的资深专家对编写大纲的确定以及对书稿的修订提出了很有价值的意见，在此深表谢意。

由于编者水平有限，书中难免有不妥与疏漏之处，敬请指正。

目　　录

第一章　概　　论

石油化学工业主要是以乙烯生产为中心、配套多种产品加工的流程工业，乙烯生产的规模、成本、生产稳定性、产品质量对整个联合企业起到了支配作用。乙烯装置作为石化工业的龙头装置，其规模和技术是衡量一个国家石化工业发展水平的重要标志[1-3]。

第一节　乙烯生产工艺技术进展

乙烯工业装置始建于20世纪40年代初，随着技术进展，采用管式炉高温裂解石油烃生产乙烯、丙烯成为主体技术。60年代，我国采用苏联专利建成0.5×10^4t/a乙烯装置（兰州石化，1961年投产），并建设了小型乙烯装置（大连、上海），同时也引进了德国3.6×10^4t/a砂子炉裂解装置（兰州石化，1969年投产）。1970年我国乙烯产量仅为1.5×10^4t，不到世界乙烯产量的0.1%。70年代，我国第一套引进的30×10^4t/a乙烯装置在北京燕山石化建成投产（1976年），上海引进的11.5×10^4t/a装置于1976年建成投产，辽阳引进的7.2×10^4t/a装置于1979年投产，常州、抚顺等地的渣油蓄热炉裂解、炼厂气方箱炉裂解小乙烯先后建设投产，1980年我国乙烯产量为47.7×10^4t。80年代，吉林石化11.5×10^4t/a乙烯装置于1982年投产，1986年大庆石化，1987年齐鲁石化、扬子石化，1989年上海石化相继引进建成了30×10^4t/a乙烯装置，国内乙烯工业进入了高速发展时期，1990年乙烯产量达到157.2×10^4t。90年代，我国盘锦、抚顺、东方、独山子、天津、中原、广州先后引进了（11.5～16）×10^4t/a中型乙烯装置，茂名、吉林石化引进了30×10^4t/a乙烯装置；已有30×10^4t/a乙烯装置相继进行了改扩建，达到40×10^4t/a以上规模，中型乙烯装置也开展了节能扩容改造，2000年乙烯产量达到460×10^4t。自21世纪以来，投资与产能迅速增加，扬巴60×10^4t/a（2005年）、福建80×10^4t/a（2005年），独山子（2009年）、天津（2010年）、镇海（2010年）百万吨/年级乙烯装置相继投产，各大型乙烯装置也经新一轮改造扩能到（60～80）×10^4t/a规模，2009年我国乙烯产能已达1197.5×10^4t/a，仅次于美国排第二位，占世界产能的9%。2010年我国乙烯产能升至1418.9×10^4t/a。

我国乙烯工业起步较早，经过引进和扩能改造实现了装置规模从小型、中型到大型的发展，以独山子2009年投产的100×10^4t/a乙烯装置为标志，我国乙烯装置进入了百万吨/年级超大规模，世界五大乙烯专利技术都有应用。早期采用的技术落后，装置规模小，经过50多年的快速发展，在技术上已有显著提高，已初步具备大型关键设备国产化能力，但与国外先进水平相比，仍有一定差距。

一、国际乙烯生产技术简况

国际上先进的乙烯生产技术具有如下特点：

(1) 装置规模大型化，以石脑油为原料的单线乙烯生产能力达 120×10^4t/a，以乙烷/丙烷气体为原料的单线乙烯生产能力达 151.8×10^4t/a。

(2) 原料优质化，通过炼化一体化获得优质裂解原料，中东地区以乙烷、乙烷/丙烷等轻质原料为主。

(3) 裂解炉大型化，(15～20) $\times10^4$t/a 乙烯裂解炉得到应用，与装置大型化相适应的更大规模裂解炉正在设计应用中。裂解炉选择性、热效率、先进控制、结焦抑制等性能大幅改进，采用新型陶瓷炉管，裂解炉与燃气轮机联合节能。

(4) 在传统分离工艺的基础上，开发了先进的低能耗分离技术和设备。传统的分离流程有顺序分离、前脱丙烷前加氢、前脱乙烷分离流程，各乙烯专利商在传统分离流程基础上形成了自己的特有技术。

①顺序分离技术（Lummus 工艺为代表），将裂解气按照由轻到重的顺序进行分离，关键组分也可进行非清晰分割，采用碳三催化精馏（脱丙炔/丙二烯加氢），二元（甲烷、乙烯，或甲烷、丙烯）三元（甲烷、乙烯、丙烯）制冷。

②前脱丙烷前加氢分离技术（以 S&W 工艺为代表），将裂解气中碳三及更轻组分与碳四及更重组分分离后加氢，然后进一步分离得到各产品；采用先进回收系统（ARS），可由分凝分离器（热 1 台，冷 1 台）及双塔脱甲烷实现分离目标；还有热集成精馏系统（HRS）、改进的脱乙烷塔系统以及分凝分馏塔（CFT 工艺、ST 工艺）等。

③前脱乙烷分离技术（以 Linder 工艺为代表），将裂解气先进行碳二及更轻组分与碳三及更重组分的分离，然后进一步分离处理得到各产品。

二、我国乙烯生产技术简况

2009 年我国乙烯产量已超过日本，居世界第二位，装置平均规模为 52×10^4t/a，2010 年全国乙烯生产能力为 1476.5×10^4t/a。按中国石油统计，2009 年中国石油乙烯收率为 32.82%，双烯收率为 47.6%，乙烯能耗为 682kg（标准油）/t，装置加工损失率为 0.41%。2010 年，中国石油乙烯收率为 33.18%，双烯收率为 48.17%，乙烯能耗为 652.6kg（标准油）/t，装置加工损失率为 0.42%。

目前存在的问题和差距主要有[4]：

(1) 原料结构和品质有待改善。据斯坦福研究所（Stanford Research Institute International，SRI）统计，2009 年全球乙烯来源中，石脑油占 42.8%，乙烷占 25.2%，

丙/丁烷占 18.4%，与前几年相比，轻质原料所占比重增加。我国乙烯装置以液体原料石脑油为主，大量使用加氢尾油等重质原料，轻烃等轻质原料较少，优质石脑油所占比例不高，而且原料供应不稳定，影响乙烯收率，这是制约乙烯生产装置经济性的重要因素。

(2) 能耗仍然较高。国外以石脑油为原料的乙烯装置能耗先进水平为 550kg（标准油）/t（乙烯），目前新建装置的设计能耗值一般为 550～580kg（标准油）/t（乙烯）。一些装置采用了燃气轮机与裂解炉集成，能耗降至 500kg（标准油）/t（乙烯）。

(3) 副产物综合利用水平低。由于原料偏重，裂解产物中 C_5、C_9、乙烯焦油等液体副产物收率高，没有得到集中利用和精细加工，大部分外售。

三、我国乙烯生产装置节能降耗的重点工作

乙烯装置是一个技术复杂、加工流程长、集成度高的高耗能装置，具有高温裂解、低温分离、杂质深度处理以及产品质量高、能量综合集成、用能分布广泛等特点。表 1－1为某石化企业 2009 年 4 月至 11 月的乙烯装置能耗数据的平均值[5]。

表 1－1　某石化企业乙烯装置能耗数据

序号	项目名称	物耗量	折标系数 [kg（标准油）]	单耗 [kg（标准油）/t]	占总能耗比例（%）	
一	乙烯产量（t）	69987				
二	能耗合计（t）			574.7		
燃料	甲烷氢（t）	24439	1000	349.2	60.8	78.50
	其他干气（t）	7387	700	73.9	12.9	
	燃料干气（t）	685	950	9.3	1.6	
	天然气（$1000m^3$）	1402	930	18.6	3.2	
蒸汽	11.5MPa 蒸汽（t）	87067	92	114.5	19.9	4.49
	1.5MPa 蒸汽（t）	－103441	80	－118.2	－20.6	
	0.3MPa 蒸汽（t）	31386	66	29.6	5.2	
电	电（kW·h）	7267500	0.26	27.0	4.7	4.70
水	循环水（t）	33005827	0.1	47.2	8.2	15.01
	除盐水（t）	36600	2.3	1.2	0.2	
	除氧水（t）	287995	9.2	37.9	6.6	
	新鲜水（t）	4892	0.17	0.0	0.0	
气	氮气（$1000m^3$）	3276	150	7.0	1.2	1.50
	净化压缩空气（$1000m^3$）	729	38	0.4	0.1	
	非净化压缩空气（$1000m^3$）	3038	28	1.2	0.2	
凝液	汽机凝液（t）	－180988	3.65	－9.4	－1.6	－4.20
	加热设备凝液（t）	－134296	7.65	－14.7	－2.6	

从表1-1可以看出，燃料消耗占总能耗的78.5%，蒸汽和电的消耗占4.5%左右，循环水占8.21%，上述几项占了总能耗的90%以上，是节能降耗的主要对象。应当综合分析裂解急冷、压缩分离和制冷全流程，从系统全局、相互联系的观点进行分析与处理。石化企业总结提出了如下具体节能方向与措施。

（1）裂解炉的节能降耗：优化原料和裂解炉管设计，提高目的产品收率；高效回收裂解气高温位热能；提高对流段余热回收效率，降低烟气排放温度；低温热用于空气预热器；加强裂解炉保温，减少散热损失；抑制炉管结焦，提高运行周期；保证燃料充分燃烧，降低裂解炉烟气中CO含量；采用先进控制、在线优化技术，稳定操作；其他如强化炉管传热技术、烧焦气进炉膛等提高裂解炉效率措施。

（2）急冷系统热量回收：急冷油降黏，提高急冷油塔底温度，多发生稀释蒸汽；多回收中油循环的热量；提高低温位急冷水热量回收。

（3）压缩机系统：裂解气压缩机段数合理选定，选用高效压缩机，减少段间压降，烃类凝液逐级闪蒸。

（4）蒸汽动力系统：保证超高压蒸汽的压力和过热度；蒸汽压力逐级优化利用，优化调整“三机”（裂解气压缩机、乙烯压缩机和丙烯压缩机）透平工作参数，提高透平等熵效率；做好不同工况各压力级别蒸汽平衡，减少高品位蒸汽的减温减压汽量和低压蒸汽的过剩排空；透平凝液和工艺冷凝液高效处理回用；蒸汽系统高效保温，强化疏水器和蒸汽系统计量管理，减少热损失。

（5）制冷系统：结合原料优化采用低能耗乙烯分离结合制冷工艺流程；合理选用单元、二元或三元混合冷剂技术，采用热泵技术回收冷量；脱甲烷系统采用先进的分馏分离器、热集成等节能技术和设备；合理确定冷剂级别，各级别品位冷剂的优化配置和利用；优化冷量回收系统，加强保冷、减小冷损及过大的㶲损。

（6）降低物耗，提高乙烯、丙烯等目的产品回收率，火炬系统合理设计及排放气回收，降低装置加工损失。

（7）循环水系统：合理分配循环冷却水负荷及温位，优化循环水加剂和管理，合理提高浓缩倍数。

对不同的乙烯生产装置节能改造工作不会是一个模式，重点工作也会有不同，例如，有的装置裂解原料变化很大，这就需要调整操作参数，甚至改造设备以适应负荷、裂解气组成及操作参数的变化。另外，由于设备、机械存在缺陷，装置处于病态运行时，需要准确诊断症结，进行针对性的改造；当装置进行了扩容改造，操作参数与原设计值偏离较大时，需要分析装置扩容后出现的新瓶颈，并给予解决瓶颈等，这些都需要严格、细致、准确的分析、判断。

第二节　过程系统能量优化

物质的各种变化都是能发生作用的表现，能由强度因素和容量因素两个因素组成，可以下式表示：

能＝强度因素×容量因素

例如，当气体对外膨胀改变容积为 ΔV 值时，能 $= p \times \Delta V$，压力 p 是强度因素，ΔV 是容量因素。又如，物质吸收外热而提高温度时，热能 $= C \times \Delta T$，ΔT 是温度差，是强度因素；C 是物质总热容，是容量因素[6]。

对于化工生产，除需要一定数量的原料外，还要消耗各种形式的能量，如燃料、电力、蒸汽、冷冻量等，而且在得到产品的同时还能提供不同形式的能量，作为副产输出或作他用。所涉及的主要能量形式如下[7]：

（1）热能。如精馏、蒸发、结晶、干燥等操作，均消耗热量；供热方式一般采用加热炉或水蒸气为热载体，都是利用燃料的燃烧（化学能）提供热量。

（2）机械能。如泵、压缩机等需要机械能去输送和压缩流体；机械能可由电能转换而来，或由高温高压的蒸汽作为工质而产生机械能。

（3）电能、化学能。它们与热能、机械能之间能够相互转换。

自两百多年前产业革命以来，随着越来越多的人口由农业转向工业，世界上能源的消耗量急剧上升，能源价格不断上涨，在产品的总成本中能源费用所占比例越来越大；节约能源一直是发展生产技术、提高竞争能力的重要组成部分。目前的能源资源仍然是以石油、天然气和煤炭（即化石燃料）为主，但是化石燃料的资源是有限的，而且环境污染的多半原因是由能源消费引起的。化石燃料燃烧后产生大量的二氧化碳、硫化物、氮氧化物和粉尘等超过了地球的净化能力，对人类及生物造成危害。

过程工业是广义的化学工业，包括化工、炼油、石油化工、冶金、轻工、建材等工业部门，是能源密集型工业，其能源消耗占全国能源消耗量的10％以上。我国的能源供应短缺，长期处于紧张状态，而且能源利用效率与发达国家相比有很大差距，这严重地束缚了国民经济的正常发展。

一个国家、一个行业的产品能耗水平是由多种因素决定的，如技术（装备水平、技术开发能力）、经济体制（经营模式、价格、节能投入）以及政策（节能政策法规、环境法规等）。从技术的角度看，节能的原则途径有：

（1）增加高附加值、低能耗的高新技术产品的比重。

（2）装置采用先进的工艺路线，并向规模大型化发展。

（3）对全厂生产装置整体优化综合，即实现全过程系统的能量集成。

（4）贯彻循环经济理念，合理加工利用产品、副产品，防止环境污染。

（5）对各类人员进行节能技术与法规的培训。

节能工作的初始阶段，一般着眼于生产过程中直接耗能的设备，如燃烧炉、机、泵等，提高设备的能源转换效率。随着节能工作的深入开展，人们认识到更大的节能效果在于对整个过程系统的能量供求关系进行分析，从全局观点出发，改进现有的工艺及设备，达到合理有效利用能量的目标，这就提出了全过程系统能量优化综合的问题。

在过程系统能量优化综合的研究中，英国学者 Linnhoff 等提出的“夹点技术（分析）”在工业上卓有成效，这一方法的特点是运用拓扑学的概念和方法，对过程系统做出宏观、形象的描述与处理，工程技术人员容易掌握，已成功地用于上千个工程项目，获得了显著的经济效益和环境效益。30 多年来，热力学分析和热经济学分析在理论方面取得明显进展，阐明了对能量的认识，不只是从数量上，而更注重它质量的高低或有效能（㶲）的大小，并且定量地研究了有效能的性质、效率、费用及其与过程参数之间的关系，从用能的本质上对过程系统进行分析、评价、优化，为过程系统能量优化综合技术奠定了理论基础。过程系统模拟与优化技术的迅速发展为过程系统能量优化综合提供了有力工具，得以采用数学规划法求出具有实际意义的最优解。人工智能技术是计算机科学的一个分支，它与过程系统工程学科相结合，在处理非数值型、离散型以及不确定性等难以建立相应的数学模型的问题中发挥了关键作用，一定程度上解决了对过程系统进行分析、判断、推理和决策等方面的问题。

过程系统能量优化综合是以能量优化为主要目标的全过程系统综合问题的深化，这一问题由于其研究的对象是一个大规模的具有强交互作用的复杂系统，在理论方法上的挑战性、对工业界巨大的经济效益以及可持续发展战略的驱动，使得这一领域的研究日益活跃[8]。

下面对过程系统能量优化综合相关的重要名词、术语做一简介。

（1）过程系统综合：在哲学中，为了构成较为完整的观点或体系，将各部分或各种因素结合在一起，称为综合。过程系统综合是过程系统工程学科的核心内容，指的是按照规定的系统特性，寻求所需的系统结构及其各子系统的性能，并使系统按规定的目标进行最优组合[9]。在设计新建工厂时，系统综合可用于从众多的可行方案中选择最优流程，是过程系统设计中最具创造性的步骤。与过程系统综合相对应的概念是过程系统分析。

（2）过程系统分析：指的是对于系统结构及其中各子系统均已给定的现有系统进行分析，即建立各子系统的数学模型，按照给定的系统结构进行整个系统的数学模拟，预测在不同条件下系统的特性和行为，借以发现其薄弱环节并给予改进。用于过程系统分析的应用软件，称为化工模拟系统，它也是过程系统综合的重要辅助手段。系统综合需要以系统分析为基础，同时在综合过程中又可对系统分析提出新的要求。

（3）过程系统设计：是过程系统综合与过程系统分析交替过程的整体设计。

（4）过程系统能量集成：属于过程系统综合范畴，是把反应、分离、热回收和公用工程子系统一体化地考虑能量的供求关系，以及工程结构、操作参数的调优处理，达到全系统能量的优化综合。能量集成技术在生产装置中的应用，增加了系统中单元设备间的耦合关系，某些参数的扰动会在系统内部扩散及放大，给操作控制带来困难，因此要求系统具有一定的柔性以适应操作工况的变化。

（5）过程系统优化：就是寻求最好的方式去解决最优化问题，是实现过程系统优化设计、优化操作、优化控制和优化管理的数学手段[10]。对于求解过程系统优化问题，最具代表性的方法是数学规划法。数学规划法是把过程系统优化问题表征为目标函数和一系列等式、不等式约束的多变量数学模型，然后采用适宜的算法求得问题的最优解或近优解。目前，解决这类问题的算法主要有两类：一类是基于梯度寻优的确定性算法；另一类是进化算法，如遗传算法等。进化算法属于智能算法，它对优化目标函数无可微要求，适合求解组合优化问题，对于具有非凸目标函数和复杂约束条件的非线性优化问题，能够以较大概率得到全局最优解，但其计算量较大，在进化策略方面需改进。大多工程问题是多目标优化问题，需要考虑经济、资源、环境和可操作性等量化的和非量化的因素，确定最终的设计方案需要进行多个目标的权衡。多目标优化问题很少存在绝对最优解，而是存在一个非劣解集，即其中每一个解在不牺牲其他子目标性能的前提下已无法再改进单个子目标性能。对于多目标优化问题，一般来讲，首先寻求非劣解集，然后由决策者按照各目标的重要性或优先程度选择最佳折中解。多目标优化问题模型的构造以及求解方法是系统优化的研究热点[11]。

第三节　生产装置用能分析与节能技术改造

乙烯装置包含了高度复杂的生产过程，操作压力高压（蒸汽 10MPa，工艺 4MPa）低压（透平真空，工艺近常压），温度高温（炉膛）在 1000℃以上，低温（冷箱）在 −160℃以下；分离流程复杂，精度要求高，工艺过程与能量系统交织在一起，实现了过程系统能量集成，是现代化工生产技术的典型代表。在乙烯装置能量系统优化过程中，需要综合考虑如下几个关系：装置能量系统优化与工艺过程优化；系统能量优化与单元设备用能优化；节能降耗与经济效益；节能与可操作性和安全性等。因此，过程系统能量优化是一个寻求多目标优化的复杂问题。当然，多个优化目标中，要区分出主要目标和辅助目标，或把其中某个（些）目标处理成约束条件，例如，装置能耗最小化作为目标函数，而经济效益、装置操作性等作为约束条件。

在生产装置节能优化工作中，遇到的工程实际问题千差万别，例如，原料变化、生产负荷调整、多产品比例调整、设备故障、原设计存在缺陷等，因此解决问题不会是一个模式。重要的是，在充分调查研究的基础上，综合运用基本理论和方法，抓住问题关键，确定解决问题的目标与合理途径。对于过程系统能量优化问题，主要的工作内容有以下几个方面。

（1）掌握生产装置的现状及历史沿革：包括装置何时建成、开工，采用的专利技术，承包商，装置开车情况，是否达到设计指标或遇到的具体问题；历次技术改造的目标及效果如何，生产负荷、原料及产品种类、规格有无变化，设备有无缺陷，是否正常运行；季节对装置的影响怎样，装置目前存在的主要问题及瓶颈是什么，与国内外同类先进装置的差距在哪里等。

（2）收集资料、数据：如生产装置操作规程、PFD图（工艺流程图）、PID图（工艺管道仪表流程图）、DCS（集散控制系统）数据、标定报告、专题报告、完整的工艺包，通过充分调研及数据校正处理，确定装置不同工况、不同季节下代表性的工艺数据以及允许的波动范围，对疑难问题进行多专业调研和联合诊断。

（3）对生产装置进行用能分析，诊断出系统用能瓶颈和主要的节能潜在点，这就需要采用诸如夹点分析法等以及流程模拟软件，提出具体的过程设备或子系统瓶颈部位以及预计的节能效果。

（4）采用有效的节能理论、方法、工具对用能瓶颈及节能潜在点进行改造调优，在满足企业提出的产量、质量、安全、环境、操作性等约束前提下提出几种备选方案：如少投资方案，进一步估算投资、效益，进行方案比较。

（5）经厂方组织的技术审查会充分讨论、论证，确定最终方案。

（6）采用先进的工艺、设备、材料等完成最终方案的工艺包、可行性研究，审查通过后，进行基础设计和详细设计。

（7）组织有关部门及专家对详细设计进行审查，通过后再完善设计，在项目实施过程中，组织生产、管理相关人员进行培训和跟踪改造，制订试车、操作方案。

（8）改造项目施工完成后，精心组织开车，操作稳定后，进行72小时运行考核，对运行结果充分讨论分析，完成考核及验收报告；若尚未达到改造预期指标，则进一步对遗留问题进行研讨，提出整改措施和方案，确定整改目标和计划。

对于生产装置的技术改造，应当结合资金、技术、施工条件和期限以及市场需求等情况，根据轻重缓急，对装置分期分批实施改造，以期达到稳妥可靠、收效大，万无一失。

第四节　全过程系统能量优化的方法论探讨

全过程系统能量优化（或过程系统能量集成）是一个大规模系统优化问题，复杂性高。对其求解的策略，一般可采用分解法和全局优化法。分解法的实质是把整个大系统分解成容易处理的若干子系统来解决，每一个子系统都进行优化处理，然后组合（协调）起来，使整个系统达到优化；这一方法需要解决如何确定系统的分解部位和整体协调的问题。全局优化的基本思想是建立一个完整的数学模型，采用优化策略，同时求解出系统流程结构、单元选择及操作参数的适宜值。

全过程系统能量优化的具体方法有热力学分析法、数学规划法以及人工智能技术。本节将以热力学分析法为基础，建立全过程系统能量优化的简化模型，然后采用全局优化策略进行求解的方法论探讨。

一个典型的过程系统包括反应、分离、热回收以及公用工程，反应器是化工过程的心脏，因此过程设计是先从反应器开始。反应器的设计提出了分离问题，即分离系统的设计紧跟反应器设计之后，这两者规定了过程的加热和冷却负荷，因此第三个要考虑的是热回收网络的设计；过程中回收的热量如果满足不了要求，就需要外部的公用工程，即第四个要考虑的是公用工程的选择和设计。上述设计顺序或层次可用“洋葱图”来形象地表示[12]，当然，各层次都离不开流体输送，如图 1－1 所示。

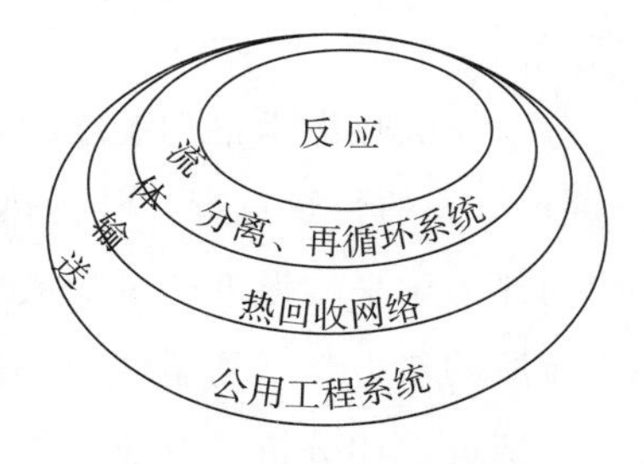

图 1－1　洋葱模型

一个完整的过程系统可称为“非均质系统”，因为它包含了反应、分离、换热、热机、热泵等操作过程，对这样的大系统进行用能分析和优化是一个非常复杂的问题，这种复杂性不单是由于该系统包含众多的反应器和各种单元操作，而更主要的是由于这些反应器和单元操作之间存在着强交互作用。对于一大型的石油化工联合企业，其中有众多的工艺过程装置以及水、电、汽等公用工程系统，而且它们相互间交织在一起，这就提出了全局过程集成（Total Site Integration）问题，即要解决整个企业节能、减排、增效的多目标优化问题。为此，针对求解大规模复杂系统的优化问题，产生一种思想，即“一个过程系统越复杂，则越需要简化；一过程系统越简化，则越需要抓住它的本质，以避免产生严重的误差”。于是，针对全过程系统能量优化问题，提出了“过程系统用能一致性原则”和“虚拟温度”的方法。

（1）过程系统用能一致性原则，从本质上讲，就是运用热力学原理，从用能的角度，由反应器和各种单元操作中抽提出热源流股（供给热量）和热阱流股（需求热量），从而使得全过程系统能量优化问题转化为这些热源流股和热阱流股之间合理匹配的均质系统的优化问题，即换热网络综合问题，于是可选择合适的方法去求解相对于非均质系统而言较容易的均质系统的优化问题。

关于过程系统用能一致性原则的理解，可简述如下：从用能角度，对于一放热反应器，可以用一热源流股来代表；对于一吸热反应器，可用一热阱流股来代表；对于一蒸馏塔，塔顶冷凝器中的蒸汽为一热源流股，而塔底再沸器中釜液为一热阱流股；对于热机，可转化为一具有较低温位的热源流股和一具有较高温位的热阱流股，而其输出的功率则为约束条件；对于热泵，它是热机的逆过程，可转化为一具有较高温位的热源流股和一具有较低温位的热阱流股，而输入的功率为约束条件。

（2）虚拟温度，对于传热问题，流股的温度是非常重要的，而且把温度差作为传热过程的推动力。对于不同的换热设备，其传热温差大小是不同的，如合成氨装置中的废热锅炉，其传热温差有数百度（℃），而对于乙烯装置中的冷箱，其传热温差只有几度（℃）。为什么传热温差的数值对于不同的换热设备相差如此之大？下面将具体分析一下对传热温差数值影响较大的主要因素。

①单位传热面积费用的影响，如果一流股具有腐蚀性，对换热器的材质要求高，则应该选择较大的传热温差，以减小换热器的传热面积，即减小换热器的费用。

②流股传热膜系数的影响，如果一流股的传热膜系数较小，即该侧的传热热阻较大，因此也需要选择较大的传热温差，以减小换热器的传热面积，即减小换热器的费用。

③流股热力学平均温度的影响，根据热力学分析，对于给定的热负荷和单位有效能（㶲）损失的传热过程，其传热温差同相互匹配换热的热流股的热力学平均温度与冷流股的热力学平均温度的乘积成比例，或近似地，同热流股的热力学平均温度的平方或同冷流股的热力学平均温度的平方成比例。

依据上述分析以及数学推导，可以近似地估算出较适宜的流股传热温差贡献值同换热器单位传热面积费用的平方根成正比，同流股传热膜系数的平方根成反比，同流股热力学平均温度的平方成正比。由此，定义流股的“虚拟温度”为：对热流股，是流股温度减去该流股传热温差贡献值；对冷流股，是流股温度加上该流股传热温差贡献值。而热、冷流股间匹配换热的适宜传热温差值就等于该热、冷流股传热温差贡献值之和。

在确定流股的虚拟温度时，就已经考虑了换热器材质费用的经济因素、流体性质及流动状况对传热膜系数的影响，以及传热过程中有效能损失的合理分布，因此流股的虚拟温度可以代表流股的有效温位，由此，一个较好的换热器网络能够在基于流股虚拟温度的 T—H 图上采用“纯逆流匹配原则”综合出来，尤其是对于含有大量热、冷流股的大规模换热器网络综合问题，采用虚拟温度具有简便有效的特点。

综上所述，基于对过程系统用能本质的洞察，采用过程系统用能一致性原则，把一全过程系统能量优化问题转化为一换热器网络综合问题，而这一问题，采用虚拟温度法能够有效地进行求解。

第五节　学习方法的讨论

理论密切联系实际是公认有效的学习方法，尤其对有多年工作经历的工程技术人员更显突出，这里面有一点需要进一步体会的是，工程技术人员要自觉地对自身的工程实践进行抽提，上升到理论高度再认识，实现新一层次的认知循环，以在更高层次上去分析和解决工程问题。这就需要对已学习过的基本概念、基本原理、基本方法进一步清晰地理解和掌握，再学习新的理论知识，自觉地运用新理论去指导工程实践，这是培养、提高分析问题和解决问题能力的有效途径。

案例分析是至关重要的，在本书中占有大量篇幅，是大家要注重的学习内容。在学习中使用正确、有效的思维逻辑，明确工作目标，收集和形成所需要的数据、条件，正确选择适用的理论、方法和工具，构建技术路线，在理论指导下完成工程实践，以达到预期目的。

在学习和工作中要自觉地养成和树立整体系统的观念和优化的思想，在确保重点目标实现的基础上，应该追求多个目标的优化，与时俱进地适应当代社会不断发展和进步的竞争环境。

参考文献

［1］陈滨.乙烯工学［M］.北京：化学工业出版社，1997.

［2］王松汉.乙烯装置技术与运行［M］.北京：中国石化出版社，2009.

［3］工业和信息化部.乙烯工业中长期发展专项规划［Z］，2005.

［4］中国石化化工事业部.中国石化乙烯业务回顾与展望［C］.天津：第十六次全国乙烯年会，2010.

［5］燕山石化.燕山乙烯节能潜力分析［C］.天津：第十六次全国乙烯年会，2010.

［6］黄子卿.物理化学［M］.北京：高等教育出版社，1955.

［7］袁一，胡德生.化工过程热力学分析法［M］.北京：化学工业出版社，1985.

［8］姚平经，石磊.过程能量优化综合与清洁生产［J］.大连理工大学学报，1999，39(2)：243-246.

［9］《中国大百科全书》编辑委员会.中国大百科全书・化工［Z］.北京：中国大百科全

书出版社,1989:244.

[10] 姚平经.过程系统工程[M].上海:华东理工大学出版社,2009.

[11] Biegler L T,Grossmann I E.Retrospective on optimization[J]. Computers and Chemical Engineering,2004, 28:1169-192.

[12] Smith R, Linnhoff B. The design of separators in the context of overall processes[J]. Chemical Engineering Research and Design, 1988,66:195-228.

第二章　过程系统节能基础理论及夹点分析

能源是国民经济和社会发展的基础。我国正处在工业化进程中，经济和社会的发展对资源的依赖比发达国家大得多。过程工业是能源密集型工业，其能源消耗量在全国能源消耗量中占较大比重。因此，过程工业的节能工作一直是技术发展、降低产品能耗、提高竞争能力的重要组成部分。其中，乙烯工业由于其产品的重要性，在过程工业中具有举足轻重的地位。一个国家的乙烯生产水平、生产能力和能耗指标，往往标志着一个国家过程工业的科技水平和实力，因此，乙烯工业的节能工作具有深远的实际意义。

过程工业的节能工作包括两个方面：一是优化工艺技术，即采用新的工艺方法、路线或简化流程。工艺技术的优化对不同原料、不同产品、不同工艺过程的优化内容和结果各不相同，共性较少。二是优化工程技术，工程技术的优化包括单元过程设备技术和系统能量综合技术的优化。单元过程设备技术进展是指开发新型、高效的反应、分离、换热及输送设备等。而系统能量综合和优化技术，则是在相同的工艺和设备技术条件下使过程系统能耗更低。过程的能量综合以及优化的原理和规律，对所有工艺过程都是适用的。

热力学是研究能量及其转换规律的科学，利用热力学的基本原理和定律可以了解能量损失的原因和分布，为节能提供理论基础。

第一节　化工节能的热力学分析法

根据热力学基本原理对能量系统进行热力学分析可以用不同的方法。以热力学第一定律为基础的能量平衡法是从能量的“数量”方面进行分析研究的一种方法，该法可以揭示出能量传递和转换过程中的数量关系。以热力学第二定律为基础的熵分析法是从能量的“品质”方面对能量传递和转换过程进行分析研究的一种方法。以热力学第二定律为依据，结合热力学第一定律和第二定律的㶲分析法则是从能量的数量和品质两个方面，揭示能量系统中用能的薄弱环节，从而更深刻地揭示出能量利用改进的潜力和方向。在能量系统的㶲分析基础上发展起来的能级分析法解决了能量系统的能量供给和能量使用的合理匹配，为能量系统优化提供了有效的依据。在进行能量优化时，常常引入经济量来衡量。将热力学与经济学相结合发展起来的热经济学（㶲经济学），则给出了不同品质能量的经济价值，在热力学参数和经济学参数之间找到适当的平衡，使能量利用的合理性、系统运行的经济性、方案的可行性以及系统参数达到优化。以上热力学分析方法的基准均是以没有势差的可逆过程为研究基础，这就要求过程进行得无限缓慢，过程消耗的时间无限长，而在实际过程中这是不可行的。20世纪70年代发展起来的有限时间热力学认为过程应在有限时间内进行，势差并不是越小越好，而是有一个最佳值，以使“率”最大。有限时间热力学研究在有限的时间内对循环进行优化，更具有实际意义。

本节简要介绍在过程工业节能过程中应用广泛的能量平衡法、熵分析法、㶲分析法和热经济学分析法。

一、能量平衡法[1,2]

能量平衡法也称为热平衡法或能分析法，是以热力学第一定律为基础，研究能量传递和转换过程中数量关系的一种方法。

能量有多种形式，如机械能、电能、热能、化学能、核能等，人类长期的生产实践证明各种形式的能量可以相互转换，在能量的转换过程中，能量的“数量”保持不变。热力学第一定律就是能量守恒与转换定律在具有热现象的能量转换中的应用，对任一热力系统，热力学第一定律可表示为：

进入系统的能量 - 离开系统的能量 = 系统能量的增量

进入或离开系统的能量主要有三种形式，即做功、传热以及随物质进入或离开系统而带入或带出的其本身所具有的能量。在热力学中，系统与外界相互作用而传递的能量，若其全部效果可表现为使外界物体改变宏观运动状态，则这种传递的能量称为功。系统对外做功取为正值，外界对系统做功取为负值。热量是系统与外界之间仅仅由于温度不同而传递的能量。热力学中规定，系统吸热为正，放热为负。做功或传热传递的能量取决于系统与外界的相互作用，与过程密切相关，故为过程量。物质本身具有的能量称为储存能，可分为外部储存能和内部储存能（内能）两类。外部储存能为与系统整体宏观运动有关的能量，有动能和位能两种。动能是系统在空间相对某参考坐标系宏观运动所具有的能量，若系统的质量为 m，速度为 u，则系统的动能 E_k 为：

$$E_k = \frac{1}{2}mu^2 \tag{2-1}$$

位能是系统在外力场作用下，处于某参考坐标系中的一定位置所具有的能量，若系统的质量为 m，系统重心在参考坐标系中的高度为 z，则在重力加速度 g 恒定的重力场中，其位能 E_p 为

$$E_p = mgz \tag{2-2}$$

内能 U 代表了微观基准上的各种能量，包括物理内能、化学内能和核能。系统只发生物理变化时，只有物理内能发生变化。物理内能包括内动能和内位能两项，其中内动能包括分子移动动能、转动动能和分子内粒子振动动能，是温度的函数。内位能是分子

之间的引力能，它是工质比体积的函数，这说明内能是物质的状态函数。综上所述，物质本身具有的总能量 E 是系统的动能、位能和内能之和，即：

$$E = E_k + E_p + U \tag{2-3}$$

由此可见，随物质进入或离开系统的能量取决于物质进出系统的状态。为计算物料带入或带走的能量，应首先确定参考状态的温度和压力，然后由实际设计或运行状态与参考状态的焓差计算输入能或输出能。

对于不同的装置或系统，按所考察能量基础的不同，能量平衡法可分为以进入系统的全部能量为基础的能量平衡法和以供给系统的能源能量为基础的能量平衡法。

1. 以进入系统的能量为基础的能量平衡法

进入系统的全部能量包括：供给系统的一次能源（煤、石油、天然气等燃料）和二次能源（电、蒸汽、焦炭、煤气等）的供给能 $E_{供}$，原料等带入系统的输入能 $E_{入}$（包括放热化学反应的反应热）和回收能量 $E_{回收}$。离开系统的能量包括：由产品带出系统的输出能 $E_{出}$（包括吸热反应热），离开系统的冷却水、废气、废液等带出的排出能 $E_{排出}$。

系统的能量平衡方程为：

$$E_{供} + E_{入} + E_{回收} = E_{出} + E_{排出} \tag{2-4}$$

式（2-4）左端是为了达到预定的目的必须供给系统的全部能量，右端是达到预定的目的后排出系统的全部能量。其中，输出能 $E_{出}$ 由三部分组成：一部分是产品带走的能量 $E_{产品}$；一部分是供外界利用的能量 $E_{外供}$（如外供的电、蒸汽）；另一部分是供给本系统使用的回收能量 $E_{回收}$。因此，系统的能量平衡方程又可表示为：

$$E_{供} + E_{入} + E_{回收} = E_{出} + E_{排出} = E_{产品} + E_{外供} + E_{排出} + E_{回收} \tag{2-5}$$

对一定的过程，$E_{入}$ 和 $E_{产品}$ 为定值，为达到节能目的，应设法增加 $E_{回收}$ 或 $E_{外供}$，从而减少 $E_{供}$ 及 $E_{排出}$。

该方法中评价能量利用的技术经济指标包括能量利用率 $\eta_{利用}$、能量回收率 $\eta_{回收}$、能量输出率 $\eta_{输出}$ 和能量排出率 $\eta_{排出}$，各项指标的定义式如下：

$$\eta_{回收} = \frac{E_{回收}}{E_{出} + E_{排出}} \tag{2-6}$$

$$\eta_{输出} = \frac{E_{出}}{E_{出} + E_{排出}} \tag{2-7}$$

$$\eta_{排出} = \frac{E_{排出}}{E_{出} + E_{排出}} \tag{2-8}$$

$$\eta_{利用} = \frac{E_{回收} + E_{外供}}{E_{出} + E_{排出}} \tag{2-9}$$

应用能量平衡法对过程系统的用能情况进行分析，一般先从单体设备或子系统开始，然后逐渐扩大到整个系统。能量分析的步骤为：首先确定研究对象中出入系统的各种物流量、热流量和功流量以及各物流的状态参数。在此基础上，计算出评价能量利用情况的各种参数，包括：

（1）各子系统及系统的能量消耗形式。以各种形式的能占供给能的百分比表示，一般将能量分为热能和动力两类分别表示。

（2）单位供给能（也称单位能耗）。以单位原料处理量或单位产品的供给能量多少表示，该指标可作为基准值进行比较，也可用于相同系统之间的比较。

（3）单位排出能。表示方法与单位供给能相似，该指标与单位供给能可共同评价系统的用能情况。

（4）系统供给能在各子系统中的分布，用百分比表示。

（5）系统排出能量在各子系统中的分布，用百分比表示。

（6）排出能在不同排出源中的分布。排出源有冷却水、烟气、产品、废水等，根据排出能的分布，可发现哪些排出能有可能减少，以确定节能方向。

（7）可回收能量在各子系统中的分布，根据此分布可掌握子系统的节能潜力及在系统中所占的比例。

该法通过能量平衡确定过程的能量损失和能量利用率，从能量的“数量”上考察进入系统的全部能量的利用情况，特别是能量回收利用情况。主要应用于石油、化工的生产装置中。

2. 以供给系统的能源能量为基础的能量平衡法

能源能量包括一次能源和二次能源所提供的能量。这种能量平衡的目的在于考察能源供给系统的能量利用情况。它主要用于各种动力循环、制冷和供热循环，以及锅炉、加热炉、干燥设备等单元设备。

【例 2-1】 表 2－1 为某乙烯装置一台裂解炉的热平衡数据，试分析提高该裂解炉热效率的措施。

表 2－1　某乙烯装置裂解炉热平衡数据

工艺侧项目			入口			出口			热负荷（kW）
			温度（℃）	压力（MPa）	流量（t/h）	温度（℃）	压力（MPa）	流量（t/h）	
对流段	第一层盘管	锅炉水	130	15	7.33	210	15	7.33	751.09
	第二层盘管	拔头油	30	1.2	6.5	84	1.17	6.5	220.45
	第三层盘管	拔头油稀释蒸汽混合	179.6	0.7	10.28	420	0.67	10.28	1572.21
	第四层盘管	稀释蒸汽	180	0.7	3.78	607	0.67	3.78	852.94
	第五层盘管	蒸汽	314	10.15	7.33	470	10.1	7.33	816.7

续表

工艺侧项目			入口			出口			热负荷（kW）
			温度（℃）	压力（MPa）	流量（t/h）	温度（℃）	压力（MPa）	流量（t/h）	
对流段	第六层盘管	蒸汽	344.9	10.1	8.33	510	10.05	8.33	927.4
	第七层盘管	拔头油稀释蒸汽混合	420	0.67	10.28	607	0.62	10.28	1426.51
	小计								6567.30
辐射段		拔头油稀释蒸汽混合	607	0.23	10.28	850	0.2	10.28	7419.21
		小计							7419.21
损失		散热	表面温度（℃）				70		520.2
		排烟	排烟温度（℃）				167		1021.77
		小计							1541.97
总计									15528.48
总负荷		燃烧热	燃料耗量（kg/h）		1271	燃料低发热值（kJ/kg）		41800	14757.37
		显热	燃料（kg/h）		1271	温度（℃）		20	205.3
			空气（kg/h）		25002	温度（℃）		130	565.81
		小计							15528.48
流　量									
拔头油进料量（t/h）			6.5		燃料（kg/h）				1270.97
稀释比（汽油比）			0.58		空气量（kg/h）				25002
稀释蒸汽（t/h）			3.78		烟气量（kg/h）				26273
锅炉给水（t/h）			7.33		炉膛温度（℃）				1080
裂解气（t/h）			10.28		排烟温度（℃）				167
					空气过剩系数				1.14

依据表 2-1 数据，可计算该裂解炉的热效率为：

$$\frac{6567.30+7419.21}{15528.48}=90.07\%$$

裂解炉的热损失为：

$$\frac{1541.97}{15528.48}=9.93\%$$

该数据说明裂解炉热损失较大，有相当大的节能潜力。具体措施分析如下：

（1）降低排烟温度。该炉排烟温度为 167℃；由于燃料气的含硫量少，可以改善对流段的热回收效果，把排烟温度降至 150℃以下。

（2）降低空气过剩系数。该炉空气过剩系数为 1.14，有些偏大，可以降至 1.1 以下。

（3）提高燃料气的入炉温度。现场燃料气入炉温度为 20℃，可以利用装置中的余热预热燃料气至 100℃以上。

(4) 利用装置的余热预热燃烧空气至100℃以上。

采取上述措施，裂解炉热效率提高至92%以上是可行的。

能量平衡法只能反映能量损失，但不能真正地反映能源消耗（指由高能级能量变为低能级能量）的原因。一般来说，仅根据能量衡算法制订出的节能措施，常常抓不住节能的重点。但能量平衡法可在同类装置或相同的系统之间进行比较。

二、熵分析法[1]

用热力学第一定律进行能量衡算，确定能量在数量上的利用率，并不能全面地评价能量的利用情况。热力学第二定律指出，能量的转换过程具有方向性或不可逆性，因此并非任意形式的能量都能全部无条件地转换成任意其他形式的能量。例如，机械能和电能理论上可以百分之百地转化为其他任何形式的能，它们的质和量是完全统一的。而热能和内能则不能无偿地完全转化为机械能或电能。能量的有用与否，完全在于这种能量形式的可转换性。为度量能量的可用程度，引进“㶲”的概念。在周围环境下，任一形式的能量中理论上能够转换为有用功的那部分能量称为㶲（也称有效能或可用能）。换句话说，㶲是系统由任一状态经可逆过程变化到与给定环境状态相平衡时所做的最大理论功。物质的㶲常用 E_x 表示，单位为J。能量中不能够转换为有用功的那部分能量称为炁（也称无效能），用符号 A_n 表示。这样任何形式的能量 E 都可以表示成：

能量=㶲 + 炁

即

$$E = E_x + A_n \tag{2-10}$$

由此可见，在能量转换过程中，㶲和炁的总和恒定不变。对可逆过程，没有功损失，因而能量不贬值，㶲的总量保持守恒。对不可逆过程，必然出现功损失，不可避免地发生能量贬值，㶲的总量将不断减少，而炁的总量不断增加。

由于能量由有效能（㶲）和无效能（炁）两部分组成，因此，对系统能量的分析可从两方面进行：一方面对系统的有效能部分进行分析，即系统的㶲分析法；另一方面，对系统的无效能部分进行分析，即系统的熵分析法。这里首先介绍熵分析法。

熵是为了研究能量的“品质”而引出的状态参数，其定义式为：

$$dS = \frac{\delta Q}{T} \tag{2-11}$$

熵是状态参数，其法定单位为J/K或kJ/K。在不可逆过程中，$dS > \frac{\delta Q}{T}$，因而可写为：

$$dS = \frac{\delta Q}{T} + dS_g \tag{2-12}$$

式中　T——热源温度；

$\frac{\delta Q}{T}$——由于系统与外界交换热量而引起的熵变，称为熵流，对于一个孤立体系中进行的自发过程，能量守恒而熵不守恒，熵必然增加；

dS_g——由于过程中的不可逆因素引起的熵增加，称为熵产。

熵分析法就是通过计算过程的不可逆熵产量，从而确定过程的㶲损失和热力学效率。

由不可逆因素（凡导致过程不可逆的因素，如摩擦、温差传热）引起的㶲损失就等于相应的炕增量，即：

$$W_{损}=-(\Delta E_x)_{不可逆}=(\Delta A_n)_{不可逆} \quad (2-13)$$

由炕的定义式 $A_n=H_0+T_0(S-S_0)$ 可知：

$$\Delta A_n=T_0\Delta S \quad (2-14)$$

由式（2－14）可知，炕与系统的熵值有关，因此可由熵平衡方程式导出系统的炕平衡方程。

对于稳态流动过程，其熵平衡方程为：

$$T_0\Delta S_{不可逆}=T_0[\sum_j(m_jS_j)_{出}-\sum_i(m_iS_i)_{入}]-T_0\sum_k\int_0^{Q_k}\delta Q_k/T_k \quad (2-15)$$

式中　$\Delta S_{不可逆}$——系统的不可逆总熵产量；

T_k——第 k 个热源的温度。

由式（2－15）导出炕平衡方程：

$$T_0[\sum_j(m_jS_j)_{出}-\sum_i(m_iS_i)_{入}]=T_0\Delta S_{不可逆}+T_0\sum_k\int_0^{Q_k}\delta Q_k/T_k \quad (2-16)$$

式（2－16）左端为出入控制体积所有物流的炕增量，右端第一项是由不可逆因素引起的炕增量，第二项是由传热引起的炕变。由此可见，稳流过程中出入控制体积物流的炕变是由过程的不可逆因素和传热这两个原因引起的。由此可得㶲损失的计算式为：

$$W_{损}=(\Delta A_n)_{不可逆}=T_0\Delta S_{不可逆}=T_0[\sum_j(m_jS_j)_{出}-\sum_i(m_iS_i)_{入}]-T_0\sum_k\int_0^{Q_k}\delta Q_k/T_k \quad (2-17)$$

对于绝热过程，式（2－17）可简化成：

$$W_{损}=T_0[\sum_j(m_jS_j)_{出}-\sum_i(m_iS_i)_{入}] \quad (2-18)$$

如果过程中系统无组成变化，则式（2－18）可写成：

$$W_{损}=T_0\sum_i\Delta S_i \quad (2-19)$$

式中　ΔS_i——出入控制体积的第 i 种流体的熵变，可用式（2－20）计算：

$$\Delta S_i=m_i[(S_i)_{出}-(S_i)_{入}] \quad (2-20)$$

式中　m_i——第 i 种流体的质量流量；

S_i——单位质量 i 流体的熵值。

对能量系统进行熵分析的步骤为：

（1）确定出入系统的各种物流量和热流量，以及各种物流的状态参数。

（2）确定物流的熵变和过程的㶲损失。

（3）确定过程的热力学效率。

过程热力学效率可用式（2－21）或式（2－22）计算。

产功过程：
$$\eta_{热力学}=\frac{W_{实际}}{W_{理想}} \tag{2-21}$$

耗功过程：
$$\eta_{热力学}=\frac{W_{理想}}{W_{实际}} \tag{2-22}$$

其中，过程的理想功（$W_{理想}$）可用式（2－23）计算：

$$W_{理想}=-\Delta H_{物流}+T_0\Delta S_{物流} \tag{2-23}$$

熵分析法的缺点是只能求出过程的不可逆㶲损失，而没有计算排除系统的物流㶲和能流㶲。因此，不能确定排出的物流㶲和能流㶲的可用性，以及由此而造成的㶲损失。

三、㶲分析法[3,4]

㶲分析法是通过㶲平衡方程确定过程的㶲损失和㶲效率，从而对系统的整体用能情况做出全面评价，揭示出系统中用能的薄弱环节，为系统用能优化指明方向。对能量系统的㶲分析首先从单元设备的㶲分析入手，然后对整个系统进行㶲分析。㶲分析法的步骤是首先确定出入系统的各种物流量、热流量和功流量，以及各种物流的状态参数，然后由㶲平衡方程确定过程的㶲损失，进而确定㶲效率。

1. 㶲值的计算

如前所述，㶲的基本含义是以环境为基准时系统的理论做功能力。系统之所以具有做功能力，是由于系统与环境之间存在着某种不平衡势。根据不平衡势的种类，㶲可分为热量㶲、冷量㶲（温差）、物质或物流㶲（包括化学㶲、物理㶲、动能㶲、位能㶲、扩散㶲）和功源㶲（包括电力㶲、水力㶲、风力㶲等）。

由于电能、机械能、风能等功源可以完全地用于完成功，因此功源㶲值在理论上等于功源总能量。热量㶲是指温度高于环境温度的系统与外界传递的热量所能做出的最大有用功，以 E_{xQ} 表示。若系统的温度为 T，与外界交换的热量为 Q，环境温度为 T_0（一般 T_0 变化不大，可视为常数）。依热力学第二定律，热量 Q 所能转变成的最大理论功为工作于这两个热源之间的卡诺循环的循环净功，也就是热量 Q 的㶲值 E_{xQ}。其计算式为：

$$E_{xQ}=Q-T_0\int\frac{\delta Q}{T}=Q-T_0\Delta S \tag{2-24}$$

若系统温度恒定不变，则有：

$$E_{xQ}=Q\left(1-\frac{T_0}{T}\right) \tag{2-25}$$

由式（2－25）可见，当环境状态一定时，单位热量的㶲值只是温度 T 的单值函数。T 越高，㶲值越高；反之，T 越低，㶲值越低，当 $T=T_0$时，㶲值为零。这说明高温下的热能比低温下的热能具有更大的可用性，可完成更多的有用功。

工程上把低于环境温度的系统与外界交换的热量称为冷量。在冷量交换过程中，也伴随着冷量㶲的交换。若系统的温度为 T（低于环境温度 T_0），与外界交换的热量为 Q'，冷量 Q' 的㶲值 $E_{xQ'}$ 为：

$$E_{xQ'}=\int\left(\frac{T_0}{T}-1\right)\delta Q'=T_0\Delta S-Q' \tag{2-26}$$

若系统温度恒定不变，则有：

$$E_{xQ'}=\left(\frac{T_0}{T}-1\right)Q' \tag{2-27}$$

与热量㶲相似，单位冷量㶲也是温度 T 的函数。T 越低，㶲值越大；T 越高，㶲值越小。$T=T_0$时，$E_{xQ'}=0$。

物质或物流㶲包括物质的化学㶲、扩散㶲、动能㶲、位能㶲和物理㶲。由于动能和位能本身就是机械能，因而可全部转变为功，即动能㶲值与动能相等，位能㶲值和位能相等。物质的化学㶲和扩散㶲的计算较复杂，这里仅说明物理㶲的计算。

对稳流系统，若不计动能和位能的变化，取系统和环境组成孤立系统，则系统由状态 A（p，T，v，s，h）可逆过渡到环境状态 O（p_0，T_0，v_0，s_0，h_0）所能完成的最大技术功即为开口系工质的物理㶲，也称为焓㶲，用 e_x表示。其计算式为：

$$e_x=w_{t,\max}=(h-h_0)-T_0(s-s_0) \tag{2-28}$$

对于 m kg 工质，其物理㶲为：

$$E_x=(H-H_0)-T_0(S-S_0) \tag{2-29}$$

由此可见，工质的物理㶲是状态参数，取决于工质状态和环境状态。环境状态一定时，仅取决于工质本身的状态。当系统与环境相平衡时，工质的物理㶲为零。若除环境外无其他热源，则工质始、终状态的㶲差即为这一过程中所能提供的最大有用功。

2. 㶲损失计算

㶲的基本含义是以环境为基准时系统的理论做功能力，它不是实际过程中系统做出的最大功，也不是系统由初态变化到与环境平衡状态实际完成的有用功。如果实际完成的功量小于系统所提供的㶲值，就意味着过程中有㶲损失。事实上，任何实际过程都存在着不可逆因素，因而也必然存在㶲损失。实际过程中的不可逆因素主要是温差传热、摩擦和节流，由此造成的不可逆稳流过程的㶲损失可表示为：

$$E_l = T_0 \Delta S_{熵产} \tag{2-30}$$

总㶲损失 E_l 为：

$$E_l = \sum_i E_{li} = \sum_i (T_0 \Delta S_{gi}) = T_0 \Delta S_g \tag{2-31}$$

式中　ΔS_{gi} ——第 i 个不可逆因素引起的熵增加；

E_{li} ——第 i 个不可逆因素引起的㶲损失；

ΔS_g ——总熵产。

（1）温差传热引起的㶲损失。若热量 Q 由温度为 T_A 的热源传递到温度为 T_B 的热源（$T_B < T_A$），该温差传热过程的熵产为：

$$\Delta S_g = Q\left(\frac{1}{T_B} - \frac{1}{T_A}\right) \tag{2-32}$$

则其㶲损失为：

$$E_l = QT_0\left(\frac{1}{T_B} - \frac{1}{T_A}\right) \tag{2-33}$$

（2）摩擦引起的㶲损失。摩擦生热是典型的不可逆过程，设吸收摩擦热的系统温度为 T，则其㶲损失为：

$$E_l = Q\frac{T_0}{T} = W_A\frac{T_0}{T} \tag{2-34}$$

（3）绝热节流引起的㶲损失。绝热节流过程引起的㶲损失为：

$$E_l = E_{H1} - E_{H2} = T_0(S_2 - S_1) \tag{2-35}$$

3. 㶲平衡方程

由于㶲损失的存在，在实际过程中不存在㶲的守恒规律。在建立㶲衡算式时，需要附加一项㶲损失作为㶲的输出项，即：

输入系统的㶲 - 输出系统的㶲 = 系统㶲的变化 + 㶲损失

对于多股物流的稳流过程，㶲平衡方程为：

$$(\sum_j E_{xj})_{出} - (\sum_i E_{xi})_{入} = \sum_k E_{xQ,k} - W_{轴} - W_{损} \tag{2-36}$$

式（2-36）表明，稳流过程中出入控制体积物流的㶲差是由两个因素引起的：一是由于系统与环境的热、功交换；二是由于过程的不可逆㶲损失。将式（2-36）移项后，可得稳流过程的㶲损失计算式：

$$W_{损} = \sum_k E_{xQ,k} + (\sum_j E_{xj})_{入} - (\sum_i E_{xi})_{出} - W_{轴} \tag{2-37}$$

对于恒组成的稳流过程，物流的化学㶲无变化，㶲损失计算式可简化为：

$$W_{损} = \sum_k E_{xQ,k} - \sum \Delta H_i + T_0 \Delta S_i - \sum m_i(\frac{\Delta u_i^2}{2} + g\Delta Z_i) - W_{轴} \tag{2-38}$$

式中　ΔH_i，ΔS_i，Δu_i，ΔZ_i——出入控制体积的 i 种流体的焓变、熵变、速度变化和位高变化。

其中：

$$\Delta S_i = m_i [(s_i)_{出} - (s_i)_{入}] \tag{2-39}$$

$$\Delta H_i = m_i [(h_i)_{出} - (h_i)_{入}] \tag{2-40}$$

应用式（2-38）计算㶲损失时，可结合实际情况做下述简化计算。

（1）对流体的流速 u 和位高 z 变化不大的化工过程，㶲损失计算式可简化为：

$$W_{损} = \sum_k E_{xQ,k} - \sum_i \Delta E_{xi} - W_{轴} \tag{2-41}$$

式中　ΔE_{xi}——出入控制体积的 i 种流体的㶲值变化，其可用式（2-42）计算：

$$\Delta E_{xi} = m_i [(E_{xi})_{出} - (E_{xi})_{入}] \tag{2-42}$$

（2）绝热有功交换的过程，包括绝热压缩和膨胀过程。㶲损失计算式可简化为：

$$W_{损} = \sum_i \Delta E_{xi} - W_{轴} \tag{2-43}$$

这类过程涉及的设备有离心压缩机、蒸汽透平、膨胀机、鼓风机和泵等。

（3）有热交换而无功交换的过程。由于 $W_{轴}=0$，㶲损失计算式可简化为：

$$W_{轴} = \sum_k E_{xQ,k} - \sum_i \Delta E_{xi} \tag{2-44}$$

这类过程涉及的设备是有热损失的换热器等。

（4）绝热无功交换的过程。由于 $W_{轴}=0$，$\sum E_{xQ}=0$，㶲损失计算式可简化为：

$$W_{损} = -\sum_i \Delta E_{xi} \tag{2-45}$$

这表明绝热无功交换的过程，其㶲损失等于出入控制体积的物料的㶲减少。

（5）对于循环过程，如控制体积内仅包括循环工质，则由于循环工质 $\sum_i \Delta E_{xi}=0$，㶲损失计算式可简化为：

$$W_{损} = \sum_k E_{xQ,k} - W_{轴} \tag{2-46}$$

可由过程的热流㶲及功流㶲计算 $W_{损}$。

4. 㶲效率

对于在给定条件下进行的过程来说，㶲损失大，说明过程的不可逆性大，因此㶲损失的大小能够用来衡量该过程的热力学完善程度。但是，㶲损失是一个绝对量，不能用来比较不同条件下过程进行的完善程度，不能用来评价不同设备或过程中㶲的利用程度。为此，引入㶲效率的概念，来衡量设备、过程或系统在能量转换方面的完善程度。㶲效率就是㶲的收益量与㶲的支出量之比，常用 η_{ex} 表示，该值的大小表明了系统中有效能的利用程度。㶲效率高，说明系统中不可逆因素所引起的㶲损失小。对于可逆过程，由于不存在㶲损失，因此㶲效率 $\eta_{ex}=1$；而对于不可逆过程，$\eta_{ex}<1$。因此，㶲效率反映了实际过程接近理想过程的程度，表明了过程的热力学完善程度，进而指明了改善过程的可能性。

根据对收益和支出的理解不同，目前已提出的㶲效率表达式主要有：

$$\eta_{ex}^{\mathrm{I}}=\frac{\text{离开系统的各㶲值之和}}{\text{进入系统的各㶲值之和}}-\frac{(E_x)_{out}}{(E_x)_{in}}=1-\frac{E_l}{(E_x)_{in}} \tag{2-47}$$

$$\eta_{ex}^{\mathrm{II}}=\frac{\text{实际利用各㶲值之和}}{\text{提供的㶲值之和}}=\frac{(E_x)_a}{(E_x)_{th}} \tag{2-48}$$

一些常用的设备或过程的㶲效率计算式如下。

（1）换热器。换热器的㶲效率计算式为：

$$\eta_{ex}^{\mathrm{I}}=\frac{E_2+E'_2}{E_1+E'_1} \tag{2-49}$$

或

$$\eta_{ex}^{\mathrm{II}}=\frac{E'_2-E'_1}{E_1-E_2} \tag{2-50}$$

式中　E_1，E_2——热流体进入和离开换热器时的㶲；

E'_1，E'_2——冷流体进入和离开换热器时的㶲。

对于混合式换热器，常采用前一种表达方式；而对于间壁式换热器，常采用后一种表达方式。

（2）透平。透平的㶲效率计算式为：

$$\eta_{ex}^{\mathrm{I}}=\frac{E_2+W_S}{E_1} \tag{2-51}$$

或

$$\eta_{ex}^{\mathrm{II}}=\frac{W_S}{E_1-E_2} \tag{2-52}$$

式中　W_S——透平输出的轴功。

对于背压透平，常用 η_{ex}^{I}；而对于凝汽式透平，常用 η_{ex}^{II}。

（3）压缩机或泵。压缩机或泵的㶲效率计算式为：

$$\eta_{ex}=\frac{E_2-E_1}{W_P} \tag{2-53}$$

式中　W_P——压缩机或泵输入的功。

（4）锅炉或加热炉。锅炉或加热炉的㶲效率计算式为：

$$\eta_{ex}=\frac{E_2-E_1}{E_F} \tag{2-54}$$

式中　E_F——锅炉输入的燃料㶲。

（5）节流阀。节流阀的㶲效率计算式为：

$$\eta_{ex}=\frac{e_2}{e_1} \tag{2-55}$$

从热力学第一定律得到的热效率，是从能量的数量上去评价过程的优劣。此时，只要没有散热损失或排放物质的排热损失，能量的利用率就是1。如绝热节流过程，因没有能量的散失，其能量利用率为1，过程就算是完善的。但从热力学第二定律的㶲分析出发，绝热节流过程是不可逆过程，有㶲的损失，其㶲效率小于1，过程是不完善的。因此，㶲效率从能量的质来评价过程的优劣，用热力学上等价的能量进行比较，成为评价各种实际过程热力学完善程度的统一标准。

四、热经济学分析法[4]

㶲分析法是以没有势差的可逆过程为基准分析实际过程的，而实际过程均是在一定势差驱动下的不可逆过程。㶲效率的高低与过程的可逆程度有关，而可逆过程是推动力无限小的过程，速度极慢，这在实际过程中是不现实的，因为这将使设备尺寸趋于无穷大。并且，㶲分析法认为，无论是热量㶲、机械㶲、焓㶲等都是等价的。然而从工程角度看，它们并不等价。因为获得同样数量不同形式的㶲，需要的经济代价不同，需要的工程设备不同、流程不同，使得获得不同形式㶲的㶲损失、设备投资和设备折旧也不相同。即使是同样形式的㶲，在实际工程中也常常不等价。例如，蒸汽动力装置中同样数量的蒸汽焓㶲，在锅炉出口和蒸汽机入口是不等价的。因此，采用㶲分析只能分析实际能量系统距离理想可逆过程的差距，所得出的结论只能作为指导性建议。在进行㶲分析和优化时，要考虑经济问题。

热力学分析与经济优化理论相结合产生一种新的分析方法——热经济学，又称㶲经济学。热经济学不同于传统的技术经济学，它研究㶲单价与能量品质之间的关系，通过建立数学模型及求解，确定产品成本最低的条件，进而做出投资决策。

1. 热经济学评价指标

对于热经济学，经常采用的评价指标是投资回收期和年度化成本。投资回收期是指工程项目净收益的累积值偿还投资总额所需的时间，一般以年为单位，从项目建设投资之日算起。根据投资回收期的定义，可将投资回收期 τ 表示为：

$$\tau=\frac{C_T}{C_{in}-C_{out}} \tag{2-56}$$

式中　C_T——工程项目的投资总额；

$C_{in}-C_{out}$——项目投产后每年的净收益（设每年的净收益相等）。

各部门和行业均有各种工程的基准投资回收期 τ_s，工程项目求得的投资回收期 τ 要与基准投资回收期 τ_s 比较。当 $\tau\leqslant\tau_s$ 时，认为项目是可以接受的；当 $\tau>\tau_s$ 时，认为项目不可取。

在评价不同技术方案时，将各种费用折合到每一年内，这种按资产使用寿命均摊到每一年的费用称为年度化费用或年度化成本。年度化费用 F_Y 可按式（2－56）计算：

$$F_Y=\left\{[C_0-F_f\cdot \mathrm{PWF}(i,n)]+\sum_{m=1}^{n}F_m\cdot \mathrm{PWF}(i,n)\right\}\mathrm{CRF}(i,n) \quad (2-57)$$

其中：

$$\mathrm{PWF}(i,n)=(1+i)^{-n}$$

$$\mathrm{CRF}(i,n)=\frac{i(1+i)^n}{(1+i)^n-1}$$

式中 C_0——工程项目初投资；

F_f——n 年后设备最终价值；

$\mathrm{PWF}(i,n)$——现金系数；

$\mathrm{CRF}(i,n)$——资金回收系数；

n——年限；

i——年利率；

F_m——与第 m 年有关的费用，如第 m 年耗费的燃料等运行费。

2. 㶲成本方程

在能量系统的热经济学分析中，除了质量守恒方程、能量守恒方程、㶲平衡方程外，还需加一个经济平衡方程式，又称㶲成本方程。

对于一个系统来说，输入系统的价值有：

（1）供给能的价值 C_{in} = 供给能的㶲单价 c_{in} × 供给能的 㶲值 $(E_x)_{in}$。

（2）设备投资费用 C_{eq}。

（3）经营管理费用 C_{ad}。

输出系统的产品成本 C_{out} = 单位产品能的 㶲成本 c_{out} × 产品能的㶲值 $(E_x)_{out}$，输入系统的价值应等于输出产品的成本，即：

$$c_{out}\times(E_x)_{out}=c_{in}\times(E_x)_{in}+C_{eq}+C_{ad} \quad (2-58)$$

式（2－58）是㶲经济方程的基本形式，也称为成本方程。下面以锅炉为例说明成本方程的应用。

锅炉的供给㶲是燃料的化学㶲 E_{xf}，㶲单价为 c_f，由成本方程式可得到产品的㶲单价为：

$$c_{out}=c_f\frac{E_{xf}}{(E_x)_{out}}+\frac{C_{eq}}{(E_x)_{out}}+\frac{C_{ad}}{(E_x)_{out}}=\frac{c_f}{\eta_{ex}}+c_{eq}+c_{ad} \quad (2-59)$$

式中 η_{ex}——㶲效率；

c_{eq}——锅炉的比投资，即输出 1kJ 㶲所需要的投资费用；

c_{ad}——比管理费用，即输出1kJ㶲所需的管理费用。

η_{ex}，c_{eq} 和 c_{ad} 都与生产过程及生产条件密切相关，如果能确定它们之间的函数关系，就可对上式求极值，从而确定㶲成本最小的生产条件。当然也可以针对某几种生产条件计算产品的㶲成本，确定较好的生产条件。

热经济学分析可以应用于工艺设备、生产单元、生产大系统，甚至国家经济问题的分析，有些情况需要求解非线性方程组，以解决工艺优化和经济决策问题。

第二节　夹点分析法

夹点分析法[5,6]将热力学与系统工程相结合，从宏观的角度分析过程系统中能量沿温度的分布，从系统用能的角度出发，综合考虑设备投资、操作费、操作弹性及可控性等多方面的因素，使能量在系统中合理流动，以提高能量的利用率。

一、夹点分析法基本理论

1. 过程系统的夹点及其意义

1）温—焓（T—H）图

T—H 图的纵坐标为温度 T，单位为K（或℃），横坐标为焓 H，单位为kW。这里的焓具有热容流率的单位，相当于物理化学中的焓（单位是kJ/kg）与物流的质量流率（单位是kg/s）的乘积。一个物流的换热过程在 T—H 图上可以用一段线（直线或曲线）来表示。给定物流的初始、终了温度和该换热过程的焓与温度的关系，即可将该流股用一有向线段标绘在 T—H 图上。例如，任意两条无相变的流股 C_1 和 C_2，根据其初始和终了温度及焓差（热负荷），可将其在 T—H 图（图2-1）上表示为两条有向线段 AB 和 CD。

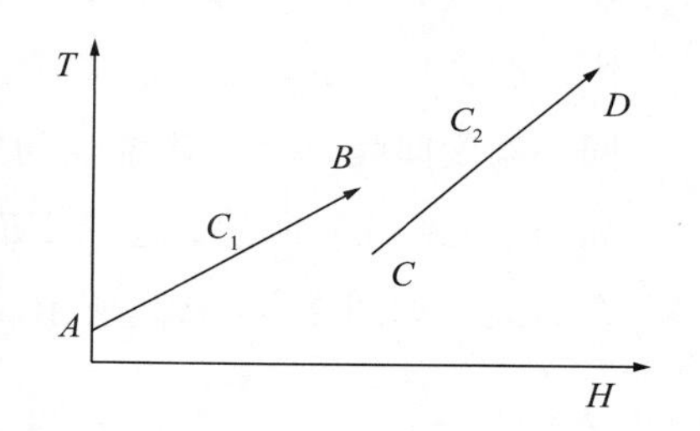

图2-1　流股在 T—H 图上的表示

该有向线段有两个特征：一是线段的斜率为流股的热容流率CP的倒数，由热量衡算有：

$$\Delta H = Q = \mathrm{CP}(T_t - T_s) = \mathrm{CP}\Delta T \tag{2-60}$$

则该线段的斜率为 $\dfrac{\Delta T}{\Delta H} = \dfrac{1}{\mathrm{CP}}$。线段的另一特征是线段可以在 T—H 图中做水平移动，而不改变其对物流热特性的描述。实际生产中，物流的类型是多种多样的，几种不同物流在 T—H 图上的标绘如图2-2所示。

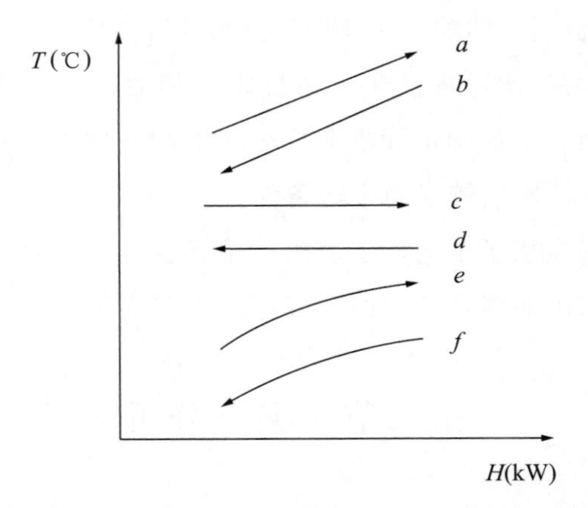

图 2-2　几种不同类型物流在 T—H 图上的标绘

a—无相变冷物流；b—无相变热物流；c—纯组分饱和液体汽化；
d—纯组分饱和蒸汽冷凝；e—多组分饱和液体汽化；f—多组分饱和蒸汽冷凝

2）组合曲线

在一个过程中会有多个热物流和多个冷物流，将这些热物流或冷物流按照一定方法将其组合起来，就会得到过程的热组合曲线和冷组合曲线。组合曲线的构造过程以下例说明。如图 2-3（a）所示的两个冷物流 AB 和 CD，首先将 CD 平移，使其末端 C 点落在通过点 B 所作的垂线上，即使物流 C_1 和 C_2 “首尾相接”，然后沿点 C，B 分别作水平线，交 AB 于 E，交 CD 于 F。该过程表明物流 C_1 的 BE 部分和物流 C_2 的 CF 部分位于同一温度间隔，可将该温度间隔内的热负荷加和，用一个虚拟物流，即线段 EF 表示，如图 2-3（b）所示。连接 EF 得到组合曲线 $AEFD$，即表示冷物流 C_1 和 C_2 两流股组合曲线，如图 2-3（c）所示。

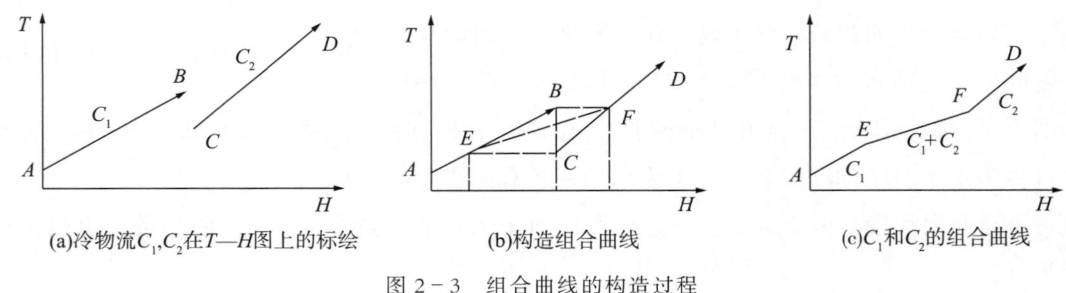

图 2-3　组合曲线的构造过程

多个物流的组合曲线做法同前，只要把相同温度间隔内的物流的热负荷累加起来，然后在该温度间隔内用一个具有累加热负荷的虚拟物流来代表即可。将过程的所有热物流和冷物流分别按上述方法组合，即可得到过程的热组合曲线和冷组合曲线。

3）夹点的形成

当有多股热物流和多股冷物流进行换热时，可在同一 T—H 图上按照上述方法将所有热物流进行组合得到热组合曲线，将所有冷物流进行组合得到冷组合曲线，两条曲线之间的相对位置如图 2－4 所示。

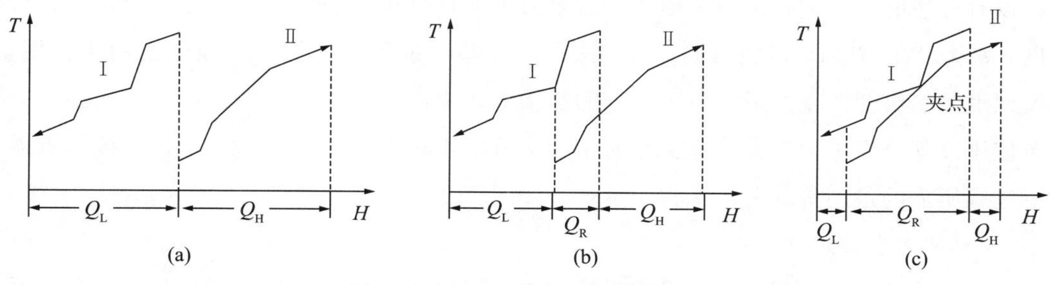

图 2－4　热冷组合曲线的相对位置

如图 2－4（a）所示，过程中热物流的热量没有被回收。全部冷物流由加热公用工程加热，全部热物流由冷却公用工程冷却。此时，所需加热公用工程用量 Q_H 和冷却公用工程用量 Q_C 为最大。如图 2－4（b）所示，将冷组合曲线Ⅱ水平向左移动，至冷组合曲线部分与热组合曲线Ⅰ在 H 轴上的投影有部分重叠。此时，表明热物流所放出的一部分热量 Q_R 可以用来加热冷物流，从而使所需的加热公用工程用量 Q_H 和冷却公用工程用量 Q_C 均相应减少。但此时是用高温位的热物流加热低温的冷物流，传热温差较大，热量回收有限。继续将冷组合曲线Ⅱ左移至图 2－4（c）所示的位置，使热组合曲线Ⅰ和冷组合曲线Ⅱ在某点重合。此时，所需加热公用工程用量和冷却公用工程用量最小，所回收的热量 Q_R 达到最大。冷、热组合曲线在某点重合时，意味着在这一点，热、冷物流之间的传热温差为 0。而传热温差为 0 的传热需要无限大的传热面积，这是不现实的。为此，可以通过技术经济评价确定一个系统最小的传热温差，热、冷组合曲线传热温差最小的地方称为夹点，如图 2－5 所示的 PQ。

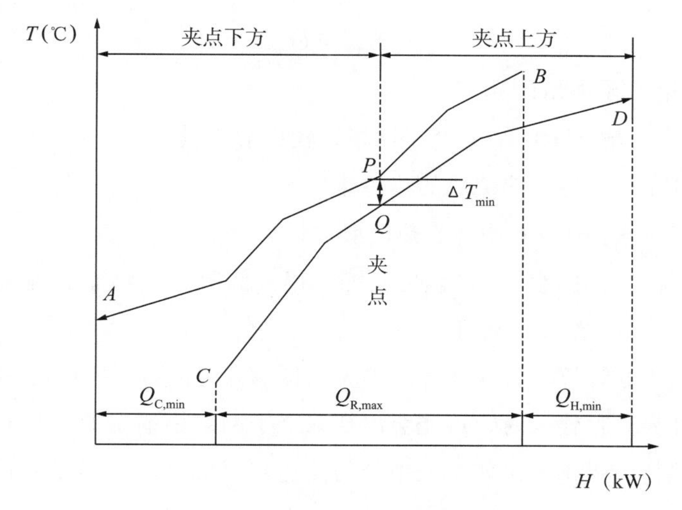

图 2－5　夹点位置的确定

图 2-5 中冷、热组合曲线在 H 轴上投影的重叠部分 $Q_{R,max}$ 为过程内部冷、热流体之间的换热，是该夹点温差下过程的最大热回收热量。对于冷组合曲线上方的 ED 段，已没有合适的热工艺物流与之换热，需要采用加热公用工程使这部分冷物流达到目标温度，ED 段在 H 轴上的投影 $Q_{H,min}$ 为该夹点温差下过程所需的最小加热公用工程用量。类似地，热组合曲线的下方 AF 部分的热物流，也没有合适的冷工艺物流与之换热，需要使用冷却公用工程将其冷却到目标温度，AF 段在 H 轴上的投影 $Q_{C,min}$ 为该夹点温差下过程所需的最小冷却公用工程用量。

4）问题表格法确定夹点

由夹点的形成过程可见，过程系统的夹点可以利用 $T—H$ 图法图解确定。但当系统中热、冷物流较多时，该法比较繁琐，此时可采用问题表格法准确计算系统夹点。用问题表格法确定夹点位置是比较常用的方法，其计算步骤如下：

（1）划分温度区间。以垂直轴为物流温度的坐标，把各物流按其初温和终温标绘成有方向的垂直线。若系统夹点温差为 ΔT_{min}，标绘时，在同一水平位置的冷、热物流间要刚好相差 ΔT_{min}，即热物流的标尺数值比冷物流标尺的数值多 ΔT_{min}，这样就保证了热、冷物流间有 ΔT_{min} 的传热温差。由各个热、冷物流的初温点和终温点作水平线，由此得到不同的温度间隔，每个温度间隔称为子网络。相邻子网络之间的界面温度可以人为定义一个虚拟的界面温度，其值等于该界面处热、冷流体温度的算术平均值。

（2）依次对每一个子网络进行热量衡算，确定每一个子网络所需的加热量和冷却量。对任一子网络 k 热衡算式为：

$$O_k = I_k - D_k \tag{2-61}$$

$$D_k = \left(\sum_{i=1}^{m_c} CP_{ci} - \sum_{j=1}^{m_h} CP_{hj}\right)(T_k - T_{k+1}) \tag{2-62}$$

$$I_{k+1} = O_k \tag{2-63}$$

式中 D_k ——第 k 子网络的赤字；

I_k，O_k ——输入子网络 k 及子网络 k 输出的热量；

CP_{ci}，CP_{hj} ——冷、热流股的热容流率；

m_c，m_h ——子网络 k 中冷、热流股数；

$T_k - T_{k+1}$ ——子网络 k 的温度间隔，用该间隔的热物流的温差或冷物流温度之差计算均可。

（3）进行热级联计算。首先计算外界无热量输入时的各子网络的热流量。

系统在无外界热量输入时，可能会出现某个子网络中输出的热量 O_k 为负值的情况，说明系统中的热物流提供不出使系统中冷物流达到目标温度的热量（在指定的允许最小传热温差 ΔT_{min} 前提下）。由热力学第二定律可知，在无外功的条件下，热量不会从低温位向高温位流动，也就是说，系统需要采用外部公用工程（如加热蒸汽）提供热量，使 O_k（或 I_k）消除负值。所需外界提供的最小热量就是应该使各子网络中的所有的 I_k 或 O_k 消除负值，即使 I_k 或 O_k 中负值最大者变为零。按有外界输入的热量重做热衡算，确定外界加入的最小热量，即最小加热公用工程用量。从第一个子网络开始，依次进行各子网络的热量衡算，最后一个子网络输出的热量即为最小冷却公用工程用量。

（4）子网络热流通量为 0 处，即为夹点。

【例 2-2】一过程系统含有的工艺物流为两个热物流和两个冷物流，物流数据见表 2－2。热、冷物流间最小允许传热温差 $\Delta T_{min}=20$℃，用问题表格法确定系统夹点的位置。

表 2－2　【例 2-2】物流数据

物流标号	热容流率 CP(kW/℃)	初始温度 T_s(℃)	终了温度 T_t(℃)	热负荷 Q(kW)
H_1	2.0	150	60	180
H_2	8.0	90	60	240
C_1	2.5	20	125	262.5
C_2	3.0	25	100	225

解：

（1）按问题表格法步骤 1，划分温度间隔，得到问题表格（1），见表 2－3。

表 2－3　【例 2-2】问题表格（1）

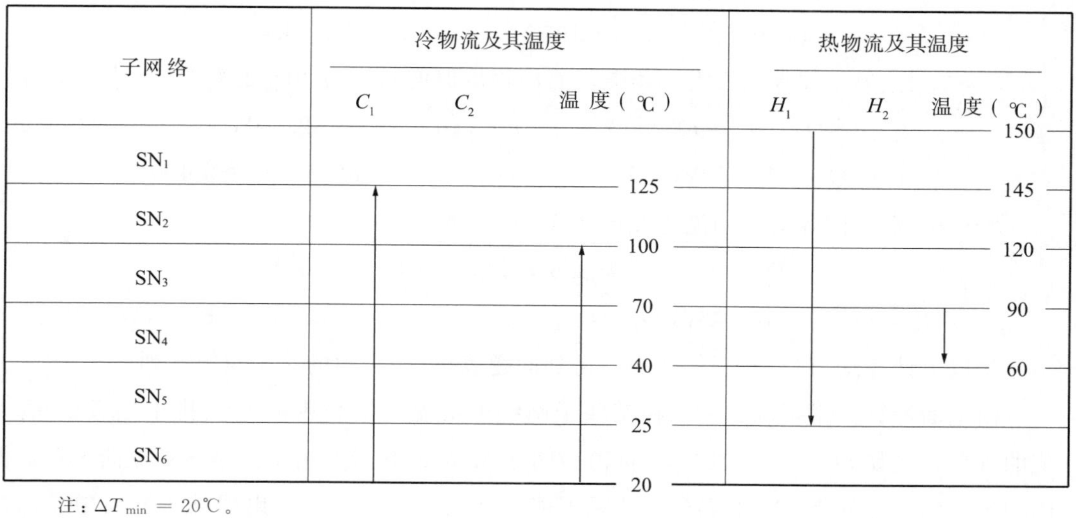

子网络	冷物流及其温度			热物流及其温度		
	C_1	C_2	温度(℃)	H_1	H_2	温度(℃)
				↓		150
SN_1				↓		
	↑		125	↓		145
SN_2	↑			↓		
	↑	↑	100	↓		120
SN_3	↑	↑		↓		
	↑	↑	70	↓	↓	90
SN_4	↑	↑		↓	↓	
	↑	↑	40	↓	↓	60
SN_5	↑	↑		↓		
	↑	↑	25	↓		
SN_6	↑					
	↑		20			

注：$\Delta T_{min}=20$℃。

由表 2－3 可见，共得到 6 个子网络。

（2）自上而下依次对每个子网络在没有外界热量输入的情况下进行热量衡算。

$k=1$，温度间隔对热物流为150～145℃，

$$D_1=I_1-O_1=(0-2)\times(150-145)=-10\text{kW}$$

表明子网络SN_1有赤字10kW。

$I_1=0$，说明没有从外界供给进来的热量。由热量衡算可知：

$$O_1=I_1-D_1=0-(-10)=10\text{kW}$$

说明SN_1中的剩余热量可以输出给外界或其他子网络。

$k=2$，温度间隔对热物流为145～120℃，

$$D_2=I_2-O_2=(2.5-2)\times(145-120)=12.5\text{kW}$$

表明子网络SN_2有赤字12.5kW。

$I_2=O_1=10\text{kW}$，表明SN_1有剩余热量供给SN_2，则：

$$O_2=I_2-D_2=10-12.5=-2.5\text{kW}$$

说明SN_2只能向SN_3提供负的剩余热量。

$k=3$，温度间隔对热物流为120～90℃，

$$D_3=I_3-O_3=(2.5+3-2)\times(120-90)=105\text{kW}$$

$I_3=O_2=-2.5\text{kW}$，表明SN_2提供负的剩余热量。

$$O_3=I_3-D_3=-2.5-105=-107.5\text{kW}$$

$k=4$，温度间隔对热物流为90～60℃，

$$D_4=I_4-O_4=(2.5+3-2-8)\times(90-60)=-135\text{kW}$$

$I_4=O_3=-107.5\text{kW}$，表明SN_3提供负的剩余热量。

$$O_4=I_4-D_4=-107.5-(-135)=27.5\text{kW}$$

$k=5$，该温度间隔内没有热物流，对冷物流温度间隔为40～25℃，

$$D_5=I_5-O_5=(2.5+3)\times(40-25)=82.5\text{kW}$$

$$I_5=O_4=27.5\text{kW},\quad O_5=I_5-D_5=27.5-82.5=-55.0\text{kW}$$

$k=6$，温度间隔对冷物流为25～20℃，

$$D_6=I_6-O_6=2.5\times(25-20)=12.5\text{kW}$$

$$I_6=O_5=-55.0\text{kW},\quad O_6=I_6-D_6=-55.0-12.5=-67.5\text{kW}$$

将以上计算结果列于表2-4中，得到问题表格（2）中的第1至第4列。

由上面计算结果可以看出，在某些子网络中出现了供给热量I_k及排出热量O_k为负值的现象，例如$O_2=-2.5\text{kW}$，负值表明2.5kW的热量要由子网络SN_3流向SN_2，但因为SN_3的温位低于SN_2的温位，这是不能实现的。因此，一旦出现某子网络中排出热量O_k为负值的情况，就说明在指定的最小允许传热温差ΔT_{min}前提下，系统中的热物流不能提供系统中冷物流达到终温所需的热量。此时，需要采用外部公用工程物流（如加热蒸汽或燃烧炉等）提供热量，使O_k（或I_k）消除负值。所需外界提供的最小热量就

是使子网络中所有的 O_k（或 I_k）消除负值，即使 O_k（或 I_k）中负数绝对值最大者变成零。

本题中，$I_4=O_3=-107.5$kW，为 O_k 或 I_k 中负值最大者，因此需外界提供热量 107.5kW，即向第一个子网络输入 $I_1=107.5$kW，使得 $I_4=O_3=0$kW。当 I_1 由 0 改为 107.5kW 时，各子网络依次做热量衡算，结果列于表 2－4 中的第 5 列和第 6 列。实际上，该表的第 3、第 4 列中各值分别加上 107.5kW，即可得出表中第 5、第 6 列的值。

表 2－4 【例 2-2】问题表格（2）

子网络	赤字 D_k（kW）	热流量（kW）			
		无外界输入最小热量		有外界输入最小热量	
		I_k	O_k	I_k	O_k
SN_1	－10	0	10	107.5	117.5
SN_2	12.5	10	－2.5	117.5	105
SN_3	105	－2.5	－107.5	105	0
SN_4	－135	－107.5	27.5	0	135
SN_5	82.5	27.5	－55	135	52.5
SN_6	12.5	－55	－67.5	52.5	40

由表 2－4 中的第 5、第 6 列可见，子网络 SN_3 输出的热流量（也是子网络 SN_4 的输入热流量）为 0，此处即为夹点，该处的传热温差刚好为 ΔT_{min}。由表 2－3 可知，夹点处热物流的温度为 90℃，冷物流的温度为 70℃，夹点温度可以用该界面的虚拟温度（90℃＋70℃）/2＝80℃来代表。表 2－4 中第 5 列第 1 个元素为 107.5，为系统所需的最小加热公用工程负荷 $Q_{H,min}$。表中第 6 列最后一个元素为 40，则为系统所需的最小冷却公用工程负荷 $Q_{C,min}$。

5）夹点的意义

由上述 T—H 图和问题表格法确定夹点位置的过程可以看出，夹点具有两个特征：一是该处热、冷物流间的传热温差最小，刚好等于 ΔT_{min}；二是该处（温位）过程系统的热流量为零。由这些特性可知夹点的意义如下：

（1）夹点处热、冷物流间传热温差最小为 ΔT_{min}，它限制了进一步回收过程系统的能量，构成了系统用能的“瓶颈”，若要增大过程系统的能量回收，减小公用工程负荷，就需要改善夹点，以解瓶颈。

（2）夹点位置过程系统的热流量为零，从热流量的角度上（或从温位的角度上），它把过程系统分为两个独立的子系统，夹点上方为热端（温位高），只需要加热公用工程，也称为热阱（Heat Sink）。夹点下方为冷端（温位低），只需要冷却公用工程，也称为热源（Heat Source）。

为保证过程系统具有最大的能量回收，设计中应该遵循三条基本原则：①夹点处不能有热流量穿过；②夹点上方不能引入冷却公用工程；③夹点下方不能引入加热公用工程。

如果夹点处有热流量通过，在夹点上方引入冷却公用工程或在夹点下方引入加热公用工程，均会导致过程系统所需的最小加热公用工程和冷却公用工程增加，如图2－6所示。

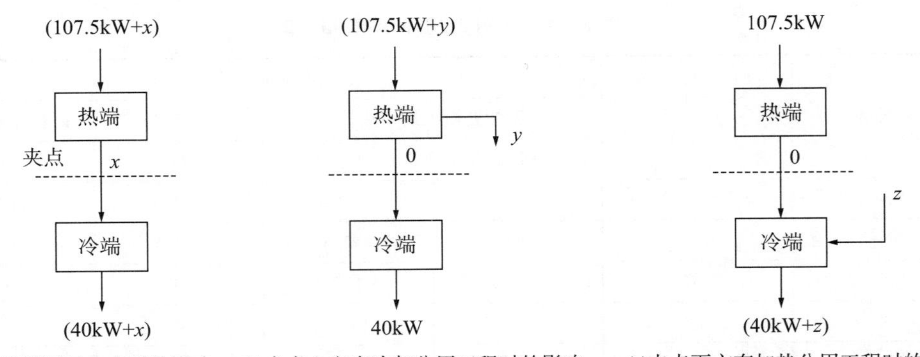

(a)热流量通过夹点时的影响 (b)夹点上方有冷却公用工程时的影响 (c)夹点下方有加热公用工程时的影响

图2－6 夹点的意义

如图2－6（a）所示，如果加入子网络 SN_1 的公用工程加热负荷比最小所需值107.5kW还多 x，则按热级联逐级进行热衡算，也有 x 的热流量通过夹点，所需的冷却公用工程负荷也比最小的所需值40kW增加 x。如果在夹点上方引入冷却公用工程用量 y，如图2－6（b）所示，则由热端各子网络的热衡算可知，加入热端第一个子网络的加热公用工程用量也需增加 y。类似地，如果在夹点下方引入加热公用工程用量 z，如图2－6（c）所示，则由冷端各子网络的热衡算可知，所需的冷却公用工程用量也需增加 z。

上述三条基本原则不只局限于换热器网络系统，也同样适用于热—动力系统、换热—分离系统以及全流程系统的最优综合问题。

二、过程系统夹点位置的确定

由夹点的特征可知，夹点是限制过程系统最大热回收的瓶颈，故其位置的确定至关重要。如果确定出的夹点位置不准确，采用夹点分析所得出的设计或改进方案就会难以达到预期的效果。

1. 最佳夹点温差的确定

过程装置的费用由设备投资费和装置运行费两部分组成。设备投资费包括购买及安装各种设备的费用，而装置运行费主要是由装置的公用工程消耗决定的，夹点传热温差

ΔT_{min} 与这两个因素都有密切关系，而且随着 ΔT_{min} 值的不同，设备投资费和装置运行费的变化趋势是不同的。夹点温差与费用之间的关系如图 2－7 所示。夹点温差越小，则热回收热量越多，所需的加热公用工程和冷却公用工程量越小，从而使运行中的能量费用越小。然而夹点温差越小，则整个换热网络各处的传热温差均相应减小，从而使换热面积增加，造成网络投资费用增大；反之，则能量费用增加，投资费用减小。因此，当系统物流参数和经济环境一定时，存在一个使总费用最小的夹点温差——最佳夹点温差。

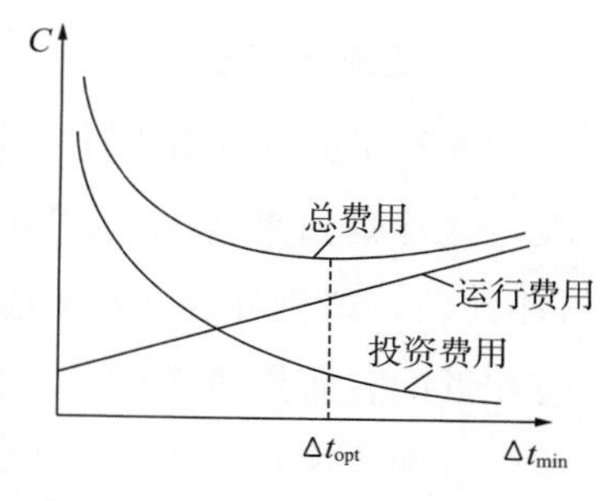

图 2－7　夹点温差和费用的关系

最佳夹点温差的确定，可按以下三种方法确定。

（1）根据经验确定。此时，需要考虑公用工程和换热设备的价格、换热工质和传热系数等因素的影响。当换热器材质价格较高而能源价格较低时，可取较大的传热温差以减小换热面积。当能源价格较高时，则取较小的夹点温差，以减少公用工程用量。

换热工质和传热系数对 ΔT_{min} 也有较大影响。当传热系数较大时，可取较小的 ΔT_{min}。另外，企业出于操作弹性的考虑，往往希望传热温差不小于某个值，此时也可取该值作为夹点温差。

（2）在网络综合之前，依据冷、热组合曲线，通过数学优化估算最优夹点温差。该方法是指定一个 ΔT_{min}，做出过程的冷、热组合曲线。然后确定过程能量目标（加热公用工程用量 Q_H 和冷却公用工程用量 Q_C）、换热单元数目目标（最小换热单元数 U_{min}）和换热面积目标（总换热面积 $\sum A$），根据这些参数，计算总费用目标。判断总费用目标是否达到最优，若达到，则输出计算结果；若没有达到，则改变 ΔT_{min}，重新计算。ΔT_{min} 的优化步骤如图 2－8 所示。

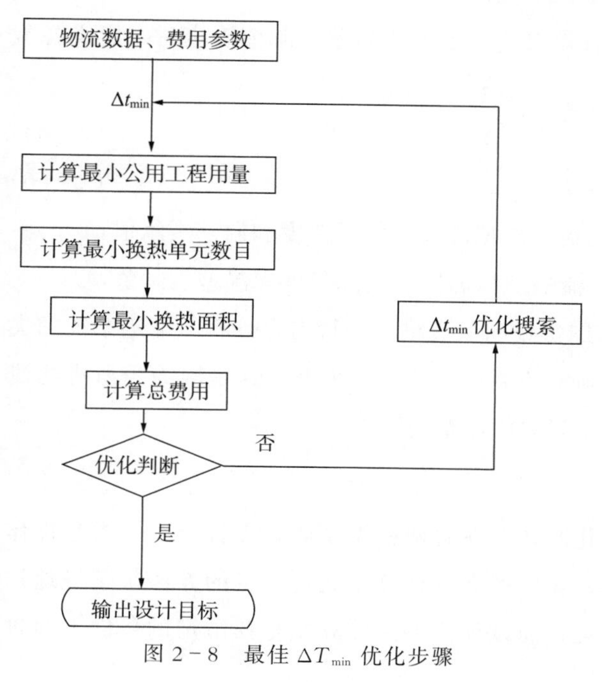

图 2－8　最佳 ΔT_{min} 优化步骤

（3）综合出不同夹点温差 ΔT_{min} 下的换热网络，比较各网络的总费用，总费用最低的网络所对应的夹点温差即为最佳夹点温差。用这种方法所求得的最佳夹点温差是实际的最优夹点温差，但该方法的工作量较大。

2. 虚拟温度法

在利用夹点分析设计一个新的过程系统或对现有的过程系统进行用能分析的初始阶段，通常是过程系统采用单一的最小允许传热温差 ΔT_{min}（或称过程热回收温差HRAT），该值可通过经验选取或优选。这种方法的理论基础是假设过程中所有流股具有相近的表面传热系数，所用换热器采用相同结构和材料。然而，对于现有的过程系统，特别是现有的大型复杂过程系统来说，系统流股众多，每条流股具有各自的表面传热系数。因此，热、冷流股间匹配换热的传热温差也各不相同，在数值上相差很大（如采用烟道气加热时，ΔT_{min} 可达几百度，而深冷系统 ΔT_{min} 则可低至2～3℃），即使同一条流股与不同流股匹配换热时，传热温差也各不相同。并且当流股具有腐蚀性，或者深冷工业、高压装置等对温度和压力有特定的要求时，需求的设备材料费用较高，在这种情况下，为了减少换热面积，需要选择较大的传热推动力以降低设备成本。因此，对现有过程装置进行夹点分析时，单一的 ΔT_{min} 不能准确地反映实际流股匹配换热的传热温差。

为此，采用各流股的传热温差贡献值 ΔT_C^i 代替单一的 ΔT_{min}。定义相互匹配换热的第 i 条热流股对传热温差的贡献值 ΔT_C^{iH} 与第 j 条冷流股对传热温差的贡献值 ΔT_C^{jC} 之和为该单元的对数平均传热温差 ΔT_m，即：

$$\Delta T_m = \Delta T_C^{iH} + \Delta T_C^{jC} \tag{2-64}$$

各物流对传热温差的贡献值的实质是该物流侧的传热推动力，应有一适宜值，用以修正各流股的实际温度，以体现流股的有效温位。各流股温差贡献值确定后，定义各流股的虚拟温度为：

$$T_p^{iH} = T^{iH} - \Delta T_C^{iH} \tag{2-65}$$

$$T_p^{jC} = T^{jC} + \Delta T_C^{jC} \tag{2-66}$$

式中　T_p^{iH}，T^{iH}，ΔT_C^{iH}——第 i 条热物流的虚拟温度、实际温度和温差贡献值，℃；

T_p^{jC}，T^{jC}，ΔT_C^{jC}——第 j 条冷物流的虚拟温度、实际温度和温差贡献值，℃。

利用修正后的流股温度，用 $T—H$ 图法或问题表格法进行夹点计算，确定系统的夹点，即所谓的虚拟温度法。虚拟温度法确定的夹点处 ΔT_{min} 为零，这是因为当所有物流转换成虚拟温度后，都已经考虑了各物流间的传热温差值。

3. 操作型夹点计算

将夹点分析法应用于系统的节能优化时，存在着两种类型的夹点计算：一类是操作型夹点计算；另一类是设计型夹点计算。操作型夹点计算是通过一定的方法来正确地描述现有装置物流、能流的流动及分布情况；而设计型夹点计算则是在给定的条件下通过一定的方法来实现优化设计。

操作型夹点计算就是确定现有装置系统中热流量沿温度的真实分布。一般有两种计算方法：一种方法是全过程系统采用单一的最小允许传热温差 ΔT_{min} 来确定夹点位置；另一种方法是在计算中采用现场流程中各冷、热流股匹配换热的实际传热温差。

（1）采用单一的 ΔT_{min} 确定夹点位置，计算步骤如下：

①收集过程系统中热、冷物流数据，包括热容流率、初温、终温等。

②选择一最小允许的传热温差，确定夹点位置，并得到系统所需的加热、冷却最小公用工程负荷 $Q_{H,min}$ 及 $Q_{C,min}$。

③修正 ΔT_{min}，直至 $Q_{H,min}$ 及 $Q_{C,min}$ 与现有过程系统所需的加热、冷却公用工程负荷相符，这样就确定出了该过程系统的夹点位置。

但是，由于现有流程系统中各流股匹配换热的传热温差各不相同，采用单一的系统温差来确定过程的夹点，不能保证对现场装置能量流动的分析和描述是正确的，有时可能与实际的能量分布情况有相当大的偏差。

（2）采用现场过程中各物流间匹配换热的实际传热温差进行计算。

如前所述，物流的实际传热温差可以物流的传热温差贡献值来反映。各流股的传热温差贡献值 ΔT_C^i 与流股温度、流动状态、换热器材质及污垢热阻等因素有关，适宜的传热温差贡献值 ΔT_C^i 的确定是夹点分析中的关键，尤其是夹点处及其附近物流温差贡献值的确定更为重要。

根据 Nishimura 等提出的方法，可以得到一种估算出各个流股传热温差贡献值 ΔT_C^i 的实用方法。例如，某一参考流股的表面传热系数与传热温差的关系可表示为：

$$\sqrt{\frac{h_r}{a_r}}\Delta T_C^r=\beta \tag{2-67}$$

式中　h_r——参考流股的表面传热系数（含污垢热阻的影响）；

ΔT_C^r——参考流股的传热温差贡献值；

a_r——参考流股所在换热器单位传热面积的价格；

β——常数。

系统中其他物流 i 亦可以写成类似的表达式：

$$\sqrt{\frac{h_i}{a_i}}\Delta T_C{}^i=\beta_i \tag{2-68}$$

式中　h_i——流股 i 的表面传热系数（含污垢热阻的影响）；

ΔT_C^i——流股 i 的传热温差贡献值；

a_i——流股 i 所在换热器单位传热面积的价格；

β_i——常数。

由式（2－66）和式（2－67），当 $a_i=a_r$时，可以得到物流 i 传热温差贡献值的估算式：

$$\Delta T_{C}^{i}=\Delta T_{C}^{r}\sqrt{\frac{h_{r}}{h_{i}}} \tag{2-69}$$

式中 h_r，h_i 和 ΔT_C^r 均可以通过计算求得，进而求出物流 i 的温差贡献值 ΔT_C^i。若取 ΔT_C^r 与 ΔT_C^i 为同一换热器两侧流股的温差贡献值，则最小传热温差为：

$$\Delta T_{min}=\Delta T_{C}^{i}+\Delta T_{C}^{r} \tag{2-70}$$

因此，可推出：

$$\Delta T_{C}^{i}=\Delta T_{min}\frac{\sqrt{h_{r}}}{\sqrt{h_{r}}+\sqrt{h_{i}}} \tag{2-71}$$

式中，最小传热温差 ΔT_{min} 可以按对数平均温度 ΔT_m 来计算，即：

热流股 $T_1 \longrightarrow T_2$　　　　冷流股 $t_1 \longrightarrow t_2$

$$\Delta T_{m}=\frac{(T_{1}-t_{2})-(T_{2}-t_{1})}{\ln\left(\dfrac{T_{1}-t_{2}}{T_{2}-t_{1}}\right)} \tag{2-72}$$

通过式（2-70）计算出的传热温差贡献值 ΔT_C^i 可能与实际情况有一定的偏差，还需进一步调整。在实际工作中，由于数据不全，常常难以将各流股的传热膜系数及污垢热阻计算出来，可在对数平均传热温差 ΔT_m 的基础上，结合匹配流股的换热情况，估算两侧表面传热系数比值的大小，进一步推算两侧流股的传热温差贡献值。

热、冷流股传热温差贡献值 ΔT_C^H 和 ΔT_C^C 确定后，修正物流的实际初始和终了温度，得到物流的虚拟温度，再利用 T—H 图或问题表格法确定夹点的位置。

对现有装置的操作型夹点计算的目的在于，正确地描述能量在装置中的流动情况以及在各个温位上的分布。同时，确定冷、热流股的夹点温度，指出过程系统用能的瓶颈，从而为装置进行用能状况的诊断提供信息。

4. 设计型夹点计算

设计型夹点计算的目的是通过改进各物流间匹配换热的传热温差贡献值以及对物流工艺参数进行调优，以得到合理的过程系统热流量沿温度的分布，从而降低公用工程负荷，以达到降低能耗、减少费用的目的。

对于设计型夹点计算，传热温差贡献值 ΔT_C^i 值要通过优选来确定。适宜的 ΔT_C^i 可用式（2-73）确定：

$$\Delta T_{C}^{i}=\sqrt{\frac{a_{i}h_{r}}{a_{r}h_{i}}}\Delta T_{C}^{r} \tag{2-73}$$

式中　ΔT_C^i——物流 i（热或冷物流）的传热温差贡献值，℃；

a_i——物流 i 的换热器单位面积的费用，元/m^2；

h_i——物流 i 侧的传热膜系数（包含该侧污垢热阻的影响），kW/（m^2·℃）；

ΔT_C^r——参照物流 r 的传热温差贡献值，℃；

a_r——参照物流 r 的换热器单位面积的费用，元/m^2；

h_r——物流 r 侧的传热膜系数（包含该侧污垢热阻的影响），kW/（m^2·℃）。

参照物流的 ΔT_C^r、a_r和 h_r可由经验选取，a_i、h_i值可准确地计算出来，则可由式（2－72）计算出 ΔT_C^i 值。

设计型夹点计算可以得到流股传热温差贡献值优化后的过程夹点温度，以及优化后所需的公用工程负荷。以此为基础，针对操作型夹点分析所得到的过程用能的薄弱环节和不合理之处，综合考虑现有过程的流程结构、工艺限制、用能优化目标、设备投资费用等多种因素，以降低过程加热、冷却公用工程负荷为目的，对系统进行用能调优。

三、夹点分析法在化工过程系统能量集成中的应用

过程系统能量集成是以合理利用能量为目标的过程系统综合问题。它把整个过程系统作为一个有机结合的整体看待，从总体上考虑过程中能量的供求关系以及过程结构、操作参数的调优处理，以达到过程系统能量利用的优化综合。

在过程系统能量集成方法中，目前最实用的是夹点分析技术。夹点分析在过程系统能量集成方面的应用包括对过程系统用能诊断和系统用能调优。夹点分析用于过程系统用能状况的诊断，就是利用格子图、过程的组合曲线和总组合曲线、分离的总组合曲线等用能诊断工具对过程系统进行能量利用诊断，找出系统用能的瓶颈，并指出相应的解瓶颈方向。

1．过程系统用能分析工具

1）热、冷组合曲线

如图 2－5 所示，过程热、冷物流的组合曲线从总体上反映了整个系统中流股热量总的需求、供给情况以及能量在不同温位上的分配。从组合曲线上可以得出一定的最小允许传热温差下，所需的最小加热公用工程和冷却公用工程用量。如果实际公用工程用量与最小公用工程用量相差较大，说明该系统在用能方面存在缺陷。从组合曲线上还可以得出在给定的最小允许传热温差下系统的夹点，夹点把冷、热组合曲线分成两个独立的能量平衡部分，即冷端和热端，假如有一定的热量由热端传给了冷端，即有一定的热量穿越了夹点，那么不仅会增大加热公用工程的用量，而且还会增大冷却公用工程的用量，这就是用能的不合理之处。但过程的组合曲线只给出了公用工程量的大小，没有给出具体的公用工程品位。实际上，可供选择的公用工程很多，如加热公用工程有蒸汽、

热油和烟道气等，冷却公用工程有冷却水、低温冷却介质等。选择适宜的公用工程来满足工艺要求，常用的是总组合曲线。

2）总组合曲线

过程的总组合曲线是过程系统中热流量沿温度的分布在 $T—H$ 图上的标绘，其绘制方法有两种：一是图解法，即在 $T—H$ 图上把热、冷组合曲线进一步合并成总组合曲线；二是根据问题表格法计算结果所提供的数据在 $T—H$ 图上进行标绘。下面结合例题介绍两种方法。

【例 2-3】 做出表 2－5 所示的含有两个热物流和两个冷物流的过程系统的总组合曲线。

表 2－5　【例 2-3】物流数据

物流标号	热容流率（kW/℃）	初始温度 T_s（℃）	目标温度 T_t（℃）	传热温差贡献值 $\Delta T_{C,min}$（℃）
H_1	2．0	150	60	10
H_2	8．0	90	60	5
C_1	2．5	20	125	10
C_2	3．0	25	100	10

解：

（1）图解法。

①按物流的虚拟温度分别做出热物流组合曲线和冷物流组合曲线，并水平移动至两曲线在点 C 处接触（此处即为夹点），如图 2－9 中的 $ABCD$ 与 $EFGH$ 所示。

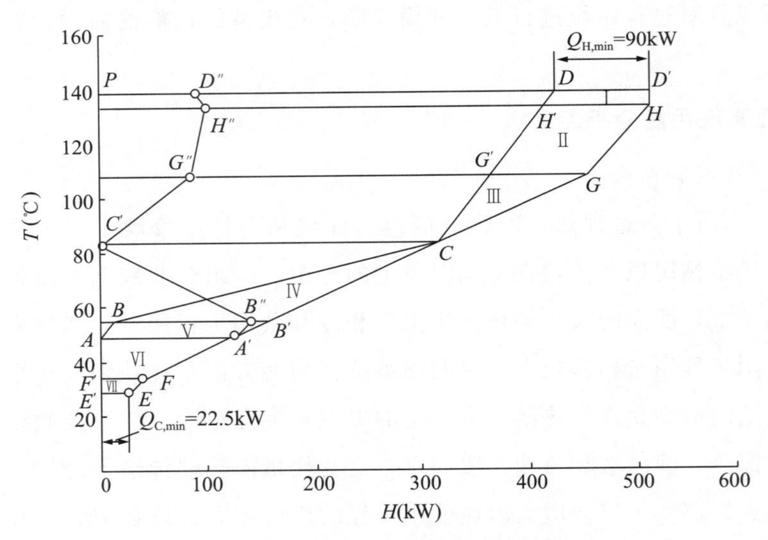

图 2－9　图解法绘制过程的总组合曲线

②过热、冷组合曲线的端点及折点引水平线，划分出 7 个温度间隔。

③在图上逐一读出各温度间隔界面处的热流量。具体数据如下：

间隔Ⅰ，上界面为 $DD'=90$kW，即加入的公用工程加热负荷；下界面为（$DD'+H'D$）的热负荷，即为 $HH'=100$kW。

间隔Ⅱ，上界面为间隔Ⅰ的下界面，$HH=100$kW；下界面为（$HH'+G'H'-GH$）的热负荷，即为 $GG'=87.5$kW。

间隔Ⅲ，上界面为间隔Ⅱ的下界面，$GG'=87.5$kW；下界面为（$GG'+CG'-CG$）的热负荷，其值为零，即为夹点 C。

间隔Ⅳ，上界面为夹点 C，热负荷为零；下界面为（$BC-B'C$）的热负荷，即为 $BB'=135$kW。

间隔Ⅴ，上界面为间隔Ⅳ的下界面，$BB'=135$kW；下界面为（$BB'+AB-A'B'$）的热负荷，即为 $AA'=117.5$kW。

间隔Ⅵ，上界面为间隔Ⅴ的下界面，$AA'=117.5$kW；下界面为（$AA'-FA'$）的热负荷，即为 $FF'=35$kW。

间隔Ⅶ，上界面为间隔Ⅵ的下界面，$FF'=35$kW；下界面为（$FF'-EF$）的热负荷，即为 $EE'=22.5$kW。

④按各界面温度下的热负荷值，做出总组合曲线。将线段 DD'，HH'，GG'，BB'，AA'，FF' 和 EE' 水平移动，使其左端达到垂直轴，把各线段的右端点相连就构成了总组合曲线，如图 2－9 所示的折线 $EFA'B''\dot{C}''G''H''D''$。由于在每一间隔内热、冷物流的热容流率认为是不变的，即在各间隔内热流量与温度为线性关系，因此折点之间皆为直线连接。总组合曲线上热流量为 0 处（图 2－9 中的 C' 点）即为夹点。

（2）问题表格法。

①根据表 2－5 计算各物流的虚拟温度，见表 2－6。

表 2－6　【例 2-3】物流的虚拟温度

物流标号	虚拟初始温度（℃）	虚拟目标温度（℃）
H_1	150－10＝140	60－10＝50
H_2	90－5＝85	60－5＝55
C_1	20＋10＝30	125＋10＝135
C_2	25＋10＝35	100＋10＝110

②按物流的虚拟温度列出问题表格（1），见表 2－7。

表 2－7 【例 2-3】问题表格（1）

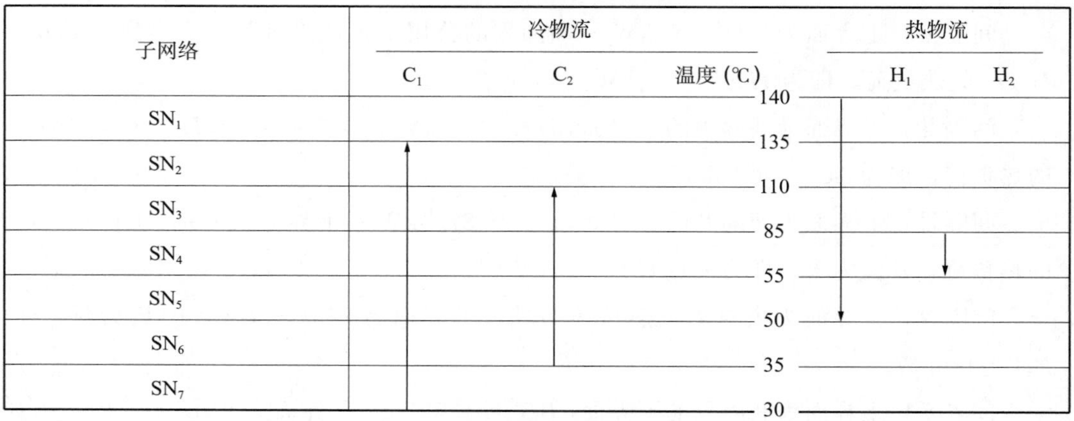

子网络	冷物流			热物流	
	C_1	C_2	温度(℃)	H_1	H_2
			140		
SN_1					
			135		
SN_2					
			110		
SN_3					
			85		
SN_4					
			55		
SN_5					
			50		
SN_6					
			35		
SN_7					
			30		

③对各个子网络进行热量衡算，得到问题表格（2），见表 2－8。

表 2－8 【例 2-3】问题表格（2）

子网络	赤字 D_k（kW）	热流量（kW）			
		I_k	O_k	I_k	O_k
SN_1	－10	0	10	90	100
SN_2	12.5	10	－2.5	100	87.5
SN_3	87.5	－2.5	－90	87.5	0
SN_4	－135	－90	45	0	135
SN_5	17.5	45	27.5	135	117.5
SN_6	82.5	27.5	－55	117.5	35
SN_7	12.5	－55	－67.5	35	22.5

④根据问题表格（1）及问题表格（2），列出子网络 SN_1，SN_2，…，SN_7 各界面的温度及热流量数据，得到问题表格（3），见表 2－9。

表 2－9 【例 2-3】问题表格（3）

子网络	界面温度（虚拟温度）（℃）		界面热负荷（kW）	
			下界面	上界面
	上界面	下界面	输入	输出
SN_1	140	135	90	100
SN_2	135	110	100	87.5
SN_3	110	85	87.5	0
SN_4	85	55	0	135
SN_5	55	50	135	117.5
SN_6	50	35	117.5	35
SN_7	35	30	35	22.5

⑤按问题表格（3）各子网络界面处的温度与热负荷，在 $T—H$ 图上标绘出总组合曲线，如图 2－10 所示。

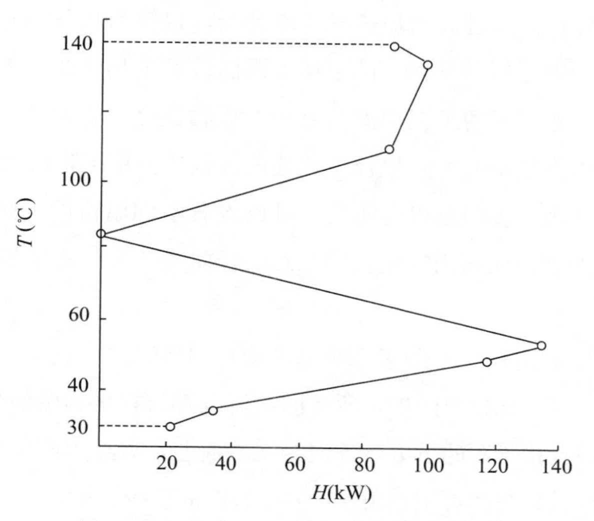

图 2－10　按表 2－9 数据绘制的总组合曲线

由此可见，总组合曲线表达了温位与热流量的关系，热流量为零处即为夹点。夹点将总组合曲线分为两部分，夹点以上需要加热公用工程的热阱和夹点以下需要冷却公用工程的热源。加热公用工程用量为端点 A 的焓值，而冷却公用工程用量为端点 H 的焓值，图 2－11 中的阴影部分为过程流股间的热交换。

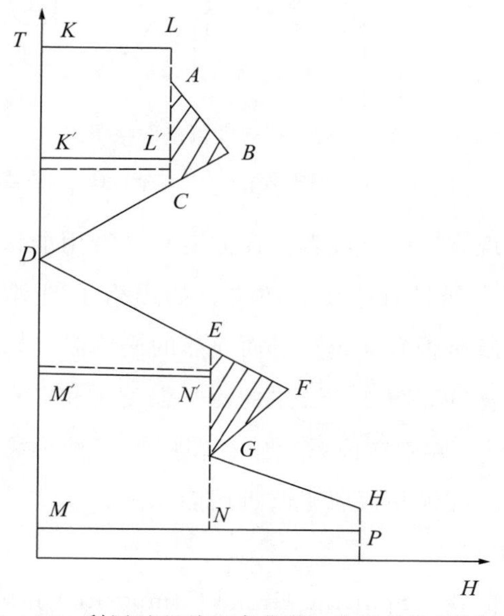

图 2－11　利用过程总组合曲线，合理设置公用工程

过程系统的总组合曲线描绘了工艺过程和公用工程相互作用的情况，利用总组合曲线对现有装置进行用能诊断，就是判断其公用工程在等级（即温位）的选择上是否合理。通过诊断，改进那些传热温差过大的加热器和冷却器，以降低操作费用。利用总组合曲线进行过程的优化设计，则可帮助工程人员选择不同温位的公用工程，即在不同温位设置公用工程负荷，并反映出相匹配的工艺物流与公用工程物流之间传热温差推动力情况。由于不同的公用工程，其价格是不同的，故合理地选用适宜的公用工程可以降低过程的操作费用。如图 2－11 所示，利用系统的总组合曲线，可以设置不同温位的加热公用工程和冷却公用工程，这样能够更加合理地利用能量，因此总组合曲线是系统能量集成的一种有效工具。

3）格子图

格子图（Grid Diagram）是一种基于夹点的换热网络的设计工具，同样也是一种对现有装置进行用能诊断的工具。在格子图中，所有的热流股都放在格子图的上方，其方向为从左向右；所有的冷流股放在格子图的下方，方向为从右向左，夹点用两条相近的竖线放于格子图中间，冷、热流股间的换热器可用一条连接两个圆圈的直线表示，如图 2－12 所示。

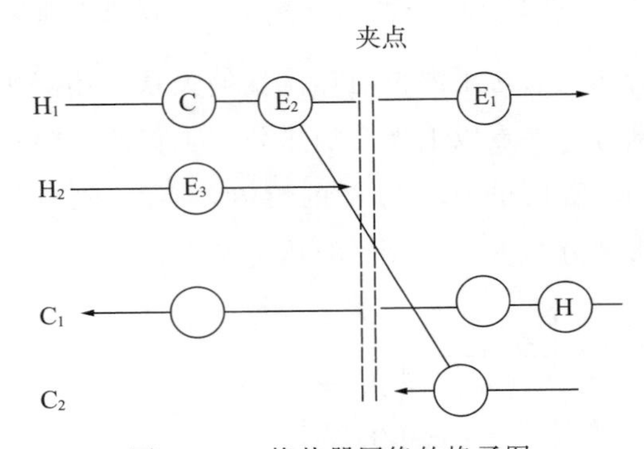

图 2－12　换热器网络的格子图

E_1，E_2，E_3—换热器；C—冷却器；H—加热器

利用格子图可以对现有过程（或者设计方案）进行用能诊断，确定过程中是否有违背夹点匹配规则的现象，如果有应予以改进。如用格子图对一个换热网络进行用能诊断，就是在格子图上判断是否有穿越夹点而换热的换热器（如图 2－12 中的换热器 E_2），在夹点以上是否有冷却器（如图 2－12 中的冷却器 C）和在夹点以下是否有加热器（如图 2－12 中的加热器 H）。如果在该系统中存在以上三种现象，那么就可以推断该系统的用能不合理，应重新匹配换热流股来改进用能状况。

4）分离的总组合曲线

所谓分离的总组合曲线（Splitting Grand Composite Curves，SGCC）就是把一个能量驱动的过程单元或子系统从组合曲线中分离出来后，其余流股构成了背景过程总组合曲线。将背景过程组合曲线与分离出来的过程单元或子系统绘制在同一 $T—H$ 图上就得到了分离的总组合曲线，如图 2－13 所示。

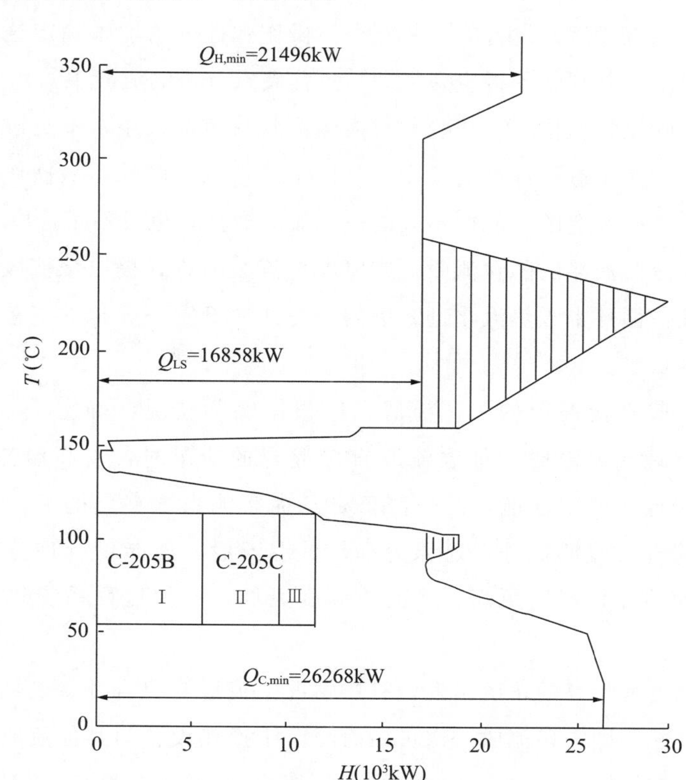

图 2－13 分离的总组合曲线

利用分离的总组合曲线对过程系统进行能量集成，就是将从总组合曲线中抽出来的能量驱动单元（如精馏塔）或子系统（如反应器子系统）与背景过程总组合曲线进行对照，检验其放置是否合理，是否有与过程系统集成的可能性。

2. 过程流股提取与工艺参数确定

1）过程流股提取[7]

为了进行所选定过程系统的夹点分析，应首先在熟悉工艺流程的基础上，按照系统物料和能量平衡的原则，提取参与夹点分析的过程流股，然后结合流程结构，根据热力学原理、传热学原理以及夹点分析基本概念确定流股的参数。

将所研究的过程系统作为一个整体考虑，参与夹点分析的过程流股提取的原则如下：

（1）提取过程系统中与工艺物流匹配换热或与公用工程流股匹配换热的所有工艺流股作为参与夹点分析的流股。

（2）从一个单元设备直接流出，又直接流入另一个单元设备的工艺流股（即不参与过程换热）一般不列入所提取的参与夹点分析的流股中。但是当这些参与过程换热的流股所携带的热量和冷量具有进一步回收的潜力时，应该从流股的能量品位、所连接的单元设备，特别是从流股流入设备的工艺要求、操作弹性的角度来确定这些流股能量回收的可能性以及程度，并判断是否应列入参与过程夹点分析的流股中。

(3) 根据实际流程结构，对一些参与换热但其热负荷很小，不足以影响系统能量分布的工艺流股，从简化过程计算的角度，可以不予选取。此外，从操作稳定和设备投资的角度考虑，再进行改造的可能性不大的设备流股数据，也可不予选取。

(4) 对参与流股换热的隐含流股，应以虚拟流股的方式提取该流股。如再沸器内循环的釜液，釜液在循环中吸热汽化进入塔内，对此要确定一虚拟的工艺冷物流，以反映塔底釜液吸收的热量。

(5) 对于一些直接混合的工艺流股，应根据实际情况，确定是否需要还原流股。例如，流程中出现高温流股与低温流股直接混合的情况时，若高温流股热负荷较大，混合后其温度降低，将引起能量品位降低，从而影响系统夹点的温位。此时，应根据传热学原理，将混合流股拆分，还原为高、低温流股，使能量合理分布。流股还原的根本目的在于使热流体温度更高、冷流体温度更低，增加过程系统热量和冷量回收的可能性。

(6) 从简化过程计算的角度出发，有些情况下流股需要合并。例如，工艺流股的换热往往具有连续性，即一条流股一次可能跨越多个换热设备与其他流股在不同的温度区间换热。因此，在提取流股时应考虑该物流是作为一条流股提取，还是分段提取。设计者一是要判断该流股各段换热的起始温度和终了温度是否可以改变。一般说来，所提取流股的起始温度和终了温度是不可改变的，决定的做出应考虑过程工艺要求的限制。二是要计算各分段流股的热容流率是否相等或接近，只有在热容流率相等或相近的情况下，各分段流股才可以作为一条流股提取。又如，一条流股可能分支为几条流股，分别与其他流股换热，然后再合并为一条流股。此时要考察各分支流股是否在同一温度区间换热，如果各分支流股是在同一温度区间换热，从简化过程计算的角度出发，应合并各分支流股为一条流股。

(7) 提取过程流股时，应考虑流股的分段处理。在较大温度范围内换热的流股有可能包括相变的过程，即流股的热容流率变化较大。在这种情况下，应该做出流股的 $T—H$ 曲线，考察在流股换热的温度范围内各温度段的热负荷改变。在具有相变发生的温度段内，热负荷改变较大，应该以该温度段上下界为界限将原流股分段，并保证各段的热负荷改变与原流股换热的 $T—H$ 曲线所对应。

2) 流股参数确定

在夹点计算中，所需的物流参数有初始温度 T_s、终了温度 T_t、流股传热温差贡献值 ΔT_C、流股热负荷 Q 以及热容流率 CP。

初始温度 T_s、终了温度 T_t、流股热负荷 Q 可以由设计资料查得或由现场测得，流股的热容流率 CP 和传热温差贡献值 ΔT_C 可通过计算或估算获得。

（1）热容流率 CP 的计算。

热容流率 CP 为流股质量流率 W 和定压比热容 C_p 的乘积。C_p 通常可由流股的温度、压力以及组成查得或计算。在实际工作中，考虑到流股可能在传热过程中发生相变，形成两相流，难以确定其定压比热容，此时采用下式计算各流股热容流率 CP。

$$CP=\frac{Q}{T_s-T_t}\quad（热流股）\tag{2-74}$$

或

$$CP=\frac{Q}{T_t-T_s}\quad（冷流股）\tag{2-75}$$

这里（T_s-T_t）或（T_t-T_s）实际上表示流股换热前后的温差，因此，当纯组分发生相变时，其温差也应给一适当小的值，但不可给 0 值，以避免计算上造成的不便。

以上的处理过程是基于流股的热容流率在其换热的温度范围内可以看作一个常数，即热容流率取一平均值。对于实际问题，热容流率都在一定程度上随温度而改变，因此，知道物流的热容流率在什么温度范围内可采用线性近似而取其平均值是非常重要的。在夹点附近，尤其需要注意数据提取、参数确定的准确性。

（2）流股传热温差贡献值 ΔT_C 的确定。

传热温差贡献值 ΔT_C 与流股性质、流动状态、匹配情况、换热器污垢热阻等因素密切相关。这些因素随流股不断变化，为此将各点的温差贡献值 ΔT_C 均表示出来是很困难的，因此，工程上只能取其温差贡献值的平均值。如前所述，传热温差贡献值 ΔT_C 可以通过计算的方法得到。但是，为计算各流股的传热温差贡献值，则需要分别计算各流股的表面传热系数及污垢热阻，工作是较繁重的。在实际工作中，由于数据不全，常常难以实现。因此，实际工作中，特别是进行过程的操作型夹点计算时，可根据换热流股间的总传热温差 ΔT_m，按照两侧流股换热情况估算两侧表面传热系数比值大小，从而推算两侧流股的传热温差贡献值 ΔT_C。而进行设计型夹点计算时，可根据流程结构，按式（2－72）进行流股传热温差贡献值的优选。

3. 过程系统用能诊断与调优

如前所述，夹点分析在过程系统能量集成方面的应用可以分为两个环节：一是对过程系统用能状况的诊断，可以是对现有工业装置的用能状况进行诊断，也可以是对一个设计方案的用能状况进行诊断，发现其用能不合理之处；二是在过程系统用能诊断基础上，进行相应的系统用能调优处理。

1）过程系统用能状况诊断

对一个过程系统进行用能诊断，就是收集该过程系统的换热流股及相应的能量密集型单元数据，采用 $T—H$ 图或问题表格法进行过程的操作型夹点计算，得到过程热流量沿温度的真实分布。然后，利用过程的总组合曲线、分离的总组合曲线以及格子图等用能诊断工具对过程系统用能进行诊断，发现过程系统用能的薄弱环节和不合理之处。通常采用的诊断步骤为：

（1）在现有的过程系统中提取相应的流股数据和能量密集型单元的工艺参数。

（2）进行操作型夹点计算，做出冷、热物流的组合曲线和总组合曲线，得到该过程系统用能的总体印象。

（3）利用格子图等用能诊断工具分析是否有穿越夹点而换热的换热器，在夹点以上是否有冷却器，在夹点以下是否有加热器，如果有则给予标记。

（4）利用总组合曲线来诊断该系统的公用工程选择是否恰当。

（5）利用分离的总组合曲线对能量密集型单元进行诊断，判断其在系统中的位置是否合理。

2）过程系统用能调优

对于一个过程系统的用能状况进行调优，就是按以上步骤诊断出该过程系统用能状况的不合理之处，以此为依据，通过改变流股间的匹配换热，或去除一些不合理的加热器或冷却器，或通过改变某些能量密集型单元或子系统的工艺参数或进料状态，使它们能够处于背景过程中恰当的位置等措施，来改善系统的用能状况。

在实际生产中，可采取的具体措施有：

（1）对于换热网络，可以恰当地减小过大的传热温差，以使有效能损失合理分布。

（2）对于能量子系统，可以改变其工艺条件使其在总系统中处于合理的位置。

（3）对于蒸馏塔，可通过提高或降低操作压力，或对进料预热、引进中间再沸器和中间冷凝器等方法，来降低塔本身的能耗以及增大塔与过程系统的热集成程度。

（4）改进工艺流程，采用高效的能量转换设备。

（5）通过选择或改变蒸汽等级，改变热回收量、过程全局燃料消耗量或热电联产做功量，对其进行优化和权衡。

四、夹点分析在乙烯节能改造中的应用实例

本节以工程实例——乙烯装置的用能诊断与调优为例，介绍对实际生产装置的节能分析与技术改造的具体方法与工作步骤。本例的乙烯装置原设计能力为年产 11.5×10^4 t 乙烯，如图 2－14 所示，装置的工艺流程为前脱丙烷分离流程，包括裂解、压缩、冷冻、分离过程及蒸汽动力系统。

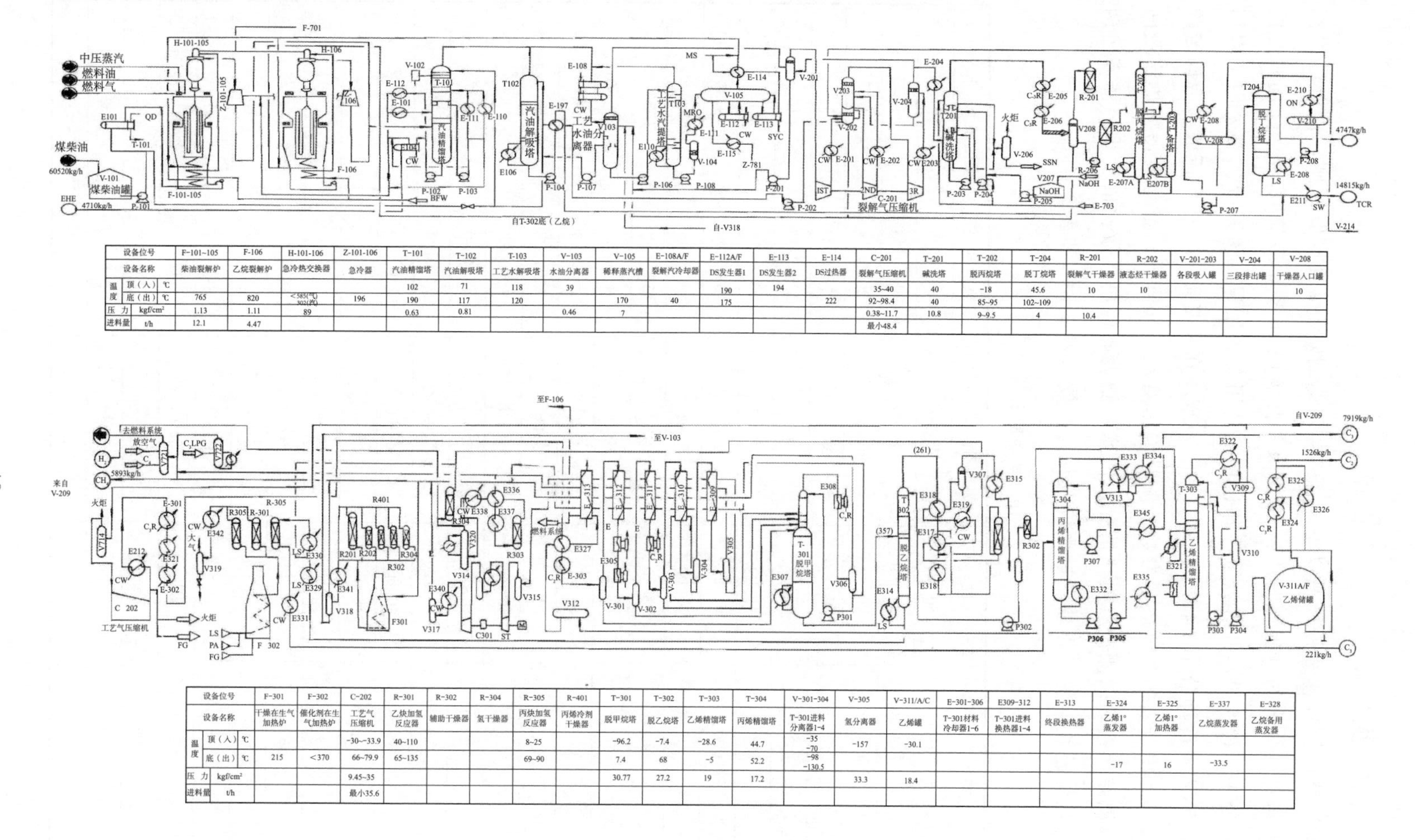

设备位号		F-101~105	F-106	H-101-106	Z-101-106	T-101	T-102	T-103	V-103	V-105	E-108A/F	E-112A/F	E-113	E-114	C-201	T-201	T-202	T-204	R-201	R-202	V-201-203	V-204	V-208
设备名称		柴油裂解炉	乙烷裂解炉	急冷热交换器	急冷器	汽油精馏塔	汽油解吸塔	工艺水解吸塔	水油分离器	稀释蒸汽槽	裂解汽冷却器	DS发生器1	DS发生器2	DS过热器	裂解气压缩机	碱洗塔	脱丙烷塔	脱丁烷塔	裂解气干燥器	液态烃干燥器	各段吸入罐	三段排出罐	干燥器入口罐
温度	顶（入）℃					102	71	118	39			190	194		35~40	40	-18	45.6	10	10			10
	底（出）℃	765	820	<585(气) 302(汽)	196	190	117	120		170	40	175		222	92~98.4	40	85~95	102~109					
压力	kgf/cm²	1.13	1.11	89		0.63	0.81		0.46	7					0.38~11.7	10.8	9~9.5	4	10.4				
进料量	t/h	12.1	4.47												最小48.4								

设备位号		F-301	F-302	C-202	R-301	R-302	R-304	R-305	R-401	T-301	T-302	T-303	T-304	V-301-304	V-305	V-311/A/C	E-301-306	E309-312	E-313	E-324	E-325	E-337	E-328
设备名称		干燥在生气加热炉	催化剂在生气加热炉	工艺气压缩机	乙炔加氢反应器	辅助干燥器	氢干燥器	丙炔加氢反应器	丙烯冷剂干燥器	脱甲烷塔	脱乙烷塔	乙烯精馏塔	丙烯精馏塔	T-301进料分离器1-4	氢分离器	乙烯罐	T-301材料冷却器1-6	T-301进料换热器1-4	终段换热器	乙烯1°蒸发器	乙烯1°加热器	乙烷蒸发器	乙烷备用蒸发器
温度	顶（入）℃			-30~-33.9	40~110			8~25		-96.2	-7.4	-28.6	44.7	-35 -70	-157	-30.1							
	底（出）℃	215	<370	66~79.9	65~135			69~90		7.4	68	-5	52.2	-98 -130.5						-17	16	-33.5	
压力	kgf/cm²			9.45~35						30.77	27.2	19	17.2		33.3	18.4							
进料量	t/h			最小35.6																			

图 2-14 乙烯装置工艺流程图

1. 流股提取和参数确定

把乙烯装置原设计流程系统作为一个整体考虑，按照流股提取原则，提取过程流股，得到参与夹点分析的过程流股共80条，其中热流股46条，冷流股34条。同时也提取了相应的公用工程流股，并统计了冷却、加热公用工程用量，该系统加热公用工程用量为27857.5kW，冷却公用工程用量为94181.9kW。在此基础上，按照流股参数确定的方法查取或推算出所需的各流股的参数，流股传热温差贡献值的确定是根据换热流股间的平均传热温差，按照两侧流股换热情况，估算两侧表面传热系数比值大小，推算出两侧流股的传热温差贡献值。提取的过程流股及其参数见表2－10和表2－11。

表2－10 热流股参数

流股号	初始温度（℃）	终了温度（℃）	温差贡献值（℃）	热负荷（kW）	热容流率（kW/℃）
H1	175.00	150.00	25.00	4926.70	197.02
H2	765.00	535.00	135.00	20760.54	90.25
H3	820.00	380.00	100.00	2066.75	4.65
H4	175.00	55.00	25.00	767.62	6.40
H5	102.00	40.00	10.00	37962.13	612.35
H6	118.50	118.00	30.00	2156.31	4312.61
H7	118.00	40.00	10.00	327.98	4.19
H8	160.00	135.00	10.00	6898.08	275.88
H9	190.00	175.00	4.50	15807.09	1053.85
H10	170.00	40.00	10.00	795.53	6.16
H11	98.40	40.00	10.00	2217.95	38.03
H12	97.40	40.00	9.00	2291.22	39.89
H13	98.40	40.00	10.00	1985.34	33.96
H14	40.00	10.00	7.00	1344.49	44.78
H15	－19.50	－34.20	6.00	2210.97	150.38
H16	45.60	40.00	3.00	1163.06	207.72
H17	104.70	40.00	10.00	573.39	8.84
H18	79.90	25.00	10.00	1147.94	20.94
H19	25.00	－7.40	11.00	1449.17	44.78
H20	－7.40	－35.00	8.00	2107.46	76.41
H21	－35.00	－70.00	10.00	1280.52	36.64
H22	－70.00	－98.00	3.00	447.78	15.93
H23	－98.00	－130.30	3.00	737.38	22.80
H24	－130.30	－157.00	2.00	218.65	8.14
H25	－96.20	－99.00	2.00	529.19	189.00

续表

流股号	初始温度（℃）	终了温度（℃）	温差贡献值（℃）	热负荷（kW）	热容流率（kW/℃）
H26	20.00	19.80	5.00	2091.17	7.21
H27	40.00	-23.00	3.00	546.64	1.98
H28	135.00	40.40	10.00	686.20	21.05
H29	320.00	40.00	10.00	545.47	155.62
H30	135.00	0.00	10.00	2849.49	3043.02
H31	0.00	-11.70	10.00	1820.18	2124.21
H32	11.80	2.00	6.00	3264.70	11.28
H33	-28.60	-30.80	6.00	6694.55	147.82
H34	11.80	2.00	16.00	177.95	81.88
H35	11.80	2.00	15.00	1177.01	67928.26
H36	20.00	19.80	5.00	305.88	10455.87
H37	44.70	42.20	5.00	5310.51	8.72
H38	65.00	-18.00	10.00	932.77	333.10
H39	-18.00	-32.00	8.00	2070.24	18.14
H40	87.10	40.20	8.00	3838.08	120.14
H41	40.20	40.00	5.00	13585.65	1529.42
H42	101.00	100.00	5.00	3777.60	3777.60
H43	100.00	60.00	25.00	1835.30	45.94
H44	110.00	107.00	29.00	2564.54	854.85
H45	219.00	130.00	40.00	716.44	8.03
H46	133.50	133.00	15.00	8739.20	17478.40

表 2-11 冷流股参数

流股号	初始温度（℃）	终了温度（℃）	温差贡献值（℃）	热负荷（kW）	热容流率（kW/℃）
C1	10.00	160.00	30.00	4926.70	32.80
C2	122.00	122.50	5.00	386.13	772.27
C3	120.00	120.50	10.00	6406.11	12812.22
C4	118.00	126.00	8.00	491.97	61.53
C5	170.00	170.50	2.00	29483.46	58966.92
C6	170.00	222.00	30.00	1605.02	30.82
C7	40.00	50.00	65.00	236.10	23.61
C8	97.80	99.80	25.00	1515.46	757.73
C9	109.10	109.50	18.00	1000.23	2500.57
C10	-165.50	-137.50	3.00	177.95	6.40
C11	-137.50	30.00	10.00	110.49	0.70

续表

流股号	初始温度（℃）	终了温度（℃）	温差贡献值（℃）	热负荷（kW）	热容流率（kW/℃）
C12	-157.00	30.00	7.00	343.10	1.86
C13	-130.50	-103.00	1.00	47.69	1.74
C14	-137.50	-103.00	3.00	607.12	17.56
C15	-103.00	30.00	10.00	400.09	3.02
C16	-33.50	30.00	10.00	146.55	2.33
C17	-33.50	-33.00	3.00	407.07	814.14
C18	2.40	7.40	10.00	2091.17	418.23
C19	30.00	280.00	50.00	481.51	1.98
C20	46.40	48.50	50.00	546.64	260.29
C21	48.50	90.00	50.00	231.45	5.58
C22	-7.40	110.00	20.00	2491.27	21.17
C23	81.00	110.00	20.00	496.62	17.10
C24	68.00	68.50	45.00	3243.76	6487.52
C25	-5.00	-4.50	7.00	3264.70	6529.39
C26	-15.00	-14.50	9.00	1449.17	2898.33
C27	52.20	52.50	55.00	4669.67	15565.52
C28	-28.10	-17.40	20.00	177.95	16.63
C29	-17.40	-17.20	20.00	1177.01	5885.06
C30	-17.00	16.00	6.00	305.88	9.30
C31	20.00	71.00	41.00	8177.44	160.39
C32	71.00	130.00	30.00	9455.64	160.27
C33	302.00	302.50	80.00	22345.79	44691.57
C34	130.00	154.00	100.00	481.51	20.12

2. 系统用能诊断

根据表 2-10 和表 2-11 提供的流股参数数据，采用问题表格算法，对该套乙烯装置进行操作型夹点计算。并根据操作型夹点计算结果，利用系统用能诊断工具，对过程系统的用能状况进行诊断。

1）过程系统的组合曲线与总组合曲线

对该套乙烯装置的操作型夹点计算采用了虚拟温度，在 T—H 图上标绘出该乙烯系统现场过程的组合曲线和总组合曲线，如图 2-15 和图 2-16 所示。

从组合曲线和总组合曲线可以看出，系统的夹点温度为 96℃（虚拟温度）。由夹点热端及冷端可直接确定系统的加热、冷却公用工程负荷分别为：$Q_{H,min}$ = 27527.0kW，$Q_{C,min}$ = 93851.7kW，与实际加热、冷却公用工程负荷基本相符，见表 2-12。这表明操作型夹点计算可以准确地描述实际过程系统的能量分布，同时也说明采用虚拟温度法，结合实际流程结构，所确定的过程流股传热温差贡献值是比较合适的。

表 2－12　公用工程负荷分析

项目	加热公用工程负荷（kW）	冷却公用工程负荷（kW）
设计值	27857.5	94181.9
计算值	27527.0	93851.7
差值	330.5	330.2
相对差（%）	0.012	0.004

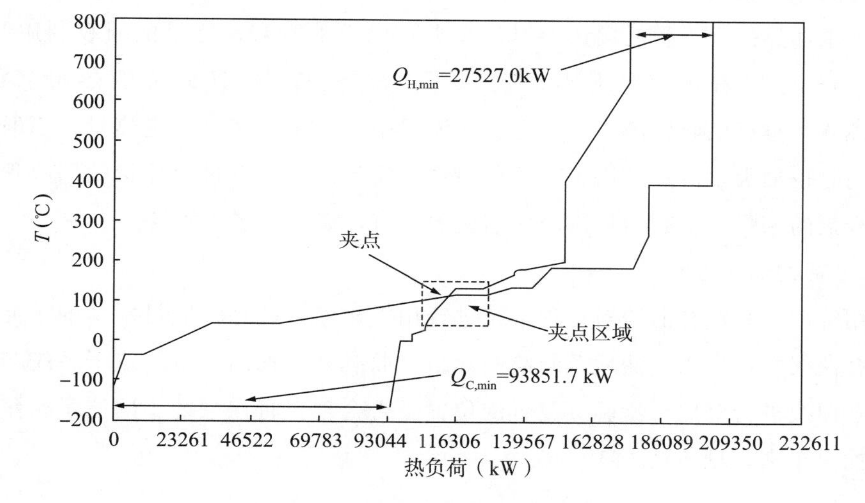

图 2－15　现场过程组合曲线

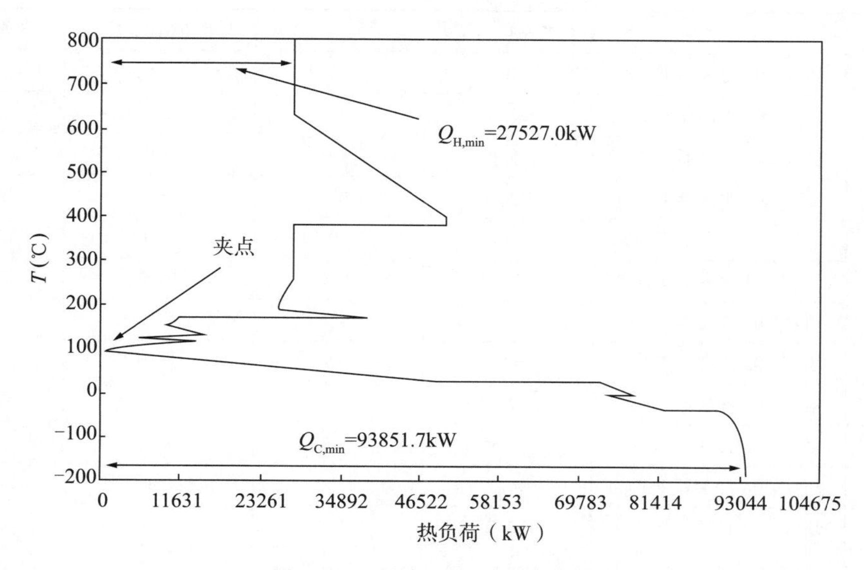

图 2－16　现场过程总组合曲线

该乙烯装置原设计流程所涉及的加热公用工程的品位不高（最高温度为256℃），负荷也不大，低压蒸汽负荷为11630.6kW，中压蒸汽负荷约为16282.8kW，与数据提取过程中统计的加热公用工程用量基本一致。在加热公用工程中，低压蒸汽主要用户为精馏塔T-202、T-204、T-302和T-304的再沸器；中压蒸汽的主要用户为稀释蒸汽发生、过热系统。过程的冷却公用工程负荷很大，主要是冷却水（负荷约为74435.6kW）和低温冷剂（负荷约为18608.9kW）。冷却水的用户主要是：裂解气冷却器E-108、裂解气压缩机C-201、丙烯压缩机C-401和乙烯压缩机C-402的出口气体冷却冷凝器以及丙烯精馏塔T-304的冷凝器，低温冷剂由制冷压缩机制冷产生，主要是为低温过程用户提供冷量。

从总组合曲线上还可以进一步得出，在夹点以上的热端，系统的热量得到了部分回收，减少了加热公用工程的用量。但是在夹点以下的冷端，能量的回收利用并不理想。从图2－16可以看出，在夹点温度以下（60～95℃）有大量的热量（负荷约为23261.1kW）具有回收的潜力，而在实际流程中，采用冷却水移走热量，不但没有回收热量，同时也加大了冷却公用工程负荷。系统的低温部分，过程冷量的回收很少，加大了低温冷剂的用量，势必增加制冷压缩机的负荷，消耗更多的能量。

2）分离的总组合曲线

利用分离的总组合曲线对过程系统进行用能诊断，就是将能量驱动的单元或子系统从总组合曲线中抽出来，然后重新绘制总组合曲线并将抽出的单元或子系统与重新得到的总组合曲线进行对照，检验其放置的位置是否合理。将该系统中的能量密集型单元和子系统抽提出来，见表2－13。

表2－13　提取的单元设备及子系统数据

流股号	单元名称	初始温度（℃）	终了温度（℃）	温差贡献值（℃）	热负荷（kW）
H15	塔T-202冷凝器E-208	－19.5	－34.2	6.0	2210.97
C8	塔T-202再沸器E-207	97.8	99.8	25.0	1515.46
H16	塔T-204冷凝器E-210	45.6	40	3.0	1163.06
C9	塔T-204再沸器E-209	109.1	109.1	18.0	1000.23
H25	塔T-301冷凝器E-308	－96.2	－99	2.0	529.19
C18	塔T-301再沸器E-307	2.4	7.4	10.0	2091.17
H31	塔T-302冷凝器E-315	0	－11.7	10.0	1820.18
C25	塔T-302再沸器E-314	68	68	45.0	3243.76
H33	塔T-303冷凝器E-322	－28.6	－30.8	8.0	6694.55
C27	塔T-303再沸器E-320	－5	－5	7.0	3264.70
H37	塔T-304冷凝器E-333	44.7	42.2	5.0	5310.51
C27	塔T-304再沸器E-332	52.2	52.2	55.0	4669.67
C31	脱氧槽补充给水预热系统	20	71	41.0	8177.44

将这些能量密集型设备和子系统提取出来后，计算得到过程分离的总组合曲线如图 2－17 所示。

通过过程分离的总组合曲线可以看到，当将相关的能量驱动单元设备及子系统的流股数据从过程系统流股数据中提取出来时，背景过程系统的夹点温度提高到 172℃，这表明提取的单元设备流股数据对系统夹点位置的影响较大。把蒸馏塔设备的再沸器和冷凝器流股以“矩形”形式在 T—H 图上表示（这里再沸器和冷凝器流股的温度为虚拟温度），并与总组合曲线相对照，如图 2－17 所示。

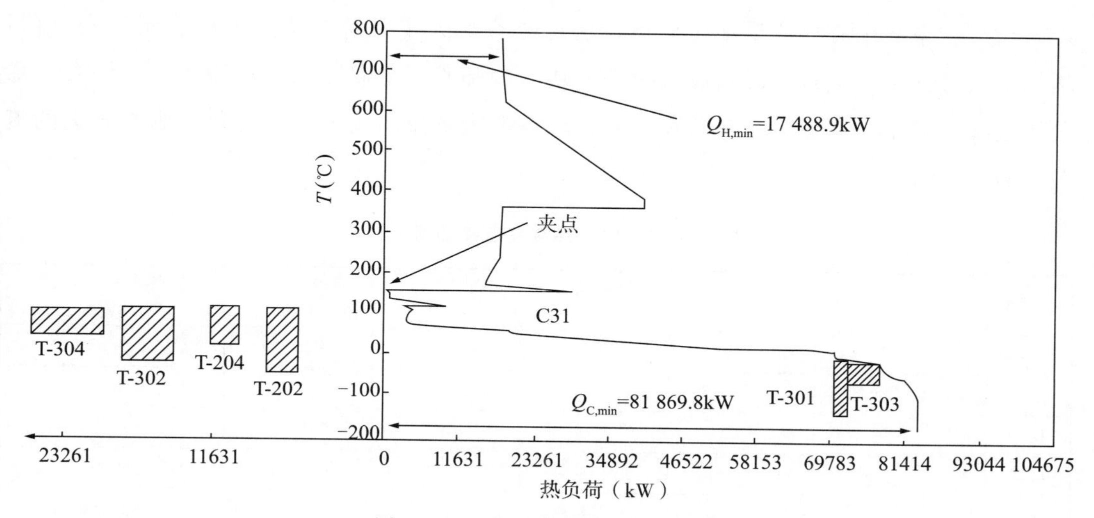

图 2－17　过程分离的总组合曲线

从图 2－17 上可以看到，塔 T-202、T-204、T-301、T-302、T-303 和 T-304 的再沸器都存在与背景过程集成的可能性，即利用背景过程中的热源加热再沸器的冷流股。在现场流程中，塔 T-301、T-303 的再沸器已经用过程工艺流股作为热源。但塔 T-202、T-204、T-302 与 T-304 再沸器冷流股因为传热温差较大，受温位和负荷的限制，不能与过程集成换热，而是用低压蒸汽作为加热公用工程，不但没有回收系统的热量，而且加大了加热公用工程负荷。同时，在 T—H 图上，也标绘了蒸汽动力系统脱氧槽补充给水流股 C31。可以看出，C31 低温段与背景过程存在集成的机会，即可以用过程工艺物流预热 C31 提高脱氧槽补充给水的入口温度，提高给水的显热，相应地可以减少进入脱氧槽汽提加热的中压蒸汽用量。

3）操作型夹点计算结果分析

以上计算结果表明，该套乙烯装置原设计流程多数流股匹配换热处于合理的位置，大多数加热公用工程在夹点上方引入，冷却公用工程在夹点下方引入，满足夹点匹配的要求，使能量得到合理的流动。但是仍然存在违背夹点换热要求之处，即存在着能量利用的薄弱环节和不合理之处，具有进一步节能的潜力。综合计算结果，并结合现场流程情况，对现场用能不合理之处分析如下：

（1）在整个系统中，部分换热单元物流匹配换热的传热温差过大。较大的传热温差势必加大系统传热过程的有效能损失，需要外界为系统提供更多的能量驱动传热过程，整个系统必将消耗过多的能源。因此，从节能的角度看，一些换热器的传热温差可以减小。同时，减小传热温差也使一些单元设备增加了与过程工艺流股集成换热的机会。如现场流程中，一些蒸馏塔再沸器冷流股用低压蒸汽作为加热公用工程，其传热温差贡献值较大，限制了再沸器与过程工艺物流集成换热的机会。

（2）在系统中有热流量穿过夹点。这意味着加大了系统加热、冷却公用工程负荷，增加了过程的加热蒸汽或燃料以及冷却介质（冷却水、低温冷剂）的用量。在该套乙烯装置过程系统中，穿越夹点热负荷较大，对系统能量流动或公用工程负荷影响较大的流股见表 2-14。

表 2-14　穿越夹点换热流股

流股号	单元名称	初始温度（℃）	终了温度（℃）	流股热负荷（kW）	穿越夹点热负荷（kW）
C1	预热器 E-101	10	60	4926.70	1838.79
H4	冷却器 E-104	175	55	767.62	338.45
H10	冷却器 E-115	170	40	795.53	391.95
H28	冷却器 E-331	135	40.4	686.20	209.35
H30	热交换器 E-317，E-319 和 E-316	135	0	2808.78	624.56
C31	补充给水预热	20	71	8177.44	3777.60

（3）现场流程中，精馏塔 T-202、T-204、T-302 与 T-304 再沸器冷流股用低压蒸汽作为加热公用工程，其传热温差贡献值较大，限制了再沸器与过程系统工艺流股集成换热的机会，使系统的热量没有得到充分的回收，加大了加热公用工程负荷。同样的情况也可以在丙炔加氢入口加热系统中发现，丙炔加氢入口蒸发器 E-329 和加热器 E-330 直接用低压蒸汽作为热源加热入口流股，传热温差较大，也限制了其与过程系统工艺流股集成换热的机会。

（4）装置中一些工艺流股用低温冷剂作为低温冷却公用工程，提供系统所需的冷量。一般说来，低温冷剂的温位越低，冷冻系统消耗能量越多。因此，在选择低温冷剂时，应在工程允许范围内，尽量提高冷剂的温位。低温换热过程的传热温差一般都较小，例如，-30～-40℃范围内的低温换热的传热温差一般在 5℃左右。但是该套乙烯装置低温换热过程的部分传热温差较大，例如塔 T-202 冷凝器 E-208（对数平均传热温差为 11℃）、塔 T-302 冷凝器 E-315（对数平均传热温差为 17℃）、塔 T-303 冷凝器E-322（对数平均传热温差为 11℃）、乙烯冷剂冷凝器 E-404（对数平均传热温差为10℃）以及脱甲烷塔T-301进料预冷换热系统的低温换热过程。若低温换热过程的传热温差较大，则需要选择较低温位的低温冷剂，必将以冷冻系统消耗更多的能量为代价。

（5）从过程系统的总组合曲线可以看出，夹点以下冷端能量的回收利用并不理想。在夹点温度附近（60～95℃）有大量的热量（负荷约为23261kW），具有回收的潜力，而在实际流程中，采用冷却水移走热量，不但没有回收热量，同时也加大了冷却公用工程负荷。

（6）在现场流程中，利用过程的工艺物流作为热源预热蒸汽动力系统补充给水流股C31，即在换热器E-504、E-701和E-702中用工艺流股预热补充给水，其换热过程的传热温差较大，对数平均传热温差均在50℃以上。从过程分离的总组合曲线上，可以发现C31的低温段存在与工艺过程集成的可能性，而实际换热过程中较大的传热温差限制了这种集成的实施。

3. 乙烯装置用能的调优

在用能诊断分析基础上，通过优化调整部分流股的传热温差贡献值，使系统的热流量沿温位的分布更加合理，得到用能优化的目标。然后根据具体工艺流程情况，进行过程用能的调优。

1）调优流股的传热温差贡献值

根据现场流程的特点以及确定物流传热温差贡献值的原则，优化调整了部分过程流股的传热温差贡献值，见表2－15和表2－16。

表2－15　调优传热温差贡献值后的热流股参数

流股号	初始温度（℃）	终了温度（℃）	温差贡献值（℃）	热负荷（kW）	热容流率（kW/℃）
H1	175.00	150.00	8.00	4926.70	197.02
H2	765.00	535.00	135.00	20760.54	90.25
H3	820.00	380.00	100.00	2066.75	4.65
H4	175.00	55.00	10.00	767.62	6.40
H5	102.00	40.00	10.00	37962.13	612.34
H6	118.50	118.00	5.00	2156.31	4312.61
H7	118.00	40.00	10.00	327.98	4.19
H8	160.00	135.00	10.00	6898.08	275.88
H9	190.00	175.00	4.50	15807.09	1053.85
H10	170.00	40.00	10.00	795.53	6.16
H11	98.40	40.00	10.00	2217.95	38.03
H12	97.40	40.00	9.00	2291.22	39.89

续表

流股号	初始温度（℃）	终了温度（℃）	温差贡献值（℃）	热负荷（kW）	热容流率（kW/℃）
H13	98.40	40.00	10.00	1985.34	33.96
H14	40.00	10.00	7.00	1344.49	44.78
H15	-19.50	-34.20	4.00	2210.97	150.38
H16	45.60	40.00	3.00	1163.06	207.72
H17	104.70	40.00	10.00	573.39	8.84
H18	79.90	25.00	10.00	1147.94	20.94
H19	25.00	-7.40	11.00	1449.17	44.78
H20	-7.40	-35.00	6.00	2107.46	76.41
H21	-35.00	-70.00	5.00	1280.52	36.64
H22	-70.00	-98.00	3.00	447.78	15.93
H23	-98.00	-130.30	3.00	737.38	22.80
H24	-130.30	-157.00	2.00	218.65	8.14
H25	-96.20	-99.00	2.00	529.19	189.00
H26	20.00	19.80	5.00	2091.17	7.21
H27	40.00	-23.00	3.00	546.64	1.98
H28	135.00	40.40	10.00	686.20	21.05
H29	320.00	40.00	10.00	545.47	155.62
H30	135.00	0.00	10.00	2849.49	3043.02
H31	0.00	-11.70	6.00	1820.18	2124.21
H32	11.80	2.00	6.00	3264.70	11.28
H33	-28.60	-30.80	6.00	6694.55	147.82
H34	11.80	2.00	16.00	177.95	81.88
H35	11.80	2.00	15.00	1177.01	67928.26
H36	20.00	19.80	5.00	305.88	10455.87
H37	44.70	42.20	5.00	5310.51	8.72
H38	65.00	-18.00	10.00	932.77	333.10
H39	-18.00	-32.00	6.00	2070.24	18.14
H40	87.10	40.20	8.00	3838.08	120.14
H41	40.20	40.00	5.00	13585.65	1529.42
H42	101.00	100.00	5.00	3777.60	3777.60
H43	100.00	60.00	10.00	1835.30	45.94
H44	110.00	107.00	8.00	2564.54	854.85
H45	219.00	130.00	15.00	716.44	8.03
H46	133.50	133.00	5.00	8739.20	17478.40

表 2-16　调优传热温差贡献值后的冷流股参数

流股号	初始温度（℃）	终了温度（℃）	温差贡献值（℃）	热负荷（kW）	热容流率（kW/℃）
C1	10.00	160.00	8.00	4926.70	32.80
C2	122.00	122.50	5.00	386.13	772.27
C3	120.00	120.50	10.00	6406.11	12812.22
C4	118.00	126.00	8.00	491.97	61.53
C5	170.00	170.50	2.00	29483.46	58966.92
C6	170.00	222.00	20.00	1605.02	30.82
C7	40.00	50.00	30.00	236.10	23.61
C8	97.80	99.80	8.00	1515.46	757.73
C9	109.10	109.50	8.00	1000.23	2500.57
C10	-165.50	-137.50	3.00	177.95	6.40
C11	-137.50	30.00	10.00	110.49	0.70
C12	-157.00	30.00	7.00	343.10	1.86
C13	-130.50	-103.00	1.00	47.69	1.74
C14	-137.50	-103.00	3.00	607.12	17.56
C15	-103.00	30.00	10.00	400.09	3.02
C16	-33.50	30.00	10.00	146.55	2.33
C17	-33.50	-33.00	3.00	407.07	814.14
C18	2.40	7.40	10.00	2091.17	418.23
C19	30.00	280.00	25.00	481.51	1.98
C20	46.40	48.50	10.00	546.64	260.29
C21	48.50	90.00	20.00	231.45	5.58
C22	-7.40	110.00	20.00	2491.27	21.17
C23	81.00	110.00	20.00	496.62	17.10
C24	68.00	68.50	10.00	3243.76	6487.52
C25	-5.00	-4.50	7.00	3264.70	6529.39
C26	-15.00	-14.50	4.00	1449.17	2898.33
C27	52.20	52.50	10.00	4669.67	15565.52
C28	-28.10	-17.40	10.00	177.95	16.63
C29	-17.40	-17.20	8.00	1177.01	5885.06
C30	-17.00	16.00	6.00	305.88	9.30
C31	20.00	71.00	10.00	8177.44	160.39
C32	71.00	130.00	8.00	9455.64	160.27
C33	302.00	302.50	80.00	22345.79	44691.57
C34	130.00	154.00	100.00	481.51	20.12

根据调整后的流股数据，利用问题表格法，进行设计型夹点计算，将得到的结果在 $T—H$ 图上绘制出过程总组合曲线，如图 2-18 所示。

调优部分流股的传热温差贡献值后，由过程的总组合曲线图（图 2-18）可以得到以下结果：

最小加热公用工程量 $Q_{H,min}=16591.0$ kW，最小冷却公用工程量 $Q_{C,min}=82915.4$ kW，夹点温度为 172℃。

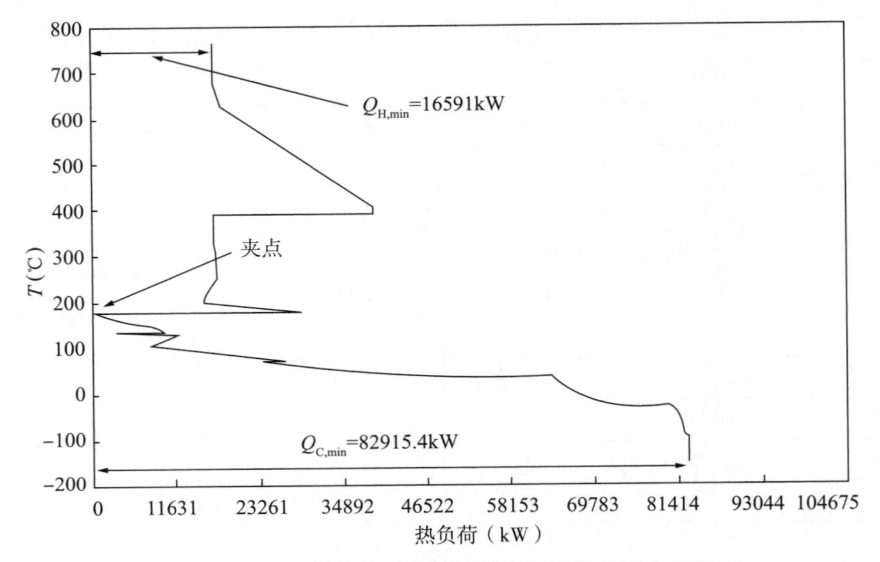

图 2-18 调优传热温差贡献值后的过程总组合曲线

显然，过程的加热公用工程负荷及冷却公用工程负荷与原流程相比均有减少，其减少量为：$\Delta Q_{H,min}=\Delta Q_{C,min}=10936.2$kW

从过程的总组合曲线可以发现，减少的加热公用工程负荷主要是低压蒸汽，相当于减少压力为 0.25MPa、温度为 127℃的饱和低压蒸汽 18t/h。系统公用工程用量的减少，表明调整流股的传热温差后，系统的热回收能力提高了。

由于调整传热温差贡献值的流股多数是夹点匹配，即调整流股温差贡献值使在夹点附近的物流温差发生了变化，从而影响夹点附近的热流量沿温位的分布，并对夹点产生明显影响。因此，优化调整部分流股传热温差贡献值后，在系统热回收能力提高的同时，夹点温位也发生了变化，由原来的 96℃上升至 172℃。

但是，由于流股传热温差的改变，相应的过程换热单元、能量驱动单元及子系统的流程结构、操作条件以及流股参数等也必将进行优化调整，即为达到调优流股传热温差贡献值后的用能目标，过程应进行调优。

2）用能调优

上述设计型夹点计算，指明了过程能量优化的目标。但要实现该优化目标，还应以过程能量集成技术为指导，综合考虑现有过程流程结构、工艺限制、用能优化目标、设备投资费用等多种因素，以降低过程加热、冷却公用工程为目的，对系统进行用能调优分析。具体调优措施分析如下：

（1）过程系统中可回收的工艺热源。

操作型夹点计算分析已经指出，在夹点温度附近有大量的热量，具有回收的潜力，而在实际流程中，此部分热量被冷却水移走。结合实际流程可以发现，这些热量最大的提供者为由塔 T-101 塔顶气相采出流股和塔 T-103 塔顶气相采出流股直接混合而成的热流股，在进行数据提取的过程中，已经将其拆分、还原。其中，塔 T-103 塔顶气相采出流股 H6 是温度为 118℃的饱和水蒸气，塔 T-101 的塔顶气相采出流股 H5 为多组分混合物，温位为 102℃，其中含有大量的水蒸气。通过采用化工模拟软件 Pro/Ⅱ计算可得，流股 H6 在 118℃发生冷凝时可以放出 2156. 3kW 的潜热；流股 H5 的换热则为一个冷凝冷却过程，其冷凝冷却曲线如图 2－19 所示。由图 2－19 可以计算得出，热流股 H5 由 102℃冷凝冷却到 81℃所放出的热量为 21938. 7kW，约占整个流股冷凝冷却负荷的 57. 79%，这部分热量不论是从温位，还是从负荷的角度上考虑，都可以回收利用。因此，综合 H5 和 H6 的热量，E108 的热流股可以为过程提供温位在 81～118℃之间的热量 24095. 0kW，可以用此热量代替加热公用工程作为系统工艺流股的热源。除 E-108 热流股提供的可回收热源之外，系统中还有部分流股的高温段热量可以回收。这些流股主要包括 E-104 热流股 H4（温度范围为 175～55℃）、E-115 热流股 H10（温度范围为 170～40℃）和 E-331 热流股 H28（温度范围为 135～40℃）等。

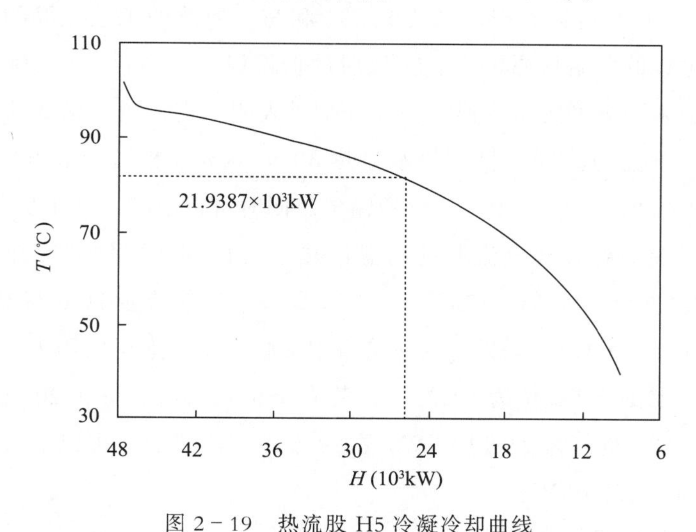

图 2－19　热流股 H5 冷凝冷却曲线

（2）重新匹配换热流股。

操作型夹点计算分析还得出，过程部分流股的匹配换热违背了夹点匹配规则，使热流量穿越过程夹点，加大了过程的加热、冷却公用工程用量。为此调整部分流股的匹配换热，使系统的热流量分配趋于合理。

①预热器 E-101。

预热器 E-101 中的冷流股 C1 由 10℃被预热到 160℃，加热流股 H1 是温位为 175～150℃的急冷油，因此流股换热的传热温差较大，并且跨越夹点换热。降低 C1 流股的传热温差后，通过设计型夹点分析可以发现，流股的低温段可以利用过程中温位相对较低的工艺热源预热。如果利用低温工艺热源将 C1 流股预热到 70℃，则相当于节省高温位的急冷油负荷 1970.2kW，这部分高温热负荷即可以代替加热公用工程作为工艺流股的高温热源，从而节省加热公用工程用量。同时也可以节省冷却水负荷 1970.2kW。

②预热器 E-329、E-330。

预热器 E-329 和 E-330 中的丙炔进料流股 C20、C21 从 46℃被加热到 90℃，热源为 127℃的低压蒸汽，传热温差较大。同时，丙炔加氢器出口流股 H28 从 135℃被冷却水冷却到 40℃，不但传热温差较大，而且是跨越夹点换热。因此，从能量回收的角度考虑，可以使 C20、C21 与 H28 直接换热，从而可以分别节省 127℃的低压蒸汽和冷却水负荷各 581.5kW。

③脱氧槽 Z-701。

脱氧槽 Z-701 给水流股 C31 被 100℃左右的工艺流股从 20℃预热到 71℃，之后进入脱氧槽，直接与 209℃的蒸汽混合，被汽提加热到 130℃。给水流股 C31 预热过程的传热温差较大，对数平均传热温差约为 50℃左右，而且是跨越夹点换热。从过程分离的总组合曲线（图 2－17）可以发现，当减少 C31 和与其换热的工艺流股的传热温差贡献值后，可以利用过程的低温热源预热 C31 流股的低温段，然后再利用 100℃左右的工艺流股进一步提高进入脱氧槽的给水温度。计算结果表明，进入脱氧槽的给水温度可以提高到约 90℃，即增加了进入脱氧槽的给水显热 3049.5kW，相当于节省同样负荷的 209℃中压蒸汽，也即增加了 209℃中压蒸汽的输出。同时可以节省冷却水负荷 3049.5kW。

④此外，系统中尚有部分流股的高温段热量可以回收，例如冷却器 E-104 热流股 H4（可换热的温度范围为 55～175℃）和冷却器 E-115 热流股 H10 高温段的热量（可换热温度范围为 40～170℃），如果这些热量得到回收，基本上可以用来取代低压蒸汽作为塔 T-102 再沸器 E-106（温位为 122℃，负荷为 386.13kW）、塔 T-201 进料预热器 E-204（温位为 40～50℃，负荷为 236.10 kW）的冷流股加热热源，可以节省加热公用工程和冷却公用工程各 622.23 kW。

（3）蒸馏塔与过程的热集成。

现场流程中，蒸馏塔 T-202、T-204、T-302 与 T-304 再沸器采用低压蒸汽作为热源，通过利用过程分离的总组合曲线对精馏塔与背景过程集成的分析，已经得出塔

T-202、T-204、T-302与T-304再沸器都具有与背景过程集成换热的可能性，即可以利用过程的工艺流股代替低压蒸汽作为各塔再沸器的加热热源。为此，利用调优流股传热温差贡献值后的过程分离的总组合曲线来进一步考察塔与过程的集成可能性，如图2-20所示。

由图2-20可见，如果塔T-202、T-204、T-302与T-304再沸器都能实现与过程集成换热，则可以分别节省压力为0.25MPa、温度为127℃的低压蒸汽和冷却水负荷各11232.8kW。

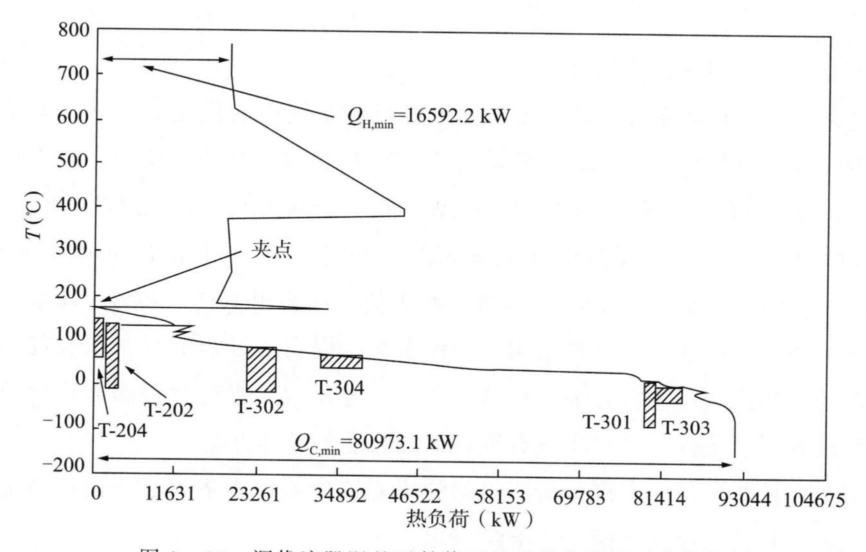

图2-20　调优流股温差贡献值后过程分离的总组合曲线

（4）塔T-103及稀释蒸汽发生系统的用能优化。

塔T-103的塔顶气相采出流股H6为118℃的饱和水蒸气，其冷凝的相变热为2156.3kW。在实际流程中，这部分热量用冷却水带走，从节能的角度看，这部分热量可以回收利用。结合实际流程，通过模拟计算表明，塔T-103进料温度较低，需要塔底再沸器提供更多的热量推动塔内的气、液传质过程。因此，可以利用流股H6预热塔T-103的进料，提高进料流股的温度，这样可以相应地降低塔底再沸器的热负荷，从而节省再沸器加热热源——急冷油（温度为160℃）的热负荷2156.3kW。塔T-103的塔底采出流股C4主要成分为工艺水，经预热温度从118℃上升到126℃，之后进入罐V-105作为稀释蒸汽发生器E-112和E-113的给水，E-112和E-113分别采用高温位急冷油和中压蒸汽作为热源。V-105罐内的温度为170℃，而C4的入口温度较低，加大了稀释蒸汽发生器E-113加热公用工程的负荷。因此，可以将T-103再沸器节省的急冷油热负荷分配给C4预热器E-111，进一步提高罐V-105的给水温度。这样，通过塔T-103的塔顶气相采出流股H6冷凝所放出热量的转移和重新分配，可以相应地节省稀释蒸汽发生器E-113的加热公用工程负荷

2156.3kW，即减少了中压蒸汽的用量。同时也降低了冷却水的负荷2156.3kW。

（5）低温过程子系统的优化。

结合装置流程结构，低温过程子系统的用能调优，从以下两个方面进行：一是回收系统冷量。塔T-301、T-302和T-303提馏段在低温下操作，具有提供低温冷量的可能性，可以通过引入中间再沸器，回收各塔的低温冷量，减少系统低温冷剂的用量，降低冷冻系统制冷压缩机的能耗。二是调整低温换热过程传热温差。通过优化调整部分低温换热过程的传热温差，可以提高低温冷剂的温位，从而降低冷冻系统制冷压缩机的能耗。

（6）过程系统用能优化结果分析。

通过采取以上用能调优措施，不包括低温过程系统用能优化所带来的能量节省，就可以减少过程加热公用工程负荷或多输出的热量为17642.4kW。其中，减少用于过程加热的127℃饱和低压蒸汽负荷为12436.6kW，相当于减少低压蒸汽用量20.56t/h。同时，减少或多输出209℃的中压蒸汽负荷5205.8kW，相当于减少中压蒸汽用量10.66t/h。过程减少的冷却公用工程负荷为17456.3kW，减少的冷却公用工程主要为冷却水。

显然，通过调优系统的流程结构和操作参数，提高了过程的热量回收能力。但过程用能调优的具体措施，还需要进一步结合现有工艺流程，进行过程用能优化改造的模拟计算，验证其可实施性，并提出现有装置节能改造的具体方案。

对该套乙烯装置进行夹点分析所得到的用能调优原则方案，已在增产节能改造工作中得到实施，吨乙烯能耗下降1163kW以上。

参考文献

[1] 姚平经.全过程系统能量优化综合[M].大连：大连理工大学出版社，1995.

[2] 中国化工节能技术协会.化工节能技术手册[M].北京：化学工业出版社，2006.

[3] 冯霄.化工节能原理与技术[M].北京：化学工业出版社，2009.

[4] 傅秦生.能量系统的热力学分析方法[M].西安：西安交通大学出版社，2005.

[5] 王弘轼.化工过程系统工程[M].北京：清华大学出版社，2006.

[6] 姚平经.过程系统工程[M].上海：华东理工大学出版社，2009.

[7] 杨俊坤，冯霄，余新江.夹点分析子系统选取规则及应用[J].化学工程，2009，37(3)：70-74.

第三章　过程系统能量集成

为了合理、经济地利用能源，降低生产成本，科技工作者已不仅仅着眼于单个操作单元的节能，而越来越注重整个生产过程系统的能量综合利用，这会带来更显著的效果。过程系统能量集成，又称“过程系统能量综合”，是化学工程中发展最快的领域之一，是过程系统工程的一部分。它主要是研究如何选择优化的单元设备及其间的连接关系来组成一个化工过程，从给定的原料生产一定产品，在最小的总费用和最小的环境污染下安全生产，并在运行中采取和保持最优的操作条件。它强调的是在子系统如换热网络综合、分离序列综合等优化的基础上实现全过程系统的优化。

第一节　过程系统用能一致性原则

一个完整的过程系统可称为非均质系统，因为它包含了反应、分离、换热、热机、热泵等操作过程，对这样的大系统进行用能分析和优化是一个非常复杂的问题，这种复杂性不单是由于该系统包含众多的反应器和各种单元操作，而更主要的是由于这些反应器和单元操作之间存在着强交互作用。为此，针对求解大规模复杂系统的优化问题，产生一种思想，即“一个过程系统越复杂则越需要简化；一个过程系统越简化，则越需要抓住它的本质，以避免产生严重的误差”。于是，针对全过程系统能量优化问题，大连理工大学提出了过程系统用能一致性原则。

从本质上讲，过程系统用能一致性原则就是运用热力学原理，从用能的角度，由反应器和各种单元操作中抽提出热源流股和热阱流股，从而使得全过程系统能量优化问题转化为这些热源流股和热阱流股之间合理匹配的均质系统的优化问题，即换热网络综合问题，于是，可选择合适的方法去求解相对于非均质系统而言较容易的均质系统的优化问题。

（1）换热器：从外界环境来看，换热器中的热流股需要向外界放出热量，而冷流股则需要从外界吸收热量。一台无相变的换热器的温—焓（T—H）图如图 3－1 所示。

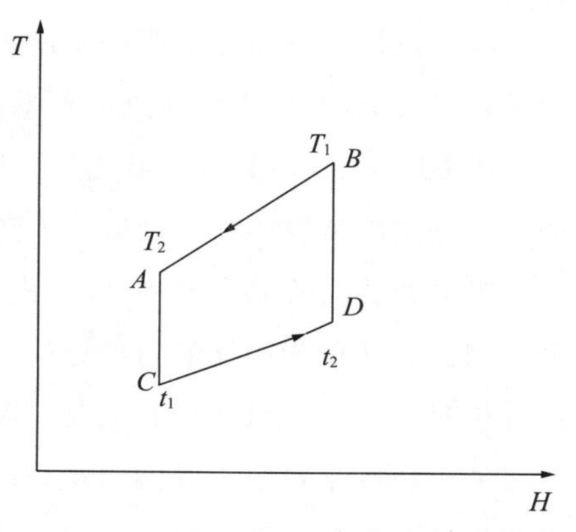

图 3－1　无相变的换热器的温—焓图

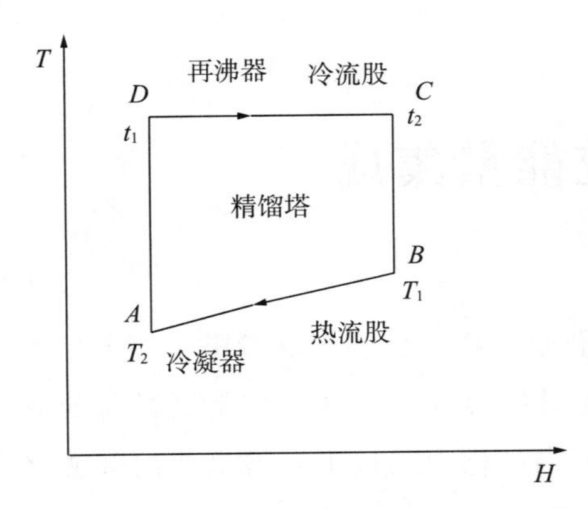

图 3－2　蒸馏塔的温—焓图

（2）蒸馏塔：再沸器中的釜液需要外界提供热量，可以看成是与换热器中冷流股相当的有相变的冷流股；而冷凝器中的塔顶蒸汽需要向外界放出热量，则可以看成是与换热器中热流股相当的有相变的热流股。在进行系统能量优化综合时，可以当作是与换热器网络中的冷、热流股进行匹配，其负荷就是再沸器、冷凝器的负荷，温位就是实际的再沸器、冷凝器的温度，如图 3－2 所示。

（3）反应器：反应器在将原料转化为所需产品的同时还伴有能量变化，对于放热反应，是将系统的化学能转化为热能，放出热量；对于吸热反应，是将外界提供的热量转化为系统的化学能，需要吸收热量。从用能的角度看，反应器可以当作热或冷的工艺物流，与换热器网络中的冷、热流股一样，参与整个系统用能匹配。放热反应器与吸热反应器的温—焓图如图 3－3 所示。

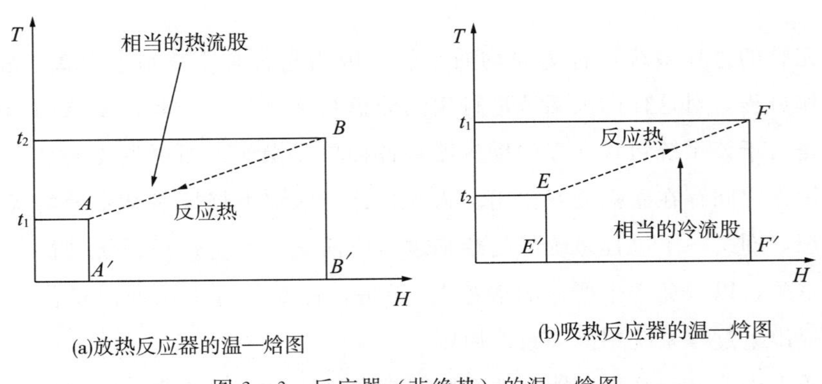

(a)放热反应器的温—焓图

(b)吸热反应器的温—焓图

图 3－3　反应器（非绝热）的温—焓图

（4）热机：目前在工业上应用最广的热机循环是朗肯循环。其温—焓图如图 3－4 所示，线段 $ABCD$ 表示从外界吸收热量，线段 EF 表示向外界释放热量，线段 $ABCD$ 与线段 EF 在 H 轴上的投影之差（H_c-H_h）即为热机所做的功。在实际装置中，一台凝汽式热机乏汽的出口一般直接与冷凝器相连，在冷凝器中将乏汽用冷却水或工艺流股冷凝。因此，从单元用能的角度分析，在对热机进行用能一致性分析时，可将乏汽冷凝看成是一条温位较低的热流股，而热机的入口则来自蒸汽管网，从系统用能的角度，需要系统向热机输入蒸汽，即热机在高温一端相当于一条冷流股，因

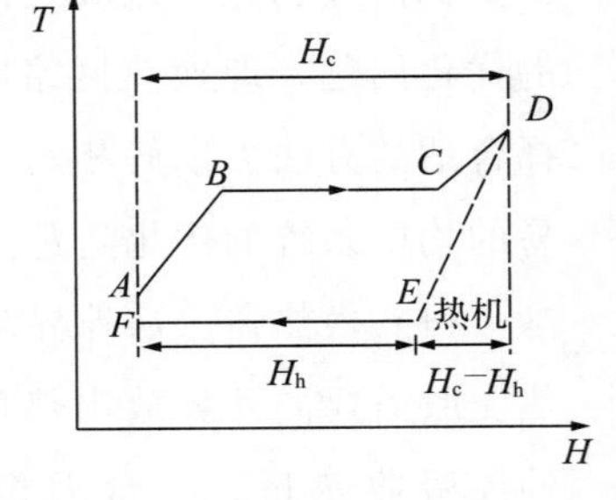

图 3－4　朗肯循环温—焓图

此一台热机的用能情况可以用两条流股表示：一条是位于高温位的冷流股，另一条是位于低温位的热流股，如图 3－5 所示。其中，线段 AB 表示与热机相当的冷流股，线段 DC 表示与热机相当的热流股。对于一台背压式热机而言，其高温位的冷流股与凝汽式热机相同，而低温位的流股，由于背压式热机的出口一般是中压或低压蒸汽管网，同样可看成是一条热流股，相当于不同级别的蒸汽。在换热器匹配时，将背压透平视为相当于不同级别的蒸汽（热流股）或高温位的冷流股后，可以在与其他工艺流股匹配时，以相当的蒸汽级别作为约束条件，来解决热机的有约束匹配问题。

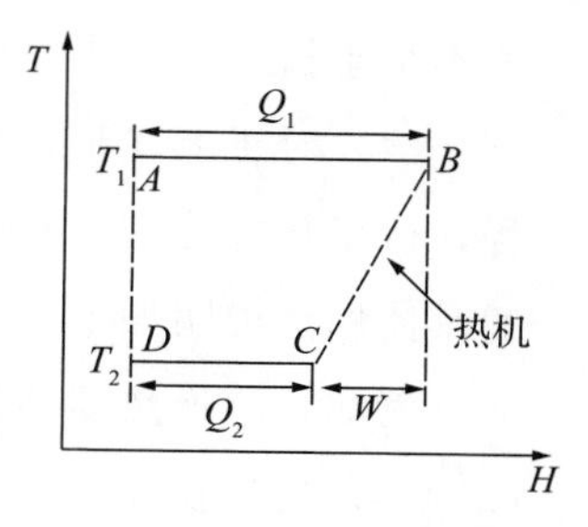

图 3－5　热机用能的当量图

（5）热泵：热泵从较低温度的热源吸收热量，向较高温度的热源排放热量，同时消耗功。从热力学角度分析，在封闭循环中，循环介质在蒸发器中从外界环境吸收热量，相当于一条冷流股，通过热泵将其温位提高，而在冷凝器中将其作为热源用于加热其他流股，减少加热公用工程用量，相当于一条热流股。

（6）公用工程子系统：在以往的设计中，公用工程子系统的设计是根据其他子系统所需要的动力及热量、冷量负荷的大小，作为一个独立的子系统单独进行设计，如与其他子系统的集成不够完善，就不能保证整个系统在用能方面的最优匹配。在过程用能一致性原则中，将公用工程子系统中的流股也看成相当的冷、热流股，而且将其与其他子系统同时考虑，组成均质的用能网络。在满足其他系统需求的前提下，综合考虑各级别蒸汽用量，以达到全系统用能优化的目的。

第二节　换热器网络的综合

一、根据 T—H 图综合换热器网络

基于传热系统的有效能分析，在 T—H 图上可以实现物流间的合理匹配，即有效地利用温位，合理地分配传热温差和传热负荷，使得换热网络原则上实现逆流操作，此时即可得到满足规定热负荷前提下热力学最小传热面积网络。最小传热面积网络的综合可按下列步骤进行：

（1）根据热交换系统的给定条件，如过程物流的质量流量、输入温度、输出温度等，收集有关的热力学性质和物理性质，如比热容、焓、汽化热等。

（2）在 T—H 图上标绘各物流，进而构造出热物流的组合曲线和冷物流的组合曲线。

（3）在 T—H 图上水平移动组合曲线，使热、冷物流的组合曲线间传热温差的最小

值不小于指定的最小允许传热温差 $\Delta T_{\min}$。由此确定过程物流间最大的热交换量。

(4) 对于上述步骤确定的最大热交换量，在 T—H 图上按照作组合曲线相反的过程，得出热、冷物流间的匹配关系，由此得到热力学最小传热面积网络的结构。该步骤的具体做法说明如下：

例如，一换热器系统包含两个热物流 H_1、H_2 和一个冷物流 C_1，经上述步骤 (1)(2)(3) 后，在 T—H 图上得到的结果如图 3-6 (a) 所示。线段 AE、FD、GH 分别表示物流 H_2、H_1、C_1。热物流的组合曲线为 $ABCD$。物流间最大的热交换量为 Q_R，所需的最小冷却公用工程负荷为 $Q_{C,\min}$，所需的最小加热公用工程负荷为 $Q_{H,\min}$。组合曲线区间的分隔可参看图 3-6 (b)。由热物流组合曲线的折点 B 和 C 分别引垂线交冷物流线段 GH 于点 I 和点 P，则表明冷物流 C_1 的 IP 线段要同热物流 H_1 的 CF 线段及热物流 H_2 的 BE 线段匹配换热，为此要把冷物流 IP 部分分解为两股物流，IR 及 PQ（即 IR 和 PQ 两者的组合曲线为 IP），使得 BE 同 IR 匹配，CF 同 PQ 匹配。现分别通过点 A、G、B、E、C、D 和 H 作垂线，在图上分隔出区间Ⅰ、Ⅱ、Ⅲ、Ⅳ、Ⅴ和Ⅵ，在每一区间内热、冷物流都满足热平衡关系，也就表明了物流间的匹配关系：

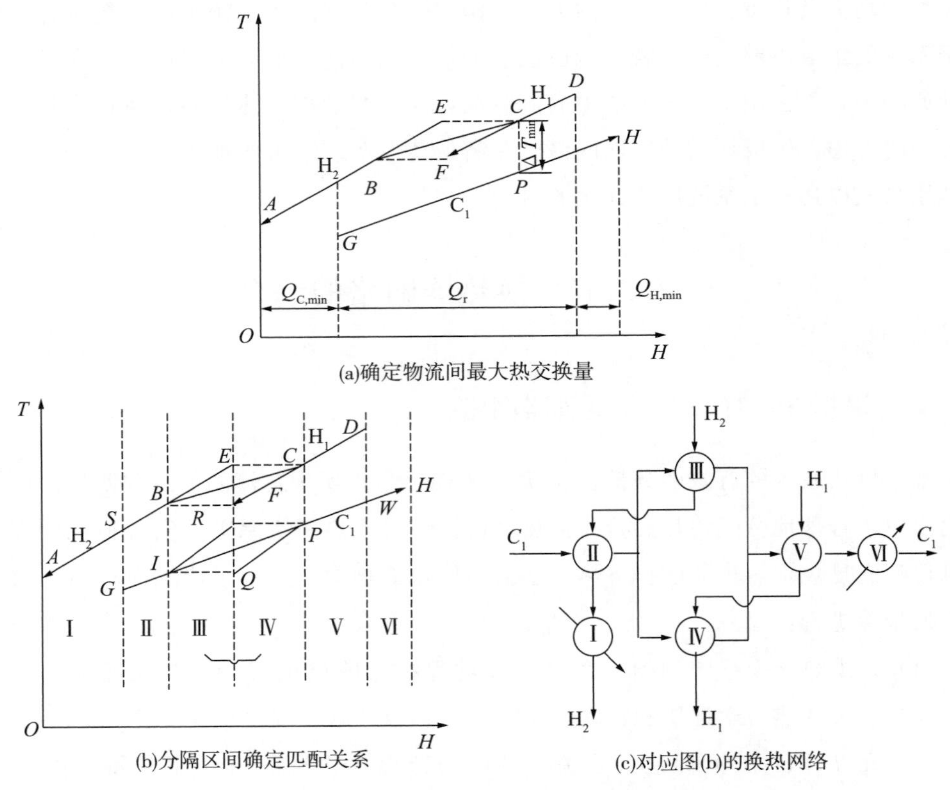

图 3-6　得到热力学最小传热面积网络的过程

区间Ⅰ，热物流 H_2的低温段 AS 部分同公用工程冷却物流匹配。

区间Ⅱ，热物流 H_2的 SB 部分同冷物流 C_1的 GI 部分匹配。

区间Ⅲ，热物流 H_2的 BE 部分同冷物流 C_1的分支 IR 匹配。

区间Ⅳ，热物流 H_1的 FC 部分同冷物流 C_1的分支 QP 匹配。

区间Ⅴ，热物流 H_1的 CD 部分同冷物流 C_1的 PW 部分匹配。

区间Ⅵ，冷物流 C_1的高温段 WH 部分同公用工程加热物流匹配。

由此，按照图 3－6（b）可画出该换热器网络的流程结构，如图 3－6（c）所示。

二、夹点设计法

1. 夹点处物流间匹配换热的可行性规则

利用夹点规则综合换热器网络就是确定出这样的换热器网络，它仅需要最小公用工程加热及冷却负荷，即达到最大的热回收。

由前述可知，夹点处热、冷物流之间的传热温差最小，而且为了达到最大的热回收（或需用最小的公用工程加热及冷却负荷），必须保证没有热流量通过夹点，这表明夹点处是设计工作中约束最多的地方，因此先从夹点进行物流间匹配换热的设计。

首先定义一个名词，即夹点匹配（Pinch Matches 或 Pinch Exchangers），如图 3－7 所示。如图 3－7（a）所示，换热器 1 为夹点匹配，其热物流 H_1与冷物流 C_1直接与夹点相通，即换热器 1 的右端传热温差已达到 $\Delta T_{\min}$，不能再小了。但换热器 2 不是夹点匹配，因为其中热物流 H_1与夹点间隔着换热器 1。如图 3－7（b）所示，换热器 1 及换热器 2 皆为夹点匹配，但换热器 3 不是夹点匹配。下面讨论夹点之上及夹点之下的匹配规则（Feasibility Criteria at the Pinch）。

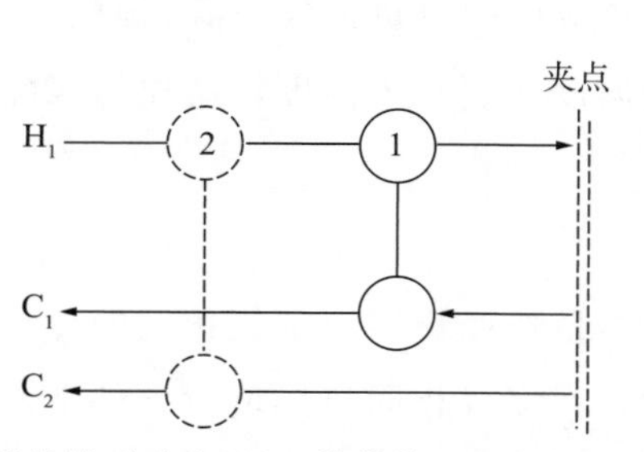

(a)换热器1为夹点匹配，换热器2不是夹点匹配

(b)换热器1和换热器2为夹点匹配，换热器3不是夹点匹配

图 3－7　夹点匹配

1）夹点匹配可行性规则 1

对于夹点上方（热端），热物流（包括其分支物流）数目 N_H 不大于冷物流（包括其分支物流）数目 N_C，即：

$$N_H \leqslant N_C$$

对于夹点下方（冷端），可行性规则 1 可描述为：热物流（包括其分支物流）数目 N_H 不小于冷物流（包括其分支物流）数目 N_C，即：

$$N_H \geqslant N_C$$

该规则的解释可参考相关文献[1,2]，夹点匹配的可行性规则主要是保证热、冷物流匹配时大于 ΔT_{min} 要求，以及遵守夹点设计的基本原则（夹点上方不能引入公用工程冷却物流；夹点下方不能引入公用工程加热物流）。

2）夹点匹配可行性规则 2

对于夹点上方，每一夹点匹配中热物流（或其分支）的热容流率 CP_H 要小于或等于冷物流（或其分支）的热容流率 CP_C，即：

$$CP_H \leqslant CP_C$$

对于夹点下方，则上面不等式变向，即：

$$CP_H \geqslant CP_C$$

这一规则是为了保证夹点匹配中的传热温差不小于允许的 ΔT_{min} [1,2]。离开夹点后，由于物流间的传热温差都增大了，因此不必一定遵循该规则。

2. 夹点处物流间匹配换热的经验规则

上面讨论的两个可行性规则对夹点匹配来说是必须遵循的，但在满足这两个规则约束前提下还存在多种匹配的选择。基于热力学和传热学原理，以及从减少设备投资费出发，下面提出的经验规则具有一定的实用价值。

1）经验规则 1

选择每个换热器的热负荷等于该匹配的冷、热流股中热负荷较小者，使之一次匹配换热可以使一个物流（即热负荷较小者）由初始温度达到终了温度，这样的匹配，系统所需的换热设备数目最小，减少了投资费。

2）经验规则 2

在考虑经验规则 1 的前提下，如有可能，应尽量选择热容流率值相近的冷、热物流进行匹配换热。通过有效能损失的计算可以证明，在完成相同传热负荷条件下，又保持传热温差相同，则冷、热物流热容流率相等情况下传热过程的有效能损失比冷、热物流热容流率不相等情况下要小。或从另一角度来说，传热负荷相同，传热过程有效能损失也相同，此时冷、热物流等热容流率的温差推动力要比冷、热物流不是等热容流率的传热温差推动力大，则可以用较小的传热面积，节省了设备费。经验规则 2 符合传热学及热力学原理。

夹点设计法的要点如下：

（1）在夹点处，把换热网络分隔开，形成的独立子问题热端及冷端可分别处理。

（2）对于每个子问题，先从夹点开始设计，采用夹点匹配可行性规则及经验规则，决定物流间匹配换热的选择以及物流是否需要分支。

（3）离开夹点后，确定物流间匹配换热的选择有较多的自由度，可采用前述的经验规则，但在传热温差的约束仍比较紧张的场合（即某处传热温差比允许的 ΔT_{min} 大不太多的情况），夹点匹配的可行性规则还是需要遵循的。

（4）考虑换热系统的操作性、安全性，以及生产工艺上的特殊规定等要求，如具体的物流间不允许相互匹配换热，或规定其间一定要匹配换热等。

【例 3-1】 一换热系统，包含的工艺流股为两个热物流和两个冷物流，给定的数据见表 3－1。指定热、冷物流间允许的最小传热温差（Minimum Allowed Temperature Approach）为 $\Delta T_{min}=20℃$。现在设计一个换热网络，其具有最大的热回收（Maximum Heat Recovery）。求解过程如下：

表 3－1　【例 3-1】物流数据

物流标号	热容流率 CP（kW/℃）	初始温度 T_s（℃）	终了温度 T_t（℃）	热负荷 Q（kW）
H_1	2. 0	150	60	180. 0
H_2	8. 0	90	60	240. 0
Q_1	2. 5	20	125	262. 5
Q_2	3. 0	25	100	225. 0

注：H 指热物流，C 指冷物流。

解： 采用问题表格算法，确定出系统所需的最小加热、冷却公用工程负荷分别为 $Q_{H,min}=107.5kW$，$Q_{C,min}=40kW$；夹点处热物流温度为 90℃，冷物流温度为 70℃。具体计算参见【例 2-2】。

（1）热端的设计。

见【例 2-2】问题表格（1），热端由子网络 SN_1、SN_2 和 SN_3 组成，其中包含热物流 H_1 和冷物流 C_1、C_2。热端各物流的数据整理后列于表 3－2 中。

表 3－2　【例 3-1】中热端各物流数据

物流标号	热容流率（kW/℃）	夹点端的温度（℃）	另一端温度（℃）	热负荷（kW）
H_1	2. 0	90	150	120. 0
C_1	2. 5	70	125	137. 5
C_2	3. 0	70	100	90. 0

夹点上方物流间匹配换热的可行性规则为：

$$N_H \leqslant N_C$$

$$CP_H \leqslant CP_C$$

此外，$N_H=1$，$N_C=2$，$CP_H=2.0$，$CP_{C_1}=2.5$，$CP_{C_2}=3.0$，因此满足了上面两个不等式。又按经验规则，能够经过一次匹配换热即可完成其中热负荷较小的物流的传热量，并且尽量取热容流率相近的冷、热物流进行匹配换热，则得到图 3－8 所示的热端设计方案。该设计中，H_1 同 C_1 一次匹配换热即可把热物流 H_1 由初始温度 150℃冷却到夹点温度 90℃，且该两物流的热容流率相近。由该两物流的热衡算可知，冷物流 C_1 由夹点温度被加热到 118℃，剩下再用加热器加热到终了温度 125℃。冷物流 C_2 已无热物流同其匹配，因此设置加热器使其由夹点温度 70℃加热到终了温度 100℃。

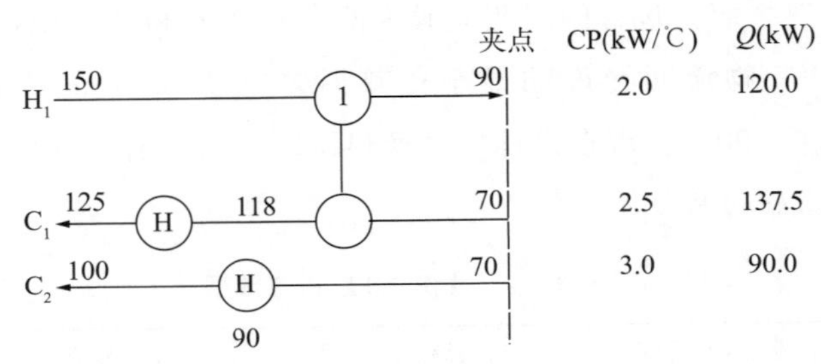

图 3－8 【例 3-1】的热端

（2）冷端的设计。

见【例 2-2】问题表格（1），冷端由子网络 SN_4、SN_5、SN_6 组成，包含的物流有 H_1、H_2、C_1、C_2，各物流的数据整理后列于表 3－3 中。

表 3－3 【例 3-1】中冷端各物流数据

物流标号	热容流率（kW/℃）	夹点端的温度（℃）	另一端温度（℃）	热负荷（kW）
H_1	2.0	90	60	60
H_2	8.0	90	60	240
C_1	2.5	70	20	125
C_2	3.0	70	25	135

夹点下方物流间匹配换热的可行性规则为：

$$N_H \geqslant N_C$$

$$CP_H \geqslant CP_C$$

此外，$N_H=2$，$N_C=2$，$CP_{H_1}=2.0$，$CP_{H_2}=8.0$，$CP_{C_1}=2.5$，$CP_{C_2}=3.0$。第一个不等式可以满足，为了满足第二个不等式，需把热物流 H_2 分支，以保证冷物流 C_1、C_2 实现

夹点匹配。热物流 H_1 不能同冷物流 C_1 或 C_2 实现夹点匹配，因其热容流率小于这两个冷物流的热容流率。分支匹配的方案可以有两种，如图 3-9 所示。其中，图 3-9（a）所示的设计方案是把热物流 H_2 进行分支，分支热容流率的分配原则是通过一次匹配便完成冷物流 C_2 的热负荷，则通过换热器 1 的热物流分支的热容流率为 135kW/（90-60)℃ = 4.5（kW/℃），通过换热器 2 的热物流分支的热容流率为 8.0（kW/℃）-4.5（kW/℃）= 3.5（kW/℃），该分支同冷物流 C_1 匹配。换热器 1 和换热器 2 皆为夹点匹配，并满足夹点下方匹配换热的可行性规则，$CP_H \geqslant CP_C$。剩下的换热器 3 不是夹点匹配，已不必遵循夹点匹配的可行性规则，热物流 H_1 与冷物流 C_1 匹配换热，完成冷物流 C_1 剩下的热负荷 20kW，热物流 H_1 的温度由 90℃降到 80℃，H_1 剩下的热负荷已无冷物流同其匹配，因此设置冷却器 C，把其冷却到目标温度 60℃。

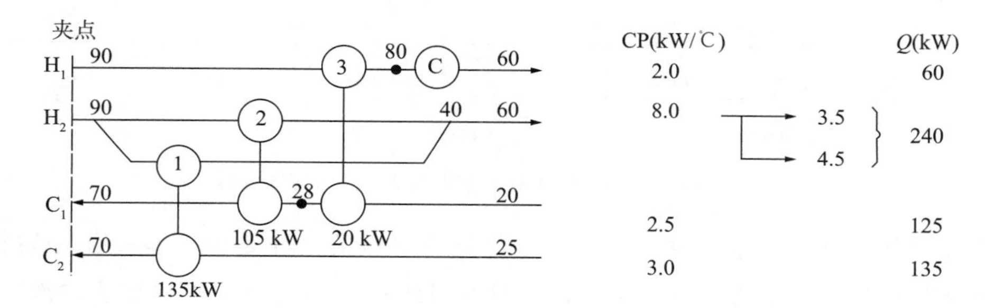

(a)把热物流 H_2 分支，并一次匹配完成冷物流 C_2 的热负荷

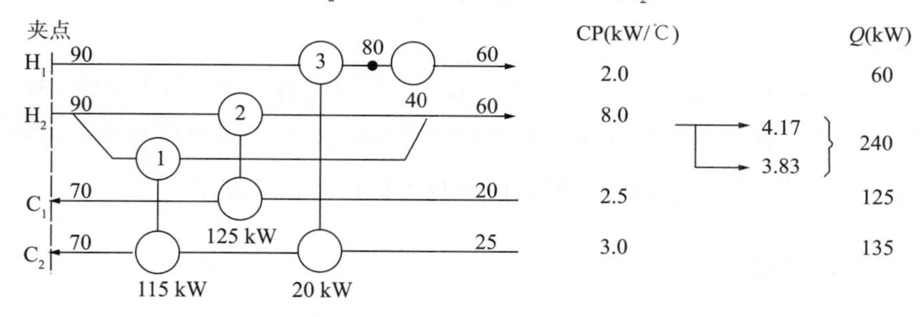

(b)把热物流 H_2 分支，并一次匹配完成冷物流 C_1 的热负荷

图 3-9　夹点下方的匹配

如图 3-9（b）所示，热物流 H_2 分支热容流率的分配原则是通过一次匹配换热便完成冷物流 C_1 的热负荷，由此，通过换热器 2 的热物流分支的热容流率为 125kW/（90-60)℃ = 4.17kW/℃，剩下的热容流率为 8.0kW/℃ - 4.17kW/℃ = 3.83kW/℃，可通过换热器 1 与冷物流 C_2 匹配，换热器 1 和换热器 2 皆为夹点匹配，并满足夹点下方匹配换热的可行性规则，$CP_H \geqslant CP_C$。

图 3-9 所示的两个方案都只需 4 个换热设备，两者并没有明显的优劣，皆可选用。当然，还有其他的设计方案，但都是分支过多，流程比较复杂。

(3) 需用最小公用工程加热与冷却负荷的整体设计。

把上面的热端设计与冷端设计结合起来，就可得出需用最小公用工程加热与冷却负荷的整体设计。把图 3-8 所示的热端设计与图 3-9 (a) 所示的冷端设计结合起来，得到的整体设计方案如图 3-10 所示。该设计需要加热公用工程负荷为 17.5kW+90kW=107.5kW，需冷却公用工程负荷为 40kW，分别与问题表格算法确定的 $Q_{H,min}$ 及 $Q_{C,min}$ 一致。该方案需 2 个加热器、4 个换热器、1 个冷却器，共 7 台换热设备。

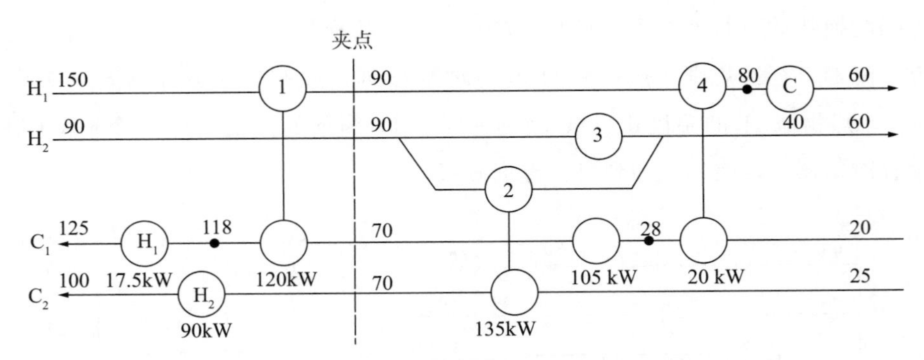

图 3-10　需要最小公用工程加热与冷却负荷的整体设计方案

上述得到的只是初始的设计方案，下面还需要做的工作是进一步简化上述整体设计，使之尽量减少所用的换热设备数，同时尽量维持最小的公用工程加热与冷却负荷，即把这两个目标兼顾起来，使系统的总费用最小，也就是要对上述得到的换热器网络进行调优处理。

调优 (Evolution) 是过程系统综合中比较常用的一种方法。换热器网络的调优通常是在采用夹点设计法得到最大能量回收换热网络的基础上，经调优处理，可得到换热设备个数最少的系统结构，从而得到最优的或接近最优的设计方案[1-4]。

三、数学规划法

数学规划法是通过建立换热器网络综合的最优化数学模型（主要包括线性规划 LP、非线性规划 NLP、混合整数线性规划 MILP 和混合整数非线性规划 MINLP 模型），采用适当的算法在计算机上求解，将同时考虑最大的热回收、最小的操作费用和设备费用，确定最优的网络结构。

下面介绍基于转运模型和分级超结构的换热器网络综合的数学规划法。

1. 转运模型法综合换热器网络

Papoulias 和 Grossmann[5] 采用结构参数法综合换热器网络，所提出的转运模型用较小规模的线性规划法可解出换热器网络所需的最小公用工程费用，进而用混合整数线性规划法确定最小的换热设备数目。具有最小公用工程费用以及最小换热设备数的换热器网络可以认为是接近最优的。

数学规划中的转运模型是确定把产品由生产厂经中间仓库再运送到目的地的最优网络的模型。对于换热器网络问题来说，可以建立如图 3－11 所示的转运模型。热量可以看作产品，温度间隔可以看成是中间仓库，目的地是冷源。热量通过中间的温度间隔送到冷物流，在每一个温度间隔内应该满足传热温差不小于允许的最小传热温差 $\Delta T_{\min}$。

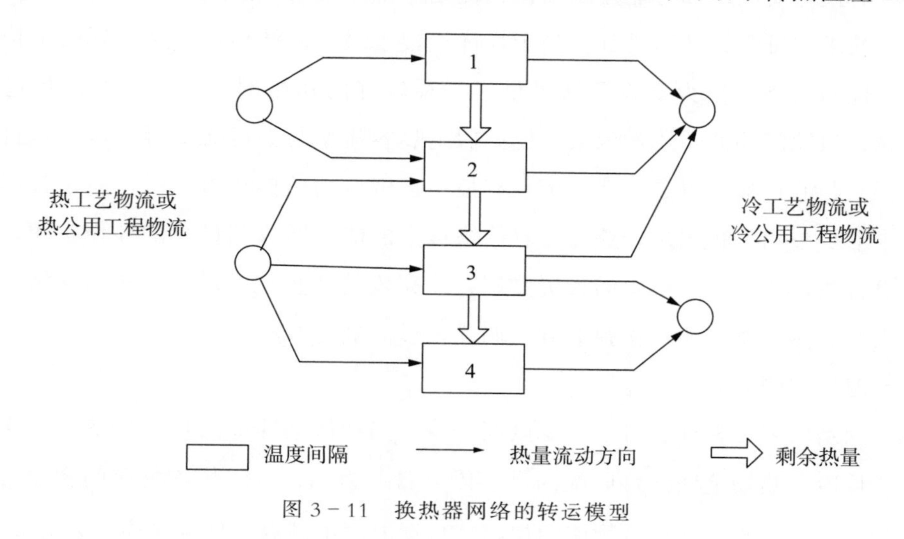

图 3－11　换热器网络的转运模型

在每一温度间隔，热量流动情况参看图 3－12，具体说明如下；

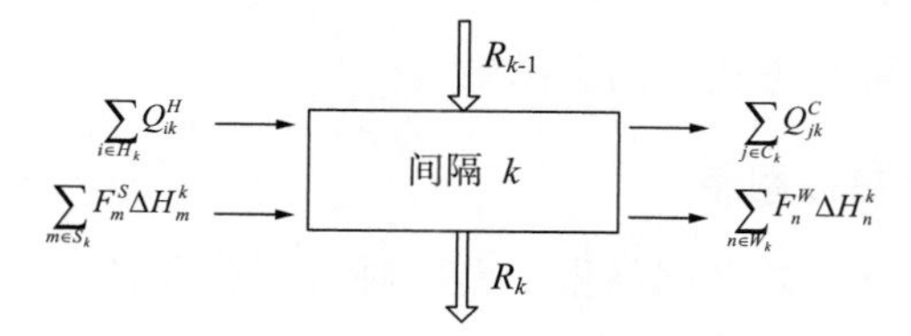

图 3－12　在每一个温度间隔热流示意图

（1）热量从包含在某一温度间隔中所有热工艺物流和热公用工程物流流入该温度间隔。

（2）热量从该温度间隔流出到包含在该温度间隔中所有冷工艺物流和冷公用工程物流。

（3）该间隔中剩余的热量流入下一个较低温位的温度间隔中去。

（4）从温度较高的间隔进入该温度间隔的热量，不能再流入更高的温度间隔，这是因为热量不能自动地由低温流向高温。

该转运模型中包括的变量：从一个温度间隔流入下一个较低温度间隔的剩余热量，物流之间匹配的换热量和冷、热公用工程的流量。

根据上面的说明，可以建立相应的约束条件，但建立数学模型还需要解决如下两个问题：目标函数的确定和温度间隔的划分。

（1）目标函数的确定。

由于可能满足要求的换热器网络数目极大以及由于约束条件相互制约而导致问题的非线性，对换热器网络综合能达到严格最优是非常困难的，因此需要对问题简化来缩小数学模型的求解维数，从而得到相当于最优或接近最优的结构，此时得到的结构虽然不一定是最优的网络，但为最终网络提供了一种较好的初始网络。问题的简化包括两方面：首先，消除问题的非线性因素，比如假定热容流率与温度无关等；其次，目标的简化，综合问题的目标不再是构造一个具有最小投资费用的换热器网络，而是分解为三步完成：①最少公用工程用量，这意味着网络最大的能量回收和最少的操作费用；②最小的换热设备数，这相当于最少的投资费用；③完成前两步，可以形成初始网络。对初始网络利用断开热回路和能量松弛的方法调优，形成最终的网络。

（2）温度间隔的划分。

温度间隔的划分保证了每一个温度间隔冷、热物流间匹配的最小传热温差满足热力学要求。设冷、热物流间允许匹配的最小传热温差为ΔT_{min}。将热物流的初始目标温度减去ΔT_{min}，形成的温度与冷物流的初始、目标温度由高温到低温排序，划分温度间隔，并给予标号$k=1, 2, \cdots, K$。利用这种方法划分温度间隔，可以保证在每个温度间隔内冷、热物流匹配可以满足最小的传热温差的要求。采用转运模型建立换热器网络综合的数学模型及求解步骤可参考相关的文献[1-4]。

2. 超结构法综合换热器网络

上述转运模型法综合换热器网络由于是一种分步优化法，只能得到局部最优解，因此，换热器网络同步最优综合的数学规划法的研究引起人们的重视。Yee 和 Grossmann[6]提出了基于换热器网络超结构，同时考虑公用工程费用和换热设备费用的网络综合的混合整数非线性规划模型（MINLP），并采用 Gundersen 和 Crossmann[7]提出的惩罚函数法和 Outer-Approximation 法复合算法进行求解。

1）基于换热器网络超结构的混合整数非线性规划模型

换热器网络的分级超结构能描述冷、热流股匹配的各种可能性，包含两个冷、热流股和一个冷、热公用工程的换热器网络的超结构，如图 3－13 所示。

在图 3－13 中，所有的热流股流动方向是从左向右；所有冷流股流动方向是从右向左；冷、热公用工程分别放在热、冷流股的末端。对于有N_H个热流股、N_C个冷流股的系统，超结构的级数N_K为 max $\{N_H, N_C\}$。

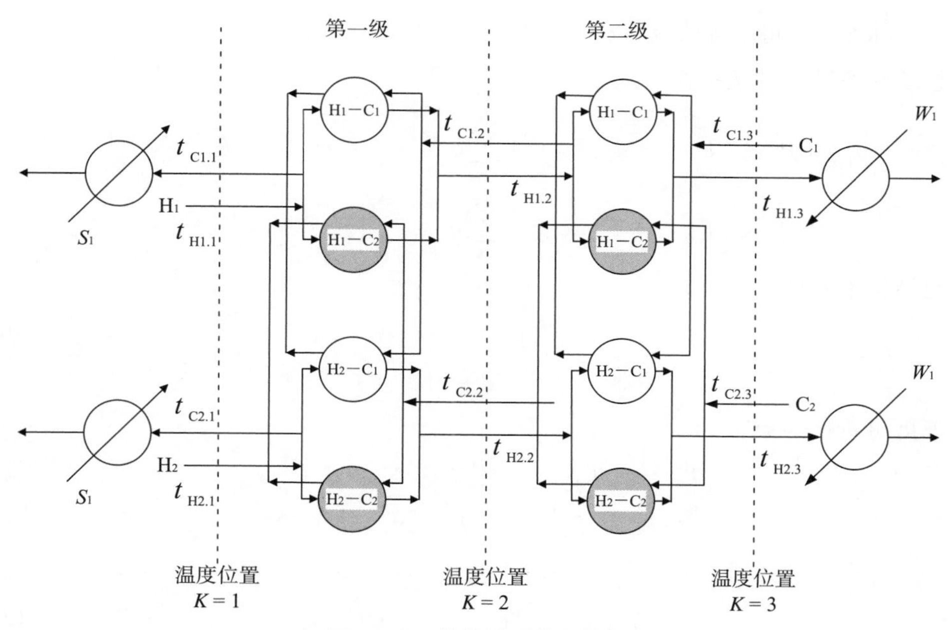

图 3-13　换热器网络超结构

流股的混合假设为等温混合。如图3-14所示，对于流股H_1，在每级中经过换热器H_1—C_1和H_1—C_2的出口温度是相同的，因此流股混合的热量平衡非线性约束可以忽略，这将简化模型的复杂性。

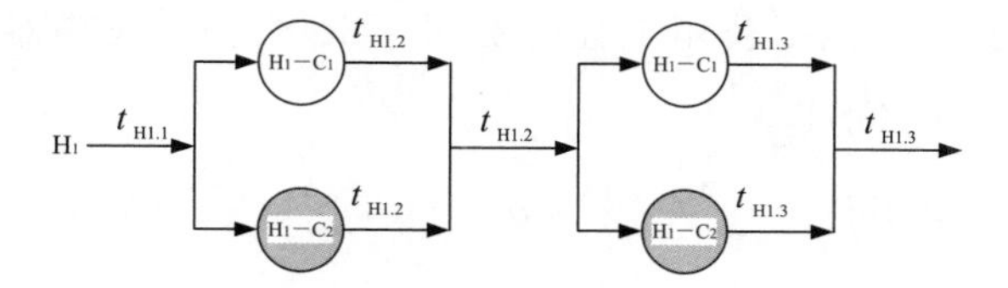

图 3-14　流股的等温混合约束

基于上述超结构的混合整数非线性规划模型表示如下：

（1）约束方程。

每个流股的热平衡：

$$CP_i \times (T_{\mathrm{IN},\ i} - T_{\mathrm{OUT},\ i}) = \sum_{j=1}^{N_C} \sum_{k=1}^{N_K} q_{ijk} + q_{\mathrm{CU}i} \qquad (3-1)$$

$$CP_j \times (T_{\mathrm{OUT},\ j} - T_{\mathrm{INT},\ j}) = \sum_{i=1}^{N_H} \sum_{k=1}^{N_K} q_{ijk} + q_{\mathrm{HU}i} \qquad (3-2)$$

式中　下标 CU——冷公用工程；

下标 HU——热公用工程；

下标 IN——流股的进口；

下标 OUT——流股的出口；

下标 k——超结构的级数。

超结构每级 k 的热平衡：

$$CP_i \times (T_{i,k} - T_{i,k+1}) = \sum_{j=1}^{N_C} q_{ijk} \qquad i \in N_H,\ k \in N_K \tag{3-3}$$

$$CP_j \times (T_{j,k} - T_{j,k+1}) = \sum_{i}^{N_H} q_{ijk} \qquad j \in N_C,\ k \in N_K \tag{3-4}$$

超结构中温度初值设为：

$$T_{IN,i} = T_{i,1} \qquad i \in N_H \tag{3-5}$$

$$T_{IN,j} = T_{j,NK+1} \qquad j \in N_C \tag{3-6}$$

温度可行性约束：

$$T_{i,k} \geqslant T_{i,k+1} \qquad i \in N_H,\ k \in N_K \tag{3-7}$$

$$T_{j,k} \geqslant T_{j,k+1} \qquad j \in N_C,\ k \in N_K \tag{3-8}$$

$$T_{OUT,i} \leqslant T_{i,NK+1} \qquad i \in N_H \tag{3-9}$$

$$T_{OUT,j} \geqslant T_{j,1} \qquad j \in N_C \tag{3-10}$$

每个换热器的传热温差约束：

$$T_{i,k} - T_{j,k} \geqslant 0 \qquad i \in N_H,\ j \in N_C,\ k \in N_K \tag{3-11}$$

(2) 目标函数。

为使换热器网络的能耗和换热面积等目标同步优化和费用权衡，取网络的年度费用最小为目标函数。其中，包括公用工程的费用（$COST_1$）、换热器固定费用（$COST_2$）和换热单元面积费用（$COST_3$）。

$$COST_1 = \sum_i (C_{CU} \times q_{CUi}) + \sum_j (C_{HU} \times q_{HUj}) \tag{3-12}$$

$$COST_2 = \sum_i \sum_j \sum_k (CF_{ij} \times W_{ijk}) + \sum_i (CF_{CUi} \times W_{CUi}) + \sum_j (CF_{HUj} \times W_{HUj}) \tag{3-13}$$

$$COST_3 = \sum_i \sum_j \sum_k (C_{ij} \times A_{ijk}^{B_{ij}}) + \sum_i (C_{CUi} \times A_{CUi}^{BCUi}) + \sum_j (C_{HUj} \times A_{HUj}^{BHUj}) \tag{3-14}$$

式中 W——0，1 整数变量，用来表示换热器是否存在。

W 的约束条件如下：

$$\sum_i W_{ijk} \leqslant 1, \qquad i \in N_H,\ k \in N_K \tag{3-15}$$

$$\sum_j W_{ijk} \leqslant 1, \qquad j \in N_C,\ k \in N_K \tag{3-16}$$

式中 CF——换热器固定费用；

C——面积费用系数；

B——面积费用指数；

A——换热面积。

A 可由下式求出：

$$A_{ijk}=q_{ijk}/(U_{ij}\cdot \mathrm{d}T_{ijk}) \tag{3-17}$$

$$A_{\mathrm{CU}i}=q_{\mathrm{HU}i}/(U_{\mathrm{HU}i}\cdot \mathrm{d}T_{\mathrm{HU}i}) \tag{3-18}$$

$$A_{\mathrm{HU}j}=q_{\mathrm{HU}j}/(U_{\mathrm{HU}j}\cdot \mathrm{d}T_{\mathrm{HU}j}) \tag{3-19}$$

式中　U——总传热系数，kW/（m^2·℃）；

$\mathrm{d}T$——换热器传热温差，℃。

平均传热温差近似计算如下：

$$\mathrm{d}T_{ijk}^{0.3275}=\frac{1}{2}\{(T_{i,k}-T_{j,k})^{0.3275}+[(T_{i,k+1}-T_{j,k+1})^{0.3275}]\} \tag{3-20}$$

2）基于换热器网络超结构的混合整数非线性规划模型的求解步骤

分析上述模型，约束条件为线性的。非线性目标函数来自计算换热单元面积费用（$COST_3$）的式中，如果将计算传热温差的公式线性化，则上述模型变为松弛的混合整数线性模型（MILP）。整数约束由计算换热器固定费用（$COST_2$）的 0，1 整数变量 W 导致。如果定义 W 为 0 和 1 之间的实数变量，则将上述模型变为松弛的非线性模型（NLP）。根据上述分析，并采用 Gundersen 和 Crossmann[7] 提出的惩罚函数法和 Outer-Approximation 法复合算法求解此 MINLP 模型，其具体步骤如下：

（1）定义迭代次数 $N_{\mathrm{iteration}}=0$；定义 W 为 0 和 1 之间的实数变量，将 MINLP 模型变为松弛的 NLP 模型。

（2）求解松弛的 NLP 模型，得出优化结果为 R（$N_{\mathrm{iteration}}$）。

（3）如果 R（$N_{\mathrm{iteration}}$）中 W 的优化结果为 0，1 整数，则计算结束；否则，进入下一步。

（4）将 MINLP 模型中的非线性约束线性化，变为松弛的混合整数线性模型（MILP）；$N_{\mathrm{iteration}}=N_{\mathrm{iteration}}+1$。

（5）求解松弛的混合整数线性模型（MILP），得出 W 为 0，1 整数的优化结果。

（6）将步骤（4）的 W 为 0，1 整数的优化结果代入 MINLP 模型中，将 MINLP 模型变为松弛的 NLP 模型。

（7）求解松弛的 NLP 模型，得出优化结果为 R（$N_{\mathrm{iteration}}+1$）。

（8）对比 R（$N_{\mathrm{iteration}}$）和 R（$N_{\mathrm{iteration}}+1$），如果结果没有明显改进，则计算结束；否则，回到步骤（4）。

四、多流股换热器网络综合[8,9]

1. 多流股换热器网络综合问题的描述

与双股流换热器相比，多股流换热器以其高效、结构紧凑以及投资低的优势在低温过程中有着广泛的应用，因此对多流股换热器网络综合问题的研究具有重要的意义。多流股换热器网络综合问题可表述为：有 N_H 个热物流（记为集合 $NH=\{i \mid i=0, 1, \cdots, N_H-1\}$）需要冷却，$N_C$ 个冷物流（记为集合 $NC=\{j \mid j=0, 1, \cdots, N_C-1\}$）需要加热。它们的初始温度（$T_{in}$）、目标温度（$T_{out}$）、热容流率 f 及传热膜系数 k 给定。另有一组冷热公用工程可以利用。目标是确定具有最小年度化费用的换热网络结构，包括所需要的公用工程负荷、换热面积、单元设备数、每个换热器的热负荷及操作温度、流股的匹配及每个分支流股的流量。

2. 多流股换热器网络超结构及数学模型

在超结构中换热网络级数 $N_K=\max\{N_H, N_C\}$，在每一级内冷、热流股通过分流分别与热、冷流股匹配，因此每一级内最多有换热匹配 $N_H \times N_C$ 次。冷热公用工程位于超结构的两端。如图 3-15 所示。

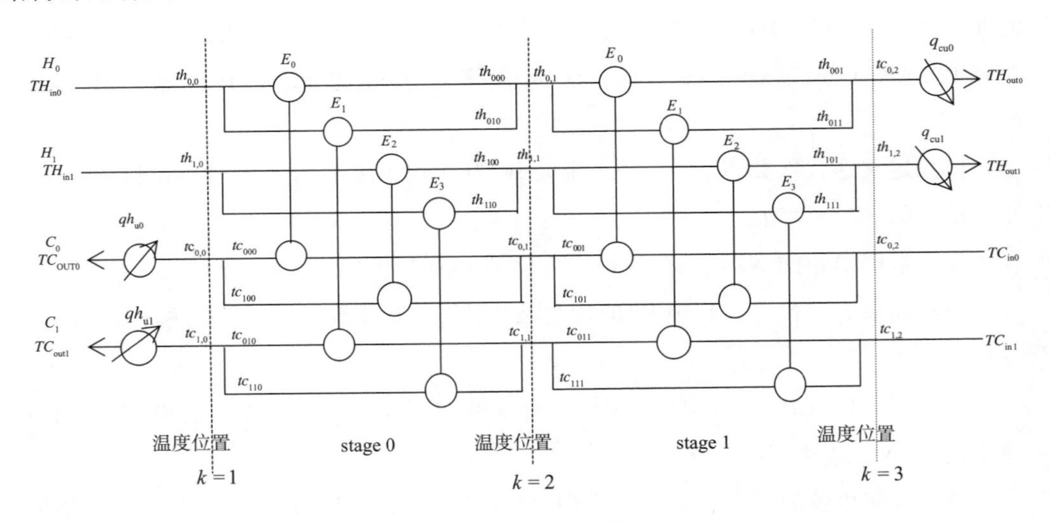

图 3-15　多流股换热器网络超结构示意图

每条热流股 i 的冷公用工程用量记为 q_{cui}，每条冷流股 j 的热公用工程用量记为 q_{huj}。th_{ijk} 与 tc_{ijk} 分别表示在第 k 级网络每个热物流 i 与冷物流 j 分流匹配换热后的出口温度，相应冷热物流的热容流率分别为 fh_{ijk} 与 fc_{ijk}，热负荷为 q_{ijk}。$th_{i,k}$ 表示第 k 级换热网段中热物流 i 的入口温度，$tc_{j,k}$ 为第 k 级换热网段中冷物流 j 各支路混合后的出口温度。TH_{in}，TC_{in} 分别为热、冷流股的初始温度；

TH_{out}，TC_{out}分别为热、冷流股的目标温度；U为总传热系数；c_{cu}，c_{hu}分别为冷热公用工程的单位费用；cf为换热器的固定费用；c为面积费用系数；B为面积费用指数。

于是可建立多流股换热器网络超结构数学模型。

约束：

（1）每个流股的热平衡。

$$(TH_{\text{in}i} - TH_{\text{out}i}) \cdot fh_i = \sum_k \sum_j q_{ijk} + q_{\text{cu}i},$$

$$i \in N_{\text{H}};\ (TC_{\text{out}j} - TC_{\text{in}j}) \cdot fc_j = \sum_k \sum_i q_{ijk} + q_{\text{hu}j},\ j \in N_{\text{C}} \tag{3-21}$$

（2）每个换热器的热平衡。

$$(th_{i,k} - th_{ijk}) \cdot fh_{ijk} = q_{ijk},\ (tc_{ijk} - tc_{j,k+1}) \cdot fc_{ijk} = q_{ijk};\ i \in N_{\text{H}},\ j \in N_{\text{C}},\ k \in N_K \tag{3-22}$$

可以看到，在每个换热器热量平衡等式中出现了非线性项。如果为等温混合的情况，则每个换热器的热平衡约束可以被每级流股上的线性热平衡式代替：

$$(t_{i,k} - t_{i,k+1}) f_i = \sum_{j \in N_{\text{C}}} q_{ijk},\ j \in N_{\text{C}},\ k \in N_K \tag{3-23}$$

$$(t_{j,k} - t_{j,k+1}) f_j = \sum_{i \in N_{\text{H}}} q_{ijk},\ i \in N_{\text{H}},\ k \in N_K \tag{3-24}$$

式中　f_i和f_j——热流股i和冷流股j的热容流率。

于是出现在等温混合数学模型中的上面两式为线性等式约束。

（3）第k级网段中各分流的质量、能量衡算。

热流股：

$$\sum_j fh_{ijk} = fh_i,\ \sum_j th_{ijk} \cdot fh_{ijk} = th_{i,k+1} \cdot fh_i,\ i \in N_{\text{H}},\ k \in N_K \tag{3-25}$$

冷流股：

$$\sum_i fc_{ijk} = fc_j,\ \sum_i tc_{ijk} \cdot fc_{ijk} = tc_{j,k} \cdot fc_j,\ j \in N_{\text{C}},\ k \in N_K \tag{3-26}$$

在上面的两个能量衡算公式中，由于各匹配支路的温度和流率均为未知，因此这两项等式约束变成了非线性的约束。如果假定是等温混合的情况，能量衡算公式则被质量衡算式取代，则该约束可以去掉，模型得到简化。此处取消这一假定，模型中将增加非等温混合的约束，增大了目标函数的搜索空间，也增加了目标函数的非凸、非线性的特性。

（4）各物流的入口温度。

$$TH_{\text{in}i} = th_{i,0},\ i \in N_{\text{H}};\ TC_{\text{in}j} = tc_{j,N_k},\ j \in N_{\text{C}} \tag{3-27}$$

(5) 可行温度约束。

$$th_{i,k} \geqslant th_{ijk},\ tc_{j,k+1} \leqslant tc_{ijk},\ TH_{outi} \leqslant th_{i,N_k},\ TC_{outj} \geqslant tc_{j,0},\ i \in N_H,\ j \in N_C,\ k \in N_K \tag{3-28}$$

(6) 冷热公用工程负荷。

$$(th_{i,N_k} - TH_{outi}) \cdot fh_i = q_{cui},\ i \in N_H;\ (TC_{outj} - tc_{j,0}) \cdot fc_j = q_{huj},\ j \in N_C \tag{3-29}$$

(7) 最小传热温差约束。

对换热器：

$$th_{i,k} - tc_{ijk} \geqslant dt_{min},\ th_{ijk} - tc_{j,k+1} \geqslant dt_{min},\ i \in N_H,\ j \in N_C,\ k \in N_K \tag{3-30}$$

对热公用工程：

$$th_{uj\_in} - TC_{outj} \geqslant dt_{min},\ th_{uj\_out} - tc_{j,0} \geqslant dt_{min},\ j \in N_C \tag{3-31}$$

其中，th_{uj_in} 与 th_{uj_out} 分别为与冷流股 j 匹配的热公用工程的入口、出口温度。

对冷公用工程：

$$th_{i,N_k} - tc_{ui\_out} \geqslant dt_{min},\ TH_{outi} - tc_{ui\_in} \geqslant dt_{min},\ i \in N_H \tag{3-32}$$

其中 tc_{ui_in} 与 tc_{ui_out} 分别为与热流股 i 匹配的冷公用工程的入口、出口温度。

(8) 其他约束。

连续变量（th_{ijk}、tc_{ijk}、fh_{ijk}、fc_{ijk}、q_{ijk}、$th_{i,k}$、$tc_{j,k}$、q_{cui}、q_{huj}）的非负约束；离散的 0－1 变量（y_{ijk}、y_{cui}、y_{huj}）表示换热器、冷却器、加热器是否存在。

目标函数：

为了进行换热网络的同步优化和费用权衡，取网络的年度化费用为目标函数，包括公用工程费用、换热设备的固定费用及面积费用。换热设备（包括换热器、冷却器、加热器）的费用计算公式为 $Cf + CA^B$，其中第一项 Cf 为换热设备的固定费用，第二项为换热设备的面积费用，C、A、B 分别为换热面积费用系数、换热面积及指数。同步综合的目标函数为：

$$\min \sum_i c_{cu} \cdot q_{cui} + \sum_j c_{hu} \cdot q_{huj} + \sum_i \sum_j \sum_k Cf_{ij} \cdot y_{ijk} + \sum_i Cf_{cui} \cdot y_{cui} + \sum_j Cf_{huj} \cdot y_{huj} + \sum_i \sum_j \sum_k C_{ij} \cdot A_{ijk}^{B_{ij}} \cdot y_{ijk} + \sum_i C_{cui} \cdot A_{cui}^{B_{cui}} \cdot y_{cui} + \sum_j C_{huj} \cdot A_{huj}^{B_{huj}} \cdot y_{huj} \tag{3-33}$$

其中，c_{cu} 和 c_{hu} 分别为冷热公用工程的单位费用；任一个匹配 (ijk)（包括加热器与冷却器）的换热面积按公式计算：

$$A_{ijk} = q_{ijk} / (K_{ij} \cdot \mathrm{LMTD}_{ijk}) \tag{3-34}$$

K_{ij} 为热流股 i 与冷流股 j 匹配的总传热系数，按如下公式计算：

$$K_{ij} = k_i \cdot k_j / (k_i + k_j) \tag{3-35}$$

LMTD为匹配换热的对数平均温差。

3. 采用遗传/模拟退火（GA/SA）算法求解多流股换热器网络超结构模型

多流股换热器网络（MSHEN）综合问题实质上是有分流的换热器网络综合问题。它比双流股换热器网络（TSHEN）综合问题规模要更大，同时多流股换热器的识别和构造也存在优化的问题，这些都增加了多流股换热器网络综合的难度，因此采用遗传/模拟退火（GA/SA）算法求解多流股换热器网络综合问题，在介绍具体步骤之前，先介绍几个基本概念。

（1）遗传算法。遗传算法（Genetic Algorithm，GA）是一种基于生物自然选择与遗传进化机理的全局优化自适应概率搜索算法。遗传算法是一种宏观意义上的仿生算法，它模拟的机制是一切生命与智能的产生与进化过程。它通过模拟达尔文“优胜劣汰，适者生存”的原理鼓励产生好的结构，通过模仿孟德尔遗传变异理论在迭代过程中保持已有的结构，同时寻找更好的结构。

作为一种随机优化与搜索算法，遗传算法只使用报酬信息（适值函数），而不使用导数或其他辅助知识。与传统搜索算法不同，遗传算法从一组随机产生的初始解，称为“种群”开始搜索过程。种群中的每个个体是问题的一个解，称为“染色体”。染色体是由代表问题的各个变量——“基因”有规律排列构成的，它构成生物在微观的分子层次上的基因型，而基因型在环境中呈现的性状称为该生物的表现型。遗传和进化发生在染色体上。在每一代中用“适值”来评价染色体的好坏。生成的下一代染色体称为子代。后代是由前一代染色体通过交叉或者变异运算形成的。新一代行程中，根据适值的大小选择部分后代，淘汰部分后代，从而保持种群规模为常数。适值高的染色体被选中的概率较高。这样，经过若干代后，算法收敛于最好的染色体，它很可能就是问题的最优解或次优解。

遗传算法是一种通用的进化算法，具有实现简单、鲁棒性强、适于并行处理等显著特点，而广泛应用于包括机器学习、组合优化、图像处理、优化控制和模式识别等领域。目前，随着算法研究不断进行，出现了各种不同遗传基因表示法、不同交叉和变异算子以及特殊算子的应用等。迄今为止，对遗传算法的遗传算子的改进以及以遗传算法为基础的混合算法的研究方兴未艾。

（2）模拟退火算法。模拟退火算法（Simulated Annealing Algorithm，SA）是Kirkpatrik等[10]在20世纪80年代初期提出的一种求解大规模组合优化问题的随机方法。它是人们从自然界固体退火过程中得到启发并从中抽象出来的随机性算法。以优化问题的求解与物理系统退火过程的相似性为基础，利用Metropolis算法并适当地控制温度的下降过程实现模拟退火，从而达到求解全局优化问题的目的。该算法的显著特点是它在搜索最优解过程中，是按照 Metropolis 准则进行的，因而不仅接受优化解，而且以一定概率接受使目标函数值增大的恶化解，并且此概率缓慢趋于零，这使得算法能跳出局部最优的“陷阱”，具有全局收敛性。特别是在优化问题有很多局部极值而全局极值又很难求出的情况下，模拟退火算法尤其有效。

(3) 遗传/模拟退火算法。遗传算法的局部搜索能力较差，但把握搜索过程总体的能力较强；而模拟退火算法具有较强的局部搜索能力，并能使搜索过程避免陷入局部最优解，但模拟退火算法却对整个搜索空间的状况了解不多，不便于使搜索过程进入最有希望的搜索区域，从而使得模拟退火算法的运算效率不高。但如果将遗传算法与模拟退火算法相结合，互相取长补短，则有可能开发出性能优良的全局搜索算法，这就是遗传/模拟退火（GA/SA）算法的基本思想。

与基本遗传算法的总体运行过程相类似，遗传/模拟退火算法也是从一组随机产生的初始解（初始种群）开始全局最优解的搜索过程，它先通过选择、交叉、变异等遗传操作来产生一组新的个体，然后再独立地对所产生的各个个体进行模拟退火过程，以其结果作为下一代种群中的个体。这个运行过程反复迭代地进行，直到满足某个中止条件为止。

传统的遗传算法存在提前收敛的缺陷，而模拟退火算法由于采用概率接受使目标函数值变差的试探点，因此这种搜索策略有利于避免搜索过程因陷于局部最优解而无法自拔的弊端。

(4) 个体。一组有序排列的基因形成一个个体。

(5) 种群。多个个体形成一个种群。

(6) 基因。一个基因代表一个目标变量。

(7) 适应度。又称适应值或适值。在传统优化方法中，判断一个解点的好坏是根据目标函数值的大小；而在遗传算法中，则是根据适应度值的大小。适应度越大，个体存活和生殖的机会越高。

(8) Metropolis 准则。将 Boltzmann 概率分布 $\text{Prob}(E) \sim \exp[-E/(kT)]$ 引入数值计算中，并假设系统构型从能量 E_1 变化到能量 E_2 的概率为 $p=\exp[-(E_2-E_1)/(kT)]$，其中 T 为温度，k 为 Boltzmann 常数。即有些情况下系统的能量可上升，也可下降，但温度越低，显著上升的可能性就越小。

Metropolis 准则的应用使算法能够以一定的概率接受使目标函数值变差的试探点，接受概率随温度的下降而逐渐减小。采用此准则有利于避免搜索过程因陷入局部最优解而无法自拔的弊端，有利于提高模拟退火算法求解的可靠性。

下面具体介绍采用遗传/模拟退火（GA/SA）算法求解多流股换热器网络综合问题的步骤：

步骤1：$k=0$，选取模拟退火的初始温度 T_0。

步骤2：按照初始可行解的发生方法，随机选取 M（偶数）个可行个体组成初始种群 F_0。

步骤3：对种群中的每一个体 X 的每一种基因都应用邻域算子产生一新个体 Y，如果 $f(Y)>f(X)$，则 $X:=Y$；否则，如果 $\text{Random}(0,1)<e^{[f(Y)-f(X)]/T_k}$，则 $X:=Y$，并由这些新个体组成一个拟种群 G_k。

步骤4：按线性尺度变换计算拟种群中每一个体 X 的适应度，并依适应度大小按比例选择，从中选取 $M/2$ 对个体进入交配池。

步骤5：对交配池中的每一对个体 X_1，X_2 的三种基因分别应用交叉算子，产生两个新个体 Y_1，Y_2。采用十进制编码方式的连续型杂交算子。

步骤6：两个新个体 Y_1，Y_2 同产生它们的父本个体 X_1，X_2，按 Metropolis 接受准则进行竞争产生下一代种群 F_{K+1}。即，如果子代个体优于父代个体，则子代个体代替父代个体；否则，子代个体 Y 以 $e^{[f(Y)-f(X)]/T_k}$ 的概率代替父代个体 X。

步骤7：该子种群与其他种群进行种群间交叉，所得个体与交叉前种群竞争产生新的拟种群。

步骤8：对新的拟种群进行多样性保持及变异操作。

步骤9：对产生的子代中个体进行约束检查，如果违反约束则调用修复算子进行校正，使得经交叉后产生的新个体满足质量衡算约束和每个匹配的热力学可行约束。

步骤10：若不满足结束准则（每个子种群都不再进化），则按温度更新函数 $T_{k+1}=T_k/k^2$ 更新退火温度，$k=k+1$，转向步骤3。

五、乙烯装置换热器网络综合的实例[11]

1. 问题背景

该实例取自国内某乙烯装置脱甲烷塔前预冷系统换热网络的改造工程。乙烯装置脱甲烷塔前预冷系统主要是完成氢气、甲烷的分离任务，为脱甲烷塔提供适宜的进料，以及高压甲烷回流液的预冷。预冷系统所需冷量约占总冷负荷的40%，对保证乙烯收率，乙烯产品、氢气及甲烷副产品的质量有着决定性的作用。

该乙烯装置脱甲烷塔前预冷系统投产后由于在高负荷操作下DA301塔及DA402塔达不到设计要求，曾造成大量乙烯损失，针对这种情况，通过系统改造，取得了较大的经济效益，至今预冷系统运行正常。其工艺流程如图3-16所示。

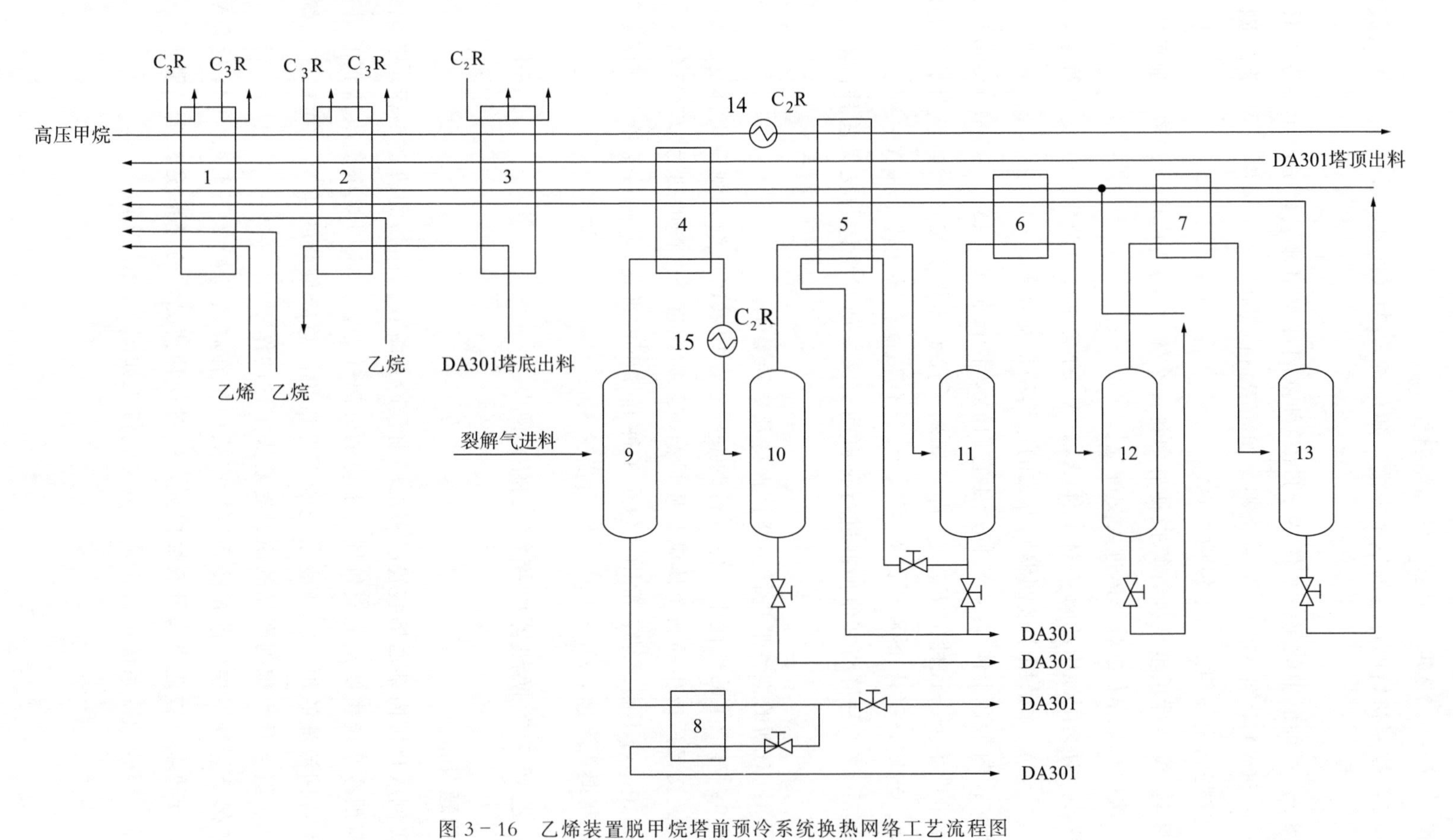

图 3-16 乙烯装置脱甲烷塔前预冷系统换热网络工艺流程图

1，2，3，4，5，6，7，8—冷箱；9，10，11，12，13—气液分离罐；14，15—乙烯冷剂冷却器；DA301—脱甲烷塔

2. 乙烯装置脱甲烷塔前换热网络系统的用能分析

为了进一步挖掘装置的潜力，提高装置的处理能力，使其在经济规模下发挥更大的经济效益，现对过程系统进行用能分析与诊断。

根据该乙烯装置脱甲烷塔前预冷系统的现场换热网络，提取了参与换热的 16 条冷流股和 12 条热流股的数据，见表 3－4。

表 3－4　乙烯装置脱甲烷塔前预冷系统的现场换热网络数据

流股号	T_{IN} (K)	T_{OUT} (K)	FC_p (kW/K)	$\Delta T_{opt,i}$ (K)	流股号	T_{IN} (K)	T_{OUT} (K)	FC_p (kW/K)	$\Delta T_{opt,i}$ (K)
h1	312	137	540.2	1.5727	c1	136	171	183	0.4063
h2	201	175	356.6	1.2255	c2	171	300	707.5	0.9160
h3	201	174	565.8	0.6093	c3	98	120	62.5	0.1701
h4	175	137	462.8	0.3429	c4	120	130	84.4	0.2419
h5	137	123	104.4	0.5777	c5	130	171	31.3	0.3183
h6	123	106	90.3	0.3796	c6	171	310	110.6	0.9495
h7	311	297	787	0.6573	c7	104	120	27.8	0.1831
h8	289	284	198.1	1.1877	c8	120	130	20	0.2248
h9	267	258	342	1.1331	c9	130	171	77.1	0.3183
h10	249	239	368.2	0.8470	c10	171	310	276.7	0.9495
h11	253	236	226.4	1.0389	c11	260	300	4.6	1.3589
h12	236	203	228.2	0.8238	c12	235	310	150.3	1.2752
					c13	285	305	628.5	0.6187
					c14	220	260	872.7	0.9972
					c15	170	195	565.8	0.2887
					c16	136	163	318.6	0.1933

根据操作型夹点计算原则，利用 ANPEN PINCH，对乙烯装置脱甲烷塔前预冷系统现场换热网络进行操作型夹点计算，得到现场网络的组合曲线，如图 3－17 所示。从图 3－17 可以看出，热组合曲线夹点温度为 243K，冷组合曲线夹点温度为 234K，最小传热温差为 9K，冷公用工程用量为 355kW。从常规换热网络的角度看，不存在传热温差较大的问题，但是对于低温过程换热网络而言，传热温差较大，这是因为低温过程换热网络的冷公用工程采用低温冷剂的方式，一般费用较高，换热网络综合以减少冷剂的用量为准则，所以低温换热网络的传热温差一般较小，有的甚至在 1K 左右。因此，从图 3－17 的分析结果可以看出，乙烯装置脱甲烷塔前预冷系统现场换热网络的传热温差较大，有效能损失较大，有较大的冷回收潜力。

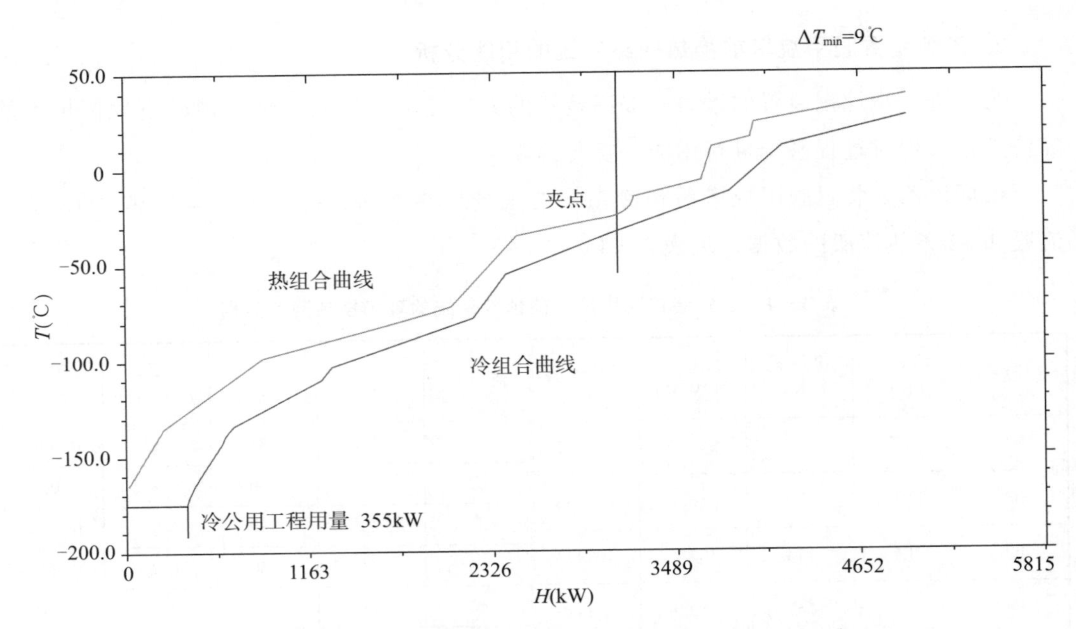

图 3－17　乙烯装置脱甲烷塔前预冷系统过程组合曲线（现场）

在操作型夹点分析的基础上，对乙烯冷箱系统换热网络进行设计型夹点计算，得到改造后的换热网络组合曲线，如图 3－18 所示。从图 3－18 可以看出，热组合曲线夹点温度为 211K，冷组合曲线夹点温度为 208. 5K，最小传热温差为 2. 5K，冷公用工程用量为 197kW，操作费用降低 44. 5％。因此，需要对换热网络进行改造，下面就介绍适合低温过程换热网络综合的方法。

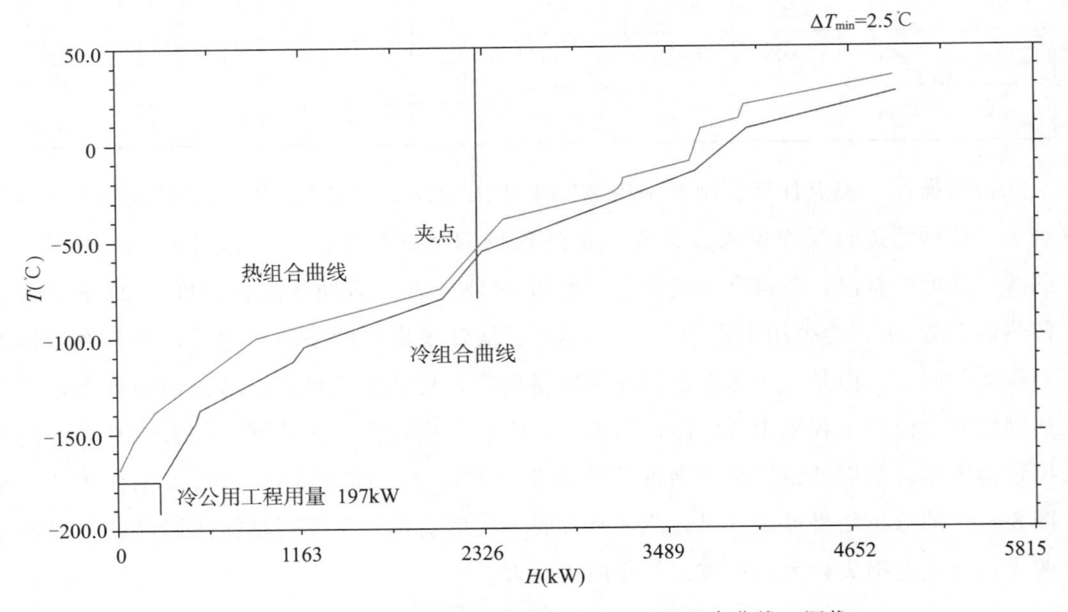

图 3－18　乙烯装置脱甲烷塔前预冷系统过程组合曲线（调优）

3. 乙烯装置脱甲烷塔前预冷系统换热器网络综合

乙烯装置脱甲烷塔前预冷系统换热器网络属于低温过程换热器网络，为了防止冷量损失，换热器多采用冷箱的形式，每一个冷箱可有多个多流股板翅式换热器，因此低温过程换热器网络综合实质上是多流股换热器网络综合问题。

低温过程多流股换热器网络综合不同于一般的换热网络综合，它有自己的特点。其一，传热温差较小，有的甚至在1K左右，更注重冷量的充分回收利用，换热网络综合对于流股传热温差贡献值的变化十分敏感，因此选择起来更加困难；其二，低温过程换热网络采用低温冷剂作为冷公用工程，费用较高，并且随着温度的降低费用越来越昂贵，一般尽量采用中间公用工程，以降低公用工程费用。

针对以上问题，笔者发展了低温过程多流股换热网络综合的方法。借助于第二章第二节提出的基于流股虚拟温度的 $T—H$ 图法进行多流股换热网络综合，通过同步优选流股温差贡献值，解决低温过程换热网络流股温差贡献值难以选择的问题。为了降低冷公用工程的费用，提出了冷公用工程多等级利用的方式。低温过程换热器网络综合采用低温冷剂作为冷公用工程，在文献中冷公用工程作为冷源与冷、热流股一起进行综合。本书在冷公用工程未知的情况下，根据流股虚拟温度的 $T—H$ 图确定过程的最小冷公用工程用量，采用冷公用工程多等级利用的方式，确定冷公用工程的温位及其匹配位置，使得冷公用工程的温位更为合理。

如图 3－19 所示，通过流股的冷热组合曲线可以确定换热网络冷公用工程的用量 Q_C，按照一般的换热网络综合，此时就确定了需要冷却的热流股，与冷公用工程换热就完成了换热网络综合。但是对于低温过程换热网络冷公用工程采用中间公用工程，加入的冷公用工程的位置是个值得考虑的问题，直接影响到公用工程的费用，应该尽可能地使用温度较高的冷公用工程，才能降低公用工程费用。如图 3－19 所示，在确定最小的冷公用工程负荷以后，把冷组合曲线向左移动使其左端点与热组合曲线左端点对齐，如图中虚线所示，找到冷组合曲线与热组合曲线的交点 T_1，则热组合曲线 BT_1' 与冷组合曲线 CT_1' 可进行匹配换热，所需冷剂的温位和负荷是 T_1T_1' 线段对应的温位和负荷大小，其温度较高，价格会便宜些，此时为一个等级冷公用工程的利用方式，其相应的冷公用工程费用为：

$$C_{cu}^1 = U_{T_1} \times Q_C \tag{3-36}$$

式中 C_{cu}^1 ——第一个等级冷公用工程费用，美元/a；

U_{T_1} ——温度为 T_1 的单位冷剂费用，美元/（a·kW）；

Q_C ——冷公用工程负荷，kW。

除了一个等级冷公用工程的利用方式以外，还可以采用多个等级冷公用工程的利用方式，进一步提高冷公用工程的温度，如图 3-20 所示，以两个等级冷公用工程的利用方式为例。

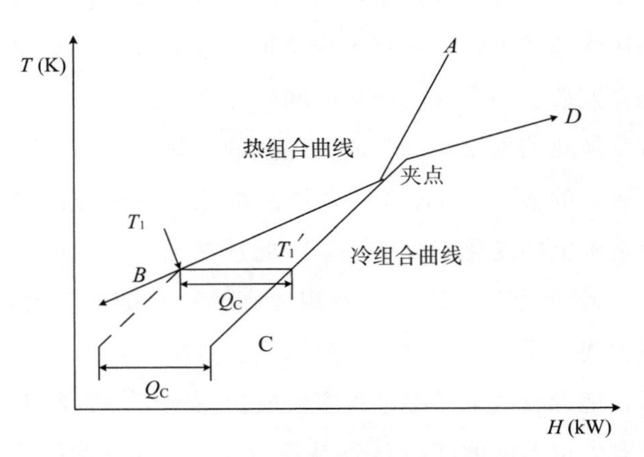

图 3-19　一个等级冷公用工程的利用方式

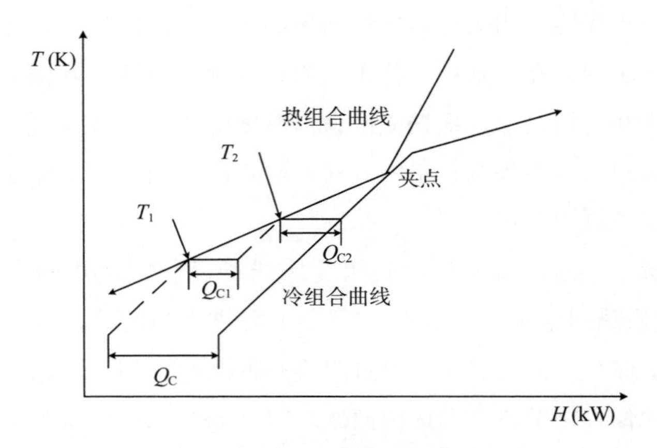

图 3-20　两个等级冷公用工程的利用方式

找到冷组合曲线与热组合曲线的交点 T_1 后，若加入的冷公用工程的数量 Q_{C1} 小于最小的冷公用工程负荷 Q_C，则需加入余下的冷公用工程负荷 Q_{C2}，其相应的冷公用工程费用为：

$$C_{cu}^2 = U_{T_1} \times Q_{C1} + U_{T_2} \times Q_{C2} \tag{3-37}$$

$$Q_C = Q_{C1} + Q_{C2} \tag{3-38}$$

式中　C_{cu}^2——两个等级冷公用工程总费用，美元/a；

U_{T_1}，U_{T_2}——温度为 T_1 和 T_2 时的单位冷剂费用，美元/(a·kW)；

Q_{C1}，Q_{C2}——温度为 T_1 和 T_2 时的冷公用工程负荷，kW。

低温过程换热网络中冷公用工程的温度越高，其单位冷剂费用越低，从图 3-20 可以看出，$T_2 > T_1$，因此 $U_{T_2} < U_{T_1}$，由式（3-36）及式（3-37）可以得出，其操作

费用 $C_{cu}^{2} < C_{cu}^{1}$，因此采用两个等级冷公用工程的利用方式比采用一个等级冷公用工程的利用方式费用要低，以此类推，加入冷公用工程的等级越多，其操作费用越低，但是等级越多，有可能增加冷却器设备数，增大了设备投资费，不利于换热网络综合，因此应设置每次加入冷公用工程的最小负荷。

低温过程多流股换热器网络综合可简单地归结为如下几个步骤：

（1）给定流股的初始数据。

（2）计算流股的传热温差贡献值。

（3）随机产生流股的传热温差贡献值，以流股 i 为例，通过温差贡献值计算式得到流股 i 的初始温差贡献值 $\Delta T_{i,c}^{0}$，设定 $[0.8\Delta T_{i,c}^{0}, 1.2\Delta T_{i,c}^{0}]$ 为流股 i 的温差贡献值的不确定区间，随机选取的流股 i 的温差贡献值为：

$$\Delta T'_{i,c} = \text{random}(0.8, 1.2) \times \Delta T_{i,c}^{0}$$

（4）根据虚拟温度的 $T—H$ 图确定换热网络的冷、热公用工程的用量。

（5）根据上面介绍的方法，确定冷公用工程的匹配位置以及相应的温度。

（6）根据虚拟温度的 $T—H$ 图划分焓间隔，进行换热网络综合，每一个焓间隔内的双流股换热器合并为一台多流股换热器。

（7）计算换热网络的年度总费用作为个体的适应值，利用遗传/模拟退火（GA/SA）算法求解。

将多流股换热器网络综合的方法应用到乙烯装置脱甲烷塔前预冷系统换热器网络的调优中，得到的多流股换热器网络如图 3－21 所示。这个换热器网络包含六个冷箱，采用了一个等级冷公用工程的利用方式。

将得到的结果与现场多流股换热器网络相对比，从表 3－5 可以看出，冷公用工程用量降低了 44.5%，其相应的温度提高了 10K，大大降低了乙烯装置脱甲烷塔前预冷系统换热网络的操作费用。

表 3－5　优化结果与现场数据的对比

参　数	现场的 HEN	调优的 HEN
冷公用工程用量（kW）	355	197
公用工程温度（K）	175	190

由于一部分流股温度范围较大，其热力学性质变化也较大，在提取流股数据时，将某些流股分为几段流股，因此最终的换热网络结构中，其结构比较复杂，在工程应用中可以将一部分换热单元合并，从而简化换热网络结构，进一步降低设备投资费。

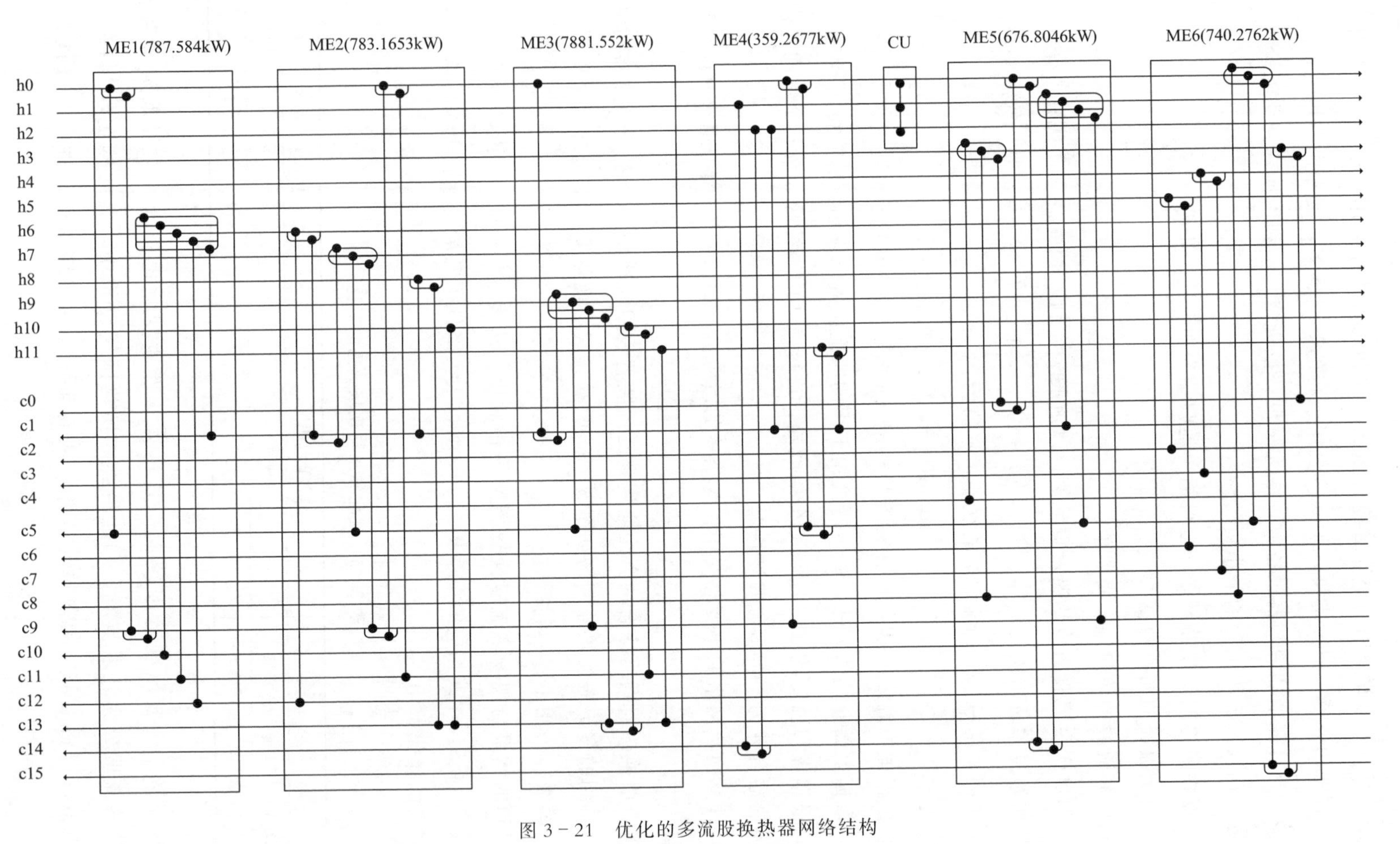

图 3－21 优化的多流股换热器网络结构

ME—多流股换热器；CU—冷公用工程

第三节 多组分分离序列的综合

一、分离序列综合问题与分离过程的能耗

分离序列综合问题是指在给定进料流股状态并规定分离产品要求的情况下，系统化地设计出分离方案并使总费用最小。其数学表达形式为：

$$\underset{I,\ X}{\mathrm{Min}}\varphi=\sum_{i}C_i(x_i) \tag{3-39}$$

式中 $i\in I$——可行的分离单元；

I——S 的一个子集，S 为所有可行的分离序列集合；

X——x_i 的可行域；

C_i——分离单元总的年费用；

x_i——分离单元 i 的设计变量。

该问题是混合整数非线性规划问题，设计者面临两水平决策即分离序列最优综合的同时进行分离单元最优设计。

热力学分析已经成为指导节能工作的基本原则，根据热力学基本定律可以从质和量两方面指出能量损失。化工过程必然存在能量品位贬值现象，通过合理用能可以提高过程的热力学效率。

把物质混合起来，本质上是一种不可逆过程，会自发地进行；但是，要将均相混合物分离成同温、同压下不同组成的两种或两种以上的产物，则必须采用某种需要消耗功和（或）热能的装置。

热力学原理指出，某一分离任务最小可能的（即可逆）功耗与采用什么样的过程去完成它无关，仅取决于被分离混合物的组成、温度和压力，以及所要求产物的组成、温度和压力，均属状态性质。而用来进行分离的实际过程所需要的功均大于此值。

在恒温、恒压下将均相混合物分离成纯产物所需的最小功为：

$$W_{\mathrm{min},\ T}=-RT\sum_{j=1}^{m}x_{j\mathrm{f}}\ln(\gamma_{j\mathrm{f}}x_{j\mathrm{f}}) \tag{3-40}$$

式中 $W_{\mathrm{min},\ T}$——每摩尔进料所消耗的最小功，J/mol 进料；

R——气体常数，8.314 J/（℃ · mol）；

T——混合物系条件下的温度，K；

$x_{j\mathrm{f}}$——进料中组分 j 摩尔分率；

$\gamma_{j\mathrm{f}}$——进料中组分 j 的活度系数；

m——进料中的组分数。

对于理想气体混合物或理想溶液，有 $\gamma_j=1$，则式（3-40）变成：

$$W_{\min,T}=-RT\sum_{j=1}^{m}x_{jf}\ln x_{jf} \tag{3-41}$$

当将进料混合物分离成不纯产物时，则在恒温、恒压下分离的最小功为：

$$W_{\min,T}=-RT[\sum_{j=1}x_{jf}\ln(\gamma_{jf}x_{jf})-\sum_{i}\varphi_i\sum_{j}x_{ji}\ln(\gamma_{ji}x_{ji})] \tag{3-42}$$

式中 φ_i ——产物 i 在进料中所占的摩尔分率；

x_{ji} ——产物 i 中组分 j 的摩尔分率；

γ_{ji} ——产物 i 中组分 j 的活度系数。

式（3-42）相当于由式（3-40）减去这些不纯物分离成为纯物质的最小功的结果。

分离最小功是一个分离过程所必须消耗的能量下限，大多数场合一个实际分离过程的能耗要比这个最低值大许多倍。但是不同分离过程的最小功的相对大小仍可作为比较它们分离难易的重要指标。

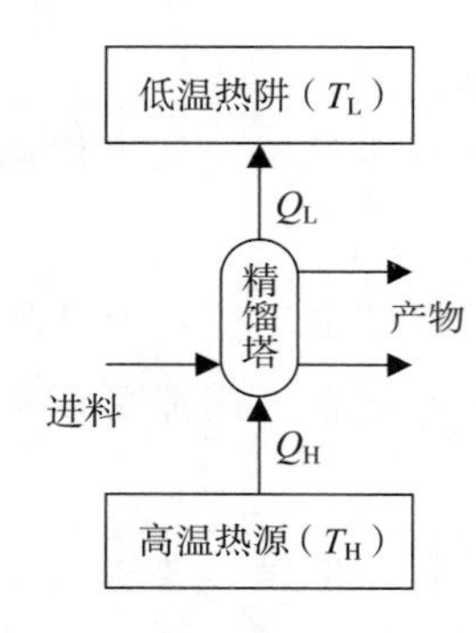

图 3-22 以热能驱动精馏分离过程

通常，驱动一个分离过程的能量形式是热能，热能可以用卡诺效率表达它所含有的“功当量”或“有效能”（又称为㶲）。参看图 3-22，过程是由供给该系统的温度为 T_H 的热量 Q_H 所驱动的，同时有 T_L 热量在温度 T_L 下离开该系统。如以 Q_H 供给一台可逆热机，热的排出温度为 T_0，则 Q_H 提供的有效能为：

$$E_{x,H}=Q_H\left(\frac{T_H-T_0}{T_H}\right) \tag{3-43}$$

同理，热量 Q_L 带走的有效能为：

$$E_{x,L}=Q_L\left(\frac{T_L-T_0}{T_L}\right) \tag{3-44}$$

则该过程的有效能耗（净功耗，Net Work Consumption）为：

$$W_n=Q_H\left(\frac{T_H-T_0}{T_H}\right)-Q_L\left(\frac{T_L-T_0}{T_L}\right) \tag{3-45}$$

如果过程还消耗机械功，则应直接加到式（3-45）中。

如果分离过程中没有用到机械功，并且产物和进料之间的焓差与输入的热量相比可以忽略，即 $Q_H=Q_L=Q$，则式（3-46）变成：

$$W_n=QT_0\left(\frac{1}{T_L}-\frac{1}{T_H}\right) \tag{3-46}$$

显然，W_n 必然为正值，这是因为 $T_L<T_H$。

通常，分离过程的热力学效率以式（3-47）定义：

$$\eta=\frac{W_{\min, T}}{W_{n}} \tag{3-47}$$

即为分离过程的最小功耗与实际功耗之比，反映能量利用的完善（不可逆）程度。

二、直观推断法

选择简单蒸馏塔序列最常用的方法是直观推断法，它们是在许多实际应用的基础上提出的，其应用只限于简单塔系和没有热集成的情况。应用这些规则虽不能保证得到最优的分离序列，但时常能很快地找到近优的序列。

1. 直观推断的规则

对分离序列进行综合，通常用严格的即系统化的方法是非常复杂的，而采用直观推断的方法却是比较实际有效的。归纳一下，仅就蒸馏序列的综合，主要的直观推断规则简述如下：

（1）规则1：当关键组分间的相对挥发度接近1时（即难分离），应该在没有非关键组分存在的情况下进行分离（或另一说法，难分离的组分应放在最后处理）。

此规则可以通过比较不同的分离序列的成本来说明。假定分离成本可近似表达为：

$$分离成本\propto\frac{进料量}{分离点两侧两组分性质的差异}=\frac{F}{\Delta}$$

显然，随着进料量增加，则塔径、热负荷也增加，使分离成本增加；分离点两侧两组分性质的差异增加，分离越容易，所需的塔板数或回流比就可减少，分离成本就可降低。

现以分离一个4组分混合物为例，假定混合物ABCD中各组分的物质的量相等，即$F_A=F_B=F_C=F_D=F$；又组分1、组分2之间的性质差别与组分3、组分4之间的性质差别相等，即$\Delta_{12}=\Delta_{34}=\Delta$；而组分2、组分3之间性质差别较小，$\Delta_{23}=\Delta/3$。表3－6列出了5种分离序列的总成本，比较可知，将组分2和组分3的分离放在前面时(序号3)成本最高，而放在最后时成本最低(序号2和序号4)。

表3－6　不同分离序列总成本的比较

序号	分离序列	总成本
1	A/BCD；B/CD；C/D	$\frac{F_1+F_2+F_3+F_4}{\Delta_{12}}+\frac{F_2+F_3+F_4}{\Delta_{23}}+\frac{F_3+F_4}{\Delta_{34}}=\frac{4F}{\Delta}+\frac{3F}{\Delta/3}+\frac{2F}{\Delta}=\frac{15F}{\Delta}$
2	A/BCD；BC/D；B/C	$\frac{F_1+F_2+F_3+F_4}{\Delta_{12}}+\frac{F_2+F_3+F_4}{\Delta_{34}}+\frac{F_1+F_2}{\Delta_{23}}=\frac{4F}{\Delta}+\frac{3F}{\Delta}+\frac{2F}{\Delta/3}=\frac{13F}{\Delta}$

续表

序号	分离序列	总成本
3	AB/CD；A/B；C/D	$\frac{F_1+F_2+F_3+F_4}{\Delta_{23}}+\frac{F_1+F_2}{\Delta_{12}}+\frac{F_3+F_4}{\Delta_{34}}=\frac{4F}{\Delta/3}+\frac{2F}{\Delta}+\frac{2F}{\Delta}=\frac{16F}{\Delta}$
4	ABC/D；A/BC；B/C	$\frac{F_1+F_2+F_3+F_4}{\Delta_{34}}+\frac{F_1+F_2+F_3}{\Delta_{12}}+\frac{F_2+F_3}{\Delta_{23}}=\frac{4F}{\Delta}+\frac{3F}{\Delta}+\frac{2F}{\Delta/3}=\frac{13F}{\Delta}$
5	ABC/D；AB/C；A/B	$\frac{F_1+F_2+F_3+F_4}{\Delta_{34}}+\frac{F_1+F_2+F_3}{\Delta_{23}}+\frac{F_1+F_2}{\Delta_{12}}=\frac{4F}{\Delta}+\frac{3F}{\Delta/3}+\frac{2F}{\Delta}=\frac{15F}{\Delta}$

（2）规则 2：当组分之间的相对挥发度和各组分的量差别不大时，应按各组分挥发度大小顺序，将各组分逐一从塔顶馏出，即采用直接序列。这是因为轻组分按相对挥发度由大到小逐一由塔顶分离出去也可以降低后面各塔的操作压力或冷冻条件。

（3）规则 3：进料中含量最多的组分应该首先分离出去，这样可以避免含量最多的组分在后续塔中多次汽化与冷凝，降低了后续塔的负荷。或者，塔顶馏出物与塔底产物接近等物质的量的分割最为有利，即 50/50 的分割最为有利。

此规则可用表 3-7 中的计算结果来说明，其中，假定各组分的物质的量相等，即$F_A=F_B=F_C=F_D=F$。从表 3-5 中看出，按等物质的量分割的分离序列（序号 3）的总负荷最少。

如果不能按塔顶和塔底产品量等物质的量分离（如分离点组分间相对挥发度太小等情况），此时可按易分离系数（Coefficient of Ease of Separation，CES）值最大的分离点优先分割。易分离系数的定义为：

$$\mathrm{CES}=f\times\Delta$$

其中：

$$\Delta=(\alpha-1)\times100$$

式中 f——塔顶与塔底产品的摩尔流率比；

Δ——两组分的沸点差；

α——相邻两组分的相对挥发度或分离因子。

表 3-7 分离 4 个组分混合物不同分离序列的负荷比较

序　号	分离序列	总负荷
1	A/BCD；B/CD；C/D	$F_A+2F_B+3F_C+3F_D=9F$
2	A/BCD；BC/D；B/D	$F_A+3F_B+2F_C+3F_D=9F$
3	AB/CD；A/B；C/D	$2F_A+2F_B+2F_C+2F_D=8F$
4	ABC/D；AB/C；A/B	$3F_A+3F_B+2F_C+F_D=9F$
5	ABC/D；A/BC；B/C	$2F_A+3F_B+3F_C+F_D=9F$

（4）规则 4：应将回收率要求很高的馏分放在塔系的最后进行分离。产品纯度要求高，势必需要较多的级数（在回流比变化不大时），如果分离时有非关键组分存在，则增加了塔内汽、液负荷，也就需要增大塔径，随之为了得到高纯度产品所增加的那些级的直径也必将增大。将高纯度或高回收率的组分放在塔系最后分离，就可减少设备尺寸。

（5）规则 5：希望必须产生的产品数目最少，即避免重复得到相同的产品，以使得分离设备数最少，以减少设备费用。

（6）规则 6：当使用质量分离剂时，除非其对后续分离过程有利，最好应在下一个分离器中立即回收，以减少后续过程的负荷。

2. 有序直观推断法

在具体使用直观推断规则时，有时会出现相互矛盾的情况。文献[12]提出的有序直观推断，一定程度上解决了应用规则之间相互矛盾的问题。有序直观推断被认为是比较成功的方法。这一方法的特点是：首先把直观推断规则按重要程度分类排序，然后按次序逐步使用这些规则综合分离序列。

（1）规则 1：在所有分离方法中，优先使用能量分离剂的方法（例如精馏），避免采用质量分离剂的方法（例如萃取精馏、液液萃取方法）。如果关键组分间的相对挥发度小于 1.05～1.10 时，应该采用质量分离剂方法（例如萃取精馏、液液萃取方法），此时应在使用质量分离剂的塔后，首先将其脱除，而且不准用质量分离剂的方法来分离出另一种质量分离剂。

（2）规则 2：避免真空蒸馏和冷冻，如果不得不采用真空蒸馏，可以考虑用适当溶剂的液液萃取来代替。如果需要冷冻（如分离具有高挥发度的低沸物，产品从塔顶采出时），则可考虑采用吸收等方案代替。真空蒸馏和冷冻能耗大，有时宁肯在加压和较高温度下操作，后者在操作上会更便宜。

（3）规则 3：倾向于产品种类最少，相同的产品不要在几处分出，分出后不要再混合成所需要的产品。

（4）规则 4：首先除去腐蚀性和毒性的组分，以减少污染，对后续设备及操作条件就不需提出过高的要求。

（5）规则 5：难分离或分离要求高的最后分离。

（6）规则 6：进料中含量最多的组分最先分离出去。

（7）规则 7：如果组分间的性质差异以及组分的组成变化范围不大，则倾向于塔顶、塔底产品量 50/50（即等物质的量）的分离。

前面两个规则决定所要使用的分离方法，接下来的 3 个规则给出了由产品规定引起的分割原则，最后两个规则用来综合初始的分离序列。

【例 3-2】试确定热裂化产品的分离序列，待分离混合物的组成见表 3－8，要求分离出 6 个产品 A、B、C、D、E、F、G。注意，其中 A、B 两个组分为一个产品。

表 3－8　【例 3-2】中待分离混合物的组成

组　分	摩尔流率 (mol/h)	标准沸点 T（℃）	相邻组分沸点差 ΔT	CES
A（氢）	18	－253		
B（甲烷）	5	－161	92	23.0
C（乙烯）	24	－104	57	19.6
D（乙烷）	15	－88	16	14.6
E（丙烯）	14	－48	40	18.1
F（丙烷）	6	－42	6	1.1
G（重组分）	8	－1	41	4.0

推断步骤如下：

第一步：应用规则 1、规则 2，采用常规蒸馏，加压下冷冻。

第二步：按规则 3，A、B 间不要分开，因 AB 混合物为单个产品。

第三步：规则 4 未用。

第四步：按规则 5，C/D 与 E/F 的分离应放在最后，因为其 ΔT 小。

第五步：规则 6 未用。

第六步，按规则 7，AB/CDEFG 的分离应该优先，因为其 CES＝19.6，为最大。

第七步：因为前面第四步已确定 C/D 与 E/F 放在最后分离，所以第六步剩下的混合物 CDEFG 的分离只能在下面两个方案中选择，这两个方案的有关参数见表 3－9。

表 3－9　分离方案的有关参数

参数	CD/EFG	CDEF/G
f	28/39	8/59
ΔT	40	41
CES	28.7	5.6

因此，选择的分离方案是 CD/EFG。

综合上述推断，得出的分离序列为：

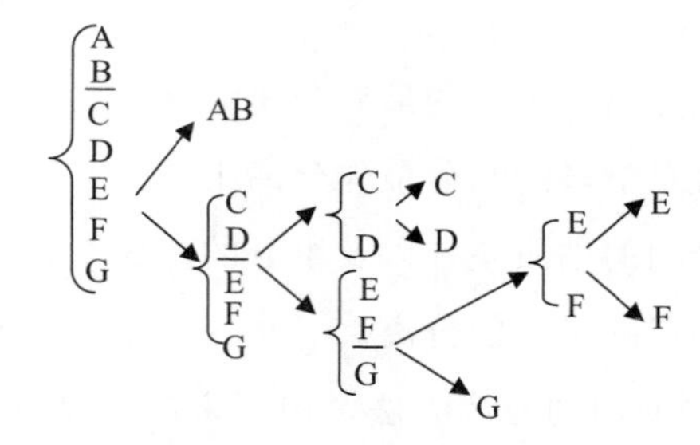

该分离序列与乙烯装置中的顺序分离流程是一致的。

虽然通常用直观推断法能得到好的序列，但这种方法不一定能得到最优的序列，通过数学规划的方法能够得到最优解。数学规划法具有严格的数学理论基础，可以保证得到特定评价指标下的最优分离序列，然而计算量过大又是其致命的缺点，用动态规划法进行分离序列的综合可以参考相关的文献[1-4]。

三、乙烯装置分离流程分析[13-17]

确定分离顺序主要有三种方法，即直观推断法、调优法和数学规划法。通常是几种方法的结合使用，对一种新的物料，一般先采用直观推断法确定一个基本流程，然后将基本流程分离顺序进行调整，或将一个分离任务的方法进行改变进而找出优化流程。

近年来，国外乙烯技术又有了新的发展，除了对现有蒸汽裂解工艺的改进外，还有新的裂解工艺、新的产品分离流程以及新型设备的设计等。下面重点概述几家专利公司乙烯装置分离流程的顺序、特点及进展。

目前，占据乙烯市场的分离技术主要分为三大类，分别为顺序分离技术（专利商为美国 ABB Lummus 公司、美国 Stone & Webster 公司、美国 KBR 公司和法国 Technip 公司）、前脱丙烷加氢技术（专利商为美国 KBR 公司和美国 Stone & Webster 公司）和前脱乙烷加氢技术（专利商为美国 KBR 公司和德国 Linde 公司）。

同一类分离技术通常为数家公司所拥有，根据目前的市场占有率，具有代表性的技术为 ABB Lummus 公司的顺序分离低压脱甲烷技术、Stone & Webster 公司的前脱丙烷前加氢技术和 Linde 公司的前脱乙烷前加氢技术。

1. 乙烯装置的顺序分离流程[13,14]

从前面的介绍可以看出，几大专利商都拥有顺序分离技术。这是因为，在乙烯技术的早期阶段，人们主要利用了直观推断规则来优化流程，改变相对挥发度的技术（如低压脱甲烷、热泵技术）还不成熟，所以均采用了顺序分离技术。

顺序分离技术是深冷分离中应用最早、最广泛的一种分离技术。根据本章第三节的直观推断规则（规则 2），当组分之间的相对挥发度和各组分的量差别不大时，应按各组分挥发度大小顺序，将各组分逐一从塔顶馏出，即采用直接序列。最早的乙烯分离技术都采用顺序分离就是对该规则的简单利用。并且根据直观推断规则（规则 1），难分离的放在最后分离，因此顺序分离流程把关键组分的相对挥发度最接近 1 的乙烯和乙烷、丙烯和丙烷的分离分别放到分离流程末端。而乙烯装置中碱洗塔的作用是先将酸性气加以脱除，这与有序直观推断规则（规则 4）相符合，即首先应除去腐蚀性和有毒有害的组分。

典型的顺序分离流程主要包括裂解气急冷、裂解气压缩、裂解气分离及制冷系统等几个主要部分，如图 3－23 所示。

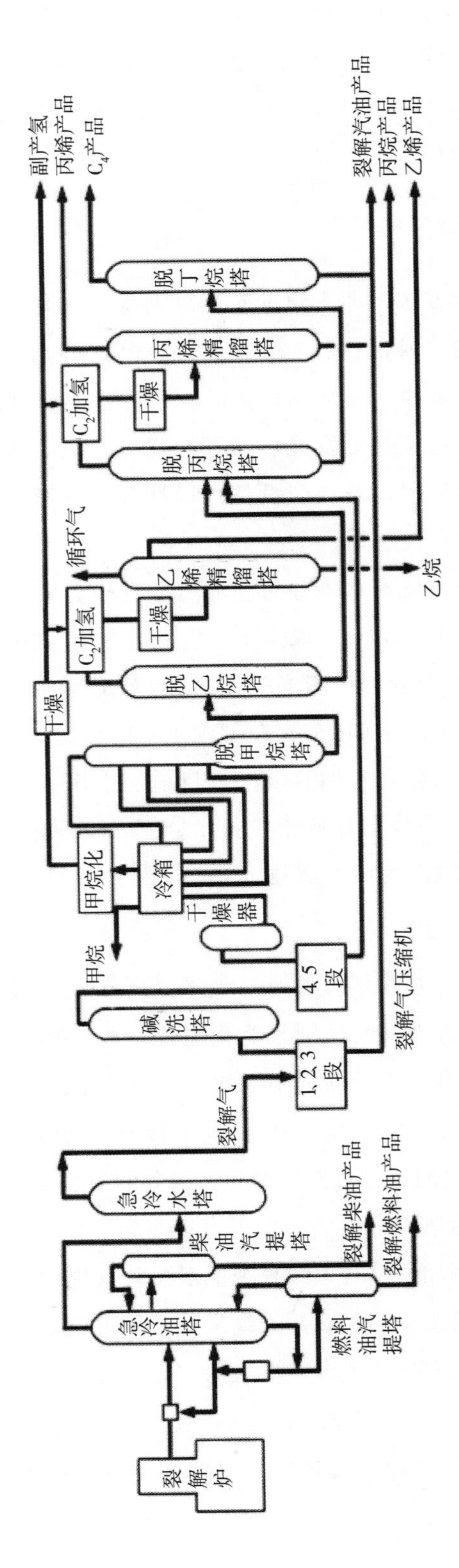

图 3-23 典型的顺序分离流程示意图[13]

最早的顺序分离技术脱甲烷塔采用高压塔，还没有考虑提高相对挥发度的问题。后随着技术的进步及对节能的日益重视，产生中压脱甲烷塔、低压脱甲烷塔、乙烯精馏塔热泵等技术应用，进而产生不同的技术路线。鲁姆斯（Lummus）公司、Stone&Webster公司均采用过顺序分离高压脱甲烷工艺路线，Technip公司采用顺序分离、中压双塔脱甲烷工艺，其后Lummus开发应用顺序分离、低压脱甲烷工艺。

Lummus公司采用顺序流程进行产品分离。该公司在分离工艺中采取了许多节能改进措施：

（1）采用高压预冷低压脱甲烷，脱甲烷塔在0.7MPa下操作回流比大大降低，而不是像通常那样在3MPa下操作，在冷箱系统通过氢气膨胀使回流冷凝物流制冷。对一个68×10^4t/a的乙烯装置可节能4500kW。

（2）氢气部分发生膨胀，其余在PSA单元中净化后得到高纯氢，用于下一工序加氢过程。

（3）脱甲烷塔塔底物流轻度加热，再分成两部分，一部分直接进下游脱乙烷塔上部，另一部分进一步加热，在较低位置送入脱乙烷塔，有利于塔内传质传热分离，对一个68×10^4t/a的乙烯装置可节能2540kW。乙烯塔采用高压分离，采用多侧线再沸器，一部分用裂解气作热源，回收冷量，能耗可降低3022kW。

2. Stone & Webster公司乙烯装置前脱丙烷—前加氢分离流程[15]

Stone&Webster公司、KBR公司、Lummus/ST公司均有各自的前脱丙烷工艺技术。

Stone&Webster公司最新推出的乙烯装置“前脱丙烷—前加氢—ARS”工艺流程，如图3-24和图3-25所示。该分离回收系统与传统的顺序分离流程的最大不同是前脱丙烷—前加氢和深冷脱甲烷系统。前脱丙烷—前加氢技术是指在进行脱甲烷之前先将碳三及轻组分与碳四及重组分进行分离，并将分离出的碳三及轻组分进行碳二加氢，然后送入深冷系统。与顺序分离流程相比，由于采用了前脱丙烷流程，因此脱甲烷塔的负荷减小，同时可以利用低品位的热源，减少高品位热源的用量，达到节能的目的。

1）前脱丙烷—前加氢

如图3-24所示，来自裂解气压缩机四段脱除酸性气体后的裂解气，经过干燥进入高压脱丙烷塔。该塔塔釜物料中还含有相当一部分C_3，属于非清晰分割，但保持了塔底较低的温度，以避免发生塔釜物料结焦，同时也可达到节能目的。釜料经换热冷却进入低压脱丙烷塔，塔顶产物C_3送至C_3加氢系统，塔釜产物C_4和比C_4更重的组分送至脱丁烷塔。双塔脱丙烷操作在两个塔、两种压力下完成，避免了塔底结焦。高压脱丙烷塔的塔顶物料经换热进入裂解气压缩机五段，然后进入C_2前加氢反应器，由于高压脱丙烷塔位于裂解气压缩机的四、五段之间，为高压脱丙烷塔和裂解气压缩机五段之间构成一个热泵系统提供了条件。前加氢反应器为三段绝热式固定床反应器，床内装有高选择性的钯催化剂，为了控制反应温度，两个反应器之间设有冷却器，用冷却水带走反应热。经过加氢反应后，物流中的乙炔全部被脱除，末段反应器出口物流中的乙炔含量小于1μl/L，同时也把物流中所含的丙炔、丙二烯（MAPD）部分加氢为丙烯，这使C_3加氢反应器的设计尺寸显著减小。这就是所谓的乙炔前加氢操作。前加氢工艺能利用物流自身所含的氢气，而不需要外界补入氢气。前加氢工艺既降低了后面碳三加氢负荷，又为乙烯塔采用热泵创造了条件。

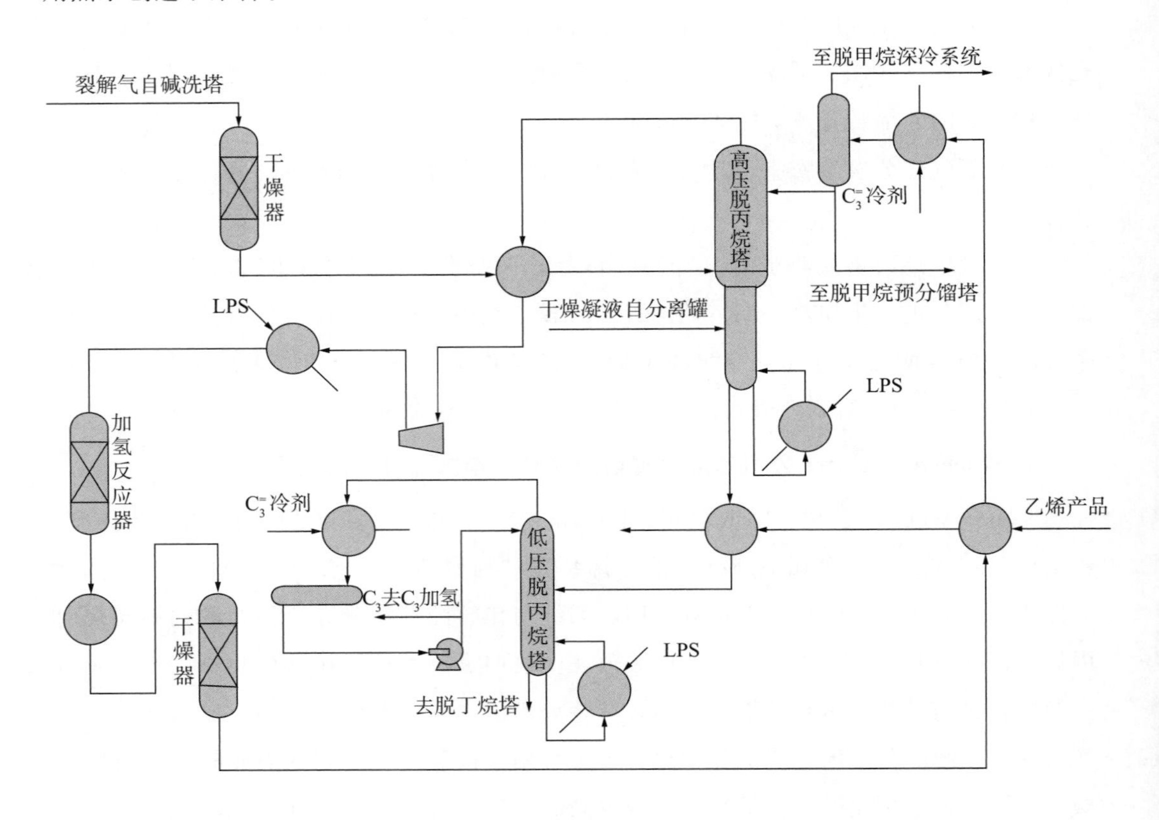

图3-24 Stone&Webster公司前脱丙烷—前加氢系统工艺流程

加氢后的物流经第二干燥器，并用乙烯产品和丙烯冷剂冷却、冷凝，进入高压脱甲烷塔回流罐，不凝气进入深冷脱甲烷系统。凝液则一部分作为塔回流，一部分直接进入脱甲烷预分馏塔。为降低能耗并提高乙烯和乙烷的相对挥发度，乙烯塔在低压下操作，并与乙烯制冷压缩机形成开式热泵系统。乙烯精馏塔顶气体经过压缩机升压后温度提高，可为塔底再沸器提供热量同时自身冷凝，回收了冷量，一部分用于回流，另一部分作为产品采出。由于塔顶冷凝器热负荷和塔釜再沸器热负荷基本平衡，因此减少了制冷压缩机的负荷，从节能的角度看也是有利的。

2）深冷脱甲烷系统

如图 3－25 所示，Stone&Webster 公司深冷和脱甲烷系统采用了 ARS（Advanced Recovery System）技术，即利用分馏冷凝原理，在系统中设置两台传热和传质作用能同时进行的分馏冷凝器（Dephlegmator），可降低能耗，其他设备与常规流程相同。裂解气经进料罐进行气液分离，液体直接进入脱甲烷预分馏塔，气体则进入第一分馏冷凝器。冷凝下来的液体进入脱甲烷预分馏塔，未凝的气体进入第二分馏冷凝器。冷凝下来的液体进入脱甲烷进料精馏塔塔顶，来自脱甲烷预分馏塔塔顶的气体则进入精馏塔底部。

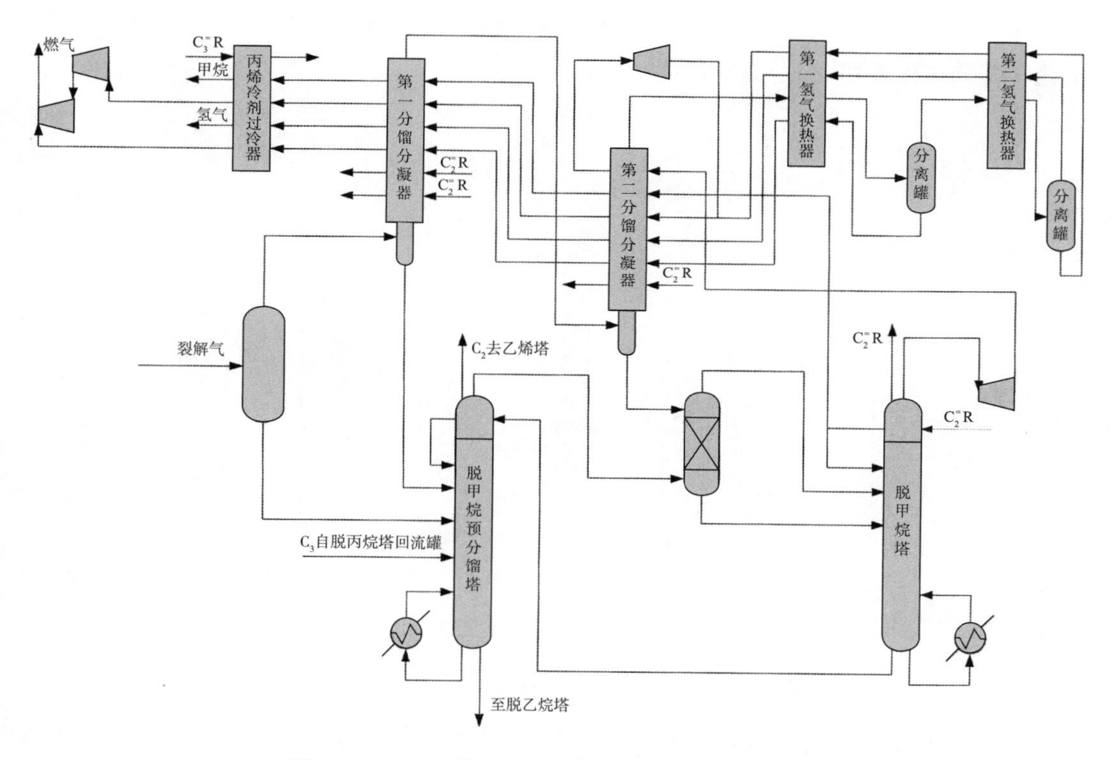

图 3－25　Stone&Webster 公司深冷脱甲烷工艺流程

在第二分馏冷凝器中未冷凝的气体，进入冷箱的第一氢气分离罐、第二氢气分离罐，由此产生甲烷尾气和富氢气体，甲烷尾气经膨胀压缩机压缩后，可作为裂解炉的燃料气，富氢气体经甲烷化反应器脱除 CO，得到纯度 95%以上的氢气，供 C_3 加氢和裂解汽油加氢使用，多余的氢气可作下游工艺装置使用或作产品出售。Stone&Webster 公司在降低能耗方面具有较大的竞争力。分馏分凝器在以下几个方面减少了能量消耗：

第一，分馏分凝器底部的液相中含有的甲烷只有常规流程的 50%左右，这样脱甲烷塔回流比减少；

第二，由于重组分在分馏分凝器的底部浓度增大，因此冷凝温度提高；

第三，由于气液连续接触换热，避免了常规流程中部分组分过冷的现象，减少了冷剂消耗。

在ARS概念基础上，Stone&Webster公司在以分馏分凝器为核心的ARS技术基础上进一步优化换热冷凝、回流、精馏流程，形成了HRS热集成精馏技术。

3. KBR公司乙烯装置前脱丙烷—前加氢分离流程[15]

1998年，美国Kellog公司与Brown & Root公司合并为KBR公司，合并后抛弃了原Kellog公司的顺序分离技术，而改用原来Brown & Root公司的乙烯技术。

Brown & Root公司乙烯流程以全馏程石脑油为裂解原料，采用前脱丙烷—前加氢工艺，其分离流程如图3－26所示。

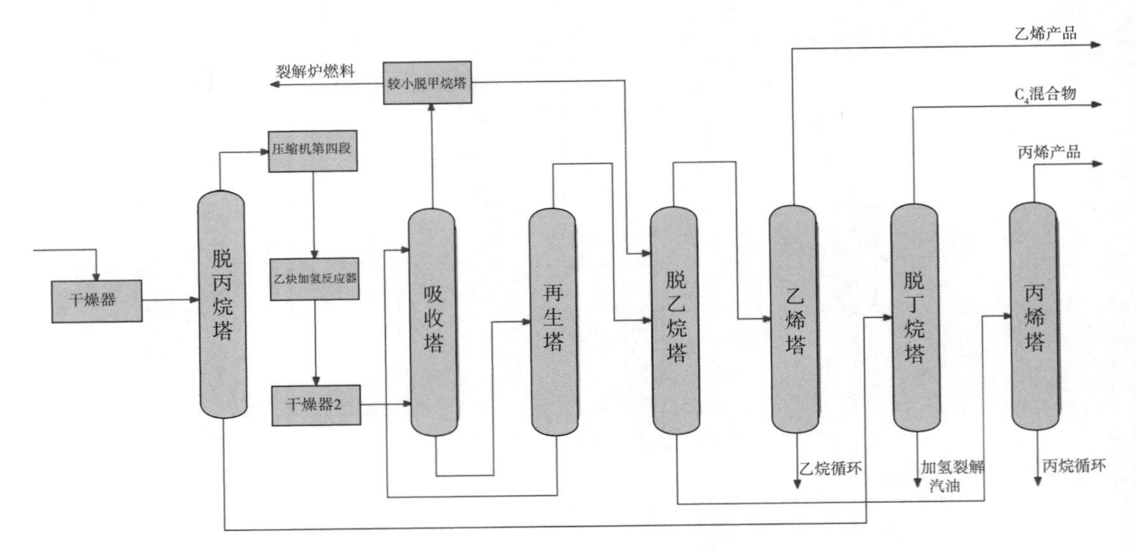

图3－26　Brown & Root公司前脱丙烷—前加氢分离工艺流程

该流程采用前脱丙烷热泵系统与乙炔前加氢相结合的工艺。脱丙烷塔热泵所需要的能量由裂解气压缩机的第四段提供。前脱丙烷热泵系统使蒸馏操作在低压下进行，冷凝操作在高压下进行，在低压下脱丙烷可以减少发生塔底结垢的危险。四段排出的裂解气体进入乙炔加氢反应器，通过加氢反应除掉乙炔的同时，约有80%的甲基乙炔（MA）和20%的丙二烯（PD）被转化为丙烯，使通过反应器后的裂解气中总烯烃含量有所增加，并且不会生成绿油。

不含乙炔的C_3及其更轻组分离开反应器，进入第二干燥器进行干燥，脱除微量水分。离开脱丙烷塔回流罐的C_3和更轻组分进入Brown & Root公司专利技术的溶剂吸收脱甲烷系统。

溶剂吸收脱甲烷系统主要包括一个吸收塔和一个再生塔。C_3和更轻组分进入吸收塔，

C_2馏分和C_3馏分被溶剂吸收，甲烷和更轻组分与少量乙烯一起离开吸收塔塔顶。该塔顶物流送入一个较小的脱甲烷塔中，基本上所有的C_3馏分都在脱甲烷塔中被回收。脱甲烷塔采用一台膨胀机进行自身冷冻，不需要外来冷剂。不含C_2的甲烷—氢物流可用作裂解炉燃料。

富含C_2、C_3馏分的富溶剂送到溶剂再生塔，不含甲烷的C_2、C_3馏分作为再生塔的塔顶产物被回收，贫溶剂经热量回收返回吸收塔循环使用。

C_2、C_3混合馏分在常规的脱乙烷塔中进行分离得到C_2馏分和C_3馏分，这两种馏分分别在乙烯塔和丙烯塔中进行精馏，可以得到聚合级的乙烯产品和丙烯产品，两个塔塔釜得到的乙烷和丙烷可以循环返回裂解炉。

离开脱丙烷塔塔釜的C_4以上馏分送入常规的脱丁烷塔，由塔顶得到混合的C_4产品，脱丁烷塔的釜料与来自压缩工序低压汽提塔的釜料汇合在一起，送至裂解汽油加氢装置。

回收系统所需要的冷量仅由丙烯制冷压缩机供给，不需要设乙烯和甲烷制冷系统。

4. 林德（Linde）公司乙烯装置前脱乙烷分离流程[16,17]

如图3－27所示，林德公司采用前脱乙烷前加氢、低压脱甲烷分离工艺流程。这种工艺在裂解气段间碱洗、五段压缩后，裂解气经冷却、干燥脱水先进脱乙烷塔系统分离。为防止塔底结焦，采用双塔高低压脱乙烷，塔顶分离出C_2及轻组分，利用物料内含氢气使乙炔加氢，加氢后的物料经过激冷预分离后进低压脱甲烷塔。塔底物料进乙烯精馏塔分离出乙烯及乙烷，后者返回裂解炉。脱乙烷塔底的C_3及重组分经脱丙烷塔、丙烯精馏塔分出产品丙烯，塔底丙烷返回裂解炉。

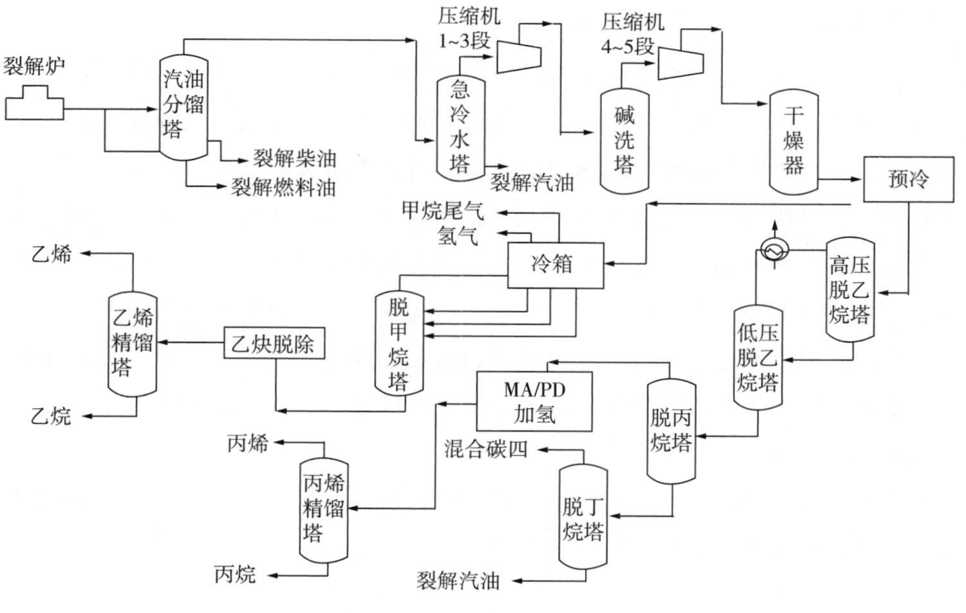

图3－27　林德公司前脱乙烷分离工艺流程[16]

由于前脱乙烷技术首先已将裂解气中的C_2及以上组分脱除，因此进入深冷系统的物料只有C_2及更轻组分。相比顺序流程和前脱丙烷流程，脱甲烷塔物料的组成轻，塔负荷大大降低。

其他专利商，如 Techinip 公司、KBR 公司、Stone&Webster 公司、Lummus 公司均采用过前脱乙烷工艺，推荐在以乙烷气体裂解原料为主时应用。

第四节　蒸馏过程与过程系统的能量集成

过程系统能量集成是以合理利用能量为目标的全过程系统综合问题，它从总体上考虑过程中能量的供求关系以及过程结构、操作参数的调优处理，达到全过程系统能量的优化综合。过程系统能量集成研究的对象是大规模的具有强交互作用的复杂系统，由于其理论方法上的挑战性、对工业界巨大的经济效益以及可持续发展战略的驱动，使这一领域的研究日益活跃。

蒸馏过程的能耗在整个系统中占很大的比重，是耗能大户。若仅就蒸馏操作本身来讲，能够采取的节能措施是有限的（如降低回流比可以节省能量，但会增加设备投资费），但如果把蒸馏过程与全系统一同考虑，则可以增大回流比，却不一定增加系统的能耗。蒸馏过程的能量集成会为生产带来巨大的经济效益。

一、蒸馏塔在系统中的合理设置

1. 蒸馏塔在 *T—H* 图上的表示

通常，对采用能量分离剂的分离器而言，需要在较高温度下输入热量，而在较低温度下排出热量。例如，对于蒸馏塔，提供给塔底再沸器的热量，其温度要高于釜液的泡点温度，而从塔顶冷凝器取走的热量，其温度则低于塔顶蒸汽的露点温度。由于蒸馏塔的进料与出料显热部分焓的变化相对于再沸器或冷凝器的相变潜热来讲，数值很小，故可认为再沸器提供的热负荷与冷凝器移走的热负荷近似相等，因此蒸馏过程在 *T—H* 图上可表示成“矩形”，如图 3-28（a）所示。这样，就可采用该“矩形”与过程系统总组合曲线的匹配来考虑蒸馏塔与过程系统的热集成问题。对于蒸发器，如从不挥发物质中分离出水，用加热蒸汽提供热量，冷却水取走热量，则蒸发器在 *T—H* 图上的表示如图 3-28（b）所示。

因为有关分离器进料与产品的预热或冷却负荷放在过程系统中考虑，所以热集成时对分离器只考虑再沸器和冷凝器的热负荷。

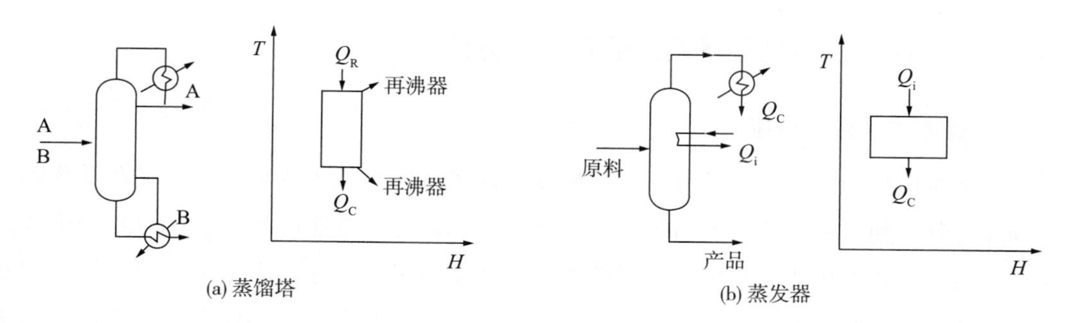

图 3－28　分离设备的 $T—H$ 图

2. 分离器在系统中的合理放置

分离器在系统中放置的情况不同，其进行能量集成的效果亦不同。如图 3－29 所示，分离器穿过夹点放置，这种情况下，该分离器的塔底再沸器从过程系统的夹点上方取热，而塔顶冷凝器把热量排放到夹点下方，这样一来，全系统所需的公用工程加热、冷却负荷都增加了，即该分离器与过程系统热集成并没有节省能量。另一种情况是分离器不穿过夹点，如图 3－30 所示，其中图 3－30（a）表示分离器放在过程系统的夹点上方，再沸器所需热量取自过程热物流，而冷凝器的热量排放到夹点上方的较低温度的过程冷物流，因此，该分离器不需要采用公用工程加热与冷却。分离器放置在夹点下方的情况，如图 3－30（b）所示，其结果与放置在夹点上方相同。

由此可见，分离器与过程系统热集成时，分离器穿过夹点是无效的，只有分离器完全放在夹点上方或夹点下方才是有效的。因此，在进行分离器与过程系统热集成时，不要使分离器穿越夹点。

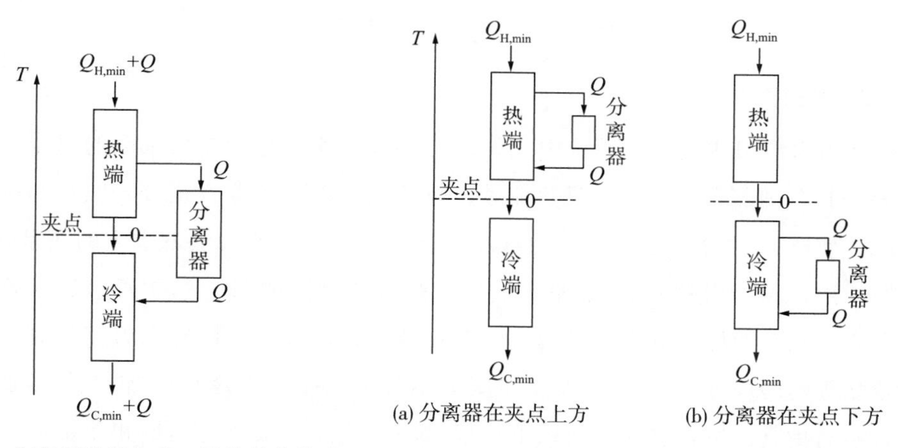

图 3－29　分离器穿越夹点，无效的热集成　　图 3－30　分离器未穿越夹点，有效的热集成

二、蒸馏过程与过程系统的能量集成方法

1. 改变蒸馏塔操作压力

如果按照蒸馏塔的操作条件无法合适放置以便与过程系统热集成，则可调整蒸馏塔的操作条件，使之有可能满足与过程系统热集成的条件。蒸馏塔的操作压力是一个非常重要的设计参数，因为它决定了塔再沸器和冷凝器的温位，进而决定了过程系统的加热和冷却介质的选择。改变塔的操作压力，即改变塔再沸器和冷凝器的温位，从而增加蒸馏塔与过程系统进行能量集成的机会。如图 3－31 所示，若把一进料分成两股，分别进入两个操作压力不同的塔，则使得一个塔在夹点上方，另一个在夹点下方，这样就可以节省能量，是一个可取的热集成方案。为实现过程系统的能量集成，可通过改变系统的操作条件，以提高系统内某些热容流率较大的热物流的温位，使之成为代替公用工程加热的热源，从而减少公用工程用量。

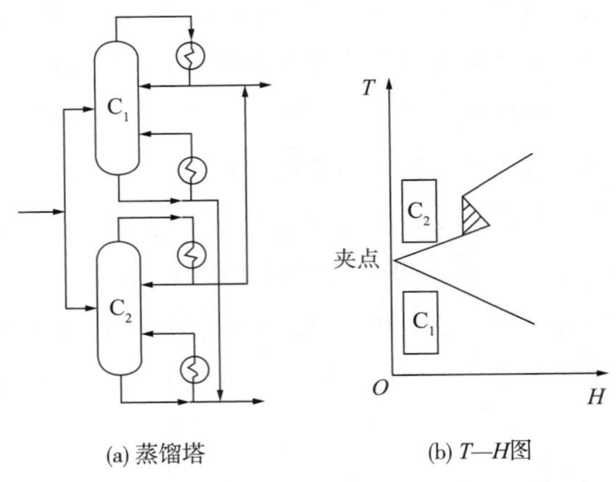

图 3－31　改变操作压力实现系统的热集成

2. 多效蒸馏

在由多塔组成的分离系统中，如果有一精馏塔 A 塔顶排出蒸汽的温位，可满足另一精馏塔 B 再沸器热源需要，且热流量也较适宜，则可将塔 A 塔顶蒸汽作为塔 B 再沸器的热源，使塔 A 的冷凝器与塔 B 的再沸器合并为一个，塔 A 底部加入的热量在 A、B 两塔逐级使用，A、B 塔的这种能量集成称为多效蒸馏。如图 3－32 所示的双效蒸馏，如果一混合物在精馏塔中分离，塔两端温差相差不大，且允许操作压力变化时，原料被分为大致相等的两股物流分别进入操作压力不等的两个蒸馏塔中，加热蒸汽加入高压塔塔底，然后由其冷凝器将热量排入低压塔塔底，使加入系统的热量和冷量在两塔内逐级使用，此时热负荷为单塔操作时的一半。

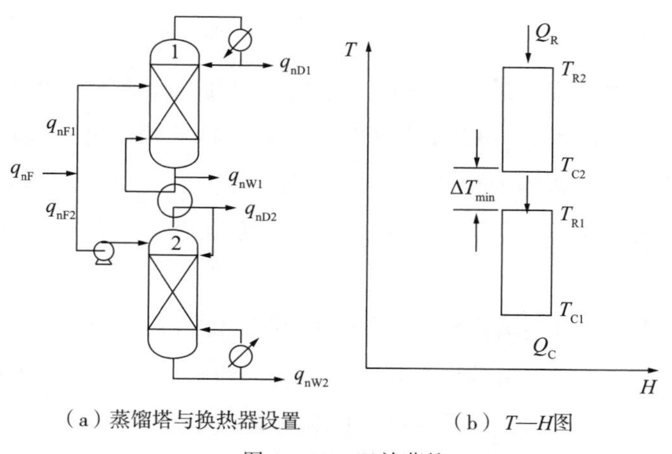

（a）蒸馏塔与换热器设置　　（b）T—H图

图 3-32　双效蒸馏

双效蒸馏还有两种不同的流程，如图 3-33 所示。如图 3-33（a）所示，该流程是将原料全部加入高压塔中，保证塔底分离要求，从塔底获得合格的重组分产品，塔顶蒸汽中轻、重组分同时存在，它将热量由塔顶冷凝器排给低压塔后，变成凝液进入低压塔进一步分离，在塔顶获得轻组分产品，塔底再次获得重组分产品。由于高压塔分离要求降低，重组分进入塔顶，使塔两端温差降低，回流比减小。而高压塔的馏出液作为低压塔的进料，提高了进料浓度而有利于分离，并可使回流比降低，减少了低压塔的能耗。如图 3-33（b）所示，该流程是高压塔采用非清晰分割，将塔两端的采出同时作为低压塔的进料，两塔的回流比可进一步降低，使能耗降低。当然，各方案的节能效果应通过严格的模拟计算进行比较。同时，多效蒸馏增加了塔设备和控制系统的投资，提高了装置操作的难度。

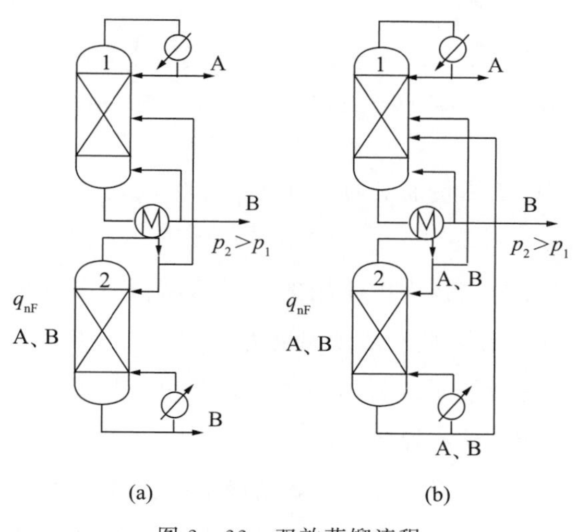

图 3-33　双效蒸馏流程

3. 热泵技术[17]

精馏塔用能过程是将热量从塔底加入，从塔顶排出。多效蒸馏是通过提高塔操作压力来提高排出热量的温位，以满足用户的要求。如果通过由外部输入的能量做功来提高排出热量的温位，再返回塔底以满足再沸器的用能需要，而不必改变塔的操作压力，则称此技术为热泵技术。按照夹点理论，热泵在系统中的合理放置，应该跨越夹点操作。

如图 3－34 所示，直接蒸汽压缩式热泵是最经济的，但有时塔顶蒸汽不适于直接压缩，如产物的聚合、分解、腐蚀性、安全性等要求的限制。这时，可采用辅助介质进行热泵循环，如图 3－35 所示。离开压缩机的高压辅助介质蒸汽进入蒸馏塔再沸器作为热源加热塔底釜液，辅助介质本身放热后冷凝，经节流阀闪蒸液化并降温，该低温液相辅助介质作为冷剂去蒸馏塔塔顶冷凝器，冷凝冷却塔顶蒸汽，辅助介质本身吸热后汽化，又被吸入压缩机，如此构成辅助介质的循环过程。常用的辅助介质是水、氨以及其他类型的冷剂。

这些过程尤其适用于混合物中各组分沸点比较接近的物系，因为沸点接近，所以需要的压力变化较小，从而使压缩功费用降低。

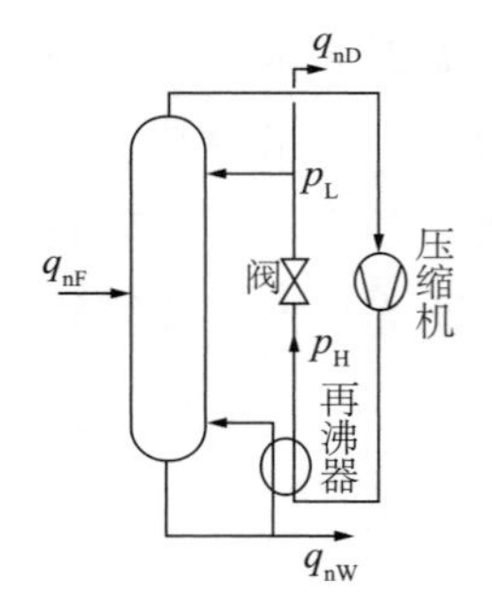

图 3－34　直接蒸汽压缩式热泵

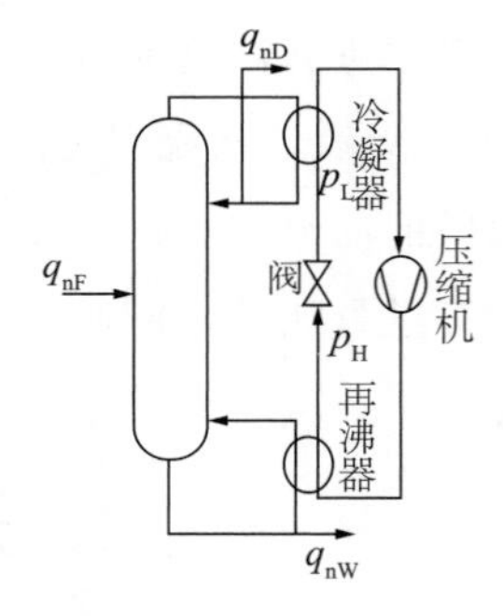

图 3－35　采用辅助介质的热泵精馏系统流程

乙烯分离工艺流程中乙烯精馏塔通常有两种操作模式：一种是高压塔，另一种是带热泵的低压塔。

高压塔即经常在顺序分离技术中应用的传统乙烯精馏塔方案。乙烯精馏塔在 1.9～2.3MPa（表压）压力下操作，此时塔顶温度为－23～－35℃，塔顶使用丙烯冷剂冷凝。

图 3－36 表示了一种带热泵的低压塔方案。脱甲烷塔塔底物料用冷剂从－3℃冷却至－32℃后进入乙烯精馏塔，乙烯精馏塔在 0.79MPa（表压）压力下操作，塔顶温度为－59℃。乙烯制冷压缩机四段吸入罐向乙烯精馏塔提供部分回流。在进入乙烯精馏塔之前，这部分回流用工艺物流进一步过冷。四段吸入罐罐顶的气相与三段抽出气混合后为乙烯精馏塔提供中沸器热源，冷凝后为乙烯精馏塔提供回流。

塔顶物料与工艺物料换热而回收一部分低能位冷量，然后其与乙烯制冷压缩机三段罐顶气一起进入乙烯制冷压缩机进行压缩，压缩后的气体用丙烯冷剂脱过热。脱过热后的大部分乙烯气在乙烯精馏塔再沸器内用乙烯精馏塔塔底液冷凝。无法冷凝的剩余部分乙烯气用丙烯冷剂冷凝。两股冷凝液在乙烯冷剂累积罐内收集，乙烯冷剂罐的压力为1.9MPa（表压）左右。乙烯产品从累积罐中用泵打出，用作冷剂的那部分乙烯从累积罐直接抽出，进入四段吸入罐。此时乙烯精馏塔与乙烯制冷压缩机形成一个开式热泵系统[13]。

乙烯分离工艺流程中前脱丙烷前加氢技术中由于碳二加氢位于脱甲烷塔上游，从脱甲烷塔釜进入乙烯塔的碳二馏分中不含氢气和甲烷轻组分，乙烯塔可采用开式热泵技术降低能耗。

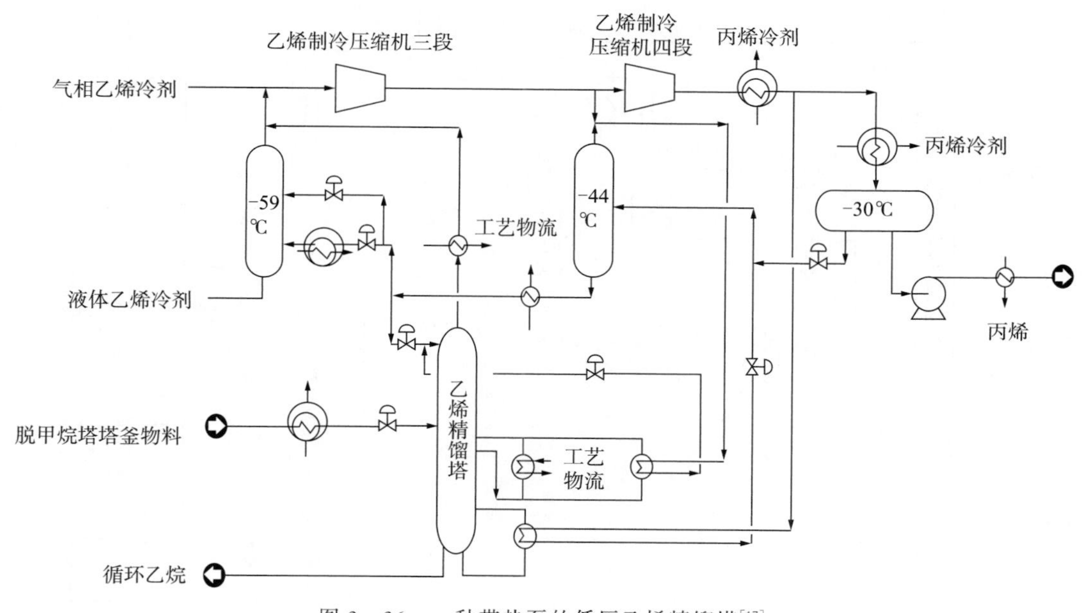

图 3-36　一种带热泵的低压乙烯精馏塔[17]

此外，蒸馏过程与过程系统的能量集成方法也可以采用中间再沸器或中间冷凝器流程，这样既增加了蒸馏过程与过程系统集成的机会，也是实现蒸馏过程与系统能量集成的有效方法。采用中间再沸器或冷凝器，改变了通过塔中的热负荷，就有可能利用较低温位的热源于中间再沸器，取代部分高温位的用于塔底再沸器的公用工程负荷；或节省塔顶冷凝器的低温冷却公用工程（如塔在低温下操作），也可提供比塔顶冷凝器温位较高的热源去加热其他的设备。但这种节能方式是以降低塔段的分离效果为代价的，因此，只有当蒸馏塔内温度分布在塔的偏下部分或偏上部有突变的场合，采用中间再沸器或中间冷凝器才是可取的。

为实现蒸馏过程的能量集成，降低能耗，也可采用复杂塔或热耦合塔操作。采用复杂塔操作时，可以采用多侧线进料或多侧线出料作为产品，这在节省能源和减少设备投资方面是有效的。

三、乙烯装置分离流程扩容改造案例

本例主要讨论预脱乙烷等非清晰分割技术在乙烯装置改造中的应用。

1. 现场乙烯装置生产流程

某乙烯装置分离流程如图 3-37 所示。

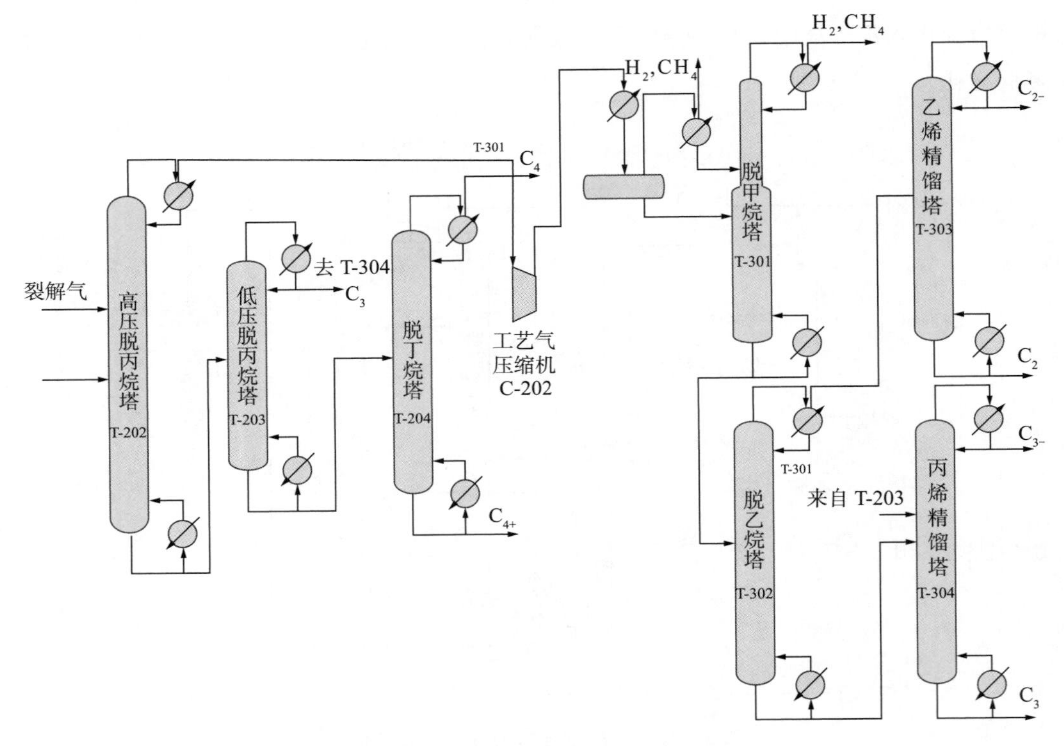

图 3-37　现场前脱丙烷分离流程

1）系统流程

该分离流程为前脱丙烷序列，并采用了高低压双塔流程。首先裂解气进入高压脱丙烷塔 T-202 将 C_3 进行非清晰分割，C_4 不得进入塔顶，C_2 不得进入塔底，C_3 在塔两端出现。从高压脱丙烷塔塔釜排出的液体进入低压脱丙烷塔 T-203 将 C_3、C_4 进行分离，C_3 从塔顶排出，经加氢脱炔后直接进入丙烯精馏塔 T-304，塔釜液相进入脱丁烷塔 T-204，脱出丁烷，获得裂解汽油。

从高压脱丙烷塔 T-202 塔顶排出的 C_1—C_3 气体称为工艺气，需要进一步加压、深冷才可能进一步分离，工艺气经工艺气压缩机 C-202 压缩，将工艺气压力升至

35.6kgf/cm^2（表压），在水冷后，逐步采用冷剂或通过工艺物流冷量回收，使工艺气进行多次分级冷凝，将凝液分别送至脱甲烷塔 T-301，最终不凝气 H_2 和 CH_4 排出系统。

从脱甲烷塔 T-301 塔顶脱出 H_2 和 CH_4，塔釜液体送至脱乙烷塔 T-302，该塔将 C_2 及 C_3 进行分离。C_2 从塔顶排出通过加氢脱炔后进入乙烯精馏塔 T-303，获取乙烯产品。而脱乙烷塔 T-302 的釜液，通过加氢脱炔，进入丙烯精馏塔 T-304，从而获得丙烯产品。

2）流程特点

（1）前脱丙烷高低压双塔流程，对 C_3 进行非清晰分割，降低了塔釜的温度，避免了塔釜结焦问题。

（2）应用热泵原理将制冷系统与分离系统进行能量集成，回收系统的冷量。

（3）对裂解气热量进行了较好的回收，如 T-104 急冷水塔生产 82℃热水供 T-103、T-202、T-203、T-302、T-304 以及锅炉给水预热等热用户。

（4）技术路线较成熟，利于操作生产稳定。但与现在先进技术比较还有较大的差距。

3）系统设备的变动

如果按已改造的流程对系统进行扩容改造，由于已对该系统进行了两次扩容改造，使乙烯生产能力由原 11.5×10^4t/a 扩至 15×10^4t/a，提高幅度为 30%，可见系统内的设备、管线、机、泵等的潜力基本得到应用。从已有能力（15×10^4t/a）基础上再提高 33.3%，使其生产能力增至 20×10^4t/a，瓶颈不会只有一个、两个，将会较普遍地受到限制，流程和部分设备将要进行改造。

2. 扩产改造初步方案

生产装置的改造与新装置的设计有所不同，因此本次扩产技术改造必须考虑原装置的实际基础、场地、原设备的利用率等条件，以便确定改造可行方案。通过查阅国内外乙烯生产技术发展近况，比较几种目前最先进的乙烯生产流程，根据对国内引进的几套大型乙烯生产装置技术的考察，结合该厂的实际情况，通过初步的模拟计算提出扩产至 20×10^4t（乙烯）/a 的改造方案，其流程如图 3－38 所示。

1）工艺流程

在已改造生产流程的基础上，于工艺气进入多次冷凝（冷箱）之前，在 E-327 或 E-303之后增加一前脱乙烷塔 T-300，对 C_2 进行非清晰分割，使 C_2 在塔两端近似按 50%分割。要求 C_3 不得进入塔顶，CH_4 不得进入塔底。塔顶排出气相经原工艺路线，依次进入冷箱经过 3 级部分冷凝，其凝液分别作为脱甲烷塔 T-301 的进料，而分离出的大部分不凝气 H_2 和 CH_4 回收冷量后作为燃料等。前脱乙烷塔 T-300 排出的釜液作为脱乙烷塔 T-302 塔的进料。脱甲烷塔 T-301 脱除 CH_4 和 H_2 之后，塔釜排出液仅含 C_2，不必进脱乙烷塔 T-302，而直接去加氢脱炔后进入乙烯精馏塔 T-303 进行精馏，获取乙烯产品。而脱乙烷塔 T-302 塔顶气相采出经加氢脱炔之后进入乙烯精馏塔 T-303，获取乙烯产品，而塔底排出的釜液沿原工艺路线，经加氢脱炔后进入丙烯精馏塔 T-304 进行精馏，获取丙烯产品。其余部分维持原工艺路线不变。

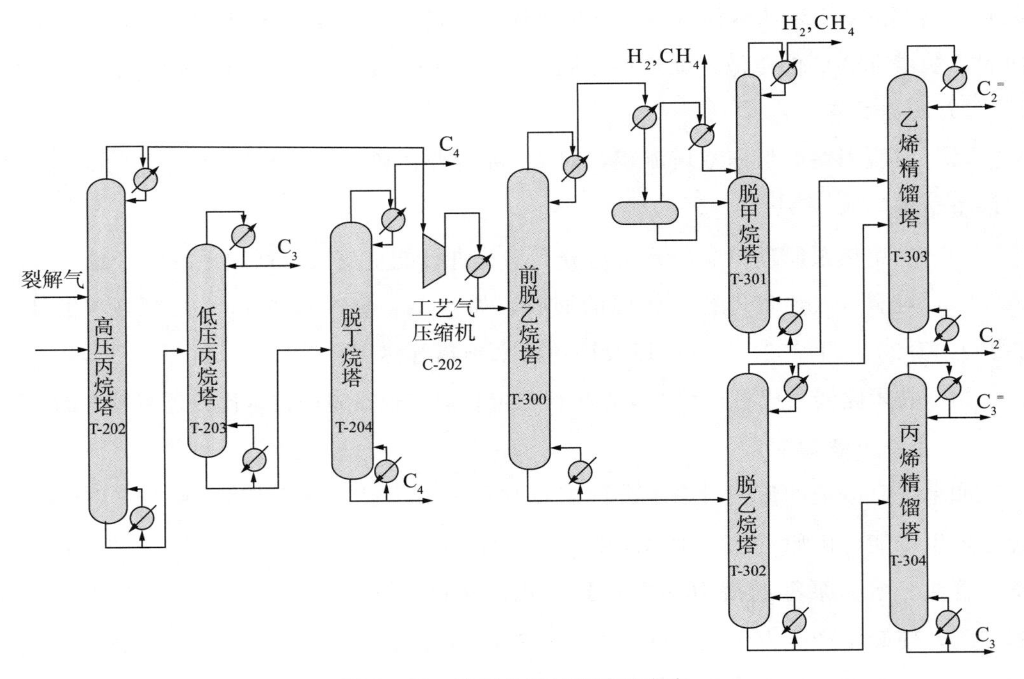

图 3－38　乙烯分离流程改造方案

2）流程特点

该流程保留了原流程的优点，同时自身也具有新的特点。

（1）采用前脱丙烷高低压双塔流程，对 C_3 进行非清晰分割，将塔釜温度降至结焦温度以下，避免了塔釜结焦（第一次扩产改造已完成）。充分利用原塔生产潜力，使冷量趋于合理。

（2）应用热泵原理将制冷系统与分离系统的能量进行集成，回收系统的冷量。

（3）对裂解气的热量进行了较好的回收，如由 T-104 急冷水塔生产 82℃热水提供热水用户（第二次扩产改造已完成）。

（4）采用双塔脱乙烷流程，新增前脱乙烷塔，对 C_2 进行非清晰分割，使工艺气由原流程按顺序依次通过 T-301 塔及 T-302 塔，改为在前脱乙烷 T-300 塔进行分流，使 T-300塔釜液不通过脱甲烷塔 T-301，而直接进入脱乙烷塔 T-302，减轻 T-301 塔负荷，而 T-300 塔顶蒸汽则进入脱甲烷塔。因脱甲烷塔 T-301 釜液不含 C_3，故不再作为脱乙烷塔 T-302 的进料，而直接经加氢脱炔进入乙烯精馏塔，从而减轻了脱乙烷塔 T-302 的负荷。按进料处理量进行比较，新流程使系统生产能力扩至 20×10^4 t/a 时，T-301 塔进料量降至原 15×10^4 t/a 负荷的 76%，而 T-302 塔降至 74%。由塔的模拟计算和水力学性能计算可知，原 T-301 塔及 T-302 塔可满足扩产要求。

（5）新增前脱乙烷塔及原脱甲烷塔、脱乙烷塔操作条件比较适宜，冷剂温位匹配较为合理，冷量消耗低于原流程方案。

（6）前脱乙烷塔具有调节 T-301 塔及 T-302 塔负荷分配功能。

（7）设备及工艺变化量小，大部分工艺路线及条件维持不变。

（8）由于 T-301 塔为乙烯精馏塔 T-303 多提供一股进料，减少了该塔的最小回流比，改善了操作。

通过对 T-300、T-301 及 T-302 三塔系统模拟计算，结果表明其操作条件、分离所能达到的要求以及能量消耗均是比较适宜的。

3）系统设备的变动

凡是与原流程一致部分，其设备变动与前相同，改动部分设备变化是：

（1）新增前脱乙烷塔及其辅助设备。

（2）脱甲烷塔 T-301 维持不变。

（3）脱乙烷塔 T-302 维持不变。

（4）冷箱 E-310 及 E-312 有可能满足扩产要求，可不变动。

4）能量消耗

凡是与原流程维持一致的部分，其能耗均与原流程相同，在新流程改动部分与原流程有所不同，通过计算可知，新流程较原流程的冷量消耗要低 19%。如果板式塔改造后分离效率提高，理论级有所增多，则其冷量消耗还可以进一步减少。

3. 关于其他改造方案的考虑

如果考虑到脱甲烷塔负荷太大，或脱甲烷塔进料中 H_2、CH_4含量过高，可在脱甲烷塔前再增一吸收塔，采用CH_4回流，进一步脱除 H_2、CH_4，将脱甲烷塔进料中的 H_2及CH_4组分进一步降低。

如果乙烯精馏塔 T-303 分离能力不够，塔底乙烯超标，可考虑将 T-303 塔后增加一较小乙烯汽提塔，蒸出的乙烯返回 T-303 中，减少乙烯的损失量或循环量，以保证系统的生产能力。

为减少深冷的冷量，亦可用油吸收代替脱甲烷塔系统。

由该案例的讨论可以看出，对于一个分离流程的改造，考虑的因素是多方面的，需要灵活运用分离序列综合的理论、方法和策略去解决实际工程问题。

第五节 公用工程与过程系统的能量集成

公用工程系统是向过程系统提供动力、热等能量的子系统，包括比较简单的（如蒸汽、冷却水）和复杂的热—动力系统以及热泵系统。有关加热蒸汽和冷却水的最小用量及配置问题在换热器网络综合中已讨论过了，这里仅讨论实现热机和热泵与过程系统热集成的方法。

一、热机和热泵

利用热能产生动力的装置称为热机。利用动力而提供一定温度（不同于环境）的热（冷）能的装置称为热泵（冰机），如图3-39所示。简单的热机是从温度为 T_1 的热源吸收热量向温度为 T_2 的热阱排放热量 Q_2，产生功 W。热泵同热机的操作方向相反，它从温度为 T_2 的热源吸收热量 Q_2，向温度 T_1 的热阱排放热量，同时消耗功 W。

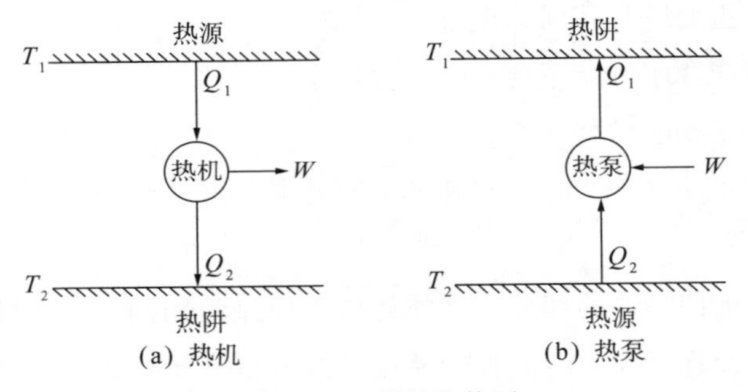

图3-39 热机和热泵

二、热机和热泵在系统中的合理设置

图3-40（a）所示为一过程系统的热回收级联，它可以由换热网络综合中的问题表格法计算出来，确定系统所需的最小公用工程加热与冷却负荷分别为 $Q_{H,min}$ 和 $Q_{C,min}$，夹点处热流量为零。图3-40（b）表示热机放置在夹点上方，热机从热源吸收热量 Q，向外做功 W，排放热量 $Q-W=Q_{H,min}$，这相当于从热源吸收热量 Q 中的（$Q-Q_{H,min}$）部分是100%转变为功，比单独使用热机的效率高得多，因此该热机的放置是有效的热集成。图3-40（c）表示热机从高温热源吸收热量做功，但排出流股的温度低于夹点温度，排出的热量（$Q-W$）加到夹点下方，增加了公用工程冷却负荷，这样放置热机与热机单独操作一样，不能得到热集成的效果。图3-40（d）表示热机回收夹点下方的热量，可以认为热转变为功的效率也是100%，减小了公用工程冷却负荷，也是有效的热集成。

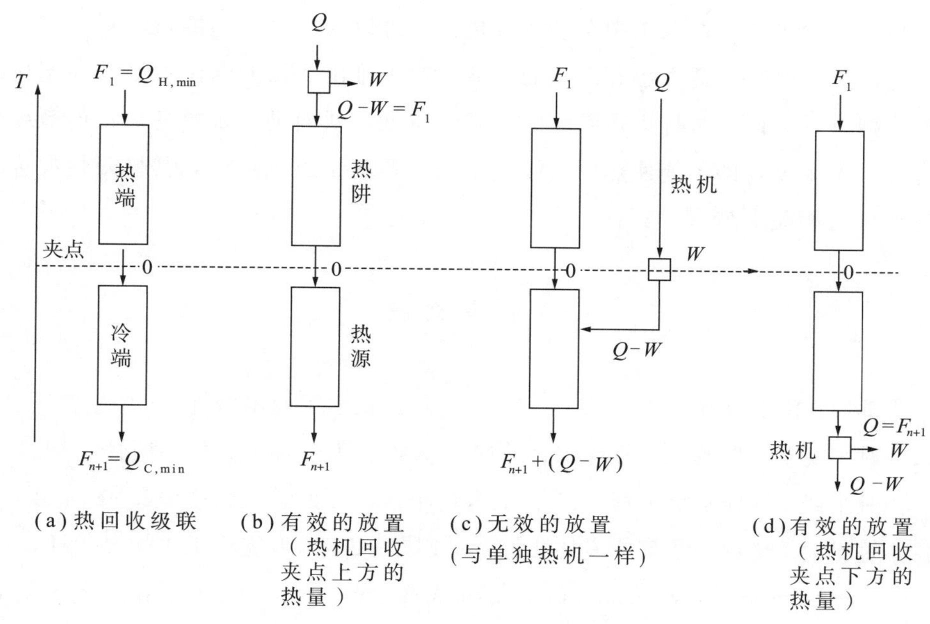

图 3-40　热机相对于热回收网络的放置

热泵与热回收级联相对位置的说明如图 3-41 所示。其中，图 3-41（a）表示热泵完全放置在夹点上方操作，只相当于用功 W 替换 W 数量的公用工程加热负荷，这是不值得的；图 3-41（b）为热泵完全放置在夹点下方操作，使得 W 数量的功变成废热排出，反而增加了公用工程冷却负荷；图 3-41（c）为热泵穿过夹点操作，把热量从夹点下方（热源）打到夹点上方（热阱），加入 W 数量的功，使得公用工程加热、冷却负荷分别减小了（$Q+W$）及 Q 数量，这种放置是有效的热集成。综上所述，热机在系统中应放置在夹点上方或夹点下方，而热泵则应跨越夹点。

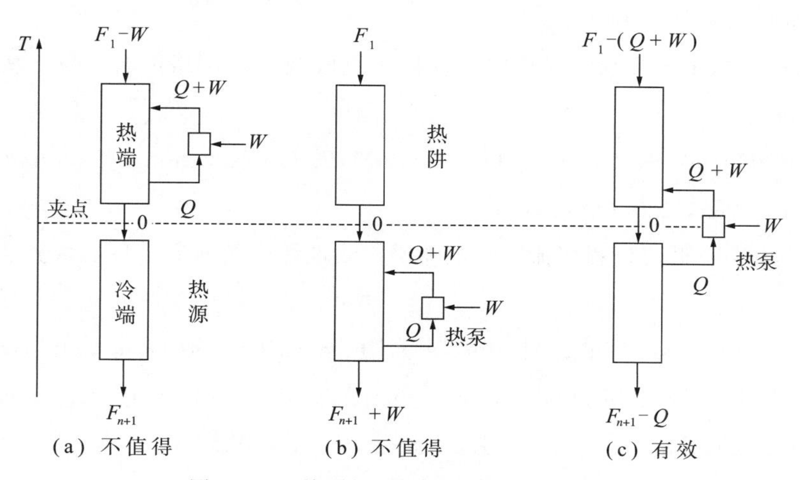

图 3-41　热泵相对于热回收网络的放置

由以上讨论可知，在系统中合理放置热机，可以减少过程的能量消耗，但还应该进一步考虑热集成的热负荷大小和温位的高低。热机排出热量的温位不必都高于热回收级联的最高温度，可以分级排入热级联的不同温位处，从而进一步提高热机的效率。但该温位存在一个限度，即不能使热回收级联中间的热流量出现负值，其极限情况为零，具体讨论可参考相关文献[1，2]。

参考文献

[1] 都健. 化工过程分析与综合 [M]. 北京：化学工业出版社，2017.

[2] 姚平经. 过程系统分析与综合 [M]. 大连：大连理工大学出版社，2004.

[3] 姚平经. 过程系统工程 [M]. 上海：华东理工大学出版社，2009.

[4] 姚平经. 全过程系统能量优化综合 [M]. 大连：大连理工大学出版社，1995.

[5] Papoulias S A，Grossmann I E. A structural optimization approach in process synthesis [J]. Computers & Chemical Engineering，1983，7 (6)：707-721.

[6] Yee T F，Grossmann I E. Simultaneous optimization models for heat integration (Ⅱ)：Heat exchanger network synthesis [J]. Computers & Chemical Engineering，1990，14 (10)：1165-1184.

[7] Gundersen T，Grossmann I E. Improved optimization strategies for automated heat exchanger network synthesis through physical insights [J]. Computers & Chemical Engineering，1990，14 (9)：925-944.

[8] 魏关锋. 用遗传/模拟退火算法进行具有多流股换热器的换热器网络综合 [D]. 大连：大连理工大学，2003.

[9] 肖武. 基于流股有效温位的大规模多流股换热器网络综合 [D]. 大连：大连理工大学，2006.

[10] Kitpatrick S，Gelatt C D，VecchiM P. Optimization by simulated annealing [J]. Science，1983，220 (13)：671-680.

[11] 马相坤. 低温过程多流股换热器网络柔性综合的研究 [D]. 大连：大连理工大学，2007.

[12] Nadgir V M，Liu Y A. Studies in Chemical Process Design and Synthesis. Part V：A Simple Heuristic Method for Systematic Synthesis of Initial Sequences for Multicomponent Separation [J]. AIChE J.，1983，29 (6)：926-934.

[13] 盛在行，王振维. 乙烯装置顺序分离技术（一）[J]. 乙烯工业，2009，21 (1)：61-64.

［14］盛在行，王振维．乙烯装置顺序分离技术（二）［J］．乙烯工业，2009，21（2）：59-64．

［15］王振维，盛在行．乙烯装置分离顺序选择及前脱丙烷技术［J］．乙烯工业，2008，20（4）：52-58．

［16］王明耀，李广华．乙烯装置前脱乙烷分离技术（一）［J］．乙烯工业，2009，21（3）：62-64．

［17］王明耀，李广华．乙烯装置前脱乙烷分离技术（二）［J］．乙烯工业，2009，21（4）：60-64．

第四章　乙烯装置用能分析评价方法

衡量装置的先进性，除了考虑投资、环保等因素外，还应考虑装置的燃料、动力综合能耗。乙烯综合能耗是乙烯装置主要的经济技术指标，它既能反映出乙烯装置技术水平的先进性，同时又能反映装置的管理水平。

第一节　乙烯装置工艺技术

一、乙烯装置工艺技术现状

1. 乙烯装置工艺技术

乙烯装置可划分为裂解和分离两大部分，裂解部分主要包括原料、裂解炉、废热锅炉、急冷油塔和稀释蒸汽发生系统以及燃料气、锅炉给水等配套系统；分离部分主要包括裂解气压缩和碱洗、系列分离、乙烯丙烯甲烷制冷、加氢精制以及配套公用工程辅助系统。目前，世界上乙烯生产技术的差异主要在于不同型式的管式炉裂解和不同的分离技术。

1）分离技术

分离技术与裂解气组成紧密相关，裂解原料不同，适用的裂解炉可能不同，乙烯收率和裂解气组成不同，选择的分离流程可能不同。本书第三章第三节对乙烯装置分离流程的顺序分离、前脱丙烷前加氢、前脱乙烷前加氢三大类技术进行了详细分析，介绍了 Lummus 公司、Stone&Webster（S&W）公司、KBR 公司、Linde 公司以及 Technip 公司的成熟分离技术。在三大基本流程基础上，随着技术发展和进步，又出现了双塔脱丙烷、双塔脱乙烷、双塔脱甲烷、油吸收以及渐进分离非清晰切割等新的分离技术。

2）裂解炉

裂解技术的差异主要反映在炉型上。管式裂解炉型有多种，但从辐射段炉管的结构形式上分，它们可分为直通式和分支式两大类。Lummus 公司、Linde 公司和 Technip/KTI 公司是分支式炉型，S&W 公司和 KBR 公司则是直通式炉型。两大类炉型各有千秋，应用效果主要取决于各家对不同原料裂解机理的掌握和工程化经验。高温、低烃分压、短停留时间是裂解炉技术发展追求的方向，SPYRO 是较先进的裂解动力学模型软件。

随着乙烯装置的大型化，裂解炉也在向大型化发展。在实现大型化的途径方面，各家也有些差异。一种是通过加宽辐射室的宽度，以容纳更多组炉管；另一种是通过采用两个辐射室（双炉膛）共用一个对流段来容纳双倍数量的炉管；有的公司则两者兼而用之。

2. 典型乙烯装置工艺技术

1）Lummus 公司乙烯技术

在乙烯工业中，Lummus 公司的技术占有重要地位，已有 50 多年烯烃生产装置的设计经验。该公司开发的 SRT 型裂解炉具有结构简单、炉管热分布均匀、反应介质在炉内停留时间短等特点。Lummus 公司的分离系统是典型的顺序分离流程，原料经裂解、急冷和压缩后，再顺序分离碳一、碳二和碳三产品，低压脱甲烷系统、二元制冷等新技术使乙烯能耗有新的降低。目前，全球共有 150 多套乙烯装置采用 Lummus 公司的技术，年总生产能力超过 3300×10^4 t，约占世界乙烯生产能力的 45%。

在我国，20 世纪 70 年代初期和后期引进的燕山、扬子、齐鲁和上海 4 套 30×10^4 t/a 乙烯装置，90 年代初投产的盘锦和抚顺乙烯装置，90 年代中期投产的新疆、天津、中原乙烯装置，以及近年来对燕山、扬子、上海乙烯装置的改扩建，均采用 Lummus 公司技术。

2）KBR 公司乙烯技术

KBR 公司的前身是 M. W. Kellogg 公司，该公司具有 40 多年的乙烯装置设计经验，是世界上主要的乙烯专利商之一。从 20 世纪 50 年代到目前为止已建有 70 多套乙烯装置，其中单线乙烯生产能力最大的超过 100×10^4 t/a。

KBR 公司专长于毫秒炉的设计，停留时间为 0.05～0.1s。毫秒炉由于停留时间短、裂解温度高，加上其采用的炉管管径小，对结焦的敏感性大，因而运转周期短。KBR 公司乙烯装置的分离流程为前端高压脱甲烷顺序分离流程。该公司开发的 SCORE 技术使其分离流程达到节能和降低投资的目的。

3）TPL/KTI 公司乙烯生产技术

法国德西尼布及意大利 TPL 公司、荷兰 KTI 公司于 1971 年成立了乙烯技术开发联盟以建立具有竞争性的现代乙烯技术。从联合至今已设计了共 16 套乙烯装置，年总生产能力超过 500×10^4 t。我国的辽阳及东方乙烯装置即采用德西尼布集团的技术。KTI 公司裂解炉为 GK 型，KTI 公司在裂解炉设计方面有着自己的特点，具有世界上唯一商业化的产率预测软件 SPYRO。KTI 公司利用 SPYRO 软件及根据自己的经验开发并设计出先进的GK-Ⅴ型裂解炉为两程炉管。TPL公司的渐进分离技术是以最小的能耗达到分离的目标。基本原则是对相邻组成实行不完全分离，而对相差较远的组分实行完全分离，为实现分离顺序而采用多步分离的方法。

4）S&W公司乙烯生产技术

S&W公司采用超选择性裂解炉（USC）工艺。利用乙烷裂解气汽提降低急冷油黏度，分离系统采用双塔脱丙烷工艺，在前冷和脱甲烷系统采用先进回收技术（ARS）显著地节省了冷量，其核心是分凝分离器（Dephlegmator）的应用，经进一步改进为热集成精馏系统（HRS）后降低了投资。分凝分离流程的节能效果集中表现在乙烯机和丙烯机的负荷降低，降低幅度因进料气组成和工艺流程而异。

5）Linde公司乙烯生产技术

Linde公司是世界上著名的公司之一，尤其在深冷和空气分离方面见长。目前，Linde公司在世界范围内建有300多台裂解炉。15个国家的30余套大型乙烯生产装置采用Linde公司的技术，占全世界现有装置总生产能力的20％。

1996年9月底建成开车的吉林石化30×10^4t/a乙烯装置采用的是Linde公司的技术。2005年扩能改造至70×10^4t/a。2009年独山子石化采用Linde公司技术建成了一套目前国内单套生产能力最大的100×10^4t/a乙烯装置。

Linde公司的裂解炉为Pyrocrack型，裂解炉在设计方面有独到之处。Pyrocrack1-1型炉为两程炉管，第一程为两根小口径炉管，第二程为一根较大口径炉管。在裂解重质原料方面，Linde公司最先在Shell公司二次注汽技术的基础上开发了自己的技术，并取得了相应的经验。Linde公司采用的是前脱乙烷前加氢流程，碳二采用前加氢工艺，而碳三则采用后加氢工艺。

二、乙烯装置工艺技术发展[3]

1. 乙烯装置工艺技术总的发展趋势

1）世界乙烯工业持续快速发展，并趋于大型化、炼化一体化和基地化

为了有利于原料优化配置，综合利用炼厂和石化厂各种中间产品和副产品，方便原料和产品的集中进出，减少公用工程系统的投资和费用，全球炼油化工呈一体化、园区化、基地化发展趋势。目前已形成了美国墨西哥湾沿岸地区，韩国蔚山、丽川、大山，新加坡裕廊岛，比利时安特卫普等一批世界级炼化一体化工业区。炼化一体化可使炼厂25％的产品转化成高附加值的石化产品，投资回报率可提高2％～5％，产生良好的协同效应。

2）全球乙烯工业加快节能减排步伐

在世界原油价格攀升和《京都议定书》的推动下，全球乙烯工业加快了节能减排步伐。

近年来，国外大型石油石化公司通过开发实施节能新工艺、新技术，采用各种提高燃料效率和节能的措施，在节能减排方面取得了重要进展。

我国的乙烯工业经过30多年的快速发展，已形成了初具规模的、经济实力比较雄厚的新兴工业体系。但仍面临节能环保要求日趋严格、成本压力加大的形势；面临发展低碳经济的挑战，石化工业必须开发和应用低碳技术，向低能耗、低排放方向转变。各乙烯生产企业积极响应国家的号召，围绕“节能降耗减排”这个主题开展工作。行业多数乙烯装置运行方式不断优化，能耗、物耗等经济技术指标水平不断提升，企业的盈利能力也不断增强。

3）乙烯装置实施先进控制成为发展的主流

随着自动控制技术和人工智能技术的不断发展，优化运行技术对乙烯装置的安全高效运行起着越来越重要的作用，人们已不满足单纯从乙烯生产过程的工艺设计和设备改造上获得经济效益。而是综合应用化学工程技术、计算机应用技术和自动控制技术对乙烯生产过程实行先进控制和优化操作，充分发挥设备的内在潜力，以低能耗、低消耗和高产出获得较高的经济效益，以裂解炉先进/优化控制为代表的先进控制技术在国内外已得到广泛应用，为稳定装置生产、提高乙烯收率、节能降耗发挥了重要作用，国内多家乙烯装置长期采用自主开发的先进控制，保持投料量稳定，裂解炉出口温度（COT温度）波动小于1℃。

中国石油吉林石化70×10^4 t/a乙烯装置、兰州石化46×10^4 t/a乙烯装置根据中国石油的统一部署，与世界先进水平的咨询公司合作，进行乙烯装置节能的离线、在线系统优化工作，使乙烯装置综合能耗在不投资（含少投资）优化方案中实现乙烯产品综合能耗下降5%以上。

4）实现更长的运转周期

检修所造成的产值损失和大修费是相当可观的，各国都在如何延长装置的运转时间上下工夫。目前，日本的乙烯装置已经实现4年连续运转。欧洲和北美的一些乙烯装置也已实现5年或6年的连续运转。我国茂名乙烯装置从1999年2月8日起至2005年9月29日也已连续平稳运行6年零7个月，开创了中国石化工业里程碑的新纪录，不仅刷新了国内乙烯装置长周期生产纪录，而且大步攀上了国际先进水平的新台阶。

2. 世界乙烯生产技术发展

1）乙烯生产技术在不断完善

为了提高竞争力，各专利商也在不断改进和完善自己的技术，以提高装置的性能。主要有：

（1）急冷油减黏系统和热回收系统的改进。

（2）压缩机采用注水技术、喷涂衬里技术以及干气密封技术。

（3）热泵技术。

（4）采用高效设备，如高效塔板、高热通量换热器等。

（5）调整装置丙烯与乙烯比例的技术。

（6）脱除催化剂毒物的技术。

（7）防止和减轻有关部位结焦结垢，延长运转周期。

（8）二元和三元制冷技术。

（9）乙炔回收技术。

（10）膜分离技术。

（11）一种可替代深冷分离的分离方法——吸附分离技术。

（12）分壁式分馏塔（DWC）技术。

（13）炼厂干气回收与蒸汽裂解相结合的技术。

（14）废碱液预处理技术。

（15）ARS技术的新进展——HRS技术。

（16）低压激冷技术。

（17）分凝分馏塔（CFT）技术。

（18）关于膨胀机的磁性轴承技术。

（19）裂解炉与燃气轮机联合。

采取上述技术措施可以降低装置的能耗，提高运转的稳定性，延长运转周期，方便维修，使装置性能提高到一个新水平。

2）裂解技术和裂解炉

（1）裂解炉的开发。

虽然蒸汽裂解被认为是一项成熟的技术，但裂解炉设计的改进一直未中断，裂解炉的开发主要有两种趋势：一种是开发大型裂解炉，乙烯装置的大型化也促使裂解炉向大型化发展。单台裂解炉的生产能力已由1990年的（8～9）$\times 10^4$t/a，达到目前的（17.5～20）$\times 10^4$t/a，甚至可达28×10^4t/a。大型裂解炉结构紧凑，占地面积小，投资省。另一种是开发新型裂解炉，应用超高温裂解，提高乙烷制乙烯的转化率，并防止焦炭生成。

①超高温裂解制乙烯的陶瓷炉。

S&W公司拟在今后两年内使陶瓷炉乙烯生产技术实现工业化。陶瓷炉是裂解炉技术发展的一个飞跃，开发动力在于可超高温裂解，大大提高了裂解苛刻度，且不易结焦。采用该陶瓷炉，乙烷制乙烯转化率可达90%，而传统炉管仅为65%～70%。Nova

和 IFP 计划采用该陶瓷炉建一套 1×10^4 t/a 示范装置。另外，IFP 和 Nova 也一直在开发自己的陶瓷炉技术。基于此技术，S&W 公司正在研究 LPH 裂解技术，采用此技术气体原料裂解炉单炉能力可以达到 70×10^4 t/a。

②选择性裂解最优回收技术。

Exxon-Mobil 公司正采用与 KBR 公司共同开发的选择性裂解最优回收乙烯技术（Score）建一台 20×10^4 t/a 蒸汽裂解炉。Score 技术将 Exxon-Mobil 的短停留时间（LRT）裂解炉技术与 KBR 裂解技术相结合，其优点包括：将乙烷转化率从传统的 65% 提高至 75%；高选择性、低生产费用、在相同的裂解炉中具有可裂解乙烷或石脑油的灵活性，省略了循环乙烷裂解炉。

（2）结焦抑制技术。

乙烯装置裂解炉结焦是困扰乙烯厂长周期运行和影响乙烯生产的老问题。以前对乙烯裂解炉生焦仅仅是如何解决催化焦的防焦技术，而现在已认识到改进裂解炉管表面化学结构可有效抑制催化焦和高温热解焦的生成，以及防止或减缓结焦母体到达炉管表面，降低表面温度使结焦反应速率降低，从而延长运行周期。工业上已成功地应用了一些抑制裂解炉结焦的新技术，包括在原料或蒸汽中加入抗结焦添加剂，对炉管壁进行临时或永久性的涂覆，增加强化传热单元和特殊结构炉管等。目前开发裂解炉管抗结焦技术的公司有 Nova 公司、Westain 表面工程产品公司、Alon 表面技术公司以及 SK 公司等。开发特殊强化传热单元的有中国石化与沈阳金属所开发的扭曲片、日本久保田的 MERT 管以及英国 Heliswirl 技术公司开发的小幅涡漩管。中国石化与沈阳金属所开发的扭曲片通过工业实验，获 2007 年国家技术发明二等奖。已证明具有良好的效果，可提高产量、延长运行周期，现已在中国石化进行全面推广。

①结焦抑制技术工业化进程加快。

近几年，传统的添加结焦抑制剂技术有一定进展，表现突出的有 Nova 公司开发的 CCA-500 抗垢剂，已在加拿大萨斯喀彻温省乙烯装置上完成工业试验。目前，该抗垢剂已应用于美国得克萨斯州斯韦尼的乙烯联合装置，并转让给韩国大林公司扬泉装置和埃克森美孚公司在美国得克萨斯州休斯敦的装置。韩国 SK 公司近来宣布开发了一种在线和原位涂复系统 PY-COAT。该技术在刚清焦之后，高温下向炉管按顺序注射一些化学添加剂形成一种涂复薄膜。该公司在使用气体和液体原料的裂解炉中都进行了工业试验。对于一套石脑油的裂解装置，这种涂复体系将运转时间从 16 天延长到 30 天，并持续了 3 个周期。阿托菲纳和 Technip 公司也推出裂解炉用新型抗垢剂——CLX 添加剂，目前已在一些乙烷和石脑油裂解炉上应用。

Nalco/Exxon 能源化学公司开发了名为 Coke-less 的新一代有机磷系结焦抑制剂，

该公司还开发了硫化物和磷化物按一定比例混合的抑制剂。

②炉管涂层技术。

炉管涂层技术包括永久的表面涂层和预氧化的表面处理方法等。永久的表面涂层是在炉管建设时提供给炉管内表面的一种阻隔层。这种体系的优点是对装置下限操作的影响最小，但涂层要求具有在高温和热冲击条件下的长期稳定性。

近来已开发成功两种工业化的永久涂层体系：一种是 Westain 表面工程产品公司的 Coat allogy 技术；另一种是 Alon 表面技术公司的 Alcroplex 涂层技术。目前，Coat allogy 技术已经陆续在北美和欧洲的乙烯装置进行了工业应用，并准备应用到亚洲的乙烯装置中。Alcroplex 技术已至少有 5 家公司采用。

预氧化是制备一个新炉管常用的表面处理方法，这种处理形成了 Cr_2O_3/SiO_2 表面层，该层催化活性较低，并在初始操作中形成了抗渗碳的阻隔层。随着炉管老化，该表面受到腐蚀，预氧化阶段的效能降低。Nova 化学公司近来宣布开发了 ANK400 抗结焦技术，已被日本久保田公司（Kubota）根据其专利实现工业化。该技术在非常低的氧化气氛下处理了一种含 20%～38%Cr 和 0.3%～3%Mn 的不锈钢，在炉管内壁形成可抑制焦炭生成的纳米晶体尖晶石表面，可使清焦周期延长 10 倍。这种表面在使用 3 年后活性仍可保持 50%。采用该技术的裂解炉管较现用的炉管贵约 1 倍。该技术已在加拿大艾伯塔省焦弗雷的 Nova 烯烃 1 号和烯烃 2 号乙烷裂解装置上获得应用，并在科伦纳的重质原料裂解炉上进行试用。采用该技术的裂解炉已经运转了 516 天而无须清焦，收益很高。

日本大同（Daido Steel）公司和 Shell 公司提出将炉管金属合金抛光成像镜面一样光滑的表面，这样可降低结焦的积累，阻止积焦与炉管壁的紧密结合。预期的炉管寿命从正常的 3～6 年延长至 6～10 年。

③新型炉管材料。

新型炉管材料铁基热抗氧扩散的增强（ODS）合金由 JGC 公司和 Special Metals 公司联合研究并开发。该技术来源于航空、热处理和炼钢业的结合。ODS 合金由机械合金制造，有高的抗蠕变强度（是 HP 合金的 2～3 倍）和高的抗腐蚀性，用这种合金制造的裂解炉炉管估计在目前条件下可延长乙烯裂解炉的运转周期，增加生产能力，容易在高裂解深度下操作而没有不良影响。

斯通—韦伯斯特（IFP&Gazde France）公司开发了可允许工艺温度超过 1000℃、乙烷转化率超过 95%的高温陶瓷炉。该炉设计了一些进料的垂直通道，每一个通道被碳化硅壁分割。在通道内原料被一头封端的辐射管加热，这些辐射管配置在一系列与反应物料流动方向垂直的层面上。碳化硅材料可经受高达 1400℃的温度，具有高导热性和形成副产物的低催化活性。陶瓷外管只通过辐射将热量传给裂解炉，通过对流传给工艺物料，阻止了燃烧产物对工艺物料的污染。一部分燃烧气体的再循环由内管诱导，使外管表面有更均匀的温度分布。在工艺温度为1050℃时，燃烧效率和热流量预计分别为70.7%和3.86W/cm^2。这种陶瓷裂解炉已进行了中试规模试验，使用电加热元件。原料采用含1.5%乙烯的乙烷，在反应器流出物温度为1000℃和乙烷转化率为95.5%时，对乙烯的碳选择性为73.5%。IFP公司称，该工艺将准备进入示范阶段，如果低结焦率得到进一步证实，那么陶瓷裂解炉工艺的优势会更为明显。

（3）应用先进的计算机数学模型控制及优化系统。

裂解炉系统的控制方法已从早期简单的单参数调节方法发展到采用先进的DCS控制系统，可对装置的生产过程实施超前控制和最优控制等，并可与计算机进行通信，从而扩大操作管理、生产管理的功能，不仅降低成本，而且节能。在乙烯生产装置使用多变量模型预测控制等先进过程控制系统可使裂解炉在接近设计值的状态下工作，并可保持炉管出口温度和裂解深度均一化。近来各裂解专利商均有基于工艺模型的先进及优化控制系统。其中，由KTI公司开发、现属Technip公司所有的SPYRO模型仍是乙烯生产厂应用最广泛的模型。装置操作者一般用该软件进行原料选择、生产计划和裂解炉优化。计算机流体动力学（CFD）也作为优化裂解炉设计和操作的技术被广泛接受。根据传热、传质和动量传输的基本公式，CFD模型计算了炉膛内压力、速度和温度的三维场量。该模型将燃烧气体的复杂动力学形象化。CFD部分用来评价炉膛的几何形状及燃烧器布置和操作对裂解炉整体性能的影响。这一技术已普遍被采用：裂解炉燃烧器布置及温度场分布（Lummus、Technip/KTI、Linde、S&W以及中国石化CBL（中国石化工程建设公司、北京化工大学和石化工业炉联合设计研究所）开发组；Lummus公司、北京化工大学开发了将CFD与裂解模拟整合的模型，评价供热对炉管温度分布和裂解反应的影响。随着计算机性能的提高，已可以对整个裂解炉进行模拟。

国内乙烯行业多数工厂采用了裂解炉先进/优化控制，华东理工大学的先进控制与优化技术在多家乙烯厂裂解炉应用；扬巴采用ASPEN先进控制与优化集成方案；赛科采用Honeywell工厂一体化解决方案；抚顺、兰州乙烯采用了辽宁石油化工大学裂解炉先进控制技术，均获得了较好的效果，COT温度波动在1℃以内。但国内在实现裂解炉优化深度控制上还有很大的差距。

（4）低NO_x烧嘴。

随着大气排放要求的进一步严格，要求NO_x排放量进一步降低，因此低NO_x烧嘴应运而生，目前NO_x烧甲烷氢时最低达到约20mg/m^3。

（5）新型高效急冷锅炉。

延长运行周期、强化传热、降低投资，促使裂解炉专利商和急冷锅炉制造商开发新型急冷锅炉。线性急冷锅炉被普遍采用，传统锅炉则向大管径、低管数和长换热管方向发展。技术进步提高了裂解气高温位热的回收率，使单位乙烯产量副产更多超高压蒸汽，供“三机”透平使用。

(6) 改善裂解炉供热。

通过采用CFD模拟优化裂解炉供热、改善炉内温度场以实现长周期运行。Lummus公司提出了一体化燃烧器（底部燃烧器和一个安装于炉底的侧壁燃烧器组成）、Technip提出分两级供热——底部约占55%，中部约占45%。

3) 乙烯装置分离回收新技术

近年来，生产乙烯和丙烯的新工艺、新技术的研究开发取得了较大进展，有很多新工艺、新技术得到了推广应用。现将近期传统的乙烯分离技术方面的改进介绍如下：

(1) 对脱乙烷塔的改进。

KBR公司开发了脱乙烷新技术，并已申请专利。即在脱乙烷塔顶再加高一段，进一步将乙烯和乙烷精馏分离，使之在塔顶可以得到聚合级乙烯产品，其产量可以达到装置乙烯产量的30%。使用该技术时，塔顶冷凝器需使用-40℃的丙烯冷剂。

对于一个60×10^4t/a的乙烯装置，使用该技术可以使丙烯和乙烯冷冻压缩机节省功率2200kW，DOW化学在荷兰建设的一个乙烯项目使用了该技术。由于脱乙烷塔生产了30%的乙烯，使乙烯塔系统相应降低了负荷，减少了设备尺寸和投资，是具有竞争力的，尤其对于采用热泵技术的工艺，优势更加明显。

(2) 丙烯塔与丙烯制冷压缩机组成热泵系统。

KBR公司采用了丙烯塔与丙烯机组成开式热泵系统的工艺流程，其他专利商未见采用这一技术的报道。其丙烯塔的操作压力为0.745MPa（绝压），塔顶温度为8℃，塔釜温度为20℃。塔顶的丙烯进丙烯机三段入口，压缩后的丙烯一部分去丙烯塔再沸器作为加热介质，本身被冷凝为液体，进入塔顶回流液中；另一部分被冷却水冷凝得到液态丙烯产品。经过对丙烯塔系统采用热泵与采用常规塔系统进行比较，结果表明，对于一个15.3t/h的丙烯塔，热泵流程每年节省能耗的费用达382.8万美元，可见有明显的节能效果。

(3) 低压激冷系统。

Lummus工艺技术适合于前加氢流程。物料进入前冷的压力只有2.0MPa，经逐级冷却冷凝并经分凝分馏塔分离，将乙烯组分全部分离出来进入脱甲烷塔，分凝分馏塔顶部气相物流不含乙烯，经增压机压缩后，分级冷却冷凝，先冷凝下来的物料作为脱甲烷塔的回流，后冷凝的分别作为高压甲烷和低压甲烷物流，不凝的则是95%氢气产品。对应低压脱甲烷塔系统，为了减少由于节流阀减压带来的能量损失，提出了在前冷采用低压激冷，因此该技术是节省能耗的。由于低压脱甲烷塔的操作压力一般只有0.7MPa左右，因此低压激冷的压力最低可以到1.2MPa左右，在与前脱丙烷前加氢流程组合时，由于消耗掉的氢气量不大，为了减少采用低压激冷后对前冷设备和管线尺寸增大的影响，采用了2.0MPa较高的压力。最佳的匹配是与前脱戊烷前加氢组合，这样可消耗掉的氢气量更大，可以将低压激冷的压力降低到1.2MPa左右，将会更省能耗。

（4）前脱戊烷催化精馏加氢。

Lummus/ST工艺，在裂解气压缩机三段后，设置前脱戊烷催化精馏加氢，通过催化精馏塔来实现。脱戊烷催化精馏塔分为两部分，下部是精馏脱碳五，上部是加氢段，乙炔、MA/PD在加氢段基本脱除，碳四和碳五则进行选择性加氢，脱出炔烃和双烯烃。脱戊烷催化精馏塔的操作参数为：塔顶压力1.61MPa、温度71.0℃，塔釜温度204.0℃。由于催化精馏加氢不能将乙炔脱除到合格，因此需要设置一固定床脱乙炔反应器与脱戊烷催化精馏塔组合，以确保乙炔脱除合格，该技术正在乙烯装置上进行工业化试验。

该技术的主要目的就是要在裂解气进入前冷前将氢气大量地消耗掉，以节省分离的冷量消耗，尤其适用于与低压激冷、低压脱甲烷组合使用，最省能耗。由于进入前冷的物料氢气含量低，与其他流程组合同样也会节省能耗。该技术由于将碳四和碳五进行了选择性加氢，在将碳四和碳五作为原料循环裂解时，优势更加明显，可节省许多设备和占地，也更节省能耗。

（5）LECT系统。

ST工艺技术适合于前脱丙烷前加氢流程。在前冷和脱甲烷塔系统，物料在逐渐冷凝的过程中实现有效的关键组分控制，实现局部“渐进”分离。

分离由碳三洗涤塔和碳二洗涤塔来实现，碳三洗涤塔要控制顶部物料不含C_3，而C_2控制一适当的比例，碳二洗涤塔要控制顶部物料不含C_2，而甲烷控制一适当的比例；脱甲烷系统采用高压双塔脱甲烷，预脱甲烷塔要求塔顶物料不含C_3，该股物料进一步冷却后进入脱甲烷塔，塔釜物料不含C_1，直接进入脱乙烷塔；脱甲烷塔的各股进料都不含C_3，因此其釜液为一股纯C_2馏分，该股物流不再进脱乙烷塔，而直接进入乙烯精馏塔系统。LECT工艺实现了局部“渐近”分离的总思路，由于碳三洗涤塔和碳二洗涤塔都采用了分凝分馏塔，克服了“渐近”分离流程复杂、设备台数多的弱点，投资省，能耗低。

（6）分凝分馏塔。

ST工艺技术，简单的分凝分馏塔由三部分组成，最上部是一立装的板式换热器，中部为一段填料，下部是塔釜。板式换热器工艺物流侧为塔内物料，流道内充填翅片，气相由下至上流动，冷凝下来的液体通过翅片迅速分布到整个流道，由上向下流动，与气相充分接触，进行传质分离；冷剂（或热源）侧物流流道与工艺侧流道交叉布置，流道内充填构件或翅片，物流由上至下（热源物流由下至上）流动，为工艺物流提供冷（热）量。填料段的设置目的是用于调节分凝分馏塔总的理论塔板数，以满足分离要求，复杂的分凝分馏塔可以有多个板式换热器和多段填料进行任意组合，以满足流程优化和分离的需要。分凝分馏塔立装的板式换热器结构，决定了分凝分馏塔具有很强的传热和传质性能，板式换热器工艺物流侧，流道内充填翅片，这些翅片可以将沿壁冷凝下来的液体迅速分配到整个流道，使传热效果加强，同时又可以使流道内气液充分接触，增强传质效果，使工艺物流侧的每个流道都具有一个小填料塔的功能；冷剂侧物流流道内充填构件或翅片，可以强化传热，增大传热面积，因此分凝分馏塔单段也可以做到具有较多的理论塔板数，最多可做到 20 块。分凝分馏塔的整体结构决定了它是最省能的塔，在常规精馏塔系中，为了节省能耗，往往会设置一些中间冷凝器和中间再沸器，但无论如何都不可能在精馏段的每块塔板上都加一台中间冷凝器和在提馏段的每块塔板上都加一台中间再沸器，并且使用级位均不相同的冷剂或热源，以做到最省能，而一台分凝分馏塔就可以完全做到这一点，不仅如此，并且从外观上看，就只有一台塔，没有附属的冷凝器、回流罐、回流泵、中冷器、中沸器、再沸器等相关设备。受分凝分馏塔内部结构的限制，只能适用于清洁的物系。

（7）碳三催化精馏。

Lummus 工艺，在高压脱丙烷塔的上部装填催化剂，碳三馏分在高压脱丙烷塔的下部通过精馏从进料中分离出来，之后进入上部进行 MA/PD 加氢，高压脱丙烷塔的回流来自加氢后的碳三馏分，并首先进入催化剂床层顶部。碳三催化精馏具有以下特点：一是反应条件温和，催化剂床层很少会飞温；二是 MA/PD 加氢选择性高，丙烯增量大，尤其对 MA/PD 含量高的进料，效益会更显著；三是进入丙烯精馏塔的物流不含绿油，不需要绿油洗涤塔，绿油在催化剂床层被大量的液体洗涤进入高压脱丙烷塔的精馏分离段，并最终进入釜液物流中；四是由于反应条件温和，催化剂使用周期长，一般可超过 5 年，不需要再生操作，可节省能耗；五是设备台数少，节省占地。其缺点是催化精馏专用催化剂价格昂贵，对杂质很敏感，需要增设保护床脱杂质。当 MA/PD 含量不高时，采用催化精馏的效益不明显，还是采用单段固定床液相加氢为佳。

（8）低压炼厂干气回收与乙烯分离相结合的技术。

Lummus 公司的低压干气回收技术实际上就是一种用丙烷作吸收剂的油吸收工艺，干气在用丙烷吸收之前，必须先脱除所含的杂质，例如 CO_2、H_2S、C_2H_2、O_2、砷、汞、氨、COS 等杂质，可用胺洗脱除酸性气体，用加氢的方法脱除氧气和乙炔，用催化剂吸附方法脱除砷，再用碱洗脱除残余的酸气，用分子筛脱除水，用吸附法脱汞等。

脱除杂质后的干气，用冷剂预冷到 -96℃，然后进入乙烯吸收塔，用 -98℃ 的丙烷吸收干气中的乙烯和更重组分，在塔上部设置一个塔内冷凝器，用低温丙烷作冷剂，以增加乙烯回收率。塔顶的富含甲烷干气经回收冷量后送入燃料气系统，塔釜的富含乙烯的吸收液可送入乙烯装置的脱甲烷系统进行分离。美国 NROC 公司的 90×10^4 t/a 乙烯装置采用了这一技术。

燕山石化和兰州石化各自开发采用变压吸附和深冷分离相结合的方法来回收炼厂干气中的富乙烯气，并将这部分回收的炼厂干气汇入乙烯装置进行分离。这一干气回收装置现已投入运行。

（9）Linde&BOC公司烯烃回收工艺。

Linde&BOC公司开发了从炼厂尾气物流中回收乙烯、丙烯或其他重组分的“Cryo-Plus”工艺。该工艺尤其适用于催化裂化、焦化或现有气体回收系统的重整装置，可对目前排放作炼厂燃料的高价值烃类进行经济性回收。首先用分子筛对从催化裂化、焦化或其他反应器出来的炼厂尾气进行脱水，然后通过膨胀机/压缩机压缩得到气体物流，并用换热器与内部工艺物流进行换热制冷。根据原料气中烯烃的富含程度，可在气液分离前对气体物流进一步制冷。轻质气体送入透平膨胀机降低压力，使排放气体温度降低，然后送入轻组分分馏塔（LEFC）底部。将重组分分馏塔（HEFC）顶部气体冷却，并送入LEFC塔顶。从HEFC塔底得到回收的乙烯、丙烯与液体重组分。该工艺具有投资费用低、丙烯或乙烯回收率高（大于99%）、能耗低、占地面积小、易于操作、适用于不同处理能力等特点。一般来说，装置的资金投入回报期为1～2年。第一套回收装置建于1984年，目前在美国炼厂中有16套装置在运行，另有两套正在建造之中。

（10）其他烯烃分离技术。

①埃克森美孚公司开发出从乙烷和其他气体中分离乙烯的新系统（世界专利WO00/61527）。该系统使用含镍的二噻茂络合物，在存在常见的污染物时，乙烯可选择性地与其结合，并可通过降低系统压力或提高其温度对乙烯进行回收。该系统可用于C_2—C_6单烯烃的分离，络合剂不易失活，其推向实用后，可望替代传统的、投资较高的从乙烷中分离乙烯的深冷蒸馏法。

②对原料进行预处理以提高乙烯收率Max/Ene的工艺。UOP公司开发的Max/Ene工艺是Sorbex技术的最新应用，而Sorbex工艺则采用吸附分离将C_5—C_{11}石脑油分离成富含正构烷烃的物流和含少量正构烷烃的物流。以正构烷烃为裂解原料时可使乙烯收率提高30%。以美国海湾地区的装置为基准，石脑油裂解炉乙烯产量可从24.7×10^4t提高到33×10^4t，投资费用为8000万美元，可增加利润2860万美元，纯投资回报率为36%。采用该技术的第一套工业化装置建在中国石化扬子分公司，规模为石脑油处理量120×10^4t/a，目前正在进行设计。

4）替代技术生产乙烯、丙烯（与传统工艺相比）

（1）MTO和MTP技术。

随着天然气或煤制合成气再生产甲醇的技术日臻成熟，由甲醇制取低碳烯烃（MTO，MTP）技术备受关注。处于领先地位的有：UOP公司和中国科学院大连化学物理研究所开发成功的甲醇制烯烃（MTO）技术，Lurgi公司开发成功的MTP技术。

采用中国科学院大连化学物理研究所技术的神华包头 60×10^4 t/a MTO 工业化示范装置 2010 年成功投产，采用 Lurgi 公司技术的神华宁煤 60×10^4 t/aMTP 装置 2011 年成功投产，取得突破性进展，实现了世界首套工业化装置应用，开辟了以煤为原料生产乙烯、丙烯的技术路线，达到了同期国际先进水平。

（2）催化裂解新工艺。

催化裂解新工艺有重油直接裂解制乙烯（HCC）技术和重油催化热裂解制乙烯（CPP）技术两种。

（3）生物质乙醇及乙醇脱水制乙烯。

SD 公司乙醇生产乙烯技术已有 30 年以上的设计和成功运行经验。20 世纪 80 年代初，SD 公司开发了采用等温绝热反应器系统通过乙醇生产乙烯的催化剂——SynDol，这种催化剂具有较高的产率、转化率和选择性，可较好地防止失活。

2004 年 11 月，丰原宿州生物化工有限公司精制环氧乙烷 2×10^4 t/a 生产装置投产，是国内第一条用玉米为原料生产乙烯、环氧乙烷的生产线。

（4）丙烷脱氢制丙烯。

自 20 世纪 90 年代以来，泰国、韩国、比利时、马来西亚、墨西哥、西班牙、沙特阿拉伯等多个国家已先后建设了通过丙烷脱氢制丙烯的工业化装置。

目前，世界上已开发成功的丙烷脱氢制丙烯技术主要有 UOP 公司的 Oleflex 工艺、ABB-Lummus 公司的 Catofin 工艺、Linde 公司的 PDH 工艺和伍德公司改进的 STAR 工艺。工业应用最多的是 Oleflex 工艺和 Catofin 工艺。

（5）烯烃转化技术。

利用 C_4 烯烃增产低碳烯烃的技术主要有烯烃歧化及烯烃催化裂解转化两种。以丁烯与乙烯歧化生产丙烯的技术有 ABB、Lummus 公司的 OTC 技术以及 BASF、Sasol 公司的技术，C_{4+} 烯烃为原料催化裂解转化增产低碳烯烃的技术包括 Exxon Mobil 公司的 MOI 工艺，IFP 公司的 Meta-4 工艺，Lurgi 公司的 PROPYLUR 工艺，KBR 公司的 Supperflex 工艺，UOP 公司的 OCP 工艺以及 KBR 与 SK 公司开发的 ACO 工艺等。

3. 我国乙烯装置工艺技术发展

（1）我国乙烯工业自主创新的能力不断增强，开发了一批具有自主知识产权的技术，装置的国产化率不断提高，乙烯装置中的“三机”基本实现国产化，压缩机、冷箱等关键设备也可完全国产化。各乙烯企业对节能、环保的投入不断增加，节水减排成效显著，实现了企业的可持续发展。

（2）乙烯和双烯收率均有不同程度的提高。为了适应市场的需求，顺应节能降耗减排发展趋势，我国各企业在原料结构和产品结构上都做了很多的调整工作，如“宜烯则烯、宜芳则芳”“分贮分裂”以及用石脑油、加氢尾油取代柴油，增加轻烃的投入量等，充分发挥炼油化工上下游一体化的优势，提高资源利用效率和整体盈利水平，乙烯企业的乙烯收率和双烯收率均有不同程度的提高。

（3）装置综合能耗逐年降低。随着我国对节能工作的日益重视，乙烯行业各企业结合自己的实际情况，采用新工艺、新技术对装置进行节能降耗减排改造，同时通过提高操作水平、精细化管理和长周期稳定运行等手段使乙烯装置的综合能耗逐年下降。

（4）落实科学发展观，使乙烯行业科学有效发展，使乙烯装置生产能力达到经济规模。近年来，各乙烯生产厂家对装置能力不断地进行扩能改造，消除乙烯生产中的“瓶颈”问题，乙烯生产能力大大提高。同时采用先进的乙烯生产和节能降耗新技术，对乙烯装置进行技术改造，使乙烯装置的各项经济技术指标不断提升，乙烯装置的竞争能力不断增强。

三、装置用能评价

1. 乙烯装置用能过程

乙烯装置以乙烷、丙烷、液化天然气、石脑油、柴油、加氢尾油等为原料，经过裂解炉高温裂解、冷却、压缩、深冷分离，生产乙烯、丙烯产品等。裂解炉高温裂解、压缩、低温分离过程需要消耗大量能量。参见表4－1，如按裂解和分离两大部分来比较全装置用能分配，在裂解炉对流段余热和裂解气高温热能得到合理高效回收、中低温热在急冷系统高效回收的乙烯装置，裂解部分所占能耗接近分离部分能耗。

表4－1 不同原料裂解典型产品收率[1]

原料	收率（%）				
	乙烯	丙烯	丁二烯	芳烃（苯、甲苯、二甲苯）	其他
乙烷	84.0	1.4	1.4	0.4	12.8
丙烷	44.0	15.6	3.4	2.8	34.2
正丁烷	44.0	17.3	4.0	3.4	30.9
轻石脑油	40.3	15.8	4.9	4.8	34.2
全馏分石脑油	31.7	13.0	4.7	13.7	36.9
重整抽余油	32.9	15.5	5.3	11.0	35.3
轻柴油	28.3	13.5	4.8	10.9	42.5
重柴油	25.0	12.4	4.8	11.2	46.6
蜡油	28.3	16.3	6.4	4.5	44.5
拔头油	21.0	7.0	2.0	11.0	59.0
原油	32.8	4.4	3.0	14.4	45.4
加氢尾油	31.7	15.0	5.41	9.1	38.8

参见表1－1，从乙烯装置耗能工质角度分析，燃料气工质耗能占装置总耗能的70％以上，是装置最大耗能工质；乙烯装置裂解气压缩机及乙烯、丙烯制冷压缩机是最大的蒸汽用户，其耗能占分离耗能的80％以上，是装置第二大耗能工质，裂解急冷锅炉回收裂解气高温位热量及烟气回收热量产生的超高压过热蒸汽，是乙烯装置最大的产汽源，基本可满足“三机”透平超高压、高压蒸汽所需；电、循环水、锅炉给水是第三类耗能工质，所占比例较低；仪表风、氮气、工厂风是第四类耗能工质，所占装置能耗比例很少；凝液回收是外输能量的工质。

2. 裂解炉热效率

各国外公司具有代表性的裂解炉特性见表4－2。各公司乙烯裂解炉技术各有所长，代表了当今世界乙烯工业的发展水平。他们技术的侧重点有所不同，但大同小异。在同样的设计基础上，他们所能达到的产品收率和综合能耗指标相差不大。

表4－2 各公司的代表性裂解炉特性

公司	Linde	Lummus	TPL/KTI	S&W	KBR
代表炉型名称	Pyrocrack1-1	SRT-Ⅳ	GK-Ⅴ	U型	SC-1
辐射段数	2	1	1或2	1或2	1或2
辐射炉管型式	分支式	分支式	分支式	直通式	直通式
辐射炉管构型	2-1	4-1	2-1	1-1	1
辐射炉管程数	2	2	2	2	1
辐射炉管组数	64～80	24	48	132～192	≥192
废热锅炉级数	1	1	1	2	2
烧嘴布置	底/侧	底/侧	底/侧	底/侧	底
停留时间（s）	0.15～0.2	0.2～0.25	0.15～0.25	0.15～0.25	～0.1

另外，国内近几年也对乙烯裂解炉技术进行了开发，如SEI、惠生、HQCEC等几家公司，在国内乙烯裂解炉扩能、节能改造上有一定业绩。

裂解炉的设计是否先进，除比较目标产品收率外，炉热效率也是一个重要指标。热效率表示裂解炉体系供给热量利用的有效程度，它等于有效热量除以供给热量的百分数。

进行裂解炉能量综合利用的整体设计，降低排烟温度和空气预热可有效提高热效率。在北美、中东那样便宜的能源条件下，一般认为92.5％的设计热效率就已足够了，过高的热效率会使投资回收期过长。在我国热效率需要设计得高一些，特别是在使用低硫燃料的条件下，各家设计的裂解炉热效率均可达到94％～95％。

裂解炉节能是乙烯节能的重点。采用先进的裂解、急冷技术，可以降低燃料消耗，可以最大限度地获得目的产品收率，降低单位产品能耗；可以获得高的单位产品超高压蒸汽产率，基本满足装置蒸汽需求，甚至外供；可以发生足够稀释蒸汽，基本满足裂解配汽需求；低温热可用于加热燃料和预热空气，通过80℃以上急冷水还可回收低温热能用作分离塔底热源。

3．产品收率

裂解炉的热裂解反应，是自由基的链式反应，其裂解过程千变万化，裂解产率分布除与操作参数有关外，还与原料特性有关。原料性质不同，直接影响到乙烯和联产的各种产品的收率。不同原料裂解典型产品收率（包括循环乙烷）见表4－1。

4．乙烯装置用能分布

乙烯装置主要耗能工质为蒸汽及燃料，乙烯装置主要耗能设备是裂解炉和“三机”（裂解气压缩机、乙烯压缩机、丙烯压缩机），裂解炉是主要耗能用户。从表1－1中可以看出，乙烯装置主要能耗分布为：燃料能耗占总能耗的78.50％，蒸汽能耗占总能耗的4.49％，除氧水、循环水等水能耗占总能耗的15.01％。

蒸汽是乙烯装置最重要的二次能源。乙烯装置产生大量的蒸汽，与其他汽源产生的蒸汽共同供乙烯装置和其他装置加热和驱动，其属于典型的热功合产系统。某100×10^4t/a乙烯装置100％工况蒸汽平衡图如图4－1所示。裂解气压缩机等设备所需的11.6MPa（表压）超高压蒸汽511t/h由裂解炉系统内部发生供应，平衡不足部分由外部补充4.0MPa（表压）高压蒸汽5t/h，同时装置外送1.4MPa（表压）中压蒸汽30t/h、0.4 MPa（表压）低压蒸汽60t/h，外送蒸汽凝液114t/h。裂解气压缩机消耗11.6MPa（表压）超高压蒸汽495t/h，乙烯压缩机消耗4.0MPa（表压）高压蒸汽246t/h，丙烯压缩机消耗4.0MPa（表压）高压蒸汽120t/h，可以看出“三机”（裂解气压缩机、乙烯压缩机、丙烯压缩机）是主要的蒸汽用户，充分合理利用各品位能量，建立经济合理的能量回收系统是很重要的。

乙烯装置的蒸汽平衡在正常工况、原料变化工况、开停车工况、变负荷工况、主要设备故障工况、事故工况等工况下是不同的。水、电、蒸汽和燃料平衡是相互关联的，需根据当时当地的水、电、燃料价格确定系统的运行方式。图4－1工况中，8.4MPa（表压）、3.0MPa（表压）、1.3MPa（表压）和0.25MPa（表压）四种规格产出、消耗蒸汽折算总能耗为70.59 kg（标准油）/t（乙烯），占乙烯装置单位产品综合能耗619.90kg（标准油）/t（乙烯）的11.39％。

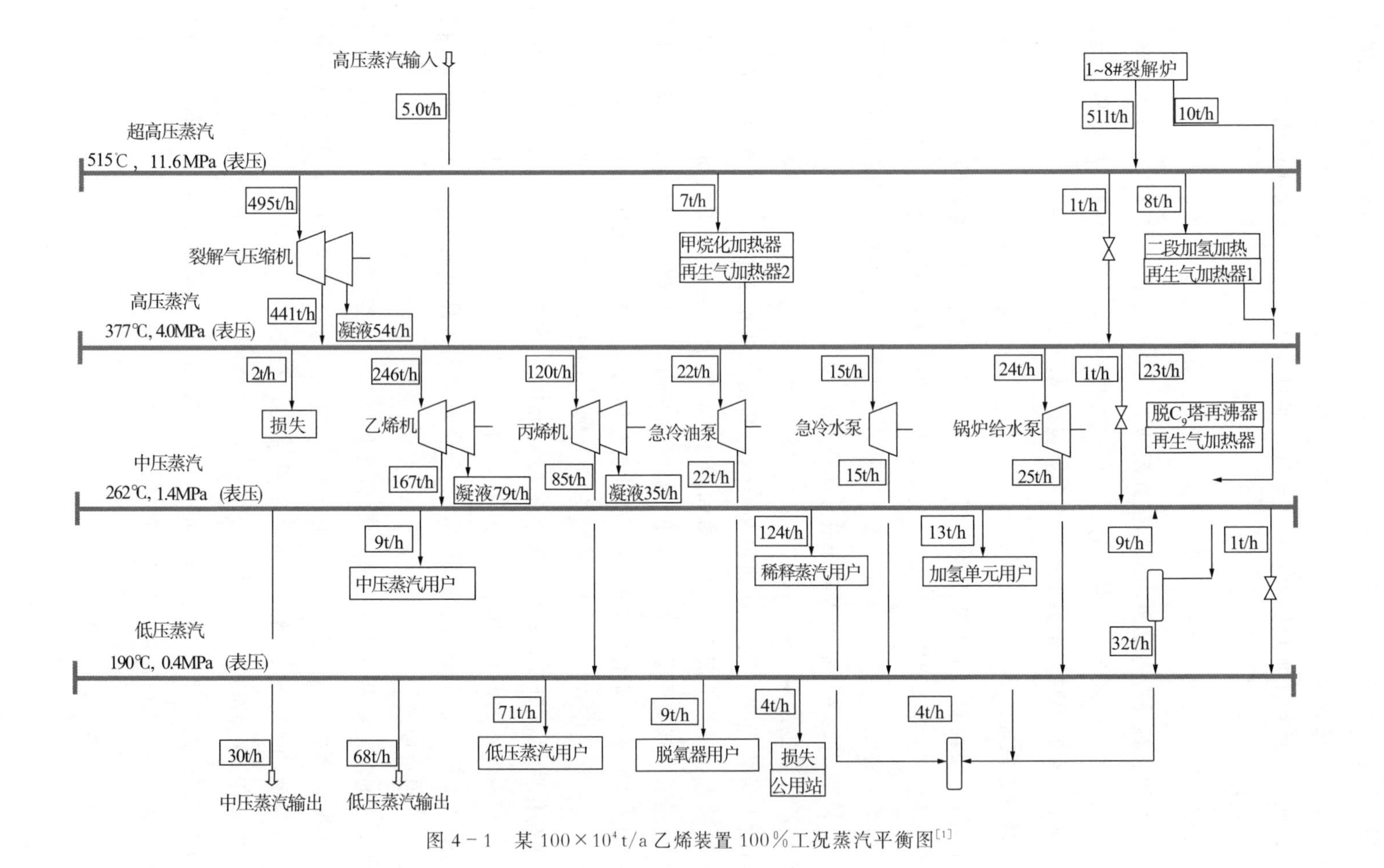

图 4－1　某 100×10^4t/a 乙烯装置 100%工况蒸汽平衡图[1]

5. 装置用能评价的意义

乙烯综合能耗是乙烯装置主要的经济技术指标，对其装置用能进行评价有着重要意义。

我国20世纪80年代以前投产的乙烯装置每吨乙烯耗能在33.5GJ（801kg标准油）以上，于90年代初期投产的乙烯装置每吨乙烯耗能在33.5GJ以下，通过技术进步和节能降耗改造，我国乙烯行业吨乙烯能耗先进水平已降到25GJ（600kg标准油）以下。按照专利商计算，在国际上，近期投产的以石脑油为原料的装置，每吨乙烯设计能耗降至19.3GJ，详见表4－3。

2009年国内部分乙烯装置能耗对比见表4－4，2007年国内外乙烯能耗差距比较见表4－5。

表4－3　乙烯装置设计的乙烯能耗　　单位：GJ/t（乙烯）

原料	1970年	1980年	1989—1994年	1999年	2008年
乙烷	26.8	21.4	12.6	12.6	12.6
丙烷	28.5	23.4	15.9	15.9	15.9
石脑油	39.4	26.0	19.3	19.3	19.3
轻柴油	44.4	33.1	25.1	23.9	23.9

表4－4　2009年国内部分乙烯装置能耗对比表

企业名称	乙烯能力（10^4t/a）	负荷（%）	乙烯收率（%）	综合能耗［kg（标准油）/t（乙烯）］	开工率（%）
燕山石化	71	110.8	31.65	577.99	100
上海赛科	90	103.57	31.27	636.84	100
茂名石化	100	96.86	30.62	575.12	100
吉林石化	70	101.79	32.97	637.80	100

表4－5　2007年国内外乙烯能耗差距比较

项目	国外（石脑油）		中国石油		中国石化	
	一般	先进	平均	最好	平均	最好
乙烯收率（%）	30～32	36	32.37	34.91	30.78	34.66
能耗［kg（标准油）/t（乙烯）］	500～550	400～450	743.8	657.8	670.6	580.0

四、乙烯装置节能措施

1. 乙烯装置实施先进控制

近年来国外很多自动化工程公司，以增加乙烯和丙烯收率、降低原料和动力消耗、提高装置的经济效益为目标，对乙烯装置的先进控制技术和控制软件进行了广泛研究，许多先进控制技术已经商品化，给生产装置带来显著的经济效益。

美国Simcon公司开发的乙烯装置计算机先进控制技术软件包（OPSO），已在45×10^4t/a乙烯装置上运行，每年可增加收益500万美元以上，投资额在6个月内即能收回；美国Setpoint公司采用乙烯生产装置先进控制技术软件包和多变量IDCOM控制技术后，在相同的加工量下，提高乙烯产量3%～10%，降低能耗10%～15%，软件投资回收期为6个月。此外，美国S&W工程公司、动态矩阵控制（DMC）公司、动态优化技术公司，以及荷兰Pyrotec公司和英国MDC过程控制公司等也针对乙烯装置开发了先进控制技术软件包。综上所述，以计算机先进控制策略为手段的控制技术已成为目前国外乙烯生产装置自动控制的一大趋势，由此可获得显著的经济效益。

2. 乙烯装置裂解炉单元配套建设空气预热器

乙烯装置裂解炉燃烧空气以往一直采用常温空气，不仅影响炉膛燃烧温度的有效控制，而且浪费了能源。在乙烯装置能耗中，裂解炉是能耗大户，燃料气单耗占了相当大的比重。多年来，乙烯生产企业都在设法提高裂解炉的热效率，降低燃料，降低能耗。

乙烯装置裂解炉单元配套建设空气预热器，可节约燃料气、回收装置急冷水的热量，达到充分利用低温热节能的目的，已取得较明显的节能效果和经济效益；同时减排大量的烟气，装置实现清洁生产。

3. 原料优化

乙烯裂解原料的选择是一个重大的技术经济问题，原料在乙烯生产成本中占60%～80%。原料轻质化、优质化，提高LPG、轻烃、石脑油在乙烯原料中所占比例，可以明显提高乙烯收率。

原料性质与乙烯收率关联度大，直接影响乙烯装置能耗，近年来，我国乙烯工业在原料优化上做了大量工作。实施炼化结合，发挥上下游一体化优势，依据原油特性，按照“宜烯则烯，宜芳则芳，宜油则油”的原则，合理设置原油加工流程，能够扩充乙烯原料来源，改善乙烯原料结构。重整拔头油、加氢裂化尾油、重整抽余油、焦化加氢石脑油、加氢裂化轻石脑油等都是较好的乙烯原料。乙烯原料要参考汽油族组成分析（POINA）和芳烃指数（BMCI值）等特性进行选择优化。

4. 裂解炉辐射段炉管加装扭曲片

裂解炉的辐射段炉管加装扭曲片后，使得裂解炉运行周期延长，从而减少了烧焦次数，减少了烧焦气排放，节省了燃料、烧焦空气、蒸汽等，降低了能耗。

5. 优化裂解炉操作以提高热效率

乙烯装置裂解炉的燃料消耗占乙烯综合能耗的绝大部分，因此在设计技术降耗外，加强管理和操作，控制裂解炉燃料气的用量至关重要。通过精心调整工艺参数、严格控制烟道气氧含量、及时调节风门并清理火嘴、定期进行吹灰、定期监测炉壁温度、定期核算炉子热效率、适时更换保温毡、调节热量分配、控制烟气温度等措施，使裂解炉在较高的热效率下运行。

6. 优化裂解炉烧焦时间

总结生产运行经验，优化裂解炉烧焦时间，可节约大量蒸汽和燃料，增加裂解炉的有效生产时数，降低裂解炉的能耗。

7. 裂解炉风机采用变频风机

裂解炉风机采用变频技术后，自动调节引风机转速，不仅降低了风机电能消耗，同时也解决了风机挡板卡涩问题，保证了裂解炉的稳定运行。

8. 急冷单元增加减黏系统[2]

乙烯装置的急冷单元是将裂解炉来的裂解气进一步冷却，将其中的燃料油和汽油馏分分离出来，且进一步回收中温热量和低温热量，以降低乙烯装置的能耗。为了高效回收裂解气的热能，设计时都尽可能地提高急冷油塔底温度，以便能得到更多的稀释蒸汽。

急冷油塔塔底温度受急冷油的黏度制约。塔底急冷油超过适宜温度，黏度会急剧增加，加大急冷油泵负荷甚至使急冷油泵无法运转，威胁装置正常运行，急冷油黏度增加还会影响稀释蒸汽发生器传热，降低稀释蒸汽发生量。急冷单元能否稳定运行，是影响乙烯装置实现长周期的关键因素。

增设急冷油汽提塔、添加调质油、在急冷油循环回路过滤是常用的减黏措施。急冷油减黏塔系统采用乙烷裂解气汽提比用高压蒸汽汽提更为有效，正在被更多装置采用。

9. 优化工艺控制和实施节能措施

通过加强技术监督、优化生产组织，严格实施日常生产管理，实现装置安稳和优化运行，是提高乙烯装置效益、降低乙烯综合能耗的最有效措施。

（1）加强管理，确保装置长周期稳定运行。为了节能降耗，各企业都把乙烯装置长周期稳定运行列为工作的重点。茂名石化乙烯实现了乙烯装置 6 年 7 个月 21 天的超长周期运转，创下国内同类装置长周期运行新纪录；燕山石化乙烯装置实现了装置 4 年一大修的目标；广州石化乙烯实现了 3 年 8 个月的长周期运行，现在各乙烯企业基本上都实现了 3 年一次大修。

（2）强化设备管理，确保设备平稳运行；强化工艺技术管理，优化装置运行参数。根据原料组分和质量变化，调整和优化原料裂解参数，延长裂解炉的运行周期，提高乙烯、丙烯收率；根据裂解产物和裂解气组成、流量变化，及时调整和优化下游工序操作参数，确保装置高效低耗稳定运行，提高运行丙烯回收率；对容易影响装置长周期运行的急冷油塔、高低压脱丙烷塔和脱丁烷塔、碳二加氢反应器、“三机”等部位进行严格监控，跟踪这些系统的压力、温度变化，及时调整操作，采取措施保证系统稳定运行。

（3）创新检维修思路，对关键设备和部位严密监测，实施预测管理和隐患治理，减少和避免不必要的停车检维修。

（4）积极开展职工技能培训，提高职工素质和岗位操作水平。

10. 节能改造

分析乙烯装置的潜在节能点，解决瓶颈问题，采用操作参数调优、必要的设备改造等措施，实现乙烯装置能耗的降低。

11. 加强“三废”治理、努力节水减排，实现可持续发展

近几年来，随着我国“节能降耗减排”工作的推进，石化行业环保的压力也越来越大，各乙烯企业为了实现可持续发展，加大了节水减排的投入，大力推进清洁生产工作，极大地提高了企业的绿色环保形象，实现了企业与周围环境和谐发展。

第二节　乙烯装置能耗评价方法

一、乙烯装置能耗计算的标准

1. 国家标准

GB/T 50441—2007《石油化工设计能耗计算标准》，GB/T 2589—2008《综合能耗计算通则》。

2. 现有地方标准

DB 12/046. 24—2008《乙烯装置单位综合能耗计算方法及限额》（天津市地方标准）

DB 33/808—2010《乙烯单位产品综合能耗限额和计算方法》（浙江省地方标准）

DB 37/751—2007《乙烯产品能耗限额》（山东省地方标准）

3. 行业标准、中国石油企业标准

乙烯行业协会制定了《乙烯能耗综合计算方法》，中国石油制定了 Q/SY 192—2006《乙烯装置综合能耗计算方法》，规定了乙烯装置综合能耗的定义、耗能工质能源换算系数和计算方法。

二、乙烯装置能耗的计算方法

1. 术语和定义

1）耗能工质

耗能工质是指在生产过程中所消耗的既不作原料使用，也不进入产品，制取时又需要消耗能源的工作物质。

2）能源消耗总量

乙烯装置在统计报告期内实际消耗的各种能源实物量按规定的计算方法和计量单位分别折算为一次能源后的总和。

3）乙烯装置综合能耗

同一统计报告期内乙烯装置能源消耗总量与乙烯装置目的产品产量的比值。

4）乙烯综合能耗

同一统计报告期内乙烯装置能源消耗总量与合格乙烯产品总量的比值。

5）双烯综合能耗

同一统计报告期内乙烯装置能源消耗总量与合格乙烯和丙烯产品总量的比值。

2. 各种能源折算的原则（中国石油企业标准）

（1）按规定的能源换算系数，各种能源分别统一折算为标准油；1kg 标准油 = 41.87MJ 或 10^4kcal。

（2）规定以外的气体燃料以实测低发热量为计算基础，折算为标准油量。对不能直接实测低位发热量的气体燃料，按式（4－1）计算。

$$Q_{LHV}=\sum y_i(Q_{LHV})_i \tag{4-1}$$

式中　Q_{LHV}——燃料的低发热量，kJ/m^3；

y_i——燃料中各组分的体积分数；

$(Q_{LHV})_i$——燃料中 i 组分的低热值。

（3）在具体计算乙烯能耗时，各专利商不完全一致，国家的能量换算系数与行业不一致，如国家标准见表 4－6。

表 4－6　燃料、电及耗能工质的统一能源折算值

序　号	类　别	单　位	能量折算值（MJ）	能源折算值［kg（标准油）］	备　注
1	电	kW·h	10.89	0.26	
2	标准油①	t	41868	1000	
3	标准煤	t	29308	700	

续表

序　号	类　别	单　位	能量折算值（MJ）	能源折算值［kg（标准油）］	备　注
4	汽油	t	43124	1030	
5	煤油	t	43124	1030	
6	柴油	t	42705	1020	
7	催化烧焦	t	39775	950	
8	工业焦炭	t	33494	800	
9	甲醇	t	19678	470	
10	氢	t	125604	3000	仅适用于化肥装置
11	10.0MPa 级蒸汽	t	3852	92	7.0MPa≤p
12	5.0MPa 级蒸汽	t	3768	90	4.5MPa≤p<7.0MPa
13	3.5MPa 级蒸汽	t	3684	88	3.0MPa≤p<4.5MPa
14	2.5MPa 级蒸汽	t	3559	85	2.0MPa≤p<3.0MPa
15	1.5MPa 级蒸汽	t	3349	80	1.2MPa≤p<2.0MPa
16	1.0MPa 级蒸汽	t	3182	76	0.8MPa≤p<1.2MPa
17	0.7MPa 级蒸汽	t	3014	72	0.6MPa≤p<0.8MPa
18	0.3MPa 级蒸汽	t	2763	66	0.3MPa≤p<0.6MPa
19	<0.3MPa 级蒸汽	t	2303	55	
20	10～16℃冷量	MJ	0.42	0.010	显热冷量
21	5℃冷量	MJ	0.67	0.016	相变冷量
22	0℃冷量	MJ	0.75	0.018	相变冷量
23	－5℃冷量	MJ	0.80	0.019	相变冷量
24	－10℃冷量	MJ	0.88	0.021	相变冷量
25	－15℃冷量	MJ	1.00	0.024	相变冷量
26	－20℃冷量	MJ	1.17	0.028	相变冷量
27	－25℃冷量	MJ	1.42	0.034	相变冷量
28	－30℃冷量	MJ	1.76	0.042	相变冷量
29	－35℃冷量	MJ	2.00	0.048	相变冷量
30	－40℃冷量	MJ	2.26	0.054	相变冷量
31	－45℃冷量	MJ	2.55	0.061	相变冷量
32	－50℃冷量	MJ	2.93	0.070	相变冷量
33	新鲜水	t	6.28	0.15	
34	循环水	t	4.19	0.10	
35	软化水	t	10.47	0.25	
36	降盐水	t	96.30	2.30	
37	除氧水	t	385.19	9.20	
38	凝汽机凝结水	t	152.81	3.65	

续表

序　号	类　别	单　位	能量折算值（MJ）	能源折算值[kg（标准油）]	备　注
39	加热设备凝结水	t	320.29	7.65	
40	污水③	t	46.05	1.10	
41	净化压缩空气	$m^3$④	1.59	0.038	
42	非净化压缩空气	$m^3$④	1.17	0.028	
43	氧气	$m^3$④	6.28	0.15	
44	氮气	$m^3$④	6.28	0.15	
45	二氧化碳（气）	$m^3$④	6.28	0.15	

①燃料应按其低发热量折算成标准油。
②蒸汽压力指表压。
③作为耗能工质的污水，指生产过程排出的需耗能才能处理合格排放的污水。
④指0℃和0.101325MPa状态下的体积。

3. 综合能耗的计算

1）能源消耗总量

能源消耗总量可采用式（4－2）进行计算：

$$E=[\sum(W_i \times R_i)-\sum(W_j \times R_j)]/1000 \tag{4-2}$$

式中　E——统计报告期内的能源消耗总量，t（标准油）；

W_i——统计报告期内输入的第 i 种能源、电、耗能工质的实物量，t、kW·h、m^3（标况）；

W_j——统计报告期内输出的 j 种二次能源、电、耗能工质的实物量，t、kW·h、m^3（标况）；

R_i——对应于 i 种能源或耗能工质的能源换算系数；

R_j——对应于 j 种能源或耗能工质的能源换算系数。

2）乙烯综合能耗

乙烯综合能耗可采用式（4－3）进行计算：

$$M=(E/G)\times 1000 \tag{4-3}$$

式中　M——统计报告期内的乙烯综合能耗，kg（标准油）/t；

G——统计报告期内的乙烯产品产量，t。

3）双烯综合能耗

双烯综合能耗可采用式（4－4）进行计算：

$$M_s=(E/G_s)\times 1000 \tag{4-4}$$

式中　M_s——统计报告期内的双烯综合能耗，kg（标准油）/t；

G_s——统计报告期内的乙烯和丙烯产品产量之和，t。

中国石油企业能耗通常计算装置综合能耗和产品单位产量综合能耗。计算单位采用kg（标准油）/t（产品）、kg（标准油）/a。

4. 能耗计算需要注意的问题

（1）计算范围（乙烯装置界区的界定）。

乙烯装置界区的界定：以裂解炉进料泵的出口阀为始点，以乙烯、丙烯产品达到外输工艺要求进入管网的第一道阀门，其他产品进入储罐或管网的第一道阀门，火炬排放物进入火炬排放系统总管前第一道阀门为终点的其间所有工艺单元。包括裂解、急冷（含稀释蒸汽发生）、压缩、碱洗、后分离、火炬排放、乙烯、丙烯的储运等；不包括裂解汽油加氢、丁二烯抽提、废碱氧化装置及裂解碳四、碳五、裂解汽油、碳九、燃料油的贮存、输转等。乙烯装置界区划分如图 4－2 所示。

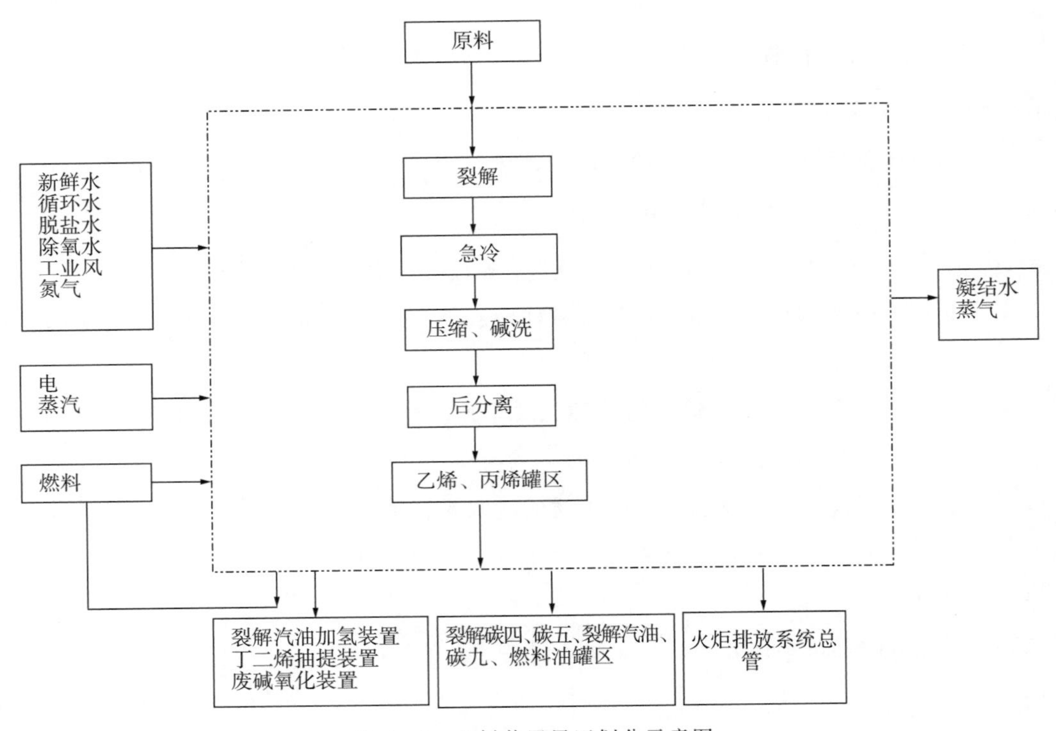

图 4－2　乙烯装置界区划分示意图

（2）统计计算的各种能源是指装置消耗的一次能源（燃料油、燃料气等）、二次能源（电力、蒸汽等）和耗能工质（水、风、氮气等），包括装置生产、输变电损失、热力管网损失、装置照明、采暖等生活设施以及检维修所发生的能量消耗；不包括自产的二次能源（电和蒸汽）以及改建、扩建等基本建设所发生的能量消耗。

（3）装置开、停工及裂解炉烧焦所消耗的能源均计入装置能耗。

（4）向外输出的二次能源，输入和输出双方在统计计算中量值应保持一致。输出能源未被利用的，不得作为能源输出统计。

（5）能源及耗能工质在界区内部进行贮存、转换及分配供应（包括外销）中的损耗，应计入能源消耗总量。

（6）所消耗的各种能源不得重计或漏计。

三、能耗评价方法的完善

1. 消除P/E（丙烯/乙烯）不同的影响

按照乙烯行业惯例，在进行乙烯装置单位产品能耗和物耗的统计、计算时，只选取乙烯产品作为目的产品进行计算。

在相同原料工况下，各乙烯装置裂解炉P/E不同，乙烯产品的产量不同。对同样的综合能耗，计算的单位产品综合能耗数据也有差异。在进行各装置能耗水平比较时，可以增加单位双烯（丙烯+乙烯）、三烯（乙烯+丙烯+丁二烯）综合能耗数据进行比较。

2. 计算范围和计算方法应统一

目前，国内乙烯装置的能耗计算方法不仅与国外计算方法不完全相同，而且不同石化企业的计算方法也有差别，为了使各乙烯装置的能耗有可比性，乙烯行业应尽快对乙烯能耗的计算范围和计算方法进行统一。

参考文献

[1] 王松汉.乙烯装置技术与运行[M].北京：中国石化出版社，2009：74-81.

[2] 佟珂，徐德仁，白元峰.小乙烯装置急冷油减粘系统的设计[J].化工设计，2010，20(1)：20-22.

第五章　流程模拟

随着计算机在化工领域中的应用日趋广泛，化工流程模拟工作也在迅速地开展。它为工程设计、流程剖析、新工艺的开发提供了有力的工具，不仅使人们具备了从整个系统的角度来分析、判断一个装置优劣的手段，而且还可以对试验研究提供可靠的预计。

乙烯装置由于流程长，技术难度大，至今一直未能实现大型乙烯装置的国产化。近年来，许多单项技术和基础研究已有关键性突破，而这一切与流程模拟密不可分，通过对乙烯装置的模拟分析，对实际生产装置的操作和调优具有重要的理论指导意义。

第一节　流程模拟基础[1]

化工过程模拟分为物理模拟和数学模拟两种方法。数学模拟综合热力学方法、单元操作原理、化学反应等基础科学，利用计算机建立化工过程数学模型，进行物流平衡、能量平衡、相平衡等计算，以模拟化工过程的性能。这种技术早在20世纪50年代后期就已开始在化工中应用，经过多年的发展，现已成为一种普遍采用的手段，广泛应用于化工过程的研究开发与设计、生产操作的控制与优化、操作人员培训及老厂技术改造等。

化工过程系统模拟从模拟的对象看，一般包括分子模拟、传递过程及反应动力学模拟、操作单元过程模拟和流程模拟。流程模拟是过程系统工程中最基本的技术，不论过程系统的分析和优化，还是过程系统的综合，都是以流程模拟为基础的。流程模拟技术所用数学模型有稳态数学模型和动态数学模型。

化工流程模拟系统程序结构包括化工单元程序库、物性计算程序包和计算方法程序库等。其中，化工单元程序库中通常储有反应、换热、闪蒸、蒸馏、吸收、气体压缩、物料混合等子程序。物性计算程序包中包括多种纯物质的物性数据库和可以计算各种纯物质或混合物热力学性质、传递过程性质等的子程序。计算方法程序库中包含用以解算求根、插值、回归、积分及最优化计算方法的子程序。

当前流行的化工过程模拟软件普遍具备比较完善的物性数据库、丰富的单元操作模块库、精确复杂的物性模型、多样有效的收敛方法以及各种各样的可扩充功能。目前，化工过程模拟软件已经成为化工过程设计、生产过程优化与诊断的强有力的工具。化工过程模拟软件的广泛应用对于缩短化工过程设计周期、提高过程设计的准确性和可靠性、优化生产过程操作以及节能降耗具有非常重要的意义。

一、流程模拟的目的和任务

1. 过程系统模拟

过程系统模拟（图 5－1）是指对于系统结构及其中各个单元或子系统均已给定的现有过程系统，通过建立各单元或子系统的数学模型，进而建立系统的数学模型，按照给定的输入数据通过该模型求解输出数据，并将数学模型所计算的输出数据与已知的输出数据进行比较，如果计算所得数据与已知数据吻合较好，则模型得以确认；否则，需要对模型进行调整。系统模拟的实质是构建和确认单元和系统模型。

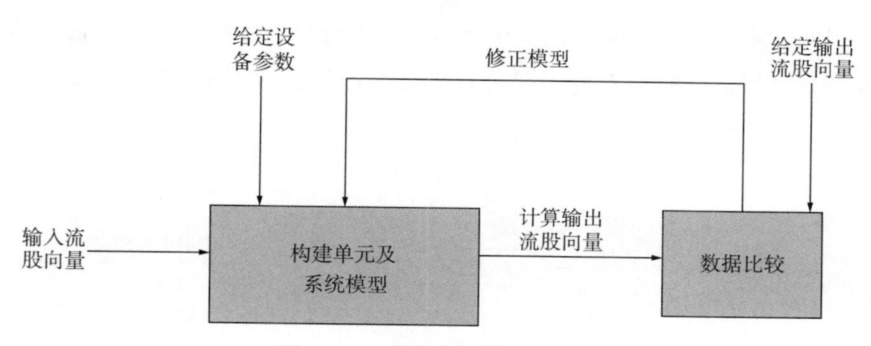

图 5－1 过程系统模拟示意图

2. 稳态模拟与动态模拟

如果过程对象的输入、系统特性、输出均不随时间的推移而变化，则过程系统处于稳态，对这样的过程系统进行模拟就称为稳态模拟。相应地，如果过程对象的输入、系统特性、输出均随时间的推移而变化，则过程系统处于非稳定状态即动态，对这样的过程系统进行模拟就称为动态模拟。稳态模拟和动态模拟的主要区别见表 5－1。

表 5－1 稳态模拟和动态模拟的主要区别

模拟类型	稳态模拟	动态模拟
研究对象	稳态	动态
数学模型	主要是代数方程组	同时有微分方程和代数方程
热力学方法	严格的热力学方法	通常简化热力学计算
水力学	无水力学限制	有水力学限制
控制	无控制系统	必须设置控制系统
管路	可不考虑	必须考虑管路配置

稳态模拟的应用主要有工艺设计、操作优化和技术改造。经过多年的发展，稳态模拟技术已经很成熟，现已成为工程设计、操作分析的通用技术手段，本章仅限于稳态模

拟这方面内容。

动态模拟目前的应用主要有：（1）过程设计方案的开车、停车可行性试验；（2）过程设计方案在各种干扰影响下的整体适应性和稳定性试验；（3）过程自控方案可行性分析及试验；（4）工程技术人员和操作工的操作培训。

3．稳态流程模拟的应用[2,3]

在化工生产中，稳态流程模拟应用于操作型问题和设计型问题。

操作型问题计算是对某一流程系统做出工况特性分析，即根据给定的流程系统的输入物流数据（如进料流量、温度、压力、组成等）及表达系统特性的数据（如各单元的设备参数和操作参数），预计系统输出的数据（如产品的流量、温度、压力、组成等）。该过程模拟实际系统特性的因果关系在计算机上进行模仿性演示。对于这种给定流程系统结构及特性求得输出的对系统工况进行模拟的问题称为操作型问题模拟，如图 5－2 所示。

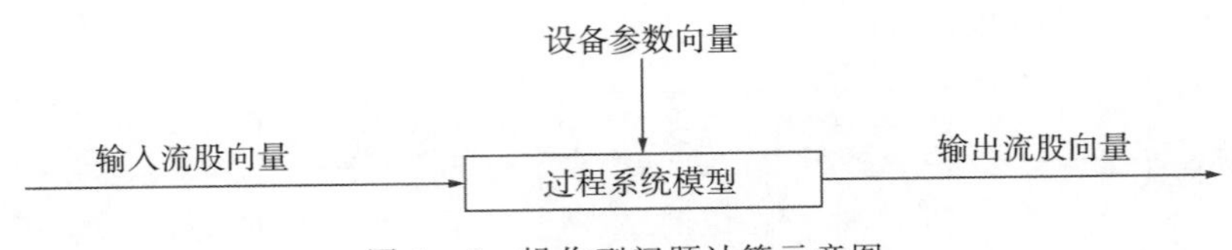

图 5－2　操作型问题计算示意图

操作型问题计算是过程系统分析诊断的基础。通过对确定过程系统的流程模拟，可以发现其薄弱环节，同时还可以根据模拟的结果对薄弱环节的原因进行分析，并在此基础上进行参数调整提出改进方案。

操作型问题计算可以作为操作参数调优的有效手段。化工生产中，操作参数调优对于节能降耗具有很重要的意义。操作型问题模拟可以获取完整、详细的过程数据，这些常常是现场测量仪表无法实现的。通过完整、详尽的数据，工程师可以判断操作中的缺陷；并通过改变模拟程序中相关参数获得的运行结果，为实际化工生产中运行参数的调整、优化提供指导。如对于某精馏操作，原操作工况可以获得合格产品；通过操作型模拟计算发现由于上游催化剂的老化问题使精馏塔进料组成发生变化，虽然在现有控制系统下，进料组成的变化均可获得合格产品，但如果在生产周期的不同阶段，在满足产品要求的情况下，相应改变进料位置（精馏塔常预设多个进料口）可以降低回流量，从而减小再沸器、冷凝器负荷，实现节能降耗。

设计型问题计算是预先规定了流程系统的输入物流数据以及系统输出的某项数据，例如规定了产品中某种组分的范围，而去寻求能够满足这类规定要求的系统结构及某些设备参数和操作参数（图 5－3）。设计型问题计算与操作型问题计算的区别见表 5－2。

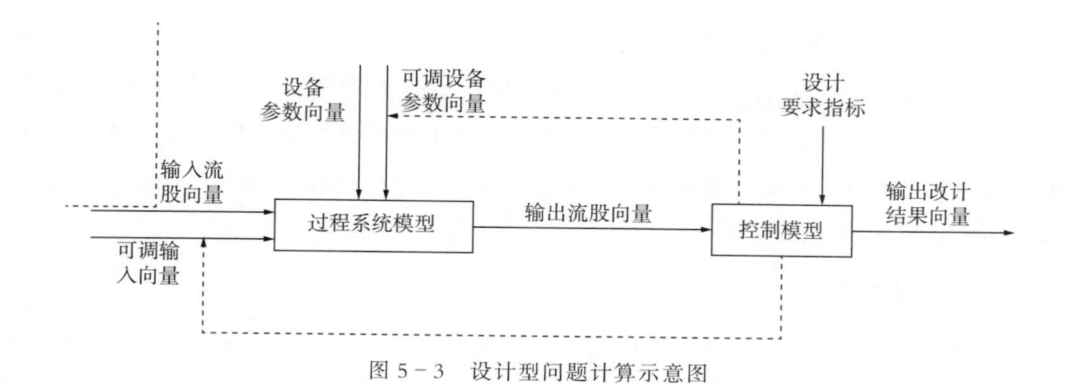

图 5－3　设计型问题计算示意图

表 5－2　设计型问题计算和操作型问题计算的主要区别

项　目	操作型问题计算	设计型问题计算
过程结构	给定	待定
输入物流数据	给定	给定
设备结构参数	给定	待定
设备操作参数	给定	待定
输出物流数据	待定	部分规定

从图 5－2、图 5－3 和表 5－2 中不难看出，设计型问题与操作型问题在化工生产中均很常见，但两者有明显差异。需要指出的是，操作型问题计算结果的准确程度（指模拟计算的输出与实际过程输出的偏差）主要取决于物性数据和数学模型；在设计型模拟计算中，虽然控制模型能够自动调整和优化过程结构及设备操作参数和结构参数，但还应依靠工程师的经验进行调整和规定。

因此对于设计型问题计算，不能直接通过原始意义上的模拟方法来解决。在实际应用中，通常需要凭借控制模型和工程师经验将设计型问题转换为多个操作型问题进行计算，并对多个过程的模拟结果进行比较、分析，从而选定较优的过程为设计型问题的计算结果。

设计型问题计算常用于新装置设计。对于新装置的设计根据原料的流量、温度、压力及组成确定了输入物流数据，再凭借控制模型和工程师经验提出多个工艺流程和操作参数，即获取多个工艺方案；在此基础上对多个工艺方案进行操作型模拟，通过调整操作参数，满足工艺要求（通常是产品指标）；对满足工艺要求的工艺方案进行操作费用和设备费用比较、分析，经多次迭代，选取较优工艺方案，完成设计计算。工艺设计模拟研究不仅可以减少设备投资费用，还可以优化工艺设计方案，同时通过一系列的工况研究，来确保装置能够在较大范围的操作条件下平稳运行。

化工生产装置的工艺技术改造对于化工生产具有重要意义，由于原料、产品结构、设备更新等变化，工艺技术改造常常是稳定生产、扩大产能、节能、降耗等的有效手段，而流程模拟是工艺技术改造的重要依据。通过对原装置的流程模拟可以确认模拟的数学模型，发现薄弱环节，分析原因；并对改进方案进行比较、分析，为优选工艺技术改造方案提供数据支撑。

4. 过程优化[4]

过程优化分为参数优化和结构优化。参数优化是指在一已经确定的系统流程中，对其中的操作参数（如温度、压力和流量等）进行优选，以使某些指标（如费用、能耗和环境）达到最优。结构优化是指改变过程系统中设备的类型或相互间的连接，以优化过程系统。显然，结构优化是如何找到一个最佳的工艺流程来完成任务，涉及不同工艺路线、不同制造加工方案的选择，对参数优化是高一级层面上的优化。

过程模拟是过程优化的基础。只有在过程系统的数学模型已开发得比较完善，也就是说，模型已能准确地反映我们关心的那些过程的系统特性时，才能用这种模型来研究过程优化条件。

二、数学模拟的局限[2]

虽然数学模拟的方法已成为目前化工过程系统分析行之有效且广泛应用的方法，但是在使用这种方法时，应当事先了解它所固有的局限性。这种局限性表现在以下几个方面：

（1）流程模拟的有效性及准确性取决于实测数据，即过程分析研究的准确性有多高取决于进入数学模型中的物理和化学实测数据的准确度，而实测数据来源于实验室或生产装置。

来自于实验室或生产装置中来的数据存在以下问题：

①测量数据不准确。实际测量中干扰因素很多，导致测量数据不准确。

②测量数据不完整。实验条件和测量仪器的限制，使很多实验数据很难获取，即使进行了测量，误差也较大，尤其是低温、高温、高压等参数的测量。例如，精馏塔的塔板分离效率与被分离的混合物物性、流量、塔内混合程度和平衡关系有关，这些条件与现场设备结构及操作时间密切相关，因此，要准确地确定塔板效率与影响因素的关系是很困难的。

③在工厂操作条件下经常出现的杂质在实验室中往往并不存在，这也导致工业放大时出现数学模拟计算没有预测到的问题。

④稳态模拟要求数据符合物料衡算、热量衡算及组分归一性，由于实际过程上下游

关系，测量数据必然具有一定的波动，因此常常出现物料不平衡等问题。

（2）数学解算工具的局限。

（3）数学模型的准确性。在数学模型的建立过程中，对过程系统进行合理简化是必然的，也是必要的，数学模型与物理原型存在差异是肯定的，因此数学模型模拟结果与实际过程会存在差异。因此，模型的建立和选择应当十分谨慎，不应追求某一个点绝对准确，而是追求建模原理合理，模拟趋势合理。

（4）模型存在适用范围问题。模型的基础数据来自于实验，而实验数据是有限的，当模型应用的范围超过实验数据的范围时，就会出现外延现象。

（5）基础物性的完备性及准确性。在需要大量物性数据，同时需要纯物质及混合物性的估算方法时，如果没有这些，则很难获得准确的模拟结果。

三、单元过程数学模型及其基本类型

化工单元过程数学模拟，就是采用一种能反映研究对象本质和内在联系，与原型具有客观的一致性，且可再现原型发生的本质过程和特性的模型，来研究和设计原型过程的方法。这里所提的模型是指描述原型的数学方程组。数学模拟可视为在计算机上进行实验研究，经济、灵活得多，可以减少中间放大实验，缩短了开发周期，获得难以在实验条件下得到的重要信息，并且可利用现有的理论成果来研究复杂的过程系统。

数学模型是对单元过程及过程系统或流程进行模拟的基础，模拟结果的可靠性及准确程度与数学模型有很大关系。不同的过程具有不同的性能，因而需建立不同类型的模型，不同类型的模型求解方法也不同。

（1）稳态模型与动态模型。在模型中若系统的变量不随时间而变化，即模型中不含时间变量，则此模型为稳态模型。当连续生产装置正常运行时，可用稳态模型描述。对于间歇操作，装置的开、停车过程或在外界干扰下产生波动，则用动态模型描述，反映过程系统中各参数随时间变化的规律。

（2）机理模型与“黑箱”模型。数学模型的建立是以过程的物理与化学变化本质为基础的。根据化学工程学科及其他相关学科的理论与方法，对过程进行分析研究而建立的模型称为机理模型。例如，根据化学反应的机理、反应动力学和传递过程原理而建立起来的反应过程数学模型，以及按传递原理及热力学等建立起来的换热及精馏过程的数学模型等。而当缺乏合适的或足够的理论依据时，则不能对过程机理进行正确描述，对此，可将对象当作“黑箱”来处理。即根据过程输入、输出数据，采用回归分析方法确定输出数据与输入数据的关系，建立起“黑箱”模型，即经验模型。这种模型的适用性受到采集数据覆盖范围的限制，使用范围只能在数据测定范围内，而不能外延。

（3）集中参数模型与分布参数模型。按过程的变量与空间位置是否相关，可分为集中参数模型和分布参数模型。当过程的变量不随空间坐标改变时，称为集中参数模型，例如理想混合反应器等；当过程的变量随空间坐标改变时，则称为分布参数模型。例如平推流式反应器，其数学模型在稳态时为常微分方程，在动态时为偏微分方程。若在以 z 轴为中心的半径方向也存在变化，则该模型为二维分布参数模型。

构成单元模型方程大体上可分以下几类：

（1）物料衡算方程：直接表达物料守恒关系的方程。

（2）能量衡算方程：直接表达能量守恒关系的方程。

（3）设备约束方程：每个单元作为一项特定的化工设备，其进行的过程都将受到具体设备的约束，表达这方面关系的方程就是设备约束方程。

（4）物性方法和热力学方法方程：这类方程包括物性关联式、混合规则、相平衡关系等方程，这类方程通常十分复杂。

（5）其他方程：如混合物中各组分的摩尔分数之和必须等于 1 的关系，化学反应平衡关系等。

四、过程系统模型及其构成

过程系统模型是过程系统某种关系的数学表达，是由描述过程系统的数学方程及限制条件组成的。

过程系统模型包括以下几类方程：

（1）单元模型方程。单元模型种类很多，又涉及物性数据，因此这一类方程多数也相当复杂，具体形式多种多样，数量也通常很大，是过程系统模型的主体。

（2）流程连接方程。过程系统是由各种单元有机连接而成的，因此过程系统模型中必须有表述流程结构的部分。通常流程连接方程形式简单。

（3）设计规定方程。由单元模型方程与流程连接方程构成的基本模型，只能用来解决模拟型问题，如果把模拟的范围扩展到也能解决设计型问题，则模型中还要再加上表述设计要求的部分。

（4）优化方程。优化方程包括目标函数和约束条件，此类方程只有在优化型问题中才需要。

（5）物性方程。在单元模型中，由于必然要涉及物性数据，因此物性关联式的部分是必需的。

（6）费用方程。如果需要做费用计算时，则需加上费用模型的部分。

五、物性及物性系统

所有的单元模型的计算中，物质性质（简称物性）的计算是必需的。例如，对于相平衡计算最经常需要的物性是逸度和焓的计算。物性计算对于模拟结果的影响是很大的，常常是关键的。物性计算的准确程度由物性模型方程式本身和它的用法决定，选择正确的物性方法对于确保模拟成功是很重要的。

物性主要分为热力学性质和传递性质两类，热力学性质主要包括逸度系数、焓、熵、Gibbs 自由能和摩尔体积，传递性质主要包括黏度、导热系数、扩散系数和表面张力。

在模拟计算中，最常遇到的是气液相平衡关系。在一个气液相平衡的系统中，对每个组分 i 最基本的关系是：

$$f_i^{\mathrm{V}} = f_i^{\mathrm{L}} \tag{5-1}$$

式中 f_i^{V}——组分 i 在气相中的逸度；

f_i^{L}——组分 i 在液相中的逸度。

热力学提供了状态方程法和活度系数法两种描述逸度的方法。

对于气相逸度的计算，状态方程法和活度系数法的计算方法是相同的，即：

$$f_i^{\mathrm{V}} = \varphi_i^{\mathrm{V}} y_i p \tag{5-2}$$

$$\varphi_i^{\mathrm{V}} = -\frac{1}{RT}\int_{\infty}^{V_{\mathrm{V}}}\left[\left(\frac{\partial p}{\partial n_i}\right)_{T,V,n_{i\neq j}} - \frac{RT}{V}\right]\mathrm{d}V - \ln Z_{\mathrm{m}}^{\mathrm{V}} \tag{5-3}$$

式中 V——总体积；

n_i——组分 i 的物质的量，mol；

m——混合物。

对于液相逸度的计算，状态方程法和活度系数法的计算方法是不相同的，在状态方程法中：

$$f_i^{\mathrm{L}} = \varphi_i^{\mathrm{L}} x_i p \tag{5-4}$$

$$\varphi_i^{\mathrm{L}} = -\frac{1}{RT}\int_{\infty}^{V_{\mathrm{L}}}\left[\left(\frac{\partial p}{\partial n_i}\right)_{T,V,n_{i\neq j}} - \frac{RT}{V}\right]\mathrm{d}V - \ln Z_{\mathrm{m}}^{\mathrm{L}} \tag{5-5}$$

但在活度系数法中有：

$$f_i^{\mathrm{L}} = x_i \gamma_i f_i^{*,\mathrm{L}} \tag{5-6}$$

式中 γ_i——组分 i 的液相活度系数；

$f_i^{*,\mathrm{L}}$——纯组分 i 在混合物温度下的液相逸度。

由以上分析可知，所谓的活度系数法是气相采用状态方程描述，液相利用活度系数关联式进行描述的方法。活度系数法能否准确描述系统的气液相平衡性质，通常取决于活度系数关联式对液相非理想性质描述的准确程度。

状态方程法的优点：

(1) 温度和压力应用范围宽，适用于亚临界和超临界范围。

（2）需要较少的数据完成热力学性质计算。

状态方程法的局限：

（1）对于非理想系统，必须通过回归气—液平衡实验数据而获得二元交互作用参数。

（2）对于高度非理想的化学系统，例如乙醇—水系统计算误差较大。

状态方程有两种主要工程类型：

（1）三次状态方程。

（2）维里状态方程。

活度系数法的优点：可以较好地描述低压下高度非理想液体混合物。

活度系数法的局限：

（1）必须通过回归气—液平衡实验数据而获得二元交互作用参数。

（2）二元交互作用参数只有在获得数据的温度和压力范围内有效，使用有效范围外的二元交互作用参数时应谨慎。

（3）活度系数方法只能用于低压系统（1.0MPa 以下）。

活度系数模型有如下三种类型：

（1）分子模型——非电解溶液的关联模型。

（2）官能团模型——非电解溶液的预测模型。

（3）电解活度系数模型。

综上所述，在模拟过程中，物性系统在流程模拟中具有重要意义，物性估算方法是化工热力学的主要课题。物性系统的内容包括纯组分基础物性及参数的数据库和物性推算模型。每个物性系统数据库的内容和规模大小不一，对于每种化合物存放的基本物性及参数的内容也有所不同。物性估算模型是物性系统的另一重要组成部分，其作用是根据数据库提供的纯组分基本物性、用户直接输入的物性来推算模拟计算所需的混合物物性。

六、过程系统数学模拟的基本方法

过程系统的数学模型通常采用一大型的非线性方程组表示，由于过程系统的多变量非线性导致数学模型的复杂性和特殊性。采用数学上通用的大型非线性方程组求解方法并不一定有效，为此必须建立适合过程系统特点的算法。针对过程系统分析、设计及优化或系统的具体情况应采用不同的方法。过程系统模拟的基本方法为序贯模块法、联立方程法和联立模块法。这三种方法的比较见表 5－3。

1. 序贯模块法

序贯模块法是开发最早、应用最广泛的方法。目前，绝大多数通用应用软件采用该方法。序贯模块法以过程系统的单元设备数学模型为基本模块，该模块的基本功能是，只要给定全部输入流股相关变量和设备主要结构尺寸，即可求得所有输出流股的全部信息。同时，该信息提供后续单元设备模块的输入。根据过程系统流程拓扑的信息流图，按照流股方向依次调用单元设备模块，逐个求解全系统的各个单元设备，获取全系统的所有输出信息。可见，序贯模块法也就是逐个单元模块依次序贯计算求解系统模型的一种方法。

序贯模块法得到广泛的应用，是因为该方法有其突出的优点，即序贯模块法与实际过程系统的一致性，直观形象，符合人们的认识习惯，便于模拟软件的建立、维护和扩充，易于实现通用化。当计算过程出现问题时，易于诊断和确定问题的具体位置。然而，由于流程模拟存在物性参数、单元模块以及系统断裂流股三层嵌套的迭代，导致其计算效率较低。当用于处理设计和优化问题时，由于控制过程及循环嵌套层次的增加，将引起计算效率的进一步降低。

2. 联立方程法

联立方程法是为克服序贯模块法的不足而提出的。其基本思想是将描述过程系统的所有方程组织起来，形成一大型非线性方程组，进行联立求解。这些方程与序贯模块法一样，也来自各单元过程的描述及生产工艺要求、过程系统设计约束条件等。与序贯模块法不同的是，序贯模块法是按单元过程模块求解，而联立方程法是将所有方程放在一起联立求解，从而打破单元模块间的界限，可根据计算任务的需要确定输入变量与输出变量。由于联立求解，避免了回路的断裂，省去了嵌套迭代的时间，提高了计算效率。

联立方程法的主要优点：与序贯模块法相比，省去了嵌套迭代计算，提高了收敛速度，特别适用于多回路及交互作用较强的情况，其本质原因是以存储空间换取计算时间。联立方程法可自由选取设计变量和状态变量，便于设计与优化问题的使用。联立方程法的局限性是由于过程系统的复杂性，描述系统的联立方程组一般规模很大，如何求解大型方程组，如何克服求解对初值要求苛刻的问题，以及如何将计算错误与实际过程相联系成为这一方法的难点。

3. 联立模块法

联立模块法最早是由 Rosen 提出的，它利用简化的近似模型代替各单元过程的严格模型，并将联立计算过程系统的近似模型方程组与序贯计算单元过程的严格模型交替进行。联立模块法兼有序贯模块法和联立方程法的优点，既能继承序贯模块法积累的大量模块，又能通过近似模型的联立计算，提高对带有循环、设计和优化问题的求解速度。联立模块法的关键是如何快速获得准确性较高的简化模型。

联立模块法是将整个模拟计算分为两个层次：第一层次是单元模块的层次，第二层次是系统流程的层次。首先，在模块水平上采用严格单元模块模型，进行严格计算，获得在一定条件和范围内的输入数据与输出数据，可采用数据拟合的方法，确定输入数据与输出间的关系，并获得其模型参数，表示该模块的简化模型，模型通常为线性。然后，在系统流程层次上，采用各模块的简化模型，联立求解连接各单元模块的流股信息。如果在系统水平上未达到规定的精度，则必须返回到模块水平上，重新由模块进行严格计算，重新建立简化模型。经过多次迭代，直至前后两次重新建模获得模型参数间的相对误差达到规定精度，同时也必须满足系统规定的其他目标函数的收敛精度要求。

联立模块法无须设收敛模块，因而避免了序贯模块法收敛效率低的缺点；同时无须求解大规模的非线性方程组，因而也避免了联立方程法不易给初值和计算时间较长等缺点。由于简化模型是在流程水平上联立求解的，因此便于设计和优化问题的处理。由于流程水平上的模型计算基本上保持了流程序贯顺序，因此，计算一旦出现问题，则易于分析诊断。

表 5－3　序贯模块法、联立方程法和联立模块法比较

过程系统模拟的基本方法	序贯模块法	联立方程法	联立模块法
占用存储空间	小	大	较小
对初值要求	低	高	低
计算错误诊断	易	难	较易
修改流程	易	难	较易
通用软件的开发	易	难	易
指定设计变量	不灵活	灵活	灵活
计算效率	低	高	高
求解设计优化问题	较难	较易	较易
计算精度	高	高	低

七、过程稳态模拟的一般步骤

利用通用过程模拟系统软件进行过程系统模拟的基本步骤如下：

（1）分析模拟问题。针对具体要模拟的问题，确定模拟的范围和边界，了解流程的工艺情况，收集必要的数据（原始物流数据、操作数据、控制数据、物性数据等），确定模拟要解决的问题和目标。

（2）选择过程模拟系统软件。并准备输入数据选择用于过程模拟的软件系统（看是否包括流程涉及的组分基础物性，有没有适合于流程的热力学性质计算方法，有没有描述流程的单元模块等情况确定），针对要模拟的流程进行必要的准备，收集流程信息、数据等，然后准备好软件要求的输入数据。

（3）绘制模拟流程。利用过程模拟系统提供的方法绘制模拟流程，即利用图示的方法建立过程系统的数学模型，绘制的流程描述了流程的连接关系，描述了所包括的单元模型。

（4）定义流程涉及组分，针对绘制的模拟流程，利用模拟系统的基础物性数据库，选择模拟流程涉及的组分。选择组分等于给定这些组分的基础物性数据。对于一些流程，可能涉及一些过程模拟系统的物性数据库中没有的组分，此时需要用户收集或估算这些组分的基础物性。组分的基础物性对模拟结果具有很大影响，直接关系到模拟结果的准确性和精确度。

（5）选择热力学性质计算方法。由于物质的复杂性和多样性，目前还没有一种很好的适用于各种物质及其混合物的各种条件下的通用热力学性质计算方法。热力学性质计算方法选择的一般原则是：对于非极性或弱极性物质，可采用状态方程法，该法利用状态方程计算所需的全部性质和气液平衡常数；对于极性物质，采用状态方程与活度系数方程相结合的组合法，即气相逸度采用状态方程法、液相逸度采用活度系数法计算，液相的其他性质采用状态方程法或经验关联式法。

（6）输入原始物流及模块参数所需的数据主要是从外界进入的原始物流数据（流量、温度、压力、组成等）和单元模块参数（设备数据、操作参数、模块功能、选择信息等）。

（7）运行模拟，一般情况下使用者只需单击模拟工具条即可开始模拟计算。此时，模拟系统利用构建的流程模型提供的基础物性数据、选择的热力学性质计算方法、输入的数据，采用一定的模拟计算方法（目前常用的是序贯模块法，但是未来联立方程法将成为主流）进行模拟计算，得到物料、能量衡算结果。

（8）分析模拟结果，对流程模拟结果进行认真、细致的分析评价是非常重要的；要对输入的数据和选择进行认真检查；要将模拟结果与实验数据或生产数据进行比较分析，确定结果的合理性和正确性。对发现的问题及时判明原因，进行必要修改和调整，重新进行模拟计算，直至得到合理、准确的结果为止。

（9）运行模拟系统的其他功能，一旦模拟成功可以利用过程模拟系统的其他功能，如工况分析、设计规定、灵敏度分析、优化、设备设计等进行其他计算，直至满足模拟目标为止。

（10）输出最终结果。输出模拟计算结果，利用计算结果产生最终报告。

八、单元过程和系统的自由度分析

自由度是一个抽象的概念，同时也是系统非常重要的参数。自由度分析的主要目的是在系统求解之前，确定需要给定多少个变量，可以使系统有唯一确定的解。在求解模型之前，通过自由度分析正确地确定系统应给定的独立变量数，可以避免由设定不足或设定过度而引起的方程无解。

单元操作过程的数学模型由代数方程组和（或）微分方程组所构成，假定共有 m 个独立方程式，其中含有 n 个变量，且 $n>m$，则该模型具有的自由度为 $d=n-m$，即需要在 n 个变量中给定 d 个变量的值，其余 m 个变量可由 m 个方程式解出。d 个给定的变量成为设计变量，通过方程解出的变量称为状态变量。

自由度分析的任务：在过程建模时，首先要列出模型方程组，然后进行自由度分析，确定设计变量或决策变量的数目，最后要根据任务的需要和实际情况，来选取设计变量。由于设计变量的数目必须恰恰是 $n-m$ 个，既不能多也不能少，因此，就需要仔细检查模型方程组的构成情况，根据所提出的具体任务，从 n 个变量中选出 m 个符合要求的设计变量，并合理地给予赋值，使方程组含有的变量数与方程数相等，以获得唯一确定解。若这一工作遇到困难，很可能模型中存在问题，应对建模工作再做复查，以求得到正确的模型。因此，自由度分析具有重要的作用和意义，初学者往往忽视自由度分析。

九、化工稳态流程模拟的收敛方法

迭代法是方程的数值解法中最常用的一大类方法的总称。其共同的特点是，对解变量的数值进行逐步改进，使之从开始不能满足方程的要求逐渐逼近方程所要求的解，每一次迭代所提供的信息（表明待解变量的数值同方程的解尚有距离的信息）用来产生下一次的改进值，即所谓迭代方案，则可有多种，这就形成了各种不同的迭代方法。

过程系统经过分隔和再循环网的断裂后，对所有断裂流股中的全部变量给定一初值，即可按顺序对该系统进行模拟计算，其中需要选择有效的迭代方法，以使断裂流股变量得到收敛解。

图 5－4 所示为典型的再循环网，图中方框表示单元操作过程，线段表示流股。其中，$X^{(k)}$ 为所有断裂流股中全部变量的 k 次迭代计算值，当 $k=0$ 时即 $X^{(0)}$ 为初值；$X^{(k+1)}$ 为上述变量的（$k+1$）次迭代计算值。

显然 $X^{(k+1)}=\varphi(X^{(k)})$，并且当 $X^{(k+1)}-X^{(k)}=0$ 时，即得到收敛解。式中，X 代表变量，$f(X)$ 和 $\varphi(X)$ 为 X 的函数，其中 $f(X)$ 为 X 的显式表达式，$\varphi(X)$ 为 X 的隐式表达式。

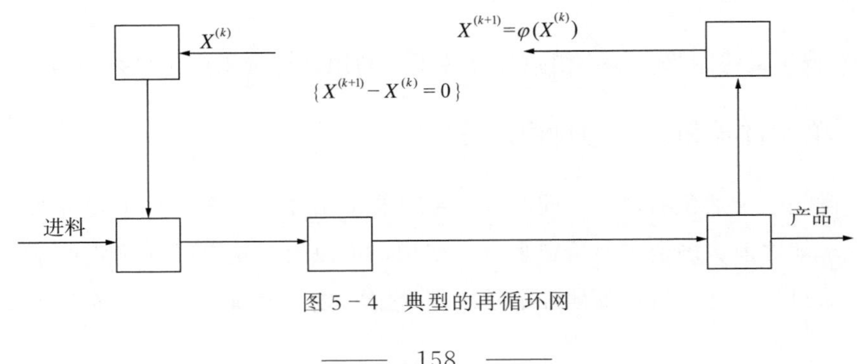

图 5－4　典型的再循环网

对于迭代求解法，在求解开始时，需要对解变量设置一个最初的估计值，即初始点。只有这样才能使第一轮迭代得以开始，而使整个求解过程起步。初始点的设置是所有数值解法中很重要的一个问题。一般说来，初始点应设得离方程的解比较靠近，才能保证求解有成功的可能性。

在方程的迭代求解过程中，如果迭代方法正确，则每次迭代总是向方程的解逼近。对于不同的求解问题以及不同的迭代方法，收敛速度和收敛精度均有差别，因此，对于具体的求解问题，必须事先规定某种判据，以此来判断方程迭代求解到什么程度就认为是收敛了，这种用来判定迭代计算收敛精度的目标函数值称为收敛判据。

按绝对量考虑而提出如下收敛判据：

$$|f(X^{(k)})|<\varepsilon \text{ 或 } |\varphi(X^{(k)})-X^{(k)}|<\varepsilon$$

按相对量考虑而提出如下收敛判据：

$$\frac{|f(X^{(k)})|}{|X^{(k)}|}<\varepsilon \text{ 或 } \frac{|\varphi(X^{(k)})-X^{(k)}|}{|X^{(k)}|}<\varepsilon$$

ε 为收敛容差，又称收敛误差，是在方程的迭代求解过程中，在收敛判据中设定的前后两次迭代结果的差值。ε 通常为一个足够小的正数。ε 取值的大小应根据不同的问题以及不同的算法来设定。在一般实践中，往往是根据工程计算所要求的精度或凭经验来估计收敛容差的数值。

常用的迭代方法有直接迭代法、部分迭代法、韦格斯坦法、牛顿迭代法和 Broyden 迭代法。

十、常用流程模拟软件

目前，化工过程模拟软件已经成为化工过程设计、生产过程优化与诊断的强有力工具。化工过程模拟软件的广泛应用对于缩短化工过程设计周期、提高过程设计的准确性和可靠性、优化生产过程操作以及节能降耗具有非常重要的意义。

下面简要介绍几种成熟的通用化工过程稳态模拟软件。

1. Aspen Plus 软件功能及特征

Aspen Plus 软件是基于流程图的通用过程模拟软件，广泛应用于化工过程的研究开发、设计、生产过程的控制优化及技术改造等方面。Aspen Plus 软件源于 20 世纪 70 年代后期美国能源署在麻省理工学院组织会战，要求开发新型第三代过程模拟软件。这一软件经过 15 年的不断改进、扩充和提高，现已成为全世界公认的标准大型过程模拟软件。它用严格和先进的计算方法，进行单元和全过程的计算，还可以评估已有装置的优化操作或新建、改建装置的优化设计。这套系统功能齐全、规模庞大，可应用于化工、炼油、石油化工、气体加工、煤炭、医药、冶金、环境保护、动力、节能及食品等许多工业领域。许多世界各地的大化工、石化生产厂家及著名工程公司都是 Aspen Plus 软件的用户。

2. PRO/Ⅱ软件功能及特征

PRO/Ⅱ软件是一个历史悠久的通用化工过程模拟软件，1967 年 Simsci 公司开发了世界上第一个炼油蒸馏模拟器，1979 年推出过程模拟软件。20 世纪 80 年代进入中国后，广泛应用于设计新工艺、评估改变的装置配置及改进现有装置。PRO/Ⅱ软件在油气加工、炼油、化工、化学、工程和建筑、聚合物、精细化工和制药等领域得到了成功的应用。

与 Aspen Plus 软件一样，PRO/Ⅱ软件包含许多过程单元操作模型。PRO/Ⅱ软件单元操作模型包括一般化的闪蒸模型、精馏模型、换热器模型、反应器模型、聚合物模型和固体模型六大类。

经过多年的积累，PRO/Ⅱ软件的物性数据库非常庞大，包含组分数据库和混合物数据库两类。组分数据库包括 2000 多个纯组分。

3. HYSYS 软件功能及特征

HYSYS 软件是 Hyprotech 公司开发的化工过程模拟软件。该软件分为动态和稳态两大部分。稳态部分主要用于油田地面工程建设设计和石油、石化炼油工程设计计算分析，动态部分可用于指挥原油生产和储运系统的运行。它在世界范围内石油化工模拟、仿真技术领域占有重要地位。目前，世界各大主要石油化工公司都在使用 Hyprotech 公司的产品。HYSYS 软件在国内应用非常广泛，所有的油田设计系统全部采用该软件进行工艺设计。

第二节 数据提取及数据处理

一、数据提取

化工过程稳态模拟所需要的数据包括物流的流量、温度、压力和组成，以及设备的工艺结构参数和操作参数。这些数据要求具有准确性、完整性和一致性，所谓的准确性是数据准确、可靠，误差在允许范围内；完整性是根据已知数据通过一定的数学、物理或化学的方法获得所有物流的流量、温度、压力、组成和设备的工艺参数；一致性是指已知的数据和确定的流程应该是对应的，这些数据应该描述同一个稳态过程。如果所获取的数据存在瑕疵，并依据该数据进行流程模拟，那么所构建的模型就不能准确反映该过程的本质和主要参数之间的内在联系。因此，如何提取准确的、完整的数据，是化工过程稳态模拟的前提。

化工过程稳态模拟通常是针对设计工况或者某一典型生产工况进行的，因此数据提取可以分为设计数据提取和生产操作数据提取两种情况。

1. 设计数据提取

1）PFD及其相关参数提取

设计数据是指装置设计的工艺数据，这些数据主要从工艺包中提取。化工装置工艺包中的流程图通常有带物料平衡的工艺流程图（简称PFD）及管道和仪表流程图（简称P&ID），稳态模拟中主要依靠PFD，动态模拟中主要依靠PFD和P&ID。工艺包中的PFD较多，只需要提取待模拟流程的PFD，因此在提取PFD过程中时常需要将该段流程与系统切割。在系统切割过程中应注意保证待模拟流程的输入物流和输出物流数据是已知的或者是可推算的，当该数据未知且不可推算时，则需要将模拟流程适当延长。

在PFD中主要需要提取的信息有：

（1）物流的温度、压力、流量和组成。

（2）换热设备的热负荷。

（3）塔设备的进料位置。

（4）动力设备的功率。

2）设备主要工艺参数提取

乙烯装置稳态流程模拟的单元设备主要有反应器（裂解炉）、塔、换热器、压缩机、透平、泵、闪蒸罐等，对于这些设备的工艺参数提取要根据模拟的深度进行，Aspen Plus软件的单元模块中根据不同的计算深度和算法确定不同的输入数据。

对于塔设备，当要求基于平衡级进行严格模拟时，需要提取的工艺参数和操作参数包括：

（1）塔底再沸器、塔顶冷凝器、中间再沸器和中间冷凝器负荷。

（2）塔顶操作压力、塔压降、冷凝器后压力。

（3）实际塔板数或理论塔板数。

（4）进料位置。

（5）塔底再沸器型式。

（6）塔顶冷凝器过冷情况。

塔设备可以分为板式塔和填料塔。对于填料塔，需要已知填料的类型、尺寸、材质和填料层高度，还要根据填料厂家提供的填料性能参数和生产经验确定等板高度，根据等板高度确定不同填料层所相当的理论塔板数。对于板式塔，要根据塔板类型、尺寸、物系估算塔板的效率，进而算出理论塔板数。如果同一塔内塔板或者填料的类型、尺寸不同，需要分别计算。

如果需要对塔进行水力学校核，还需获取塔径。如果同一塔内塔板或者填料的类型、尺寸不同，则需要分别进行校核。

2. 生产操作数据提取

对生产工况进行模拟，需要进行生产操作数据提取。生产操作数据是指某一工况下的现场操作数据，这些数据主要来自于现场仪表测量、在线或者离线分析和相关的设计资料。

1）工艺流程图提取

生产工况稳态流程模拟的流程图获取有两个途径：一是根据现场装置的实际运行流程绘制流程图，所绘制的流程图应该包括待模拟的设备、设备间的物流和物流方向；二是以设计工艺包中的PFD为初始，将PFD流程与实际生产流程进行比对、修改，得到新的与实际运行状况相吻合的新的PFD。由于装置经过多年的运行，可能经过多次改造，或者原料变化等原因，在生产管理中，定期对PFD进行更新是必要的。切忌设计PFD不经与实际过程进行比对而直接进行生产工况模拟。

2）温度、压力、流量的提取

化工生产中，通过现场测量仪表对物流及设备的温度、压力、流量进行测量，这些数据有的在DCS中可以实时显示，有的通过现场仪表显示。这些数据的获取途径有：

（1）针对某一稳定工况从DCS和现场显示仪表中读取。

（2）通过查找操作台账，了解测量数据的变化规律。

（3）参考近期的标定报告。

（4）查找历史数据库（如Infor plus历史数据库等）。

（5）利用红外线等测量设备进行测量。

（6）根据已知数据进行推算。

在这些数据提取过程中应注意数据的一致性，应该保证这些数据来源于同一稳定的工作状态，由于装置实际运行中波动是正常的，因此应该选取有代表性的数据。

3）物流组分含量的提取

化工过程稳态模拟中物流组分及其含量的准确与否，对于模型确认至关重要，但生产中的测量数据大多是温度、压力、流量，关于组成的测量较少。对于物流组成的分析数据来源有两种：一种是通过在线分析仪表进行实时在线分析检测，这类仪表在装置中较少，在线分析仪表监测的组分一般比较单一；另一种是离线采样分析，生产中只有在关键点才设置采样口，因此可以分析的物流有限，再者由于有些物流处于非常压、非常温状态，导致测量偏差较大。提取的温度、压力、流量数据应与分析数据的采样时点匹配，在线分析数据应与离线分析数据互相校核。

通过以上分析，生产数据组分及其含量的测量存在精度差、测量点少、测量数据少以及与温度等参数不同步等问题。

4）设备主要工艺参数提取

设备主要工艺参数的提取可以参见设计数据提取中介绍的方法进行，只是在提取过程中应注意以下两点：

（1）应按照新的工艺流程图对应的设备逐一查取。

（2）有时虽然设备位号没有变化，但设备有可能进行过更新，比如换热器更换中产生型式和面积变化、塔内件更换等，应该查找现运行设备的工艺条件图。

二、数据处理

1. 测量数据的局限性

化工过程稳态模拟所依据的数据应该满足物料平衡、热量平衡、化学平衡、相平衡和组分归一性 5 个原则。

针对现场操作过程进行稳态模拟，所依靠的是化工过程测量数据。化工过程测量数据作为反映装置运行状况的特征信息，是实现计算机过程控制、模拟、优化和生产管理的基本依据，其理论上应该满足物料平衡、能量平衡等约束条件，但实际上由于受测量仪表精度和环境影响，这些与过程有关的物流流量、温度、组成等现场数据，往往因带有误差而不能严格满足化工过程的内在规律。在实际生产过程中，测量的数据经常存在以下 3 个问题。

1）测量数据的不平衡性

生产装置本身存在不稳定性，比如，某一瞬间，反应器入口流量计测得入口流量产生了 3%的波动，而这一流量波动反映在出口流量的波动存在滞后现象，这导致同一瞬间的测量值存在物料不平衡问题。这一现象特别是液位的波动在生产中是普遍存在的（即使是稳定生产），使得测量数据不能精确地符合化工过程的一些内在的物理和化学规律，如化学反应计量关系、物料平衡或热量平衡等，这种现象称为测量数据的不平衡性。

2）数据的不完整性

测量数据的不完整性之所以普遍存在于生产中，主要有下列几个原因：

（1）测量技术和条件限制，使有些数据的测量在实际生产中变得不可能，比如对于组分及其含量的分析，在线仪表由于标准样、价格和精度的原因使其使用受限；采样分析由于分析的状态常常与生产运行状态差异大，导致测量偏差太大，使其测量意义降低，这些都导致少测量（仅测量某个组分）或者不测量（通过其他数据推算）。

(2) 过多的测量仪表不但会造成设备投资费用和检修费用的增加，也会导致操作费用的增加，比如采用孔板流量计会造成较大永久压力损失，过多地使用孔板流量计会使动能消耗增加。

(3) 生产操作中没有必要，比如精馏塔的馏分是否合格，可以在控制压力稳定的情况下，通过温度的测量和控制较好的反映组分含量的状况，没有必要添加价格贵、误差大、测量滞后的分析仪表。

(4) 仪表因故障不工作时有发生，生产中操作人员主要关注影响产品及安全的主要仪表，对其进行有效的维护、检修，而对于有些仪表却缺乏关注，比如塔底压力表，操作人员经常忽略，但塔的操作压差对塔的水力学模拟很重要，因此这些操作中的次要数据在稳态模拟和操作分析中也很重要。

3) 测量数据误差

从现场采集到的数据，不可避免地存在误差。过程测量数据的误差可分为随机误差和过失误差两类。

随机误差主要来源于随机因素的影响，如测量仪器的误差、操作的随机波动等，一般服从一定的统计规律。过失误差是指由于测量仪表不准、失灵或失调、管道和设备的泄漏以及操作不稳定等原因造成的测量数据的系统误差和严重失真。如果将这些含有误差的原始数据直接用于模拟优化，很难保证模型的可靠性。

2. 化工过程数据的分类

化工过程是由多个单元设备组合而成的，设备通过物流连接，化工过程数据有物流的温度、压力、流量、组成以及设备结构参数、操作参数，这些数据是庞大的。并不是所有的测量数据都可以被校正，也不是所有未测量数据都可以被估计出来。只有冗余的数据才能被校正，只有符合约束方程和估算模型的已知数据完整时未测数据才能被估计。因此，在对测量数据进行校正之前，首先应对过程数据进行分类，根据已测量数据的冗余性，将已测量数据分为冗余型数据和非冗余型数据，根据未测量数据的可估算性，将未测量数据分为可观测型数据和不可观测型数据。这样既可缩减解题规模，也可为正确设置测量仪表提供理论依据。

针对以上问题，许多学者提出了相应的解法。Vaelavek 和 Mah 等分别利用图论原理[5]，靠组合有未测流股连接相邻节点来消除未测流股数据，进行数据校正，然后利用约束方程求得未测数据。Crowe 利用矩阵投影原理，将存在一个未测组分流率的单元的平衡式去掉，然后对已测流率进行校正，未测流率可通过平衡方程求解。Stacdthe 利用系统工程学的网络流法，对现行问题进行分析，提出了矩阵分类法[6]。

通过化工过程数据的分类，确定哪些数据具有冗余性，哪些数据具有可观测性，这有利于指导减少冗余数据的测量仪表，增加不可观测数据的测量仪表，对稳态模拟很有意义。

3．数据校正

1）过失误差侦破

数据谐调是对仅含有随机误差的测量数据进行的。如果系统中某一数据存在过失误差，校正后该过失误差会分摊在原本仅含有随机误差的数据上，这常常会使校正后的数据误差增大。过失误差数据在总的测量数据中所占的比例很小，但由于它的偏差有时很大，可能严重影响校正后数据的误差，因此在进行数据谐调前，应当首先侦破、识别和剔除（补偿）含过失误差的测量数据。过失误差可以通过3种方法予以侦破[7-10]：

（1）对各种可能导致过失误差的因素进行理论分析，根据理论推理和生产经验对数据过失误差进行侦破。

（2）借助于各种具有不同测量精度的手段对同一过程变量进行测量，然后比较，即硬件冗余法。

（3）用测量数据的统计特性进行检验，统计检验法侦破化工过程测量数据中的过失误差所依据的基本原理是利用误差的显著性进行统计假设检验。统计检验法只与过程测量数据有关，便于在线运行，方法具有普遍性，因此受到人们的重视。

在实际使用过程中，由于导致化工测量数据产生随机误差的原因多样性和化工过程机理的复杂性，决定了过失误差侦破的方法必须是3种方法并用。

虽然一般含有过失误差的数据在总的测量数据中所占的比例很小，但侦破过失误差具有重要意义，这是因为过失误差的数据参与数据校正的计算会使其紊乱，可将少数大误差传播到所有相对正确的数据上去[7]，这是限制过程优化、控制软件不能有效地直接用于指导生产的重要原因之一。因此，提高测量数据质量，首先是侦破、识别和剔除含有过失误差的测量数据，然后再对其进行校正和估计[8]。

侦破过失误差的方法主要有3种：一是对各种可能导致过失误差的因素进行理论分析；二是借助于多种具有不同测量精度的手段对同一过程变量进行测量比较；三是根据测量数据的统计特性进行检验。显然，后一种方法更具有实用性[8]。

根据测量数据的统计特性进行检验的方法主要有统计假设检验法、广义似然比法和贝叶斯法，经典的统计假设检验法有整体检验法、约束方程检验法和测量数据检验法[8]。

【例5-1】 图5－5为某装置的蒸汽系统流程图，蒸汽物流的流量均已经测量，试检验测量数据中是否含有过失误差，并对测量数据进行校正[8]。

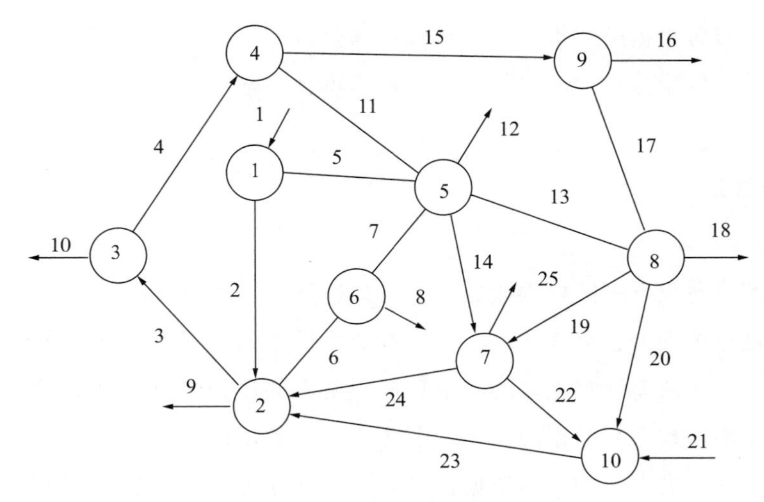

图 5-5　某装置的蒸汽系统流程图

解： 利用测量数据检验法对测量数据进行过失误差侦破，同时也可得到测量数据校正值。检验结果表明，物流 2、物流 13 和物流 16 的测量值含有过失误差。为了便于比较，表 5-4 分别列出了不进行过失误差侦破而直接进行测量数据校正，以及首先进行过失误差侦破再进行测量数据校正所得的测量数据校正值。

表 5-4　侦破前后校正结果对比

序号	测量值	侦破前校正值	侦破后校正值	真实值	测量值与真实值相对误差（%）	侦破前校正值与真实值相对误差（%）	侦破后校正值与真实值相对误差（%）
1	289.94	275.58	294.3	296.6	2.25	7.09	0.78
2	85.41	78.75	51.9	50.6	68.79	55.63	2.57
3	113.86	94.36	118.3	117.2	2.85	19.49	0.94
4	120.81	92.46	116.25	115.3	4.78	19.81	0.82
5	240.81	196.83	242.4	246	2.11	19.99	1.46
6	248.39	252.24	248.15	244.8	1.47	3.04	1.37
7	245.53	250.44	246.39	243	1.04	3.06	1.40
8	1.79	1.793	1.79	1.8	0.56	0.39	0.56
9	4.55	4.57	4.55	4.7	3.19	2.77	3.19
10	1.89	1.899	1.89	1.9	0.53	0.05	0.53
11	83.09	58.3	83.14	84.9	2.13	31.33	2.07
12	71.3	76.08	70.99	70.2	1.57	8.38	1.13

由表 5-4 可以看出，侦破过失误差后的校正值的相对误差总和远小于测量值的相对误差总和，没有经过过失误差侦破的校正值的相对误差总和比测量值相对误差总和大 79.8%，经过过失误差侦破的校正值的相对误差总和比测量值相对误差总和小 74.5%。

这说明如果不首先剔除过失误差，在校正过程中就会将其分散到所有校正值上，从而导致整个校正结果不可信。详细计算过程可参见文献［8］中相关内容。

2）稳态过程数据谐调[5]

自从 Kuehn 等在 20 世纪 60 年代首先提出化工过程的稳态数据校正问题以来，国内外学者对数据校正技术做了大量的研究。

数据谐调的原理是：所选取测量数据的校正值，既要满足整个装置和单元的物料、能量平衡等相关约束，又要使其与测量值之差的平方和最小。在数学上，可表示为求满足一组等式约束条件方程组的最小二乘解。

因此，数据谐调问题可以被描述成一个约束最小平方估计问题，通常描述为以过程模型为约束（如物料平衡模型、能量平衡模型等）、以变量校正值和测量值之间的偏差最小为目标的优化问题。其表述如下：

$$\min[(\hat{X}-X)^{\mathrm{T}}\boldsymbol{Q}^{-1}(\hat{X}-X)] \tag{5-7}$$

$$\text{s. t.} \quad F(\hat{X},U)=0 \tag{5-8}$$

式中 F——过程的约束方程；

X——测量数据；

U——未测量数据；

$\boldsymbol{Q}$——测量数据的方差/协方差矩阵；

$\hat{X}$——测量数据校正值。

随着理论研究的逐步深入与完善，国内外越来越注意稳态过程数据谐调的实际应用研究，并已成功开发出了一些数据校正软件，用于稳态过程的在线数据校正。法国 TECHNIPSCGI 公司首次推出了 DATREC 数据校正软件，可用于故障仪表侦破、数据校正与参数估计等。美国 Simsci 公司开发的 DATACON 软件，可与 PRO-Ⅱ过程模拟软件联用，用于测量数据的流量、温度校正等。AspenTech 公司的 Advisor 软件将模型、平衡调整和报表的易用的图形界面与在调整过程中作为向导的面向对象的专家系统结合起来。

4. 不可观测型数据的处理

如前所述，根据未测量数据的可估算性，将未测量数据分为可观测型数据和不可观测型数据。可观测型数据可以通过数据校正进行估算，但是有些数据属于不可观测型，而稳态模拟又是十分必要的，对于这些数据需要根据相关资料、生产经验和理论分析，予以确定。

在稳态模拟计算中，最为常见的不可观测型数据是组分数据，下面以脱丁烷塔进料组分的确定过程为例，介绍组分缺失的处理方法。某石化公司 11.5×10^4 t/a 乙烯装置脱丁烷塔进料组成给出丁烯含量为 0.2522（摩尔分数），而丁烯有 1-丁烯、顺丁烯、反丁烯和异丁烯 4 种异构体，4 种异构体的性质也有差别，见表 5－5。同样丁烷也存在正丁烷和异丁烷两种异构体。C_5 烃类所对应的不确定性组分就更多了，有戊烷、环戊烷、单烯烃、二烯烃、环烯烃等。

丁烯中 1-丁烯、顺丁烯、反丁烯、异丁烯 4 种异构体比例的差别，在影响分离的同时，也影响物流模拟温度和塔内各板的模拟温度，如在同一压力下，当模拟所输入的确定性组分的比例与实际操作中确定性组分的比例存在差异时，在塔顶压力和塔底压力相等的情况下，即使模型准确，塔顶、塔底的模拟温度和设计（或操作）温度也会存在差异。

表 5－5　丁烯组分比较

名　称	英文名称	结构式	常压沸点（℃）	与反戊烯常压沸点差（℃）
1-丁烯	1-butylene	$CH_3CH_2CH=CH_2$	－6.26	42.61
顺丁烯	*cis*-2-butylene	$CH_3CH=CHCH_3$	3.72	32.63
反丁烯	*trans*-2-butylene	$CH_3CH=CHCH_3$	0.88	35.47
异丁烯	isobutylene	$CH_3C(CH_3)CH_2$	－6.9	43.25

如何确定某一组分所对应的各种确定组分的比例，通常有如下几种方法：

（1）查找装置上游、下游是否有相关确定性组分的详细信息，比如裂解气是否进行全分析，如果有，可以参考分析的各确定组分的比例，来规定丁烯中各异构体的比例。本例中没有找到上游关于丁烯的全分析，但是下游丁烯分离单元过程中需要分离出多个丁烯产品，可以根据各塔产品的流量和组成确定各确定组分的比例。

（2）查找设计资料，将设计资料中的数据作为参考值。本例设计资料没有查到脱丁烷塔进料组成中丁烯的全分析，但查到了下游丁烯分离单元过程中丁烯的全分析，可以此为参考，确定各确定组分的比例。

（3）通过标定报告等资料获得现场操作中某一相关物流的分析数据，以此为依据，确定各确定组分的比例。

（4）找到一组代表性工况，进行现场物流采样分析，以此为依据，确定各确定组分的比例。

（5）查找相关资料，即查找同类装置中的相关数据，并以此为依据，确定各确定组分的比例。比如，同样原料裂解的其他装置的运行数据。

（6）如果通过上述方法均无法获得相关数据，则可以借鉴相关研究评价装置数据、文献数据，采用经验估算的方法，根据工程经验确定其初值，再在模拟计算中根据情况进行调整。

第三节　利用通用流程模拟软件进行单元过程稳态模拟

化工稳态流程模拟工作分为两个阶段，首先完成主要单元的模拟，之后将主要单元按照系统结构进行连接，而主要工作常常集中在单元过程模拟，其主要原因如下：

（1）化工单元过程数量多、种类多，即使都是换热设备，由于换热设备的结构、操作工况及流经换热设备的冷热物流的组分、含量存在差异，每个单元过程都有其特殊性。

（2）单元过程模拟结果是否准确，模拟结果是否有意义，决定了过程系统的模拟结果，过程系统的连接对系统流程模拟的收敛产生影响，但对模拟结果的准确性没有影响。

（3）单元过程模拟与物性相关，需要进行物性计算，而物性估算包括物性数据库和物性方法，时常需要物性数据补充和物性方法选择，物性估算工作量大，技术难度大。

（4）有些单元过程机理复杂、关联参数多，从而导致模型复杂、参数设定复杂。

单元过程模拟虽然很复杂，但是其本质是模型确认。利用通用流程模拟软件进行单元过程模拟，即单元模型确认的主要步骤如下：

（1）抽提流程。化工装置工艺包中的流程图通常有带物料平衡的工艺流程图（简称PFD）及管道和仪表流程图（简称P&ID），稳态模拟中主要依靠PFD，动态模拟中主要依靠P&ID。单元过程处于系统之中，与系统其他单元存在物料流和能量流联系，为此需要将该单元过程从系统中分离出来，形成独立的单元过程流程图。

（2）收集和确定输入物流信息。输入物流是指从外界或者其他单元过程进入该单元过程的物流，在PFD图中通常有相应物流号。物流信息包括物流的流量、温度、压力、组成和状态等。由于系统各单元过程间存在耦合，常常需要进行迭代计算，因此对于单元过程计算顺序的确定，应从已知信息最多的单元过程入手。

（3）收集和确定单元操作参数及输出物流信息。单元过程模拟分为设计型模拟和操作型模拟。流程模拟普遍采用的是操作型模拟，对于设计型模拟，首先规定操作参数，根据操作参数计算输出物流信息，再通过计算所得输出物流信息与规定的输出物流信息进行比对，对操作参数进行调整，直至偏差在允许范围内。由于单元过程模拟的首要任务是确认模型，因此既要收集和确认完整的操作参数，又要收集和确认输出物流信息。

（4）选择物性库和物性方法，进行模型确认。流程模拟的一个主要任务是进行模型确认，只有确认所使用的模型能够反映该单元过程的本质和主要参数的内在联系，与原型具有客观一致性时，才能利用该模型进行试验，为操作调优和技术改造提供依据。通用流程模拟软件有多个物性库和物性方法，选择正确的物性方法至关重要。有时通用流程模拟软件的物性库和方法库不能满足要求，需要进行补充和修改。模型确认即确认物性方法和物性库选择是否能够描述原型，这需要将计算所得的输出物流信息与操作（或设计）的输出物流信息进行比对，同时还常常需要进行灵敏度分析，研究操作参数变化趋势的合理性，以对模型进行进一步确认。

本节以乙烯装置中典型单元为例，利用通用流程模拟软件 Aspen Plus 介绍单元过程模拟的基本方法。

一、乙烯装置脱丁烷塔模拟

本小节以乙烯装置脱丁烷塔 E-DA405 为范例，介绍乙烯装置塔器的模拟。

1. 抽提流程

通过查找乙烯装置工艺包，找到其 PFD 图，在 PFD 图中找到脱丁烷塔 E-DA405，将其与上游、下游单元过程切割开，得到脱丁烷塔 E-DA405 单元的流程图，如图 5－6 所示。通过查找其操作规程，了解该单元过程的流程和功能如下：

脱丁烷塔是由 32 块塔板组成的，塔底设有脱丁烷塔再沸器（EA413A. B），由低压蒸汽为该塔提供热源；塔顶设有脱丁烷塔冷凝器（EA414）和脱丁烷塔回流罐（FA405）。脱丁烷塔的目的是将 DA409 送来的碳三以上馏分中的混合碳四馏分从混合重烃中分离开来，为丁烯车间提供原料。为了防止丁二烯在脱丙烷塔和脱丁烷塔中结垢，在DA404、DA409 塔釜，DA409 进料中注入阻聚剂。

从 DA409 塔底来的碳三以上馏分送入 DA405 塔的第 21 板（从上往下数，下同），从 DA405 塔顶分出来的混合碳四气体经过脱丁烷塔冷凝器（EA414）用循环水冷却后，进入脱丁烷塔回流罐（FA405），从 FA405 罐底出来的液体经过脱丁烷塔回流泵（GA405A. B. C）加压后，一部分送到 DA405 塔顶作为 DA405 塔的回流，另一部分送入混合碳四产品贮罐（FB805A. B），为丁二烯抽提提供原料。DA405 塔底的液体与从急冷水塔（DA104）来的汽油馏分混合后一起进入汽油产品冷却器（EA415A. B），用循环水冷却后进入裂解汽油贮罐（FB861A. B），为汽油加氢单元提供原料。

在 DA405 塔中 C_4 和 C_5 是关键组分，控制塔顶产品中 C_5 含量小于 2%（摩尔分数，下同），塔底产品中 C_4 含量小于 1.6%。

值得注意的是，需将该流程与现场实际运行工艺流程进行比较，了解该段工艺过程是否经过改造，有什么变化，并根据实际情况进行修改。如果在设计工艺包中没有查到相关资料，则需要重新进行绘制。

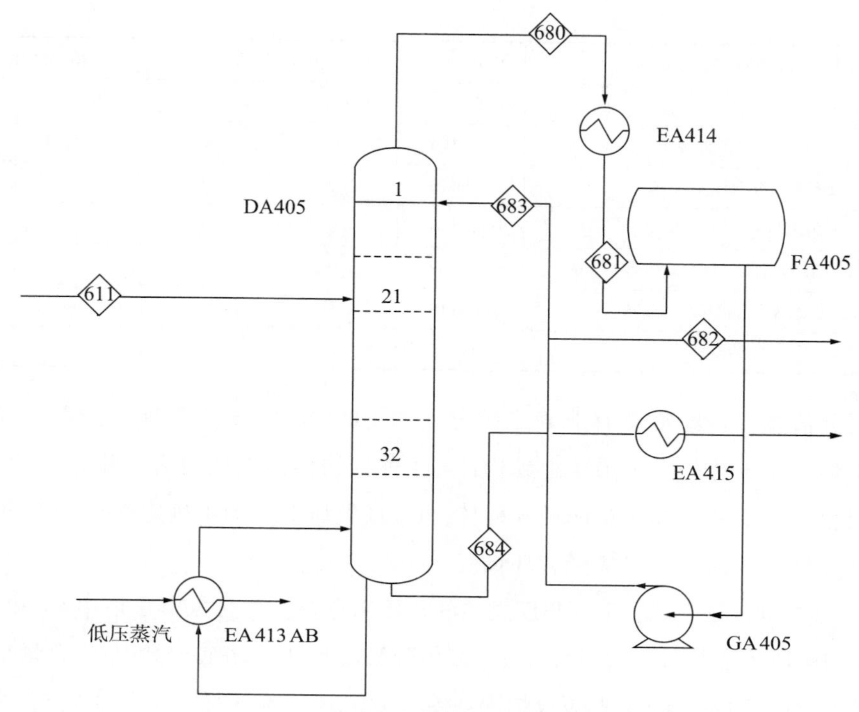

图 5－6　脱丁烷塔 E-DA405 单元的流程图

2. 收集和确定输入、输出物流信息和操作参数

如果对设计工况进行模拟，则查找工艺包中物流信息表可以得到与本单元过程相关的物流信息，见表 5－6。同时也可得到操作条件，见表 5－9。

表 5－6　相关物流信息表

物流号	611	680	682	683	684
温度（℃）	66.7	45.7	40	40	110.5
压力［MPa（绝压）］	0.6	0.505	0.4903	0.4903	0.5266
相态	液相	气相	液相	液相	液相
摩尔流量（kmol/h）	154.65588	177.165	81.540521	94.624448	73.407802
质量流量（kg/h）	10307.66	9826.457	4578.11	5248.345	5729.557
摩尔分数					
PROPADIENE/C_3H_4/丙二烯	2.50×10^{-5}	4.48×10^{-5}	4.48×10^{-5}	4.48×10^{-5}	0
METHYL-ACETYLENE/C_3H_4/丙炔	0.001939	0.003689	0.003689	0.003689	0
PROPYLENE/C_3H_6/丙烯	2.30×10^{-5}	4.38×10^{-5}	4.38×10^{-5}	4.38×10^{-5}	0
PROPANE/C_3H_8/丙烷	1.20×10^{-5}	2.28×10^{-5}	2.28×10^{-5}	2.28×10^{-5}	0
BUTADIENE-1，3/C_4H_6/1，3-丁二烯	0.252549	0.472306	0.472306	0.472306	0.008977
BUTYLENES/C_4H_8/丁烯	0.249385	0.470009	0.470009	0.470009	0.004853

续表

BUTANES/C_4H_{10}/丁烷	0.019514	0.035256	0.035256	0.035256	0.002067
C_5 烃	0.223844	0.018625	0.018625	0.018625	0.451302
C_6—C_8 非芳烃	0.073755	0	0	0	0.15502
BENZENE/C_6H_6/苯	0.150157	0	0	0	0.316587
TOLUNE/C_7H_8/甲苯	0.025783	0	0	0	0.054359
XYLENES/C_8H_{10}/二甲苯	0.001822	0	0	0	0.003842
STYRENE/C_8H_8/苯乙烯	0.001189	0	0	0	0.002506
C_9 芳烃	3.00×10^{-6}	0	0	0	6.32×10^{-6}

在组分信息中，经常会有非确定组分，如 BUTYLENES/C_4H_8/丁烯，丁烯有 1-丁烯、顺丁烯、反丁烯和异丁烯 4 种异构体，4 种异构体的性质也有差别，见表 5－7。同样丁烷也存在正丁烷和异丁烷两种异构体。C_5 烃类所对应的不确定性组分就更多了，有戊烷、环戊烷、单烯烃、二烯烃、环烯烃等。

表 5－7 中列出了丁烷、丁烯与反戊烯的常压沸点差。在 E-DA405 塔中 C_4 和 C_5 是关键组分，控制塔顶产品中 C_5 含量小于 2%（摩尔分数，下同），塔底产品中 C_4 含量小于 1.6%。以反戊烯为考察依据，异丁烯与反戊烯沸点差为 43.25℃，顺丁烯与反戊烯沸点差为 32.63℃；如果丁烯中各异构体的含量有变化，必然对分离难度产生影响，在塔操作条件相同的条件下，必然会对塔底产品中的 C_4 含量、塔顶产品中的 C_5 含量产生影响。

丁烯中有 1-丁烯、顺丁烯、反丁烯和异丁烯 4 种异构体比例的差别，在影响分离的同时，还影响物流模拟温度和塔内各板的模拟温度，如在同一压力下，当模拟所输入的确定性组分的比例与设计（实际操作）中确定性组分的比例存在差异，在塔顶压力和塔底压力相等的情况下，即使模型准确，塔顶、塔底的模拟温度和设计（或操作）温度也会存在差异。

表 5－7　C_4 组分比较

名　称	英文名称	结构式	常压沸点（℃）	与反戊烯常压沸点差（℃）
1-丁烯	1-butylene	$CH_3CH_2CH=CH_2$	－6.26	42.61
顺丁烯	*cis*-2-butylene	$CH_3CH=CHCH_3$	3.72	32.63
反丁烯	*trans*-2- butylene	$CH_3CH=CHCH_3$	0.88	35.47
异丁烯	Isobutylene	$CH_3C(CH_3)CH_2$	－6.9	43.25
正丁烷	*n*-butane	$CH_3(CH_2)_2CH_3$	－0.5	36.85
异丁烷	Isobutane	$(CH_3)_2CHCH_3$	－11.73	48.08

本例中，通过查找得到该石化公司 1-丁烯装置进料中 C_4 各组分含量，见表 5－8。可以按照表 5－8 中的比例关系确定对应组分的加和百分含量。主要操作和运行参数见表 5－9。

表 5－8 某石化公司 1-丁烯装置进料中 C_4 含量

组分名称	组分含量（mol/mol）	对应组分中所占比例	备注
异丁烷	0.01049717	0.25	加和：100%
正丁烷	0.03149152	0.75	
1-丁烯	0.59697062	0.633622	加和：100%
异丁烯	0.21160043	0.224592	
反丁烯	0.00289316	0.003071	
顺丁烯	0.13069145	0.138715	

表 5－9 主要操作和运行参数

参 数	数 值
DA405 塔顶压力［MPa（绝压）］	0.505
DA405 塔底压力［MPa（绝压）］	5.37
DA405 塔回流量（kg/h）	5248.3
EA413 负荷（kW）	1050
EA414 负荷（kW）	950
DA405 塔顶产品中 C_5 含量（%）	<2
DA405 塔底产品中 C_4 含量（%）	<1.6

值得指出的是，如果设计数据完整，通常首先利用设计数据进行模拟，确认模型，再用现场操作数据进行校正。这是由于设计数据物流信息和操作参数信息完整，且是一组稳态数据，而操作工况由于测量条件的限制，信息确实较多，并且实际操作中装置处于动态，因此测量数据常常存在物料不平衡现象。如果采用现场操作数据为模拟依据，则需要对现场数据进行分析、校正。

3. 建立一个新的运行

当启动 Aspen Plus 软件并建立一个新的模拟时，可以从一个空白模拟着手或者从一个模板着手。模板设定了特定工业通常使用的缺省项，包括测量单位，所要报告的物流组成信息和性质，物流报告格式，对游离水选项的缺省设置，性质方法及其他特定的应用缺省。

Aspen Plus 软件内置多个模板，由于本分离工艺物系为烃分离，可以选择 General with Metric Units 模板作为模拟模板。

4. 运行类型选择

当建立一个新运行时，必须在 New 对话框上的 Run Type 列表框中选择运行类型。Flowsheet 运行类型为过程模拟计算的基本类型，流程运行还包括与流程模拟集成在一起的计算。

本例的目的是对脱丁烷塔分离过程进行稳态模拟，因此选择 Flowsheet 运行类型。

5. 创建一个流程

Aspen Plus 是基于流程图的通用过程模拟软件，因此要定义一个能反映实际过程的流程图。定义一个流程的步骤如下：

（1）选择单元操作模块并将它们放置到流程窗口。

本单元模拟的任务是对脱丁烷塔 E-DA405 进行严格模拟，因此选择严格蒸馏模型，并根据现场操作过程选择 FRACT2 作为模拟模型，并添加相应设备位号，如图 5－7 所示。

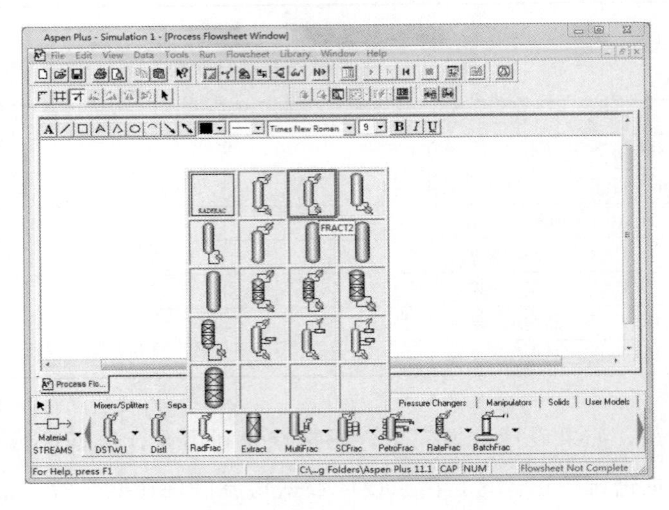

图 5－7　塔模型（软件截图）

（2）通过物流线和能流线将流程连接。

通过物流线和能流线将流程各单元模块连接起来，并根据流程图 PFD 标记物流号，如图 5－8 所示。

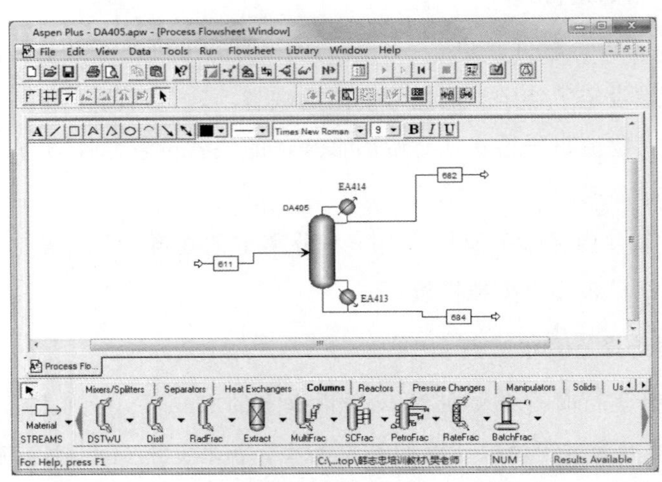

图 5－8　脱丁烷塔流程（软件截图）

6. 规定计算的全局信息

全局规定为整个运行设定缺省值，Aspen Plus 软件运行在输入详细的流程说明之前，要在 Setup 窗体中规定全局信息。虽然在选择模板时，Aspen Plus 软件已经规定了计算的默认值，但可以在任何时候返回这些表格改变输入信息。

7. 规定组分

将模拟过程中所需的组分输入组分列表中。本例中所需要的组分见表 5－6 和表 5－7。

（1）规定数据库。

物性模型需要一些参数来计算物性。在选择了用于一个模拟中的选项集之后必须确定所需要的参数，并要确保所有必需的参数都能得到。可以从数据库中检索，也可以在 Property Constant 物性常数表中直接输入，或者使用 Property Constant Estimation System（PCES）物性常数估算系统由 Aspen Plus 软件来估算。

在乙烯过程模拟中，通常需要选取数据库的类型为 PURE10、PURE93、PURE-856、ETHYLENE、COMBUST、AQU92。值得说明的是，当不同物性库数据发生冲突时，按照选取数据库的顺序，排在前面的优先选取。

（2）从物性库中规定组分。

根据物流表中组分，从物性库中逐一查出所需组分，并进行添加，如图 5－9 所示。

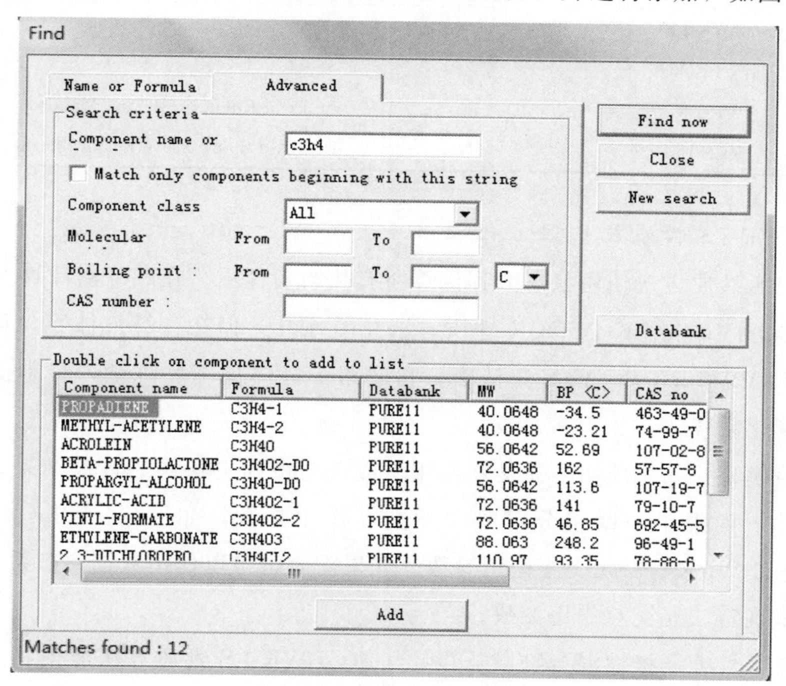

图 5－9 规定组分界面（软件截图）

（3）定义一个不在数据库中的组分。

当物流表中某组分在数据库中不存在时，需要手动输入该组分，并输入该组分的结构和所必需的物性参数。

8．选择物性方法

选择适宜的物性方法经常是决定模拟结果准确度的关键步骤，同时模型及相应计算方法也是模拟的核心部分。因此，物性方法是一批方法和模型，Aspen Plus 软件用它们计算热力学性质和迁移性质。热力学性质包括逸度系数、焓、熵、吉布斯自由能、摩尔体积，迁移性质包括黏度、热导率、扩散系数、表面张力。通过性质方法，可以将一个性质计算过程集合作为一个整体来规定。

乙烯装置的模拟过程中，通常选用的物性方法集有用于高压烃的状态方程（带 KIJ）和用于石油混合物的性质方法两种。

1）用于高压烃的状态方程（带 KIJ）

该方法用于烃和气体混合物的性质计算，能处理高温高压以及接近临界点的体系（如气体管线传输或超临界抽提）。气体和液体所有热力学性质方法都由状态方程计算。该模型能够描述临界点以外的气体和液体。用于高压烃的状态方程见表 5－10。

表 5－10　用于高压烃的状态方程

性质方法	模　型
BWR-LS	BWR-Lee-Starling
LK-PLOCK	Lee-Kesler-Plocker
PR-BM	Peng-Robinson-Boston-Mathias
RKS-BM	Redlich-Kwong-Soave-Boston-Mathias

（1）BWR-LS 性质方法。

BWR-LS 性质方法使用状态方程计算所有热力学性质，在相平衡计算方面与 PENG-ROB RK-SOAVE 和 LK-PLOCK 性质方法相差无几，但在计算液体摩尔体积和焓方面比 PENG-ROB 和 RK-SOAVE 更精确。它适用于气体加工和炼油，特别适用于含氢的系统、煤液化系统。

利用该模型，如果使用二元交互作用参数，会得到更精确的计算结果，大多通用流程模拟软件中内置了一些组分对的二元交互作用参数，如 Aspen Plus 软件中内置了 BWRKV 和 BWRKT 二元交互作用参数。如果需要也可以使用数据回归系统，由相平衡实验数据来确定二元交互作用参数。

对于非极性或弱极性混合物以及轻烃气体，BWR-LS 性质方法能很好地预测长分子和短分子间的非对称交互作用。对于中压系统，BWR-LS 性质方法能得到合理的结果，但对于高压系统计算偏差较大，不宜选用。

（2）LK-PLOCK 性质方法。

LK-PLOCK 性质方法使用状态方程计算除液体摩尔体积外的所有热力学性质，使用 API 方法计算虚拟组分的液体摩尔体积，使用 Rackett 模型计算真实组分的液体摩尔体积。

利用该模型，如果使用二元交互作用参数，会得到更精确的计算结果，大多通用流程模拟软件中内置了一些组分对的二元交互作用参数，如 Aspen Plus 软件中内置了 LKPKIJ 二元交互作用参数。如果需要也可以使用数据回归系统，由相平衡实验数据来确定二元交互作用参数。

LK-PLOCK 性质方法适用于所有温度和压力范围，但当接近混合物临界点区域时计算结果偏差较大。

（3）PR-BM 性质方法。

PR-BM 性质方法采用带有 Boston-Mathias α 函数的 Peng Robinson 立方状态方程计算所有热力学性质。PR-BM 性质方法适用于所有温度和压力范围，但当接近混合物临界点区域时计算结果偏差较大。

（4）RKS-BM 性质方法。

RKS-BM 性质方法采用带有 Boston-Mathias α 函数的 Redlich-Kwong-Soave（RKS）立方状态方程计算所有热力学性质。RKS-BM 性质方法适用于所有温度和压力范围，但当接近混合物临界点区域时计算结果偏差较大。

2）用于石油混合物的性质方法

用于石油混合物的性质方法见表 5－11。

表 5－11 用于石油混合物的状态方程

性质方法	模　型
BK10	Braun K10 K-值模型
CHAO-SEA	Chao-Seader 液体逸度 Scatchard-Hildebrand 活度系数
GRAYSON	Grayson-Streed 液体逸度 Scatchard-Hildebrand 活度系数
PENG-ROB	Peng-Robinson
RK-SOAVE	Redlich-Kwong-Soave

（1）BK10 性质方法。

BK10 性质方法主要应用于炼油装置，在此略。

（2）CHAO-SEA 性质方法。

CHAO-SEA 性质方法使用 Chao-Seader 关联式计算参考状态逸度系数，使用 Scatchard-Hildebrand 模型计算活度系数，使用 Redlich-Kwong 状态方程计算气体性质。

CHAO-SEA 性质方法具有预测性，它可用于炼油装置常压塔、减压塔和乙烯装置的部分工艺过程，但对含有氢气的系统计算偏差加大。

（3）GRAYSON 性质方法。

GRAYSON 性质方法使用 Chao-Seader 关联式计算参考状态逸度系数，使用 Scatchard-Hildebrand 模型计算活度系数，使用 Redlich-Kwong 状态方程计算气体性质。GRAYSON 性质方法是为含有烃和轻烃气体的系统而开发的。GRAYSON 性质方法具有预测性，它可用于原油塔减压塔和乙烯装置部分工艺过程，尤其适用于含有氢气的系统。

（4）PENG-ROB 性质方法。

PENG-ROB 性质方法使用 Peng-Robinson 立方状态方程计算除液体摩尔体积外的所有热力学性质，使用 API 方法计算虚拟组分的液体摩尔体积，使用 Rackett 模型计算真实组分的液体摩尔体积。

利用该模型，如果使用二元交互作用参数，会得到更精确的计算结果，大多通用流程模拟软件中内置了一些组分对的二元交互作用参数，如 Aspen Plus 软件中内置了 PRKIJ 二元交互作用参数。如果需要也可以使用数据回归系统，由相平衡实验数据来确定二元交互作用参数。

该方法适用于非极性或弱极性混合物，也适合于高温和高压范围，如烃加工应用或超临界萃取过程。

（5）RK-SOAVE 性质方法。

RK-SOAVE 性质方法使用 Redlich-Kwong-Soave（RKS）立方状态方程计算除液体摩尔体积以外的所有热力学性质，使用 API 方法计算虚拟组分的液体摩尔体积，使用 Rackett 模型计算真实组分的液体摩尔体积。

利用该模型，如果使用二元交互作用参数，会得到更精确的计算结果，在 Aspen Plus 软件中，RK-SOAVE 性质方法自动使用内置的 PRKIJ 二元交互作用参数。如果需要也可以使用数据回归系统，由相平衡实验数据来确定二元交互作用参数。

该方法适用于非极性或弱极性混合物，也适合于高温和高压范围，如烃加工应用或超临界萃取过程，对于富氢系统更为实用。

利用 Aspen Plus 软件进行模拟计算，物性方法的规定分为两个层次：一是规定全局物性方法，二是规定特定单元的物性方法。

（1）规定全局物性方法。

全局物性方法是指在整个流程范围内均使用的默认方法。当规定了全局物性方法后，如果不对某个单元做特别规定的话，则默认使用该物性方法。图 5－10 使用 Process Type 列表框选择模拟的工艺过程类型（Process type）、基本方法（Base Method）和物性方法（Property Method）。具体选择方法参见上文。在脱丁烷塔 E-

DA405 模拟中，可选用适当的物性方法为全局物性方法。

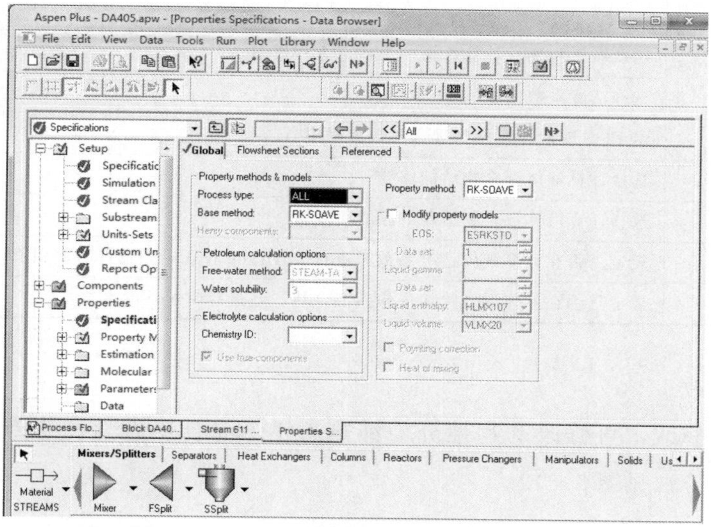

图 5－10　全局物性方法规定（软件截图）

（2）规定特定单元的物性方法。

在系统模拟过程中，经常会遇到个别单元设备不适用全局物性方法的情况，为此需要对该单元进行个别规定，本例中可以对脱丁烷塔 E-DA405 单元的物性方法进行规定。值得注意的是，该物性方法仅对 DA405 塔有效。

（3）内置物性方法的修改。

在流程模拟过程中，常常会出现系统默认的物性方法集不能满足要求，需要对物性方法集进行修改的情况，修改方法有常用修改和高级修改两种。

①常用修改，见图 5－11 和表 5－12。

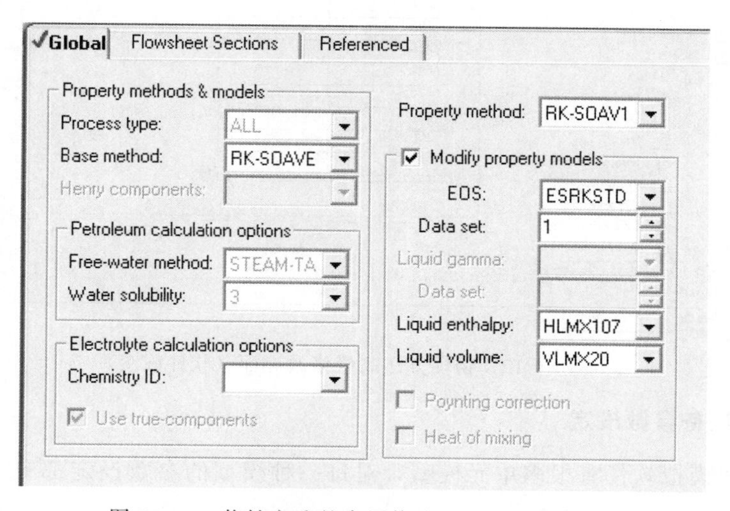

图 5－11　物性方法的常用修改界面（软件截图）

表 5-12 可修改的参数

在这个框中	去做这个
Vapor EOS	给所有气相物性计算选择一个状态方程模型
Liquid gamma	选择活度系数模型
Data set	给 EOS 或液体 γ 模型规定参数数据集号
Liquid enthalpy	选择计算液体混合物焓的路线
Liquid volume	选择计算液体混合物体积的路线
Poynting correction	规定是否在计算液体逸度系数时进行 Poynting 校正，当选择时使用 Poynting 校正
Heat of mixing	规定是否在液体混合物焓中包括混合热，当选择时包括混合热

②高级修改。

对于高级修改，可修改的物性分为纯热力学、混合热力学、纯传递和混合传递 4 类，具体修改方法见图 5-12。

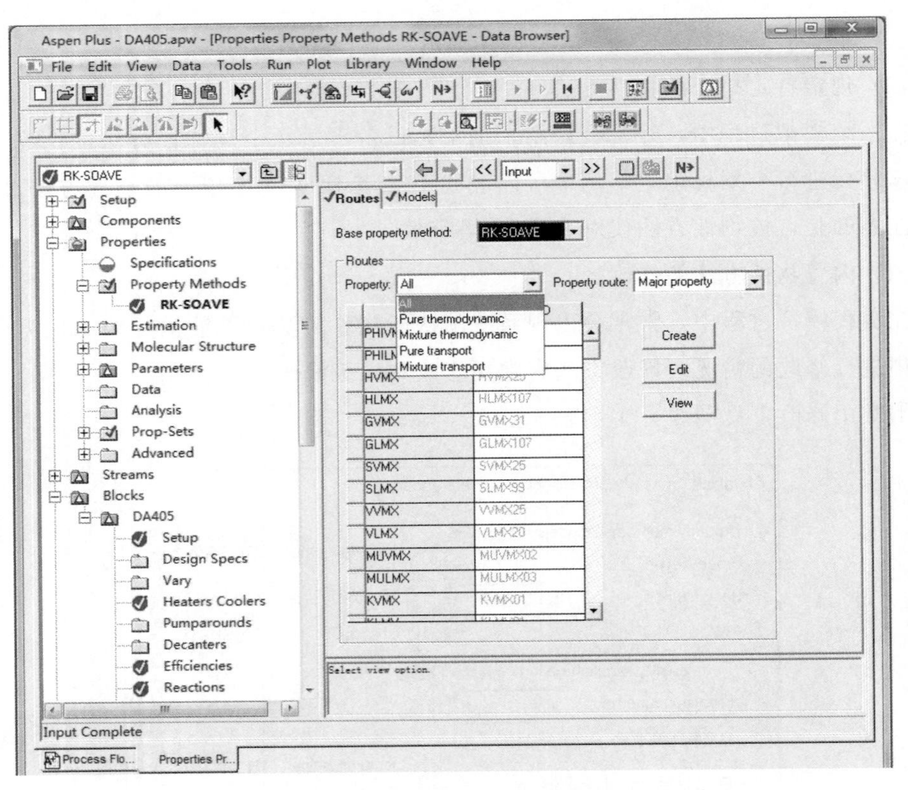

图 5-12 物性方法高级修改界面（软件截图）

9. 单元设备参数设定

通用流程模拟软件有很多单元模型，对每一种模型的参数设定都有其特殊性，在此仅以 DA405 为例，介绍利用 Aspen Plus 软件的严格蒸馏模型的参数设定方法。RadFrac

设定内容见表5－13。

表5－13　RadFrac设定内容

使用这个表格	去　做
Setup	规定基本塔结构和操作条件
DesignSpecs	规定设计规定和浏览收敛结果
Vary	规定调节变量用来满足设计规定和浏览最终的计算结果
HeaterCoolers	规定级加热或冷却
Pumparounds	规定中段回流并浏览中段回流结果
Pumparounds Hcurves	规定中段回流加热或冷却曲线表并浏览表格的结果
Decanters	规定倾析器并浏览倾析器的结果
Efficiencies	规定级、组分和塔段的效率
Reactions	规定平衡、动力学和反应转化参数
CondenseHcurves	规定冷凝器加热或冷却曲线表并浏览表格结果
ReboilerHcurves	规定再沸器加热或冷却曲线表并浏览表格结果
TraySizing	为塔段的级规定设计参数并浏览结果
TrayRating	为塔段的级规定核算参数并浏览结果
PackSizing	为塔段的填料规定设计参数并浏览结果
PackRating	为塔段的填料规定核算参数并浏览结果
Properties	为塔段规定物性参数
Estimates	规定各级的温度、气相和液相流率及组成的初始估值
Convergence	规定塔收敛参数、进料闪蒸计算和模块特定诊断信息级别
Report	规定模块特定报告选项和虚拟物流
BlockOptions	替换这个模块的物性、模拟选项、诊断信息级别和报告选项的全局值
UserSubroutines	规定反应动力学、KLL计算、塔板设计与核算、填料设计与核算的用户子程序
ResultSummary	浏览所有RadFrac塔中关键塔的结果
Profiles	浏览并规定塔的分布
Dynamic	规定动态模拟参数

1）级数

RadFrac是由冷凝器开始从顶向下进行编号，如果没有冷凝器，则是从塔顶第一块塔板开始编号。级数的设定有理论塔板数和实际塔板数两种。设定为实际塔板数时，应对塔板效率进行设定；设定为理论塔板数时，无须对塔板效率进行设定，塔板效率默认为100%，理论塔板数应等于实际塔板数与所取的塔板效率的乘积。

如果塔内件是填料，即填料塔，则需根据填料的型号和填料生产厂家提供的产品说明书取填料的等板高度，再根据等板高度确定其理论塔板数。

值得注意的是，当存在再沸器和冷凝器时，无论其是否有分离能力，都作为一块理论塔板处理。例如 DA405 塔实际塔板数为 32 块，塔顶为全凝器，塔底为立式热虹吸再沸器，取全塔塔板效率为 63%，则理论塔板数 = 32 × 0.63 + 2 = 22.16，取 22 块理论塔板；如果按实际塔板数输入，则实际塔板数 = 32 + 2 = 34。

建议在级数设定窗口进行级数设定时，最好输入理论塔板数，而不输入实际塔板数，这种情况下，塔板效率也无须设定。

2）进料物流约定

使用 Setup Streams 规定进料和产品的位置，进料位置需要确认是塔板上方进料还是塔板上进料。当进料物流是气液两相时，塔板上方进料是指物料从塔板上方进入后，气、液分相，气相进入上一块塔板，液相进入该塔板，只有液相参与该塔板的计算；塔板上进料是指进料气液两相均参与该塔板的相关计算。

3）算法

可以在 Convergence Basic 页中选择一个算法和/或初始化选项，对塔进行模拟缺省的标准算法和标准的初始化选项对大多数应用都是适用的，特殊情况时可以使用改进算法。

4）塔板效率

塔顶冷凝器和塔底再沸器不能设置塔板效率，系统默认为 100%。

塔板效率仅当是板式塔时才使用；当为填料塔时，则需等板高度确定其理论塔板数。

实际应用中，有时采用总板效率来描述实际塔板数与理论级数的关系，总板效率是为达到和实际塔板数同样分离要求的理论塔板数与实际塔板数的比值，由于塔内每块实际塔板接触状态、温度、压力等均存在一定差异，故各板效率也会存在差别，而总板效率是全塔塔板的平均板效率，因此，在确定精馏段及提馏段实际塔板数时，应根据各塔段的总板效率确定，并设置多进料口，供在实际操作中选择。

影响总板效率的因素很多，且极其复杂，到目前为止，主要根据经验公式或采用生产塔及中间试验塔的实测数据来估算。O'Connell 曾收集了几十个工业精馏塔（泡罩板和筛板塔）的总板效率数据，并以相对挥发度和进料组成下液体黏度的乘积 $\alpha\eta_L$ 为变量进行关联，得到图 5-13 的结果。

图 5-13 中曲线也可近似以下式表示：

$$E_T = 0.49\,(\alpha\eta_L)^{-0.245} \tag{5-9}$$

根据操作条件，确定体系的黏度 η_L 和相对挥发度 α，即可由式（5-9）估算总塔板效率。体系液相的黏度 η_L 高，产生的气泡大，相界面积小，两相接触差，同时液相扩散系数也小，导致传质效率低。而精馏时，塔板上液相均处于沸点，多数液体的黏度有相同的数量级（0.15～0.7mPa·s），温度升高，黏度降低，板效率增大，这也是精馏塔效率一般高于吸收塔的主要原因。

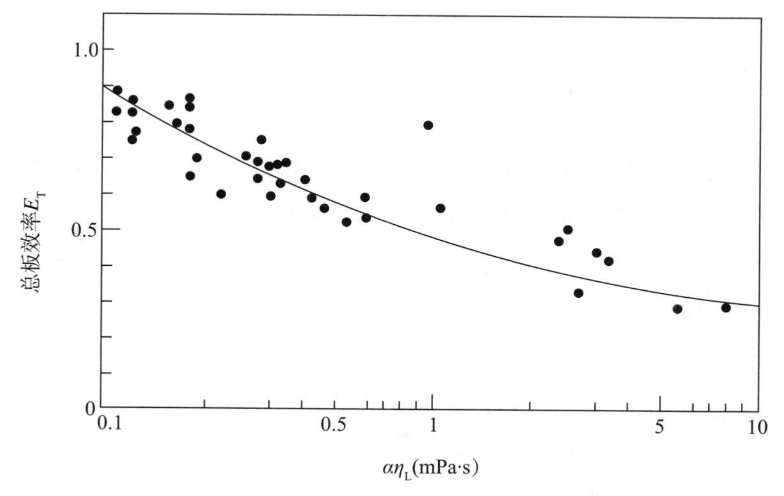

图 5－13 O'Connell 总板效率经验关联图

体系组分的相对挥发度 α 对塔板效率产生影响。相对挥发度大，相当于气相溶解度低，或平衡常数大，液相传质阻力大，塔板效率低。其他物性，如表面张力、气液流动和接触状态以及设备结构性能等，塔操作的条件如温度、压力等均会对塔板效率产生一定的影响，其因素极为复杂，难以准确地定量计算，一般靠实验研究和生产经验估算。特别是在多组分分离计算中，相对挥发度的确定本身就很复杂，因此使用起来很困难。但利用式（5－9）进行概念分析是非常有意义的。

以上介绍的经验公式及曲线是对塔总板效率的近似估算。而总板效率反映了板式塔全塔塔板综合性能，设计使用比较方便。然而更准确的方法是由实验研究和实际生产数据确定总板效率，或由生产数据和实验研究数据，通过严格模拟计算确定各塔段的效率，如精馏段及提馏段的效率，这样可使精馏设计更趋于完善。但是，这仍然不能反映塔内某一塔板的分离效率。为此，需要对单板效率进行分析。

单板效率分为蒸发效率和 Murphree 效率两种类型。

蒸发效率被定义为：

$$E_i^V = \frac{y_{i,j}}{K_{i,j}x_{i,j}} \tag{5-10}$$

Murphree 效率被定义为：

$$E_i^M = \frac{y_{i,j} - y_{i,j+1}}{K_{i,j}x_{i,j} - y_{i,j+1}} \tag{5-11}$$

式中 K —— 平衡常数；

x——液相摩尔分数；

y——气相摩尔分数；

E^V——蒸发效率；

E^{M}—— Murphree 效率；

i ——组分号；

j ——级号。

对于脱丁烷塔 E-DA405 的塔板效率，根据该物系特点和塔板形式（F1 浮阀），取每块塔板效率均为 63%。由于第一块板为冷凝器，最后一块板为再沸器，因此塔段范围为 2～33。有时塔内不同塔段物系变化较大，塔板结构及水力学状况差异也较大，导致塔内各板的效率变化较大，因此需要分段设定不同的塔段效率。

5）蒸馏单元物性方法

在系统模拟过程中，当个别单元设备不适用全局物性方法时，需要对该单元进行个别规定，该物性方法仅对该蒸馏单元有效。

当同一个塔内不同位置组分数或者其含量变化较大时，同一个物性方法集不能在全范围内对该物系进行描述，此时可以在塔内不同位置选用不同的物性方法。经常分别处理的部分为再沸器、液液分离罐、精馏段和提馏段。

6）操作参数设定

对于严格精馏塔操作模拟，操作参数有回流比、回流量、再沸器负荷、冷凝器负荷、塔顶采出量、塔釜采出量、塔顶压力、塔釜压力、冷凝器过冷度等。

上述参数之间有些是非独立的变量，不能重复输入。比如，当规定了塔顶采出量和回流量后，塔釜采出量可以通过进料量和塔顶采出量的物料衡算获得，而此时的再沸器负荷、冷凝器负荷也非自变量，通过全塔模型计算获得，这方面的知识在自由度中有所介绍。在脱丁烷塔 E-DA405 的模拟中已知塔顶产品采出量和回流量，因此规定塔顶产品采出量为 4578.11kg/h，回流量为 5248.3457kg/h。

通常需要规定塔顶操作压力、冷凝器后压力和全塔压降。在脱丁烷塔 E-DA405 的模拟中已知塔顶压力为 5.15kgf/cm^2、塔底压力为 5.37kgf/cm^2，则塔压降为0.22kgf/cm^2，取冷凝器出口压力为 5.0kgf/cm^2。

对于塔顶冷凝器，分为全凝器、气相采出的分凝器和气液相采出的分凝器 3 种情况。对于全凝器，为了减少物料跑损和操作、控制需要，通常需要保证一定的过冷，模拟中可以规定过冷度（与泡点的温度差）或者冷凝器出口温度。

7）水力学设计及核算

Aspen Plus 软件中内置了塔内件水力学设计和核算模块。

流程模拟分为两个层次：一个是物料、热力学衡算、相平衡关系等计算，对于设备结构只关联理论级；另一个是设备层次，将设备结构参数关联到整个模拟计算中。但是对于蒸馏塔的水力学计算并没有将其计算结果关联到整个模拟计算中，而是利用热力学的模拟计算结果进行板式塔、填料塔的设计、核算，其计算结果并不影响热力学模拟计算。因此说这些模块是相对独立的。

8）设计模式

利用 Aspen Plus 软件进行精馏塔严格模拟，采用的是操作型计算模式，但 Aspen Plus 软件也提供了一些设计型计算功能。在设计模式中使用 DesignSpecs 窗口规定塔的操作参数，例如纯度或回收率等。模拟中，通过 DesignSpecs 窗口规定目标参数，之后通过 Vary 窗口规定自变量。

9）段间再沸器和段间冷凝器

中段再沸器和中段冷凝器在乙烯装置中经常遇到，如乙烯精馏塔就可能既有中段再沸器，又有中段冷凝器，其主要目的是冷量梯级利用。在 Aspen Plus 软件模拟中，可以使用 Pumparounds 窗口输入所有规定。

10. 计算结果分析及模拟调试

完成上述设定后，通过运行可以得到相应的计算结果，图 5－14 为脱丁烷塔 E-DA405按照上述规定所得到的模拟流程图。流程图中含有物流温度、压力、流量及换热设备热负荷等信息。

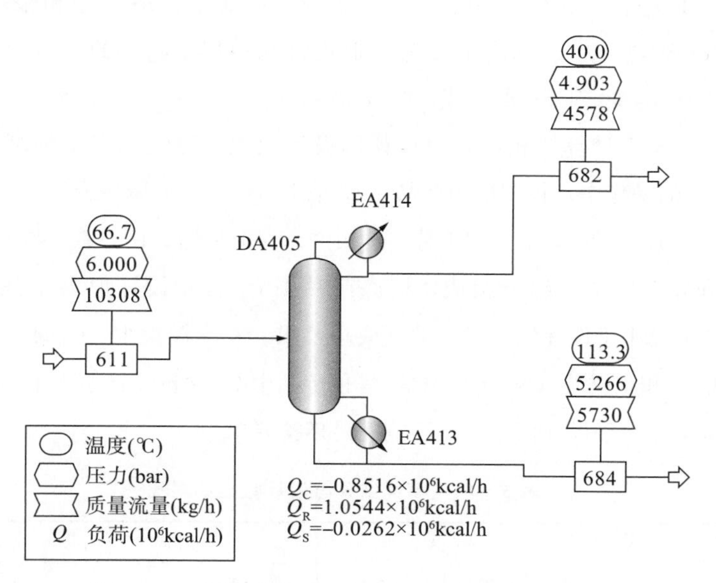

图 5－14 脱丁烷塔在 Aspen Plus 软件中的流程图

对运行结果的分析一般经过以下几个步骤：

（1）输入数据校对。

由于模拟过程输入数据较多，出现错误时有发生，对于运行结果分析首先是对输入数据进行校对。校对一般从以下几个方面着手：

①将 PFD 与模拟流程图（图 5－14）比对，检查流程联结是否正确；

②将模拟流程图的物流信息与输入物流和操作参数（表 5－6、表 5－9）进行比对，检查流股的温度、压力、流量输入是否正确；

③将输入物流组成（如表 5－6 中流股 611）与模拟计算结果进行比对，检查输入流股的组分含量输入是否正确；

④初步检查计算结果，如温度、输出物流组成、换热器热负荷等计算结果是否存在异常，如果存在异常，要分析原因，检查是否是输入错误造成的。

（2）认真比对计算结果与设计数据（或者操作数据）的差异，并分析原因。

将模拟结果与设计数据（或者操作数据）进行比对、分析。由于实际模拟过程所遇到的流程千差万别，模型也多种多样，模拟中出现的问题更是千变万化，因此本书仅以脱丁烷塔 E-DA405 模拟为例，介绍一些常用的分析方法。

模拟分析一般从流量、温度、组成和换热器热负荷角度进行对比分析。对于蒸馏设备，应着重分析塔顶、塔底的流量和温度及塔顶、塔底产品组成，而蒸馏塔的各板温度直接与其组成相关，因此对于蒸馏塔分析首先分析塔顶、塔底流量和组成。

从表 5－14 中可知，从流量看，684 号物流流量模拟值比设计值少了 50kg/h。由于 611 号物流流量是进料，在输入中给定，682 号物流流量是塔顶液相采出，也是在塔顶操作参数中予以规定，因此 611、682 号流股设计和模拟是吻合的，但为什么在 684 号流股出现了差异？为此对设计数据进行物料衡算，10307.66kJ/h － 4578.1kJ/h = 5729.6 kg/h，与模拟计算值相符，可以说明设计数据中存在物料不衡算问题。

在 DA405 塔的操作中，控制塔顶产品中 C_5 含量小于 2%（摩尔分数，下同），塔底 C_4 含量小于 1.6%，因此 C_4 和 C_5 是关键组分。C_4 由 1，3-丁二烯、1-丁烯、顺丁烯、反丁烯、异丁烯、正丁烷和异丁烷 7 个组分组成，塔底产品中 C_4 含量设计值为 1.5897%，模拟值为 0.9109%，模拟工况小于设计值工况，满足模拟要求。在本模拟中，C_5 取两个代表性组分异戊烯（1-PEN-01）和正戊烷（N-PEN-01），塔顶产品中 C_5 含量设计值为 1.8625%，模拟值为 2.5344%，模拟工况大于设计值工况，不能满足模拟要求。

表 5－14　模拟结果与设计数据的对比

物流号	611		682		684	
	模　拟	设　计	模　拟	设　计	模　拟	设　计
温度（℃）	66.7	66.7	40.0	40.0	112.3657	110.5
压力［MPa（绝压）］	0.6	0.6	0.4903325	0.4903	0.5266171	0.5266
气相分率	0	0	0	0	0	0
摩尔流量（kmol/h）	154.8434	154.656	82.44386	81.5405	73.10632	73.399495
质量流量（kg/h）	10307.66	10307.66	4578.1	4578.11	5777.655	5729.5547

续表

物流号	611		682		684	
	模　拟	设　计	模　拟	设　计	模　拟	设　计
摩尔分数						
PROPA-01/丙二烯	2.50×10^{-5}	2.50×10^{-5}	4.70×10^{-5}	4.48×10^{-5}	6.02×10^{-10}	0
METHY-01/丙炔	0.001939	0.001939	0.003642	0.003689	1.41×10^{-7}	0
PROPY-01/丙烯	2.30×10^{-5}	2.30×10^{-5}	4.32×10^{-5}	4.38×10^{-5}	2.10×10^{-11}	0
PROPA-02/丙烷	1.20×10^{-5}	1.20×10^{-5}	2.25×10^{-5}	2.28×10^{-5}	2.49×10^{-11}	0
1，3-B-01/1，3-丁二烯	0.252549	0.252549	0.470817	0.472306	0.004	0.008977
1-BUT-01/1-丁烯	0.158016		0.295212		0.001785	
CIS-2-01/顺丁烯 TRANS-01/反丁烯	0.034593 0.000766	0.249385	0.062474 0.001409	0.470009	0.002844 3.33×10^{-5}	0.004853
ISOBU-01/异丁烯	0.05601		0.104745		0.000514	
ISOBU-02/异丁烷 N-BUT-01/正丁烷	0.004879 0.014636	0.019514	0.009149 0.027081	0.035256	1.58×10^{-5} 0.000464	0.002067
1-PEN-01/1-戊烯 N-PEN-01/正戊烷	0.153844 0.05	0.223844	0.023947 0.001397	0.018625	0.301763 0.105346	0.451302
CYCLO-01/环己烷	0.02		1.55×10^{-5}		0.042757	
N-HEX-01/正己烷 N-HEP-01/正庚烷	0.023755 0.02	0.073755	3.93×10^{-8} 1.20×10^{-10}		0.050806 0.042775	0.15502
N-OCT-01/正辛烷	0.03		8.09×10^{-12}		0.064162	
BENZE-01/苯	0.150157	0.150157	1.12×10^{-7}	—	0.321146	0.316587
TOLUE-01/甲苯	0.025783	0.025783	5.62×10^{-11}	—	0.055143	0.054359
M-XYL-01/二甲苯	0.001822	0.001822	2.57×10^{-13}	—	0.003897	0.003842
STYRE-01/苯乙烯	0.001189	0.001189	1.34×10^{-13}	—	0.002543	0.002506
N-PRO-01/正丙苯	3.00×10^{-6}	3.00×10^{-6}	1.15×10^{-16}	—	6.42×10^{-6}	6.32×10^{-6}

对于蒸馏塔分离指标的分析分成两种情况：

（1）塔一端产品不合格，另一端产品合格，此时应调整塔顶采出量。

因给定进料条件和规定分离要求后，其塔顶采出量 D 或塔底采出量 W 就唯一确定下来，并由以下物料衡算关系解得：

$$F = D + W \tag{5-12}$$

$$Fz_{i,F} = Dx_{i,D} + Wx_{i,W} \tag{5-13}$$

式中　F——进料流量；

$z_{i,F}$——进料中 i 组分浓度；

$x_{i,D}$——塔顶产品中 i 组分浓度；

$x_{i,W}$——塔底产品中 i 组分浓度。

如果塔顶有过多的采出量 D'，即 $D'>D$，势必导致 $x_{i,D}$下降，难挥发组分更多地进入塔顶，引起塔顶产品不合格。在塔底，因塔顶采出量的提高，塔釜中轻重组分必遵循操作条件下的相平衡关系及物料衡算关系，首先是易挥发组分向塔顶转移，其次难挥发组分向塔顶转移。其结果是，在塔釜的易挥发组分降至更低，或难挥发组分增至更浓，超过设计的分离指标，即过度分离。

反之，塔顶采出量 D'低于适宜采出量 D，即 $D'<D$，使部分易挥发组分不能按规定从塔顶采出，只得从塔底排出，导致塔顶过度分离，塔釜易挥发组分增多，产品不合格，易挥发组分的回收率下降。

由以上分析可知，无论如何改变其他控制条件，改善塔的工况，均需满足系统的物料衡算关系。如果采出量不适宜，由于物料衡算关系的约束，必将导致塔一端的分离达不到设计要求。这时，无论采取其他什么措施，均无济于事。唯一有效的方法就是调整采出量至适宜量，才可能使塔两端分离产品质量达到设计指标。

对于脱丁烷塔 E-DA405 的模拟，根据以上分析应该减少塔顶采出量，如果将塔顶采出量调整至 4530kg/h，模拟结果见表 5－15，此时塔顶、塔底产品中关键组分含量均满足设计要求。

表 5－15　塔顶采出量调整至 4530kg/h 时塔顶、塔底产品组成

组分名称	塔顶 C_5 含量（摩尔分数）	塔底 C_4 含量（摩尔分数）
1，3-B-01/1，3-丁二烯	—	0.004544
1-BUT-01/1-丁烯	—	0.00203
CIS-2-01/顺丁烯	—	0.003209
TRANS-01/反丁烯	—	3.77×10^{-5}
ISOBU-01/异丁烯	—	0.000584
ISOBU-02/异丁烷	—	1.79×10^{-5}
N-BUT-01/正丁烷	—	0.000527
1-PEN-01/1-戊烯	0.017247	—
N-PEN-01/正戊烷	0.000923	—
合　计	0.01817<0.02	0.01095<0.016

（2）塔两端产品不合格。

对于塔两端产品均不合格的情况，可以采用以下调节手段进行调节：

①塔板效率或等板高度。

对于板式塔，塔板效率为根据经验和相关资料选取的，由于塔板效率影响因素复杂，很难确定取值准确，在模拟计算中把它作为可调参数。

模拟中塔板效率选取不同，计算结果常常会存在很大差异。比如脱丁烷塔 E-DA405 的模拟，初始选择塔板效率为 50%，即使塔顶采出量调整至 4530kg/h，塔顶、塔底产品中关键组分含量均不满足设计要求，见表 5－16。

表 5－16　塔板效率分别为 50%和 63%时模拟计算结果对比

组分名称	塔板效率为 63%		塔板效率为 50%	
	塔顶 C_5 含量（摩尔分数）	塔底 C_4 含量（摩尔分数）	塔顶 C_5 含量（摩尔分数）	塔底 C_4 含量（摩尔分数）
1，3-B-01/1，3-丁二烯	—	0.004544	—	0.010004
1-BUT-01/1-丁烯	—	0.00203	—	0.004712
CIS-2-01/顺丁烯	—	0.003209	—	0.005237
TRANS-01/反丁烯	—	3.77×10^{-5}	—	6.95×10^{-5}
ISOBU-01/异丁烯	—	0.000584	—	0.001396
ISOBU-02/异丁烷	—	1.79×10^{-5}	—	4.99×10^{-5}
N-BUT-01/正丁烷	—	0.000527	—	0.001021
1-PEN-01/1-戊烯	0.017247	—	0.024302	—
N-PEN-01/正戊烷	0.000923	—	0.002023	—
合　计	0.01817<0.02	0.01095<0.016	0.026325>0.02	0.02249>0.016

值得指出的是，塔板效率是一个模拟值，可能和实际值存在差异。由于模拟的目的是操作分析和设计指导，因此该偏差可以在应用中消除。如实际塔板数为 50 块，模拟中选取理论塔板数为 30 块；在某一设计（操作压力提高）工况通过模拟计算需要理论塔板数为 36 块，则该工况需要实际塔板数为：

$$N_{T2}=\frac{N_2}{E}=\frac{N_2}{N_1/N_{T1}}=60$$

从上例中可知，塔板效率的选取偏差在应用中可以消除。

根据以上分析，建议在级数设定窗口进行级数设定时，最好输入理论塔板数，而不输入实际塔板数，这种情况下，塔板效率也无须设定。

虽然塔板效率是模拟值，可以适当调整，但是必须在一定范围内进行，当超出了一定范围时，模拟过程可能不能反映真实过程，存在较大风险。

对于填料塔，等板高度的选取和塔板效率的选取在本质上并无差别。

②进料位置。

进料位置的不同，对分离结果是有影响的。一般情况下，在模拟计算初始情况下，精馏段和提馏段的塔板效率（或等板高度）的选取值是相同的。但是由于精馏段和提馏段水力学状况和物系性质会有较大差异，这会导致精馏段和提馏段的塔板效率（或等板高度）存在差异，使初选进料位置不能反映实际的进料状况。

如某精馏塔，实际塔板数为60块，进料位置为第30块板，如果取全塔塔板效率为50%，则进料位置为第16块理论板；如果取精馏段塔板效率为60%，提馏段塔板效率为40%，则进料位置为第19块理论板。

③物性方法。

当输入检查正确，上述调整方法均无效时，可以考虑改变物性方法。通过前面对物性方法的论述可知，物性方法为描述原型的一系列数学方程，这些物性方程是以一定热力学等相关理论为基础、以大量实验数据为依据获得的，不同的物性方法有其特点。因此在模拟中需要进行模型筛选。模型筛选的步骤首先根据模型的机理进行筛选（见选择物性方法），之后将筛选出来的热力学方法进行模拟比对，选出最佳模型。见表5－17。

表5－17　几种热力学模型模拟 E-DA405 塔模拟结果比较

组分名称	RK-SOAVE		PENG-ROB	
	塔顶 C_5 含量（摩尔分数）	塔底 C_4 含量（摩尔分数）	塔顶 C_5 含量（摩尔分数）	塔底 C_4 含量（摩尔分数）
1，3-B-01/1，3-丁二烯	—	0.004544	—	0.004741
1-BUT-01/1-丁烯	—	0.00203	—	0.002124
CIS-2-01/顺丁烯	—	0.003209	—	0.003379
TRANS-01/反丁烯	—	3.77×10^{-5}	—	4.05×10^{-5}
ISOBU-01/异丁烯	—	0.000584	—	0.000642
ISOBU-02/异丁烷	—	1.79×10^{-5}	—	2.04×10^{-5}
N-BUT-01/正丁烷	—	0.000527	—	0.000537
1-PEN-01/1-戊烯	0.017247	—	0.017596	—
N-PEN-01/正戊烷	0.000923	—	0.000952	—
合计	0.01817	0.01095	0.018548	0.011484
组分名称	GRAYSON		BWR-LS	
	塔顶 C_5 含量（摩尔分数）	塔底 C_4 含量（摩尔分数）	塔顶 C_5 含量（摩尔分数）	塔底 C_4 含量（摩尔分数）
1，3-B-01/1，3-丁二烯	—	0.004108	—	0.007848
1-BUT-01/1-丁烯	—	0.001304	—	0.002767
CIS-2-01/顺丁烯	—	0.003126	—	0.004198
TRANS-01/反丁烯	—	3.65×10^{-5}	—	5.68×10^{-5}
ISOBU-01/异丁烯	—	0.000405	—	0.000826
ISOBU-02/异丁烷	—	4.15×10^{-6}	—	1.59×10^{-5}
N-BUT-01/正丁烷	—	0.00041	—	0.000639
1-PEN-01/1-戊烯	0.016288	—	0.021012	—
N-PEN-01/正戊烷	0.00076	—	0.000972	—
合计	0.017048	0.009395	0.021984	0.016352

续表

组分名称	PR-BM		RKS-BM	
	塔顶 C_5 含量（摩尔分数）	塔底 C_4 含量（摩尔分数）	塔顶 C_5 含量（摩尔分数）	塔底 C_4 含量（摩尔分数）
1，3-B-01/1，3-丁二烯	—	0.004705	—	0.004506
1-BUT-01/1-丁烯	—	0.002142	—	0.002046
CIS-2-01/顺丁烯	—	0.003381	—	0.003212
TRANS-01/反丁烯	—	4.05×10^{-5}	—	3.78×10^{-5}
ISOBU-01/异丁烯	—	0.000643	—	0.000585
ISOBU-02/异丁烷	—	1.95×10^{-5}	—	1.71×10^{-5}
N-BUT-01/正丁烷	—	0.000532	—	0.000522
1-PEN-01/1-戊烯	0.017546	—	0.017195	—
N-PEN-01/正戊烷	0.000988	—	0.000957	—
合　计	0.018534	0.011464	0.018152	0.010925

通过上述 6 个热力学模型模拟 E-DA405 塔模拟结果比较（表 5－17）可以看到，BWR-LS 更能准确地反映实际过程（1，3-丁二烯描述得更为准确），为此选择 BWR-LS 用于 DA405 塔模拟。

由于用 BWR-LS 模型模拟塔顶、塔底关键组分均未达到分离要求，因此用上述方法进行调试，经模拟计算，取塔板效率为 66%，塔顶采出量为 4510kg/h，此时模拟结果见表 5－18 和表 5－19。

表 5－18　选择 BWR-LS 经调试后 E-DA405 塔模拟结果物流表

物流号	611		682		684	
	模拟	设计	模拟	设计	模拟	设计
温度（℃）	66.7	66.7	40	40	113.5	110.5
压力［MPa（绝压）］	0.6	0.6	0.490332	0.4903	0.526617	0.5266
气相分率	0	0	0	0	0	0
摩尔流量（kmol/h）	154.843	154.656	81.387	81.5405	73.457	73.39950
质量流量（kg/h）	10307.7	10307.7	4510	4578.11	5797.655	5779.555
摩尔分数						
PROPA-01/丙二烯	2.50×10^{-5}	2.50×10^{-5}	4.756×10^{-5}	4.48×10^{-5}	4.9817×10^{-9}	0
METHY-01/丙炔	0.001939	0.001939	0.00368516	0.003689	4.3218×10^{-6}	0
PROPY-01/丙烯	2.30×10^{-5}	2.30×10^{-5}	4.3759×10^{-5}	4.38×10^{-5}	1.5989×10^{-10}	0
PROPA-02/丙烷	1.20×10^{-5}	1.20×10^{-5}	2.2831×10^{-5}	2.28×10^{-5}	1.402×10^{-10}	0
1，3-B-01/1，3-丁二烯	0.252549	0.252549	0.47403904	0.472306	0.00714746	0.008977
1-BUT-01/1-丁烯	0.158016		0.29840252		0.00247333	
CIS-2-01/顺丁烯 TRANS-01/反丁烯	0.034593 0.000766	0.249385	0.06218267 0.00140889	0.470009	0.00402574 5.3408×10^{-5}	0.004853

续表

物流号	611		682		684	
	模拟	设计	模拟	设计	模拟	设计
ISOBU-01/异丁烯	0.05601		0.10589939		0.00073441	
ISOBU-02/异丁烷 N-BUT-01/正丁烷	0.004879 0.014636	0.019514	0.00926943 0.02731145	0.035256	1.3527×10^{-5} 0.00059108	0.002067
1-PEN-01/1-戊烯 N-PEN-01/正戊烷	0.153844 0.05	0.223844	0.01700094 0.00067581	0.018625	0.30546028 0.10464909	0.451302
CYCLO-01/环己烷	0.02		1.0431×10^{-5}		0.04214759	
N-HEX-01/正己烷 N-HEP-01/正庚烷	0.023755 0.02	0.073755	4.9908×10^{-9} 0		0.05007452 0.04215914	0.15502
N-OCT-01/正辛烷	0.03		0		0.06323872	
BENZE-01/苯	0.150157	0.150157	0	—	0.31652448	0.316587
TOLUE-01/甲苯	0.025783	0.025783	0	—	0.05434946	0.054359
M-XYL-01/二甲苯	0.001822	0.001822	0	—	0.00384069	0.003842
STYRE-01/苯乙烯	0.001189	0.001189	0	—	0.00250636	0.002506
N-PRO-01/正丙苯	3.00×10^{-6}	3.00×10^{-6}	0	—	6.3239×10^{-6}	6.32×10^{-6}

表 5－19　选择 BWR-LS 经调试后 E-DA405 塔模拟结果其他主要参数表

主要操作参数	设计值	模拟值
DA405 塔顶压力［kgf/cm^2（绝压）］	5.15	5.15
DA405 塔底压力［kgf/cm^2（绝压）］	5.37	5.37
DA405 塔回流量（kg/h）	5248.3	5248.3
EA413 负荷（kW）	1050	1086
EA414 负荷（kW）	950	986
DA405 塔顶温度（℃）	45.7	46.3
DA405 塔底温度（℃）	110.5	113.5

11．灵敏度（Sensitivity）分析

对于上述模拟，只能确认在某一个工况下模拟结果与设计数据接近，常常还需要对所确认的模型进行灵敏度分析，来进一步确认模型的可靠性。

灵敏度分析是检验和研究过程某一关键设计变量的变化对某一关键输出参数产生的影响，可以用它改变一个或多个流程变量并研究该变化对流程其他输出参数的影响，它是做工况研究的一个有效工具。该自变量必须是流程的输入参数，即设计变量。

不同的系统、不同的单元，灵敏度分析的方法不尽相同，针对严格模型的精馏装置模拟，通常要进行进料位置、回流比和理论塔板数的灵敏度分析。下面以脱丁烷塔E-DA405为例介绍灵敏度分析的使用方法。

1）进料位置对塔底产品中1，3-丁二烯含量的影响

图5－15为进料位置对塔底产品中1，3-丁二烯含量影响的关系图。从图5－15中可知，进料位置在一定的变化范围内可以满足要求，当超出了一定范围时则无法达到分离要求，满足要求的进料位置的范围较宽，操作中可以尝试调整进料位置，进一步改善分离效果。

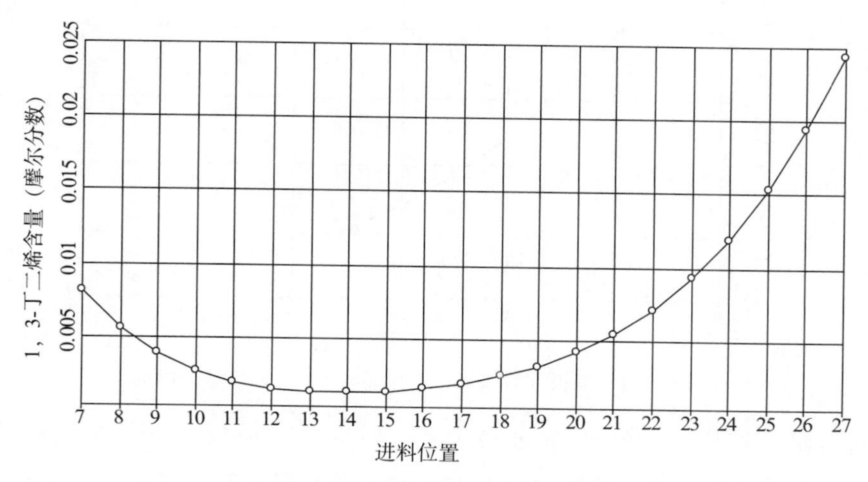

图5－15 进料位置对塔底产品中1，3-丁二烯含量的影响

2）回流量对塔底产品中1，3-丁二烯含量的影响

通过分析，增加回流量可以有效改善塔的分离效果，图5－16能够很好地反映这一规律。

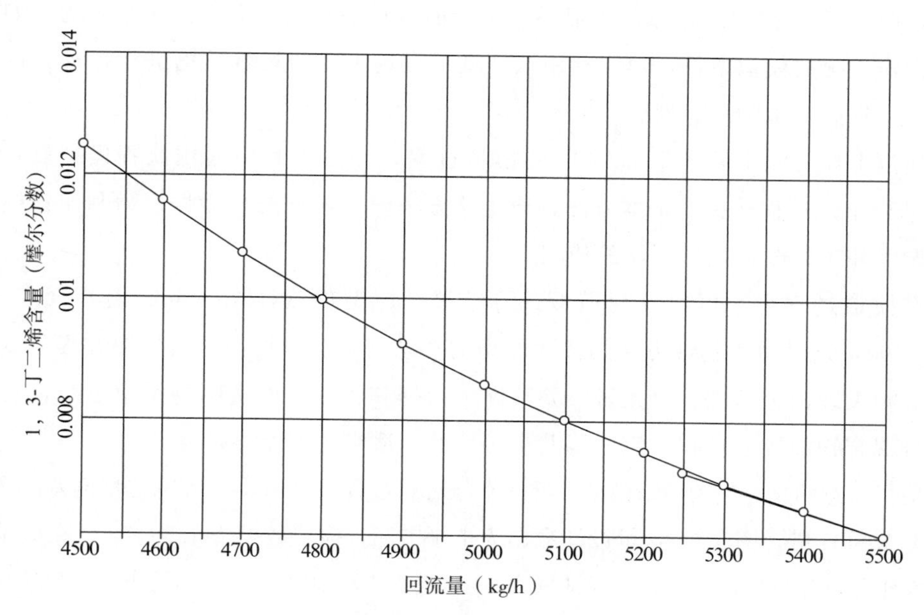

图5－16 回流量对塔底产品中1，3-丁二烯含量的影响

3）塔板数对塔底产品中1，3-丁二烯含量的影响

通过分析，增加塔板数，可以有效改善塔的分离效果，图5－17能够很好地反映这一规律。

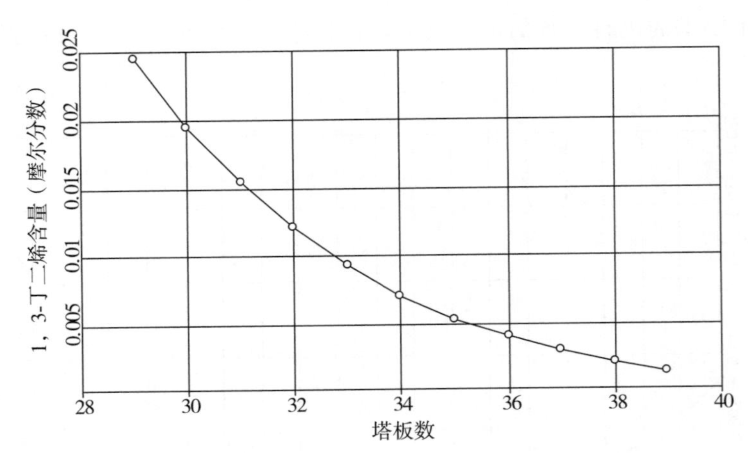

图5－17　塔板数对塔底产品中1，3-丁二烯含量的影响

通过对脱丁烷塔E-DA405的进料位置、回流量和塔板数进行灵敏度分析可知，BWR-LS能够较好地反映该精馏过程的本质和主要参数间的内在联系，变换趋势合理，因此可进一步确认BWR-LS模型的可靠性。

12. 操作数据校核

上述模拟是针对脱丁烷塔E-DA405的设计工况进行的，通过设计工况的模拟结果的分析，确认了BWR-LS模型的可靠性。但有时设计数据的可靠性并非绝对的，如果具备现场操作工况的模拟条件，建议利用该模型对现场工况的运行数据进行校核，进一步确认模型，提高模拟的可靠性。

通过上述对脱丁烷塔E-DA405的模拟过程，介绍了利用通用流程模拟软件Aspen Plus进行单元过程模拟的基本方法，通过该方法确认模型的可靠性，为利用该模型进行操作调优和工艺改造提供可靠的依据。

在模拟过程中，可以发现模拟计算结果与原型仍然存在一定的偏差（表5－18、表5－19），这是由于物性方法为描述原型的一系列数学方程，这些物性方程是以一定热力学等相关理论为基础、以大量实验数据为依据获得的，而实际物系很复杂，特别是对多组分混合物的描述存在一定的偏差是必然的，适当的偏差也是允许的。

值得注意的是，当利用该模型进行操作分析和过程设计时，应考虑这种偏差的影响。如对于E-DA405塔，塔底C_4含量设计数据为1.5897%，模拟数据为1.5039%，在应用该模型进行操作分析和过程设计时，应保证塔底C_4含量小于1.5039%，而不是小于1.5897%。同样也说明没有必要使塔底C_4含量模拟值一定小于1.5897%，只要与1.5897%偏差不大即可。

二、丙烯制冷压缩机与配套汽轮机的模拟

压缩机和汽轮机是乙烯装置中常见的单元设备，也是乙烯装置的核心设备之一，包括裂解气压缩机、乙烯压缩机、丙烯压缩机、甲烷循环压缩机、H_2 压缩机、空气压缩机、裂解气压缩机透平、乙烯压缩机透平、丙烯压缩机透平等共计 18 台。通常压缩机功耗大、设备结构复杂，尤其是裂解气压缩机、丙烯压缩机、乙烯压缩机对乙烯装置稳定生产、分离回收、节约能源意义重大。

本部分以丙烯制冷压缩机 GB501 与配套汽轮机 GT501 为例介绍利用通用流程模拟软件 Aspen Plus 进行压缩机和汽轮机模拟的方法。

1. 抽提流程

通过查找乙烯装置工艺包，找到其 PFD 图，在 PFD 图中找到丙烯压缩机 GB501 与汽轮机 GT501，将其与上游、下游单元过程切割开，得到单元的流程图，如图 5-18 所示。通过查找其操作规程，了解该单元过程的流程和功能为：丙烯制冷系统是一个闭式的由蒸汽透平驱动的四段离心式压缩机系统，制冷介质（丙烯）、压缩机（E-GB501）和冷剂用户构成了一个丙烯气压缩制冷循环，为装置提供 4 个制冷温度级位，即 -40℃、-24℃、-7℃和 15℃，制冷是在这些温度级位相对应的压力下蒸发丙烯获得的。蒸汽透平采用高压蒸汽为动力，为抽汽冷凝式，抽汽进入低压蒸汽管网，排出凝气压力为真空。

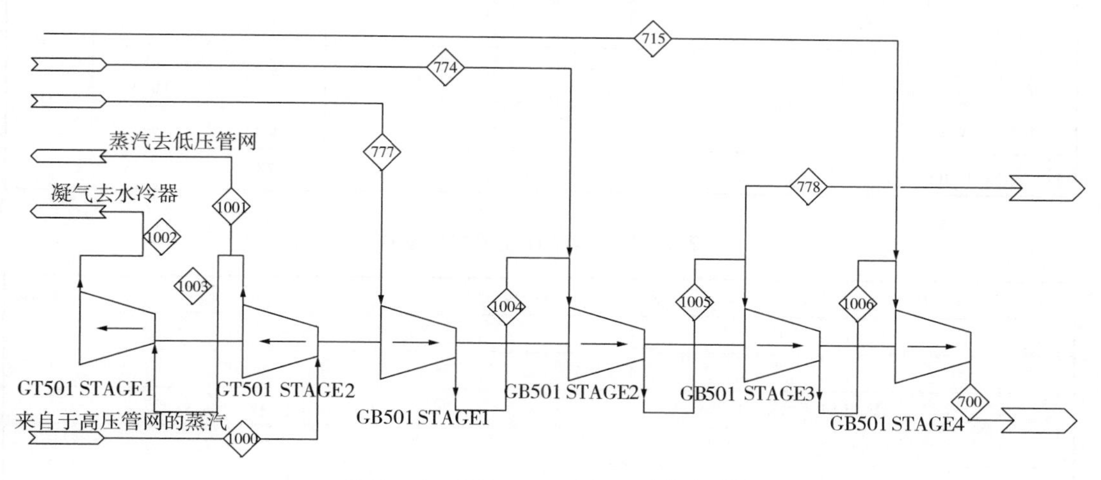

图 5-18 GB501 与 GT501 工艺流程图

2. 收集和确定输入、输出物流信息和操作参数

如果对设计工况进行模拟，则查找工艺包中物流信息表，可以得到与本单元过程相关的物流信息，见表 5-20。同时得到操作条件见表 5-21 和表 5-22。

表 5－20　来自于工艺包的物流信息表

物流号	700	715	774	777	778
温度（℃）	80. 1	15. 7	－23. 9	－40	15. 0
压力［MPa（绝压）］	16. 25	8. 846	2. 431	1. 355	4. 85
气相分率	1	1	1	1	1
摩尔流量（kmol/h）	2131. 228	106. 985	685. 8	1656. 099	317. 709
质量流量（kg/h）	89683. 43	4502	28863. 1	69689. 7	13369. 4
摩尔分数 PROPY-01/丙烯	1	1	1	1	1
物流号	1000	1001	1002	1003	
温度（℃）	385		51. 1	176. 2	
压力［MPa（绝压）］	31. 414	4	0. 13	4	
气相分率	1	1	0. 995	1	
摩尔流量（kmol/h）	1898	1155. 131	743	743	
质量流量（kg/h）	34195	20810	13385	13385	
水摩尔分数	1	1	1	1	

表 5－21　压缩机主要参数

名　称	一段入口	一段出口	二段入口	二段出口	三段入口	三段出口	四段入口	四段出口
压力［kgf/cm^2（绝压）］	1. 381	2. 56	2. 56	4. 88	4. 88	9. 12	9. 12	9. 12
温度（℃）	－40	－11. 8	－11. 8/－23. 9	15. 0	15. 0	50	50/15. 7	80. 1
功率（kW）						4060		
转速（r/min）						7730		

表 5－22　GT501 主要技术参数

参数	数据
透平型号	ENK-32/36
型式	抽汽冷凝式
额定功率（kW）	4330/4895
额定转速（r/min）	7940
第一临界转速（r/min）	4350
高压蒸汽正常进汽压力（MPa）	3. 05
高压蒸汽正常进汽温度（℃）	370
高压蒸汽最大进汽温度（℃）	420
高压蒸汽最小进汽温度（℃）	370
抽汽正常压力（MPa）	0. 4
正常凝汽压力（MPa）	0. 0013

3. 选择物性方法

通过物性分析选择物性方法，完成计算。

4. 计算结果分析及模拟调试

在计算中首先将压缩机和透平分别进行计算。对于压缩机的计算由于规定了排出压力，对应不同的多变效率，其出口温度不同。通过调整多变效率使各级压缩机的出口温度与表5-21中的值吻合。模拟结果见表5-23。

表5-23 GB501模拟结果表

段数	一段	二段	三段	四段
出口温度（℃）	-11.8	15	48.4	80.6
功率（kW）	672.9	1058.2	1056.0	1131.2
多变效率	0.823	0.83	0.775	0.775
总功耗（kW）	3918.3			

比照表5-21，模拟温度和工艺包中设计数据接近，模拟总功耗为3918kW，设计数据总功耗为4060kW，相差142kW，偏差3.5%。通过上述数据对比可知，利用该模型对压缩过程模拟，可以较好地反映原型。

表5-24为GT501透平模拟结果表。通过对比发现，模拟总功耗为4356kW，设计数据总功耗为4330kW，相差26kW，偏差0.6%。通过上述数据对比可知，利用该模型对压缩过程模拟，可以较好地反映原型。采用STEAM-TA模型对GT501的模拟数据与设计数据偏差较小，模型可用。

表5-24 GT501透平模拟结果表

段数	一段	二段
出口温度（℃）	185.1	51.1
功率（kW）	3490.0	866.0
多变效率	0.43	0.77
总功耗（kW）	4356	

在模拟中发现，设计数据压缩机所需总功耗为4060 kW，透平提供的功耗为4330kW，为压缩机功耗的106.7%，符合配套驱动机功率应稍大于压缩机额定功率的要求。通过分析可知，透平提供的功耗为某一工况下的额定功耗，运行中根据压缩机实际需要进行一定的调整。压缩机的功耗调整通过调整高压蒸汽的用量来实现，将高压蒸汽用量调整至31540kg/h，透平提供的功率与此工况下压缩机功耗匹配。GB501与配套GT501模拟结果见表5-25。

表 5－25　GB501 与配套 GT501 模拟结果表

名　称	一　段		二　段		三　段		四　段	
	模　拟	设　计	模　拟	设　计	模　拟	设　计	模　拟	设　计
出口温度（℃）	－12.2	－11.8	15.1	15	48.2	50	80.5	80.1
出口压力（MPa）	0.2489	0.2511	0.4761	0.4756	8.898	0.8944	1.6213	1.625
功率（kW）	663		1074		1046.0		1130	
多变效率	0.823		0.83		0.775		0.775	
总功耗	模拟值 3913kW；设计值 4060kW							
透平高压蒸汽	31540kg/h							
透平排气	185.1℃，排气量 20810 kg/h，压力 0.4MPa							
透平凝气	51.1℃，排气量 10730 kg/h，压力 0.013MPa							

第四节　乙烯装置的稳态模拟

乙烯装置作为一个大系统，由裂解单元、急冷单元、压缩制冷单元和分离单元 4 个子系统组成，下面分别介绍各个子系统的模拟，通过各子系统的模拟过程了解系统模拟的方法。

一、裂解单元模拟[11]

裂解炉是乙烯装置的龙头、关键和核心工艺设备，其实即相当于一套装置，由进料调节系统、对流段、辐射段、供热系统、蒸汽发生系统、裂解气急冷系统构成。其能耗一般占乙烯装置总能耗的 50％～60％。裂解炉的模拟对于裂解炉的优化操作有着重要意义，也对乙烯装置的安全稳定生产、操作优化、产品结构优化至关重要。

裂解反应包括一次反应，即大分子量的烃类分子裂解变成较低分子量的烯烃、烷烃、炔烃、双烯烃和氢；二次反应即在一次反应过程中生成的各种不饱和的中间产物的加氢、脱氢、缩合，进一步分解等反应。为了减少不必要的二次反应，裂解反应常采用高温、短停留时间、低烃分压。

对于烃类热裂解的机理，有许多种假设。目前以自由基链式反应机理来定性地描述烃类裂解的过程较常用。

裂解炉的模拟通常分为裂解炉炉管内、裂解炉辐射室和裂解炉对流室的工艺过程模拟三部分，裂解反应发生在辐射段的炉管内。对于对流段的模拟的软件比较多，比如采用 Aspen Plus 软件和 Pro/Ⅱ软件等都能够得到较好的模拟结果。但是对于辐射段，尤其是裂解炉炉管内热裂解的模拟，成熟的商业软件比较少，目前，应用最为成熟的商业软件是荷兰 KTI 公司的 SPYRO。

SPYRO 软件是以自由基和分子反应机理描述反应进程的严格机理模型，是以产率估算为目标的模型。该模型的反应动力学包括了129种分子和20个自由基参与反应，反应方程数达到3000多个，在确定原料详细组成的情况下，可以成功地模拟从C_2到加氢尾油的裂解过程。但是由于商业化的原因，SPYRO对用户做了严格的限制，用户不能对各种炉型的结构进行灵活的组态，只能对指定的炉型进行有限范围内原料的模拟计算，使用过程复杂，要求苛刻，价格昂贵，极大地限制了该软件的使用。

2003年，清华大学开发了乙烯裂解炉专用模拟软件PYRO-SimC，并对燕山石化等裂解炉进行了有效的模拟。

二、压缩单元模拟

乙烯装置压缩单元包括裂解气压缩机（E-GB201）、乙烯压缩机（E-GB601）、丙烯压缩机（E-GB501）及其蒸汽透平（E-GT201、E-GT601、E-GT501）。压缩“三机”是乙烯装置的核心设备，本部分以丙烯压缩机（E-GB501）及其蒸汽透平（E-GT501）为例介绍压缩单元模拟。

乙烯装置丙烯制冷系统是一个由蒸汽透平（GT501）驱动的四段离心式压缩机（GB501）系统，制冷介质（丙烯）及压缩机和冷剂用户构成了一个闭式制冷循环，为装置提供4个制冷温度级位，即-40℃、-24℃、-7℃和15℃，制冷是在这些温度级位相对应的压力下蒸发丙烯获得的。

通过前面介绍可知，流程模拟首先应该收集资料，所要收集的资料包括带物料平衡的流程图（PFD）、物流表、操作规程、相关的操作数据（经常参考标定报告、现场仪表指示数据、台账等）。一般模拟过程首先对设计数据进行模拟，形成原设计模拟模型；之后根据现场流程和操作数据的变化进行修正，形成现场操作模拟；原设计模拟模型和现场操作模型为系统分析、优化和技术改造提供基础和依据。

1. 原设计模拟模型的建立

1）收集资料

原设计模拟模型的建立依据的资料为原设计工艺包中PFD、与其对应的物流数据和工艺原理。

根据PFD将丙烯压缩制冷系统从全系统中分离出来，如图5-19所示。丙烯压缩制冷系统换热设备、动力设备负荷见表5-26。

2）确定模拟顺序

系统是由多个单元按照一定的结构组成的，由于大部分模拟软件均采用序贯模块法进行系统模拟，因此系统模拟应该首先确定模拟顺序，模拟顺序的确定需要对系统进行分隔（识别出系统中不相关的子系统或独立子系统，将不相关子系统中的回路及最大循

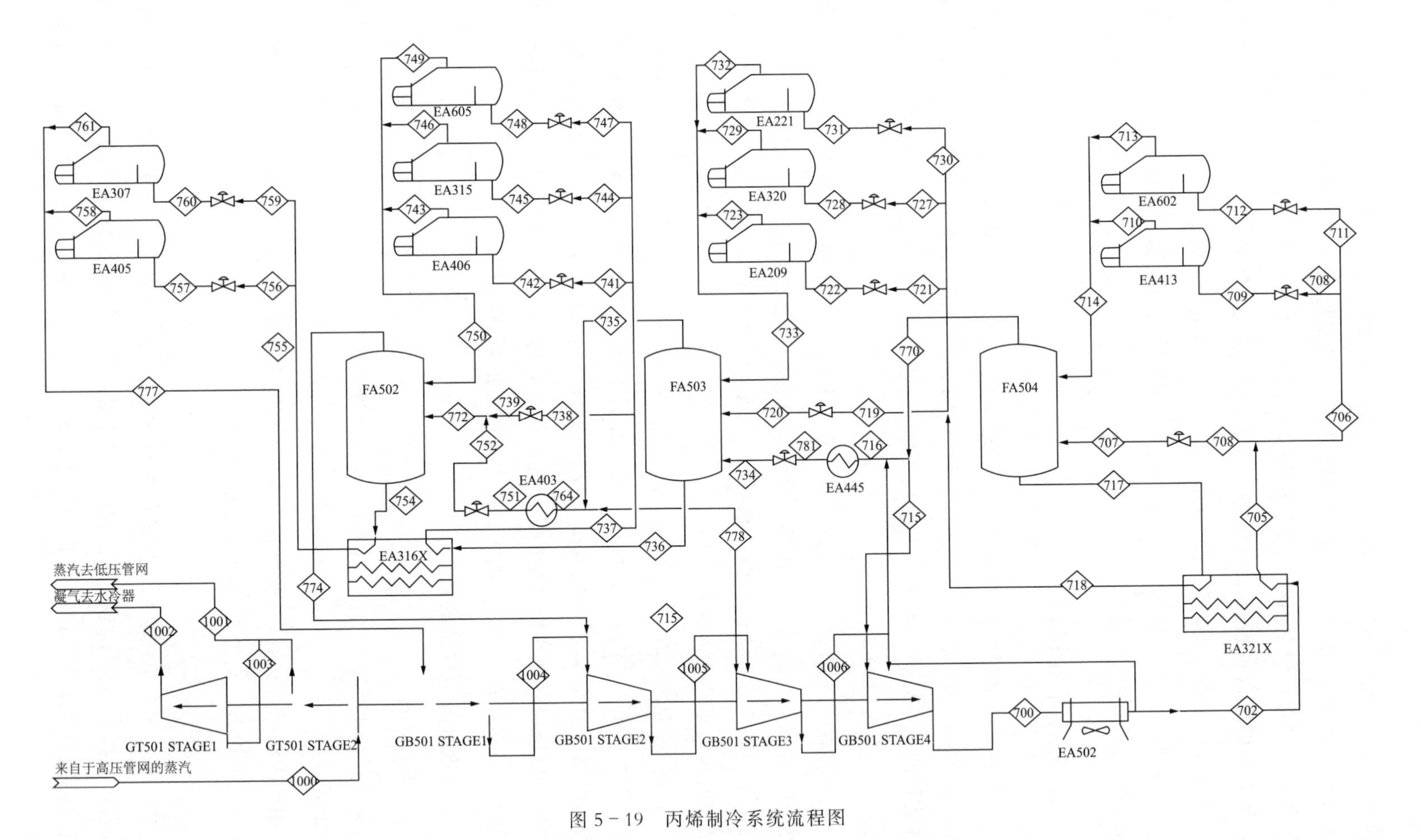

图 5－19　丙烯制冷系统流程图

环网识别出来)、断裂(对回路进行流股断裂和赋予初值),确定模拟计算的求解顺序,根据计算顺序进行模拟计算。详细内容参见相关资料。

对于实际系统,常常可以按照经验确定计算顺序。常用的经验方法有:

(1)确定核心设备。核心设备通常是指在工艺中处于核心位置、单元过程复杂的设备,如反应器、蒸馏塔、吸收塔、压缩机等。如果某一子系统结构复杂,复杂设备多,可以确定多个核心设备。本例选择丙烯压缩机(E-GB501)和蒸汽透平(E-GT501)两个核心设备。

(2)将核心设备从系统中分割出来(通过流股断裂的方法),设置初值。本例中由于选择了丙烯压缩机(E-GB501)作为核心设备,因此需要对777号和774号物流赋初值,同时也选择了蒸汽透平(E-GT501)为核心设备,因此在压缩机模拟中首先设定出口压力,计算功耗,而不先输入功耗。

(3)完成核心设备的模拟。本例中丙烯压缩机(E-GB501)和蒸汽透平(E-GT501)的模拟在本章第三节中已完成,详细过程见该节内容。

(4)以核心设备为源头,按照顺序对下游设备逐一进行模拟。

(5)随着模拟的进行,对核心设备之间进行连接。

(6)通过断裂流股的初值和模拟的比较、修改、调试,最后将断裂环路进行闭合,完成模拟。

(7)将系统模拟结果与初始数据进行比较分析,进一步确认模型。

表5-26 换热器、动力设备负荷

位号	EA502/501	EA321X-1	EA321X-2	EA316X-1	EA316X-2	EA445	EA403	EA431	EA602
设计负荷(10^6kcal/h)	8.54	—	—	—	—	0.750	2.199	0.51	0.148
位号	EA221	EA320	EA209	EA605	EA315	EA406	EA405	EA307	—
负荷(10^6kcal/h)	开工0.18	0.054	开工0.589	开工1.278	0.875	1.247	6.26	0.732	—
15℃级冷量	温度16.2℃,负荷0.659×10^6kcal/h			-7℃级冷量		温度4℃,负荷0.823×10^6kcal/h(开工)			
-24℃级冷量	温度-23.4℃,负荷3.4×10^6kcal/h			-40℃级冷量		温度-40℃,负荷6.992×10^6kcal/h			
GB501功耗	4060kW			GT501高压蒸汽		34195kg/h,产生轴功4380 kW			

3)按照计算顺序完成模拟

本例题是丙烯压缩机(E-GB501)和蒸汽透平(E-GT501)模拟的延续,在完成E-GB501和E-GT501模拟后,以E-GB501四段出口(700号)物流为源头逐一进行模拟计算。本例全局热力学方法为BWRS。

当各个单元设备模拟完成后,模拟前赋初值的流股获得的模拟值,需要将断裂环路进行闭合。利用Aspen Plus处理环路的断裂问题,需要规定断裂流股、环路计算顺序和环路的收敛方法。

（1）规定断裂流股。

使用 Tear Specifications 页来规定断裂流股及其相关收敛参数，如图 5－20 所示。当没有规定断裂流股时，Aspen Plus 软件通过内置分析模块自动选择断裂流股。流股断裂后，需要输入初值，初值的好坏对迭代收敛会产生影响，因此应参考相关数据进行初值输入。本例中存在 4 个环路，仅对一个环路的断裂流股进行了规定，其他环路 Aspen Plus 通过内置分析模块，自动选择断裂流股并自动赋予初值。

收敛精度即容差对模拟结果的计算有影响，随着收敛精度降低，模拟结果的可靠性会降低；但是如果收敛精度过高，会导致收敛困难，计算时间变长。一般情况下，收敛精度不应大于 0.0001。

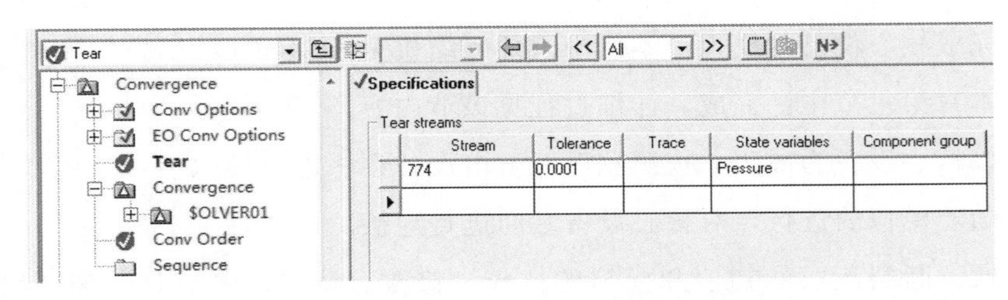

图 5－20　规定断裂流股及收敛精度（软件截图）

（2）规定收敛方法。

对于环路断裂的收敛方法，Aspen Plus 软件通过内置 Wegstein、Direct、Broyden 和 Newton 法进行收敛。可以通过 Convergence ConvOptions Defaults 进行收敛方法的选择。当选择了收敛方法后可以通过 Convergence ConvOptions Methods 页面对所选定的收敛方法进行规定。

除了收敛方法的选择外，还可以对收敛精度进行设定，适当降低环路收敛精度或者环路中非关键参数的收敛精度，可以在保证计算结果精度的情况下获得收敛或者减少收敛时间。

（3）环路计算顺序。

可以通过 Control Panel（控制面板）中或者 Control Panel（控制面板）左窗格中的 “COMPUTATION ORDER FOR THE FLOWSHEET” 部分查看系统自动生成的模块计算顺序，如果需要调整计算顺序，可以从 Convergence Sequence 页上进行规定。

对于环路断裂问题，实际应用中，为了操作方便，经常采用传递模块将两个物流的信息进行指定。方法是从 Flowsheeting Options 单击 Transfer 页进行规定。

4）整理模拟计算结果，与设计数据对比，确认模型

通过上述方法进行模拟计算，获得计算结果，对计算结果进行检查、比对、分析，检查输入流股数据、设备参数设定是否存在错误，之后将模拟结果进行整理，与设计数据进行比对，计算关键数据的误差，分析原因，确定模拟结果的准确性。

表 5－27 主要参数模拟值与设计值对比

闪蒸罐	FA502			FA503			FA504		
	压力（MPa）	温度（℃）	气相流量（kg/h）	压力（MPa）	温度（℃）	气相流量（kg/h）	压力（MPa）	温度（℃）	气相流量（kg/h）
设计值	0.256	－24.7	28863	0.4835	－6.7	10265	0.9	15.6	12981
模拟值	0.2431	－25.9	28861	0.4545	－7.5	10261	0.885	15.5	12978

提供冷量等级	15℃级冷量		－7℃级冷量		－24℃级冷量		－40℃级冷量	
	温度（℃）	负荷（10^6kcal/h）	温度（℃）	负荷（10^6kcal/h）	温度（℃）	负荷（10^6kcal/h）	温度（℃）	负荷（10^6kcal/h）
设计值	16.2	0.659	4	开工 0.823 正常 0.054	－23.4	开工 3.4 正常 2.122	－40	6.992
模拟值	16.6	0.671	4.3	0.051	－23.5	2.105	－40.3	6.857

GB501 功耗	设计值 4060kW，模拟值 3976kW	GT501	高压蒸汽设计值 34195kg/h，高压蒸汽模拟值 31920kg/h，输出功率设计值 4380 kW，输出功率模拟值 3976 kW

表 5－28 换热器负荷对比

位　号	EA502/501	EA321X-1	EA321X-2	EA316X-1	EA316X-2	EA445	EA403	EA431	EA602
设计负荷（10^6kcal/h）	8.54					0.750	2.199	0.51	0.148
模拟负荷（10^6kcal/h）	8.58	0.776	0.192	0.295	0.303	0.733	2.303	0.52	0.151
位　号	EA221	EA320	EA209	EA605	EA315	EA406	EA405	EA307	
设计负荷（10^6kcal/h）	开工 0.18	0.054	开工 0.589	开工 1.278	0.875	1.247	6.26	0.732	
模拟负荷（10^6kcal/h）	0	0.051	0.009	0.063	0.838	1.267	6.23	0.627	

本例模拟结果见表5－27和表5－28。

2. 现场工况的模拟

用设计资料所获得的模型对现场工况进行核算，一是进一步确认模型，二是通过调整建立现场工况的模型是操作调优和技术改造的基础。对操作工况进行模拟一般经过以下几个步骤：

（1）将PFD的流程与现场比对，查找现场运行流程与PFD流程的差别，并对模型流程进行修改。

（2）收集现场运行数据，并对收集的现场数据进行校正分析，现场数据一般通过操作台账、数据库、现场测量仪表、采样分析等方法获取。

（3）将关键运行参数与现场运行参数对比，调整模拟模型中的相关参数。

（4）运行修改的模型，获得现场操作模拟模型。

本例中，现场流程与设计流程吻合，运行数据与设计数据最明显的差别是压缩机GB501二段没有抽出，针对这一变化进行模拟分析，分析结果见表5－29。

通过表5－29的数据，发现由于GB501二段没有抽出，导致压缩机三段、四段负荷增加，功耗增加，为了提供增加的功耗，透平GT501蒸汽消耗量由31800kg/h增加至35000kg/h，透平GT501负荷增加了10%。由于进入EA403的气相丙烯量由23631 kg/h减小至13957 kg/h（EA403为乙烯塔塔底再沸器，温位为－11.2℃），由于温位的限制无法获取更多的冷量，使其负荷由2.303×10^{6} kcal/h降至1.2924×10^{6} kcal/h。通过模拟发现制冷提供15℃、－7℃、－24℃和－40℃级别冷量几乎没有变化。

总之，现场运行工况与设计工况相比，增加了高压蒸汽的消耗量3200 kg/h，而且－11.2℃级别的冷量少回收了1.01×10^{6} kcal/h，同时使空冷器/水冷器负荷增加了1.46×10^{6} kcal/h。该操作在增加了操作费用的同时，还使压缩机处于超负荷运转状态。

三、分离单元模拟

分离岗位的任务是将经过压缩的裂解气中的多组分烃类分离开来，并得到乙烯、丙烯产品以及氢气、甲烷、裂解碳四、乙烷、丙烷等副产品。

分离岗位处于乙烯车间装置的后部，接受来自压缩岗位的裂解气，压缩升压后在甲烷冷剂、乙烯冷剂和丙烯冷剂的作用下经过深冷分离，分离出乙烯产品和丙烯产品。同时为丁烯装置提供C_4馏分。分离岗位前与压缩岗位相接，后与丁烯及DPG（裂解汽油加氢装置）相连。它负责操作维护和管理：裂解气干燥器、苯洗塔、冷箱、甲烷化反应器、氢气压缩机、脱甲烷塔、甲烷制冷压缩机、脱乙烷塔、碳二加氢转化器、碳二绿油吸收罐、乙烯干燥器、乙烯精馏塔、脱丙烷塔，丙二烯转化器、丙烯干燥器、甲烷汽提塔、丙烯精馏塔、脱丁烷塔及再生系统等。

表 5-29 主要参数模拟值与设计值、操作值对比

闪蒸罐	FA502			FA503			FA504		
	压力（MPa）	温度（℃）	气相流量（kg/h）	压力（MPa）	温度（℃）	气相流量（kg/h）	压力（MPa）	温度（℃）	气相流量（kg/h）
设计值	0.256	-24.7	28863	0.4835	-6.7	10265	0.9	15.6	12981
设计工况模拟值	0.2431	-25.9	28861	0.4545	-7.5	10261	0.885	15.5	12978
操作工况模拟值	0.2431	-25.9	28771	0.4545	-7.5	13957	0.885	15.5	14999

提供冷量等级	15℃级冷量		-7℃级冷量		-24℃级冷量		-40℃级冷量	
	温度（℃）	负荷（10^6kcal/h）	温度（℃）	负荷（10^6kcal/h）	温度（℃）	负荷（10^6kcal/h）	温度（℃）	负荷（10^6kcal/h）
设计值	16.2	0.659	4	开工 0.823 正常 0.054	-23.4	开工 3.4 正常 2.122	-40	6.992
设计工况模拟值	16.6	0.671	4.3	0.051	-23.5	2.105	-40.3	6.857
操作工况模拟值	16.6	0.671	4.3	0.051	-23.5	2.105	-40.3	6.905

位号	GB501	GT501		EA403	EA501/EA501
	功耗（kW）	轴功（kW）	高压蒸汽消耗（kg/h）	负荷（10^6kcal/h）	负荷（10^6kcal/h）
设计值	4060	4380	34195	2.199	8.54
设计工况模拟值	3976	3976	31920	2.303	8.58
操作工况模拟值	4484	4484	35120	1.2924	10.04

本部分以脱甲烷塔和冷箱为例介绍分离单元模拟。脱甲烷塔和冷箱的模拟是以原工艺包设计数据为依据建立其原设计模拟模型。

1. 收集资料

原设计模拟模型的建立依据的资料为原设计工艺包中PFD、与其对应的物流数据和工艺原理。

根据PFD将脱甲烷塔和冷箱从全系统中分隔出来，如图5-21所示，并参照操作规程，深入了解该子系统的过程、原理和主要控制指标。

2. 确定模拟顺序

脱甲烷塔和冷箱系统是由多个单元按照一定的结构组成的，通过经验方法分析可知，该系统模拟可以确定的核心设备为脱甲烷塔DA301，以DA301为源头进行模拟。在完成DA301模拟后，以436号物流为源头对EA309X进行模拟，依次完成对EA312X、EA314X、EA316X和EA321X的模拟，之后对甲烷压缩机GB302进行模拟。在完成GB302模拟后，470号物流会出现两个值，一个是给定值，另一个是模拟计算值，此时可以将470号物流联结起来构成环路，注意保留470号物流的设定值，并将470号流股设为断裂流股。将470号流股联结完成，并运行调试后，对EA308X和EA408X进行模拟。通过设置402号和426号流股为断裂流股，将冷箱系统联结起来。

该系统环路较多，但是并不需要对每个环路进行人为断裂。人为规定的断裂流股需要赋予初值，初值对于收敛影响很大。对于一个复杂系统模拟，断裂方案有多个选择，不同的断裂方案会导致计算顺序差异，只是对收敛产生影响。

3. 按照计算顺序完成模拟

按照前文所述，首先规定全局信息，初选适当的全局热力学方法，之后按确定的计算顺序完成各个单元的模拟。在本部分着重介绍脱甲烷塔DA301和多流股换热器EA309X的模拟。

1）脱甲烷塔DA301模拟

本模拟中的脱甲烷塔DA301与脱丁烷塔相比，从模拟的角度来看较为复杂：

（1）塔内组分沸点范围宽，常压下氢气沸点为-252.76℃，苯的沸点为80℃，沸点宽。

（2）系统中有浓度较高的氢气，氢气的存在会造成系统收敛困难，节流膨胀温度上升。

（3）系统存在4个进料流股，建议在级数输入中采用理论板，可先取总板效率为60%。

（4）塔设有中间再沸器，用Pumparounds进行设置。

（5）塔顶气冷凝系统复杂，应选不带冷凝器的精馏塔，设置441流股为断裂流股。

（6）为了简化计算，仅对再沸器EA317和中间再沸器EA319进行简捷计算（热衡算）。

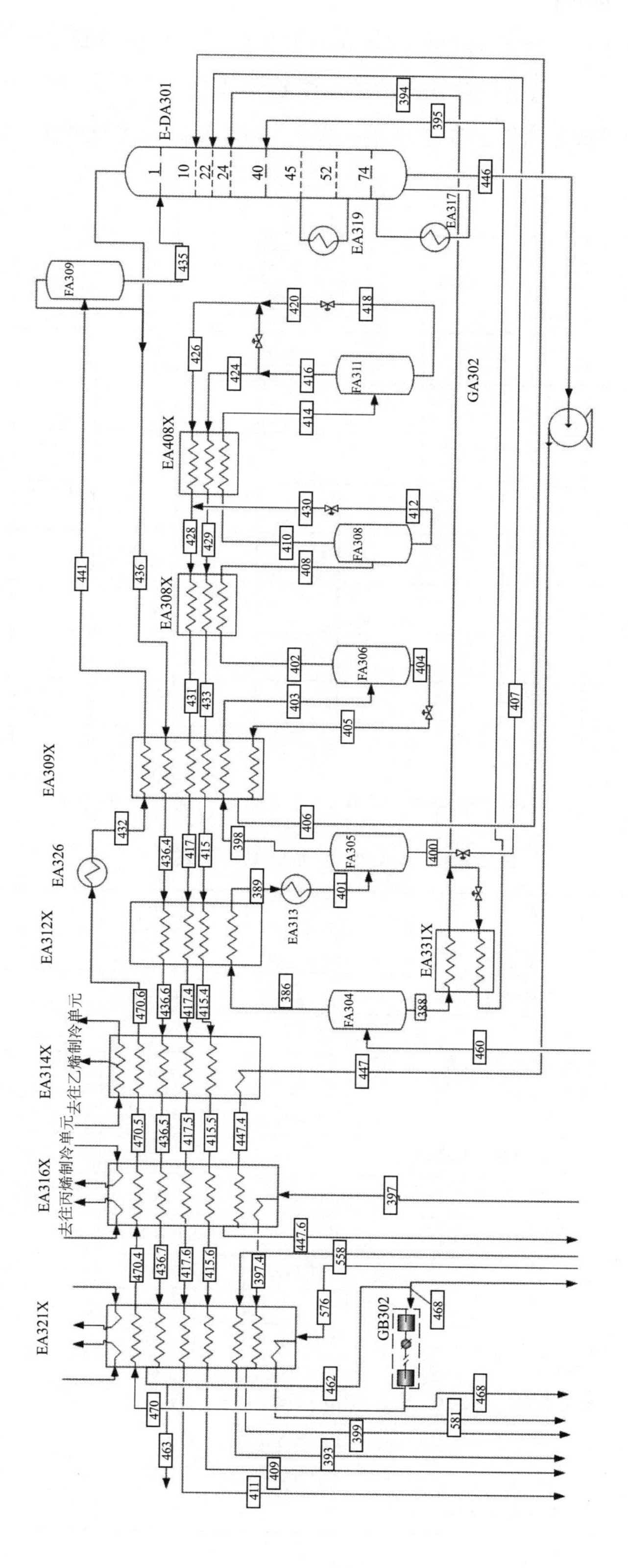

图 5-21 脱甲烷塔及冷箱流程

生产中聚合级乙烯中甲烷+乙烷的摩尔分数小于0.15%，相应控制脱甲烷塔塔釜甲烷+乙烷的摩尔分数小于0.1%，塔顶甲烷气中乙烯的摩尔分数小于1.5%。图5-22为塔内液相中甲烷和气相中乙烯的组成分布图。通过结果（表5-30）分析、比较可知，该模拟模型可以反映实际原型。

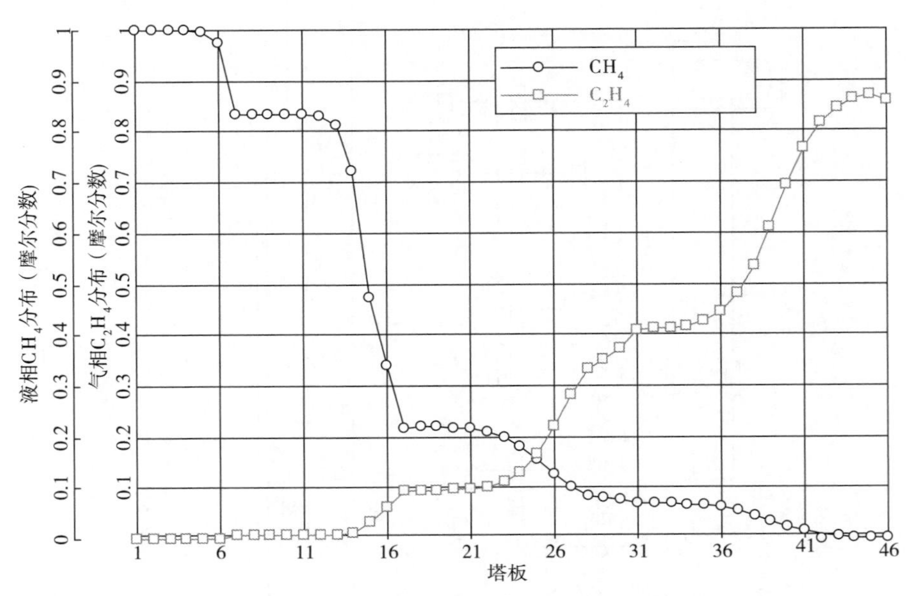

图5-22 DA301塔内液相中甲烷和气相中乙烯的组成分布图

表5-30 DA301主要模拟结果表

项 目			设计值	模拟值
塔顶	温度（℃）		-133.9	-134.7
	压力［MPa（绝压）］		0.6178	0.6178
	塔顶采出组成（436号物流）（摩尔分数）	H_2	0.051	0.05125
		CH_4	0.949	0.94875
		C_2H_4	8×10^{-6}	6.3267×10^{-8}
	塔顶采出量（kg/h）		10034.4	10301.8
塔底	温度（℃）		-54.5	-54.5
	压力［MPa（绝压）］		0.0619	0.0619
	塔底采出组成（摩尔分数）	CH_4	0.0003	0.00027366
		C_2H_2	0.012	0.01157881
		C_2H_4	0.638	0.63837354
		C_2H_6	0.134	0.13390731
		PROPA-01	0.008	0.00758223
		PROPY-01	0.162	0.16157748
		PROPA-02	0.007	0.00703256
	塔底采出量（kg/h）		33332.5	33335

续表

级数	74（实际板）	45（理论级）
中间再沸器负荷（10^6kcal）	0.144	0.13
塔底再沸器负荷（10^6kcal）	0.735	0.726

2）多流股换热器 EA309X 的模拟

多流股换热器在乙烯装置冷箱中经常遇到，多流股换热器模型与双流股换热器模型在使用中有些不同，下面以 EA309X 为例进行简要介绍。

多流股换热器（MheatX）模型用来模拟一个换热器有多股热流和多股冷流之间的传热情况，MHeatX 模型可以完成一个详细的严格的内部区域分析，以确定换热器中所有物流的内部夹点以及加热和冷却曲线。

关于 MHeatX 模型的规定，主要有：

（1）所有冷热物流在换热器内没有质量交换（混合或者分割），每一个输入物流必然对应一个输出物流。

（2）规定所有冷物流（或热物流）的出口状态（温度/气相分率/温度变化/热负荷等），则模型自动计算热物流（或冷物流）的出口状态，此时所有热物流（或冷物流）出口温度相等。如果没有规定出口压力（或压降），模型将按压降为零处理。

（3）当规定所有冷物流（或热物流）的出口状态时，可以规定某一个（或多个）热物流（或冷物流）出口温度，则此时规定的热物流（或冷物流）出口温度与其他物流的出口温度可能不同。

（4）由于物流较多，经常用同一个物性方法无法准确描述，因此可以对每一股物流规定物性方法，比如对于 EA314X、EA316X 和 EA321X 换热器中丙烯、乙烯物流采用 PRWS 方程描述更为准确。

按照设计条件规定热物流的出口温度为 -136℃、冷物流 405 号物流温度为 -110℃及各物流对应压力，进行运算，运算结果见表 5-31。通过对比，冷物流设计出口温度为 -102.2℃，模拟结果是 -102.1℃，模型能够较好地反映原型。

表 5-31 EA309X 模拟结果表

输入物流号	432	398	405	436	431	433
冷或者热流股	热	热	冷	冷	冷	冷
输出物流号	441	403	406	436.4	417	415
输入物流温度（℃）	-98	-97.9581	-138.561	-136	-141.135	-141.135
输入物流压力（bar）	38.70685	33.34261	7.8159	5.834714	3.628461	32.86208
输入物流气相分率	0.171502	1	0.063404	1	1	1
输出物流温度（℃）	-136	-136	-110	-102.147	-102.147	-102.147

续表

输出物流压力（bar）	38.70685	33.34261	7.8159	5.834714	3.628461	32.86208
输出物流气相分率	0.007084	0.689209	0.881358	1	1	1
热负荷（10^6 kcal/h）	−0.15081	−0.47379	0.31985	0.195077	0.030462	0.079219

MHeatX 模型能进行一个详细的严格的内部区域分析，区域分析反映热流量与冷热流股温度之间的关系，通过区域分析可以得到：

（1）内部夹点。

（2）每个区域的 *UA*（*U* 传热系数，*A* 传热面积）和 LMTD（对数平均传热温差）。

（3）换热器的总 *UA*。

（4）总平均 LMTD。

图 5－23 和表 5－32 为 EA309X 的区域分析结果。

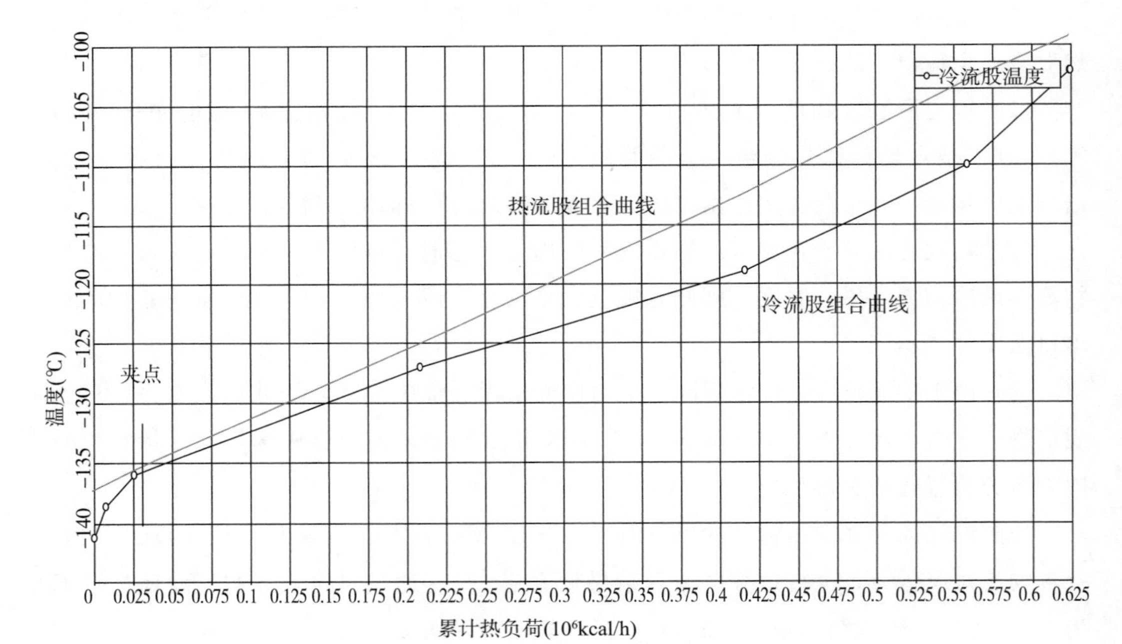

图 5－23 多流股换热器温—焓图

表 5－32 EA309X 的区域分析结果

间隔点	热负荷（10^6 kcal/h）	热流股温度（℃）	冷流股温度（℃）	温差（℃）	LMTD（℃）
1	0	−136	−141.135	5.134591	—
2	0.0073024	−135.532	−138.561	3.02824	3.989161
3	0.0256974	−134.376	−136	1.624077	2.253722
4	0.20820216	−123.812	−126.98	3.167475	2.310493
5	0.41640432	−111.19	−118.966	7.776479	5.131556

续表

间隔点	热负荷（10^6 kcal/h）	热流股温度（℃）	冷流股温度（℃）	温差（℃）	LMTD（℃）
6	0.5581456	-101.829	-110	8.171043	7.972134
7	0.62425626	-98	-102.189	4.188772	5.959797
8	0.62460647	-97.9581	-102.15	4.191608	4.19019

有时在区域分析中使用闪蒸表 Flash Tables，Flash Tables 可用来快速地估算区域分布和夹点。这些表对于具有许多物流的换热器是很有用的。

4. 模拟结果汇总分析

通过系统模拟，获得主要结果表，对整个系统的计算结果进行汇总，得到表 5-33。通过对比分析发现，设备的主要参数均与设计值吻合，说明该系统模型能够代替原型进行系统分析。

表 5-33　模拟结果与设计值对比表

设备名称		设计值	模拟值
DA301	塔顶温度（℃）	-133.9	-134.7
	塔底温度（℃）	0.6178	0.6178
	塔顶甲烷气中 C_2H_4（摩尔分数）	8×10^{-6}	6.3267×10^{-8}
	塔底釜液中 CH_4（摩尔分数）	300×10^{-6}	274×10^{-6}
	中间再沸器（10^6kcal）	0.144	0.13
	塔底再沸器（10^6kcal）	0.735	0.726
GB302	功耗（kW）	额定：975	750
	排气温度（℃）	108（Ⅰ），121（Ⅱ）	110（Ⅰ），125（Ⅱ）
EA308X	物流 402→408 温度（℃）	-136→-150.5	-136→-150.5
	物流 402→408 负荷（10^6kcal）		0.1145
	物流 429→433 温度（℃）	-153.7→-142.8	-153→-141.1
	物流 429→433 负荷（10^6kcal）		0.0244
	物流 428→431 温度（℃）	-154.9→-142.8	-153.5→-142.8
	物流 402→431 负荷（10^6kcal）		0.09
	夹点温差（℃）		3.0
EA309X	物流 432→441 温度（℃）	-98→-136	-98→-136
	物流 432→441 负荷（10^6kcal）		0.1145
	物流 398→403 温度（℃）	-98→-136	-98→-136
	物流 398→403 负荷（10^6kcal）		0.4738
	物流 405→406 温度（℃）	-137.5→-110	-138.6→-110
	物流 405→406 负荷（10^6kcal）		0.3198
	物流 436→436.4 温度（℃）	-135.1→-102.2	-136→-102.1

续表

设备名称		设计值	模拟值
EA309X	物流 436→436.4 负荷（10^6kcal）		0.1951
	物流 431→417 温度（℃）	-142.8→-102.2	-141.1→-102.1
	物流 431→417 负荷（10^6kcal）		0.0305
	物流 433→415 温度（℃）	-142.8→-102.2	-141.1→-102.1
	物流 433→415 负荷（10^6kcal）		0.0792
	夹点温差（℃）		1.6
EA312X	物流 386→389 温度（℃）	-72→-90	-72→-90
	物流 386→389 负荷（10^6kcal）		0.2434
	物流 436.4→436.6 温度（℃）	-102.2→-73.9	-102.1-73.1
	物流 436.4→436.6 负荷（10^6kcal）		0.1623
	物流 417→417.4 温度（℃）	-102.2→-73.9	-102.1→-73.1
	物流 417→417.4 负荷（10^6kcal）		0.0225
	物流 415→415.4 温度（℃）	-102.2→-73.9	-102.1→-73.1
	物流 415→415.4 负荷（10^6kcal）		0.0586
	夹点温差（℃）		1.1
EA314X	物流 470.5→470.6 温度（℃）	-34→-70	-34→-70
	物流 470.5→470.6 负荷（10^6kcal）		0.0722
	物流 806.2→808 温度（℃）	-20→-70	-20→-70
	物流 806.2→808 负荷（10^6kcal）		0.4004
	物流 806.1→807 温度（℃）	-20→-36.9	-20→-36.9
	物流 806.1→807 负荷（10^6kcal）		0.0961
	物流 436.6→436.5 温度（℃）	-73.9→-40	-73.1→-39.1
	物流 436.6→436.5 负荷（10^6kcal）		0.1887
	物流 417.4→417.5 温度（℃）	-73.9→-40	-73.1→-39.1
	物流 417.4→417.5 负荷（10^6kcal）		0.0264
	物流 415.4→415.5 温度（℃）	-73.9→-40	-73.1→-39.1
	物流 415.4→415.5 负荷（10^6kcal）		0.0688
	物流 447→447.4 温度（℃）	-53.2→-40	-53.1→-39.1
	物流 447→447.4 负荷（10^6kcal）		0.2847
	夹点温差（℃）		1.5
EA408X	物流 410→414 温度（℃）	-150.5→-169	-150.5→-169
	物流 410→414 负荷（10^6kcal）		0.0961
	物流 424→429 温度（℃）	-169→-153.7	-169→-153
	物流 424→429 负荷（10^6kcal）		0.0334
	物流 426→427 温度（℃）	-175.6→-153.7	-174.7→-153

续表

设备名称		设计值	模拟值
EA408X	物流 426→427 负荷（10^6kcal）		0.0627
	夹点温差（℃）		1.2
EA316X	物流 754→755 温度（℃）	-23.7→-34.4	-23.7→-34.4
	物流 754→755 负荷（10^6kcal）		0.4222
	物流 736→737 温度（℃）	-6.72→-14.9	-6.72→-14.9
	物流 736→737 负荷（10^6kcal）		0.3567
	物流 470.4→470.5 温度（℃）	11→-34	11→-34
	物流 470.4→470.5 负荷（10^6kcal）		0.0799
	物流 436.5→436.7 温度（℃）	-40→-13	-39.1→-12.8
	物流 436.5→436.7 负荷（10^6kcal）		0.1466
	物流 417.5→417.6 温度（℃）	-40→-13	-39.1→-12.8
	物流 417.5→417.6 负荷（10^6kcal）		0.0206
	物流 415.5→415.6 温度（℃）	-40→-13	-39.1→-12.8
	物流 415.5→415.6 负荷（10^6kcal）		0.0534
	物流 447.4→447.5 温度（℃）	-40→-13	-39.1→-12.8
	物流 447.4→447.5 负荷（10^6kcal）		0.5934
	物流 397→397.4 温度（℃）	-36.3→-13	-36.3→-12.8
	物流 397→397.4 负荷（10^6kcal）		0.0448
	夹点温差（℃）		0.47
EA331X	物流 391→395 温度（℃）	-103.1→-76.4	-103.2→-76
	物流 391→395 负荷（10^6kcal）		0.5639
	物流 388→390 温度（℃）	-72→-99	-72→-98.7
	物流 388→390 负荷（10^6kcal）		0.5639
	夹点温差（℃）		3.1
EA321X	物流 470→470.4 温度（℃）	39→11	39→11
	物流 470→470.4 负荷（10^6kcal）		0.0481
	物流 703→705 温度（℃）	37.8→23.7	37.8→23.7
	物流 703→705 负荷（10^6kcal）		0.479
	物流 717→718 温度（℃）	15.6→11	15.6→11
	物流 717→718 负荷（10^6kcal）		0.1995
	物流 436.7→462 温度（℃）	-13→26.7	-12.8→-26.7
	物流 436.7→462 负荷（10^6kcal）		0.2244
	物流 417.6→411 温度（℃）	-13→26.7	-12.8→26.7

续表

设备名称		设计值	模拟值
EA321X	物流 417.6→411 负荷（10^6kcal）		0.0315
	物流 415.6→409 温度（℃）	-13→26.7	-12.8→26.7
	物流 415.6→409 负荷（10^6kcal）		0.0809
	物流 397.4→399 温度（℃）	-13→26.7	-12.8→26.7
	物流 397.4→399 负荷（10^6kcal）		0.0781
	物流 576→581 温度（℃）	11.4→26.7	11.4→26.7
	物流 576→581 负荷（10^6kcal）		0.3071
	物流 558→393 温度（℃）	-56.4→26.7	-56.4→26.7
	物流 558→393 负荷（10^6kcal）		0.0046
	夹点温差（℃）		8.9
EA328	水冷器负荷（10^6kcal）	0.28	0.288
EA323	水冷器负荷（10^6kcal）	0.331	0.359
EA326	乙烯制冷负荷（10^6kcal）	0.2471	0.2224
EA313	乙烯制冷负荷（10^6kcal）	0.092	0.114
FA309	压力（MPa）	0.63	0.63
	温度（℃）		-142.9
	气相流量（kg/h）		267
	液相流量（kg/h）	2810	2813
FA304	压力（MPa）	3.39	3.39
	温度（℃）	-72	-72
	气相流量（kg/h）	7287	7264
	液相流量（kg/h）	35167	35180
FA305	压力（MPa）	3.334	3.334
	温度（℃）	-98	-98
	气相流量（kg/h）	4985	4979
	液相流量（kg/h）	2292	2286
FA306	压力（MPa）	3.332	3.332
	温度（℃）	-136	-136
	气相流量（kg/h）	1887	1912
	液相流量（kg/h）	3092	3067
FA308	压力（MPa）	3.3	3.3
	温度（℃）	-150.5	-150.5
	气相流量（kg/h）	1228	1215
	液相流量（kg/h）	659	697

续表

设备名称		设计值	模拟值
FA311	压力（MPa）	3.286	3.286
	温度（℃）	-169	-169
	气相流量（kg/h）	784	771
	液相流量（kg/h）	444	444

参考文献

[1] 都健.化工过程系统分析与综合[M].北京:化学工业出版社,2017.

[2] 杨友麒,项曙光.化工过程模拟与优化[M].北京:化学工业出版社,2006.

[3] 朱开宏等.化工过程流程稳态模拟[M].北京:中国石化出版社,1993.

[4] 姚平经.全过程系统能量优化综合[M].大连:大连理工大学出版社,1995.

[5] Serth R W, Heenan W A. Gross Error Detection and Data Reconciliation in Steam-metering Systems[J]. AIChE J.,1986,32(5):733-742.

[6] Rosenberg J, Mah R S H. Evaluation of Schemes for Detecting and Identifying Gross Errors in Process Data [J]. Ind.Eng.Chem.Res.,1987,26(3):555-564.

[7] 杨友麒,滕荣波.过程工业测量数据中过失误差的侦破与校正[J].化工学报,1996,47(2):248-252.

[8] 袁永根,李华生.过程系统测量数据校正技术[M].北京:中国石化出版社,1996.

[9] 童力.化工过程测量数据校正方法的研究[D].青岛:青岛科技大学,2006.

[10] 刘传政,袁一.关于化工数据校正问题研究[J],化学工程,1994,22(6):69-72.

[11] 高晓丹.乙烯裂解炉模拟优化方法研究[D].北京:清华大学,2008.

第六章　节能优化方案的提出和实施

节能方案是企业实施节能设计与改造的操作依据，节能方案的提出应符合国家、地区和企业的发展需求，并考虑政策、法规、环保、效益、安全等众多因素，是一项复杂但有规可循的工作。因此，本章将主要介绍节能优化方案提出的一般性原则与步骤，并通过 3 个工程实例展示方案的具体提出过程。

第一节　优化方案提出的基本原则及步骤

一、方案提出的基本原则

技术改造类优化方案必须贯彻科学发展观，符合国家和地区发展规划，符合产业规划，按照项目规模和性质执行项目立项审批程序，按计划有序进行。对于小型项目，企业结合自身实际，提出了许多符合本企业发展的个性化原则，例如：效益优先，突出重点，成熟先行；当年立项，当年改造，当年回收；投资少，见效快，时间短，效益高。简单明了，通俗易懂，作为遴选方案的原则。根据多年技术改造实践的体会，归纳如下：

（1）符合国家经济发展战略，符合行业准入，促进企业技术进步、结构调整和产业升级转型。

（2）优化资源配置，降本增效，调整产品结构，发展高端产品，经济效益、社会效益显著。

（3）适应市场需求关系选准产品，发展突出高端产品，提高市场竞争力。

（4）消化吸收引进技术，集成创新，采用技术成熟，安全可靠。

（5）技术改造要遵循安全、环保服务社会的原则。技术改造的投资回报率和投资回收期要达到规定要求。技术改造都依托已有装置和设施进行，因此采用技术的成熟、安全、可靠尤为重要，要确保改造一次投用成功。

（6）产学研设计结合，技术自主创新，提升层次。采用新的先进技术，或创造性地应用常规技术，关键是能解决生产中的实际问题，解除装置的瓶颈，降低装置的能耗及物耗，或扩大装置的生产能力，提高装置的操作水平，提升装置的技术含量，改善工人的操作条件和环境。产学研设计结合，通过现场调查，将理论和实际结合，研究成果和工程设计结合，实现技术创新、节能降耗创造效益。

（7）适合厂情，符合实际，组织各专业、各层次介入。技术改造方案是要解决已有装置的难题、瓶颈，实现企业发展更高的要求，难度很大，必须组织各专业人员以及从操作工到相关管理层次的人员参与，集思广益，进行多方案比较和优化。改造的实施和投运，也离不开项目的良好组织管理。

（8）节能减排、环境友好、清洁生产。

二、系统优化方案形成的主要步骤

对现有装置实施技术改造，实现装置的用能优化，提升传统企业技术水平的工作，应与新厂投建工作相区别。技术改造是依托原装置的基础，具有许多优势，使工作得到简化，大幅减少了工作量，降低了投入。同时可利用现场实际操作数据和条件，提高改造设计工作的精度和可靠性，降低风险。当然也会受到现场一些条件的制约，使工作产生一定的难度，需要在工作中一一解决。完成技术改造工作可大致按以下步骤进行：

（1）调查研究了解生产装置的现状及历史沿革。

深入现场进行调查研究，了解装置总体现状，如装置的工艺特点、技术水平、生产状况以及存在的主要问题；装置的各项主要指标如物耗（原料、产品、排放物等）、能耗（水、电、汽消耗）以及“三废”处理情况等；重点了解装置生产瓶颈，如主要单元设备及操作存在的问题，尤其是影响装置生产的能耗、物耗、生产能力的瓶颈问题。围绕生产瓶颈问题逐步深入全面展开调查。但是，多数情况是厂方对装置生产瓶颈了如指掌，关键是采取何种技术或措施解除瓶颈。

（2）收集相关资料。

收集相关资料，如装置设计工艺包说明书，特别是含控制点、物流表、能量平衡的PFD图，以及PID图DCS数据，标定报告、专题报告、主要单元设备图等。收集装置现场操作资料，包括装置操作规程、操作记录台账、产品及控制物流的组成分析报表等。

（3）装置的设备核算及用能分析。

通过对装置的设备进行核算，确定扩容中的瓶颈单元设备；通过系统用能分析，评价装置的用能状况，判断系统用能的瓶颈及节能潜力、拟节能点，分析系统能量集成可能性，指导节能方案的制订。

对生产装置进行用能分析，这就需要采用诸如夹点分析法等方法以及流程模拟软件，提出具体的过程设备或子系统瓶颈部位以及预计的节能效果。

（4）采用有效的节能理论、方法、工具对用能瓶颈及节能潜在点进行改造调优，在满足企业提出的产量、质量、安全、环境、操作性等约束前提下提出几种备选方案：如少投资方案、分步投资方案，进一步估算投资、效益，做方案比较，进行可行性研究。经厂方组织的技术审查会充分讨论、论证，确定可行方案，进行申报立项。

(5) 立项后进行基础设计、详细设计。

尽管经过前期的工作，掌握了全厂的基本情况，且拟定了初步的可行性的改造方案，但这一方案离工程的要求及最终实施的要求还有较大的距离，还要开展大量工作。如有针对性的调研，严格流程模拟、用能优化、主要单元设备的核算等。在完成用能优化改造方案工艺包期间，必须与厂方技术部门、车间充分交流、沟通，甲、乙双方达成共识。

(6) 组织有关部门及专家、生产技术骨干对设计进行审查，通过后再完善设计，在项目实施过程中，组织生产、管理相关人员进行培训和跟踪改造，制订试车、操作方案。

(7) 项目的验收考核。

改造项目施工完成后，精心组织开车，操作稳定后，进行 72 小时运行考核，对运行结果充分讨论分析，完成考核及验收报告；若尚未达到改造预期指标，则进一步对遗留问题进行研讨，提出整改措施和方案，确定整改目标和日期。

(8) 坚持回访服务、总结经验，不断提高技术改造水平。

第二节　装置节能优化工程实例

一、高低压双塔前脱丙烷技术的应用

1. 概述

本例是一装置优化问题，应用 ASPEN 化工软件对前脱丙烷塔进行严格模拟分析，优选分离序列及操作条件，采用高低压双塔流程，解除了现场生产瓶颈，降低了能耗，并提高了装置的生产能力。

该装置生产技术采用的是美国 Lummus 公司和日本三菱油化株式会社共同开发的，以轻柴油为原料的裂解技术。装置于 1982 年投产至本次改造已运行了 12 年。为满足公司新建项目环氧乙烷、丙烯酸酯的原料需要，在此之前，于 1992—1993 年，公司已对该装置的部分单元设备进行过扩能改造，其中包括 1＃、2＃、3＃炉的炉管、废锅改造，提高了裂解深度；增建了一台年产 3×10^4t 乙烯的国产北方炉 F-107；增加了两台裂解气冷却器 E-108G/H；同时对裂解气压缩机 C-201、工艺气压缩机 C-202 的转子和透平喷嘴也进行了改造。通过一系列的改造，装置的裂解能力和部分设备的乙烯生产能力可达到

14.5×10^4 t/a。但是，分离设备和其他系统的设备能力尚未提高，不能满足生产的要求。1993 年 3 月，工厂对该装置进行了高负荷生产能力的考核，结果表明装置的综合最大乙烯生产能力为 12.1×10^4 t/a。

1994 年 6 月，公司的技改部门与大连理工大学合作，共同对装置实际生产工况进行充分调查研究，诊断装置的生产“瓶颈”问题，提出增产节能改造方案。

本着安全、稳妥、投资少、见效快的原则，确定了乙烯装置技术改造的目标是扩产至 15×10^4 t/a；实现能耗由 1993 年的 1033×10^4 kcal/t（乙烯）降至 958×10^4 kcal/t（乙烯）。该项技术改造分两期实施：第一期生产能力达到 13.8×10^4 t/a，即按原设计扩产 20%；第二期生产能力达到 15×10^4 t/a，即按原设计扩产 30%，第一期改造的设备按生产能力 15×10^4 t/a 设计，避免第二期改造中的重复改造。

2. 设计依据

设计依据是完成技术改造的重要保证，基于生产实际的依据更为重要。为此，在设计中认真、充分地进行了现场调查研究，力求准确掌握各种相关信息。同时，对国内同类装置进行了考察，并收集相关资料。通过调查研究和查询资料，收集相关资料作为本项改造的设计依据。

1）设计资料

（1）装置的相关设计资料。

（2）本装置生产技术手册。

（3）本装置多年操作的相关记录分析报告等。

（4）11.5×10^4 t/a 乙烯装置扩产至 14.5×10^4 t/a 的技术改造。

（5）国外乙烯技术和文献资料。

2）装置存在的问题

乙烯用能单耗为 1033×10^4 kcal/t（乙烯），高于国内的平均水平。1993 年 3 月，该装置的高负荷生产考核，证明装置的综合最大生产能力为 12.1×10^4 t/a，发现装置仍然存在一些生产的瓶颈。

（1）T-202 塔釜的温度（97.8℃）太高，常引起塔釜内丁二烯的聚合结焦，需启用备塔 T-203 交替使用，轮换清洗检修。因此影响了装置的正常运行，限制了塔的生产能力。

（2）部分换热设备能力不足，如 E-206、E-208 等。

（3）装置内一些单元用能不够合理，能耗较高，如冷区部分精馏塔用能匹配不合理。

（4）T-101 塔顶排出 102℃ 裂解气，采用冷却水冷却，热量未进行回收。

3. 改造方案的提出[1,2]

装置进行扩产改造，首先必须了解系统生产能力的瓶颈所在。通过深入细致的调查研究，严格模拟分析和核算标定以及充分交流讨论等工作，提出解瓶颈的具体措施或方案。首先，要解决 T-202 塔底的釜液温度过高易结焦的问题；其次，确认装置内因能力不足成为瓶颈的单元设备，并提出具体的解决方案。

本装置是前脱丙烷的分离序列，在工艺上较大的问题是 T-202 塔底的釜液温度过高引起塔釜液结焦，需要定期切换清洗。为维持生产正常运行。特为 T-202 塔提馏段设置一个备用塔 T-203。当 T-202 塔出现问题时，将 T-202 塔的提馏段切换到 T-203 塔。切换后重新建立系统的平衡，而切换下来的塔需要进行排料清理，这是一件十分费力劳神的事情。同时也会影响系统的正常产量。为此，必须实施改造解决这一瓶颈，将工人从繁杂的劳动中解放出来。

T-202 塔釜液中避免碳四烯烃聚合的安全温度低于 80℃。为减缓或避免塔釜结胶，就需要将塔釜的温度降至 80℃以下。从物系的热力学性质和相平衡关系考虑，那就是改变釜液的压力或组成，使之平衡温度变化。解决这一问题的典型工艺，就是高低压双塔流程。高低压双塔流程也有多种工艺，但原理相同，即在高压塔中提高釜液中的轻组分含量，以降低釜液的泡点；在低压塔中，因塔压降低，则釜液泡点随之下降；保证釜温均在安全范围内（低于 80℃），以缓解或避免塔釜结焦，实现系统的连续稳定生产，提高装置的生产能力。

1）前脱丙烷高低压流程（方案 1）

通过查阅资料，分析了国内外已有的相关乙烯技术，结合本厂乙烯生产工艺流程特点，拟定了前脱丙烷高低压双塔流程，如图 6－1 所示。

改造方案充分利用现场条件，将 T-202 作为高压塔，塔维持原操作压力；而将备塔 T-203 降压操作为低压塔。在原流程基础上仅做少量改动即可。T-202 塔维持原结构不变，适当改变操作条件，即减少塔顶采出量，使塔釜具有适量的 C_3，将塔釜温度降至 80℃以下。T-202 塔釜液作为 T-203 塔的进料，优化 T-203 塔的进料位置、回流比，在保证 T-203 塔的分离要求前提下；选择适当操作压力，使塔 T-203 釜液温度降至 80℃以下。塔顶采出的 C_3 直接送至下游 R-305 经加氢脱炔处理后，再进入丙烯精馏塔 T-304 进行分离。T-203 塔底的釜液送去脱丁烷塔 T-204，该流程可实现以下目标：

（1）保证 T-202 、T-203 塔釜液温度降至安全温度范围（低于 80℃），能显著减轻塔底结焦（丁二烯聚合）现象。避免了切换、清理的繁重劳动，赢得平稳生产的时间，利于增产。

（2）现场塔 T-202、T-203 的再沸器不必改动，节省了投资。

（3）低压塔 T-203 顶的馏出液不返回 T-202，直接去 R-305，减少了此部分物流的加工过程，有利于节能，既减轻了工艺气压缩机、脱甲烷塔进料冷却系统及脱甲烷塔 T-301、脱乙烷塔 T-302 的生产负荷，又有利于系统扩产。

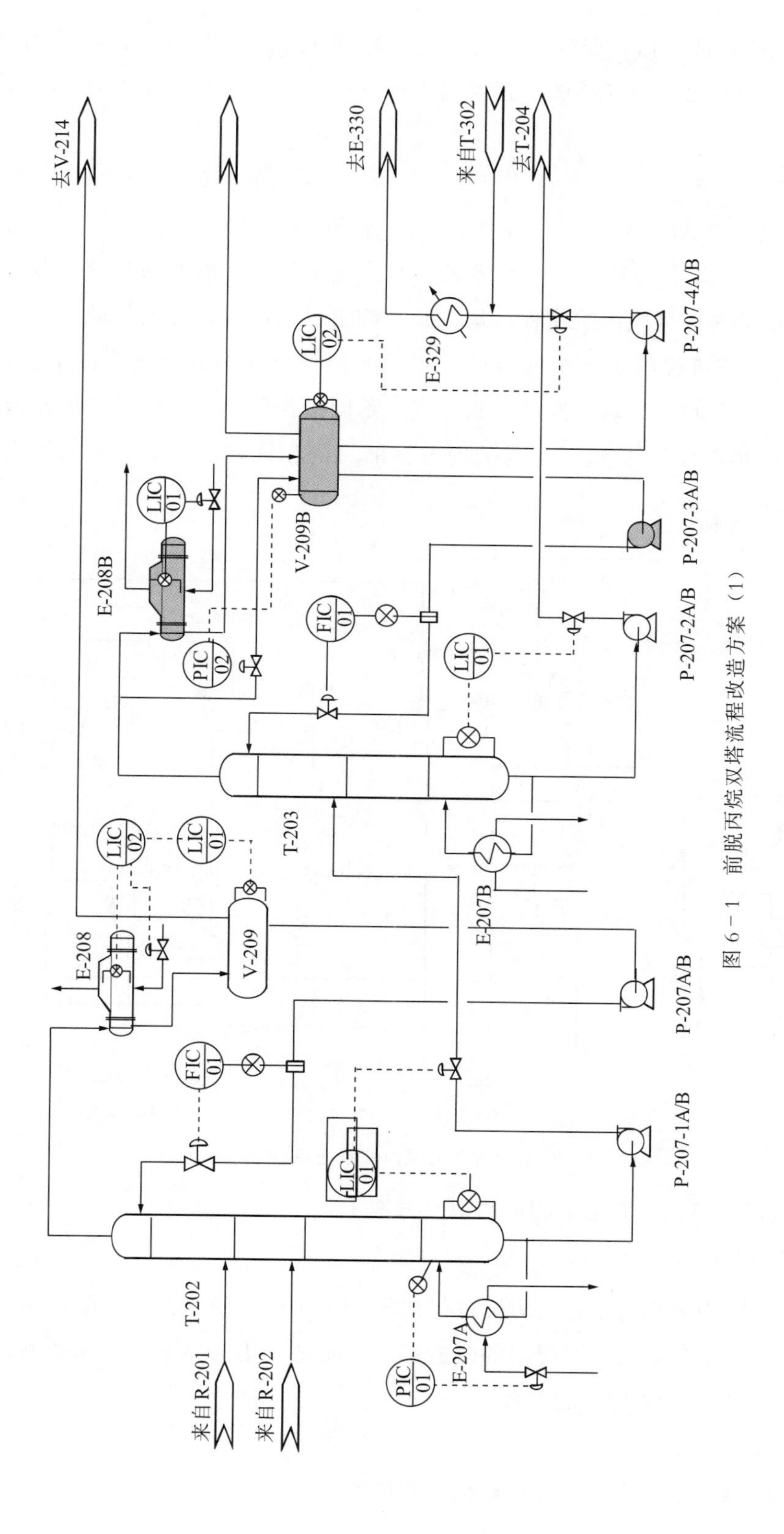

图 6-1　前脱丙烷双塔流程改造方案（1）

（4）T-202塔改造后，变为非清晰分割，降低了塔的分离要求，可适当减少回流。同时，塔顶采出量减少及T-203塔顶采出不返回T-202，减小了塔T-202的负荷，提高了T-202生产能力。

2）顺序分离序列高低压脱丙烷流程（考察的乙烯装置）（方案2）

某乙烯装置的顺序分离系列脱丙烷双塔串联流程如图6－2所示，T-202塔为高压塔，T-203为低压塔，与待改造的乙烯装置的分离序列存在很大的差异。考察的乙烯装置采用了顺序分离序列脱丙烷流程；是在脱乙烷之后脱丙烷，脱丙烷塔T-202的进料中不含C_1和C_2。该流程的脱丙烷的双塔，实际上相当于将一塔分成两段串联操作流程。分成两塔的目的是可以采取不同的分割方式、不同操作压力，从而使塔底釜液降至安全温度（78℃，79℃），可见这一点与前面方案的目的相同，但是塔的负荷没有改变，即不能提高塔的生产能力。

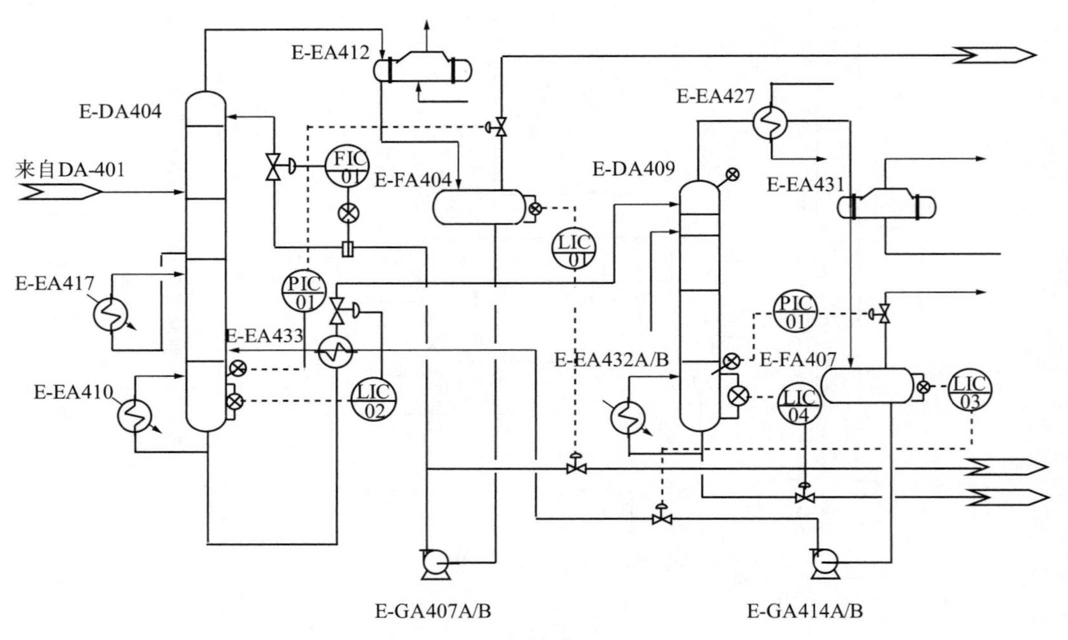

图6－2　顺序分离序列脱丙烷双塔流程改造方案（2）

4．前脱丙烷高低压双塔流程的模拟（方案1）

1）优化参数

通过严格模拟分析将上述两方案进行比较，并获得流程的物料、能量平衡数据，为设计提供所需的基础数据。对提出的改造方案，通过优化选择适宜操作条件，以保证塔底釜温低于80℃，需要优化的参数有：

（1）高压塔T-202。

①维持现操作压力不变，选择最佳进料位置。

②选择塔顶适宜的采出量。

③适宜的回流比。

（2）低压塔 T-203。

①选择塔适宜操作压力。

②适宜的回流比。

③最佳进料位置。

在保证 T-203 塔顶温度与冷剂匹配以及塔釜液温度低于 80℃的前提下，两者之间进行权衡，优先考虑塔底温度。塔的冷凝通过选择冷剂保证。

流程模拟首先必须选择并确认模型，现采用 T-202 塔的原设计条件进行模拟，选择确认模型，其结果见表 6－1。数据结果表明，模拟的温度、组成结果与设计值符合较好，说明选择模型比较适宜，可用于改造方案的模拟分析。

新流程的模拟要以确认的模型进行操作参数优化，然后按照优选的操作条件进行模拟，为设计提供基础数据。

表 6－1　T-202 塔原设计条件及双塔流程模拟结果比较表（11.5×10^4 t/a）

塔序号		T-202	T-202		T-202		T-203	
项目名称		原设计条件	模拟计算		高低压双塔流程			
回流比		0.3	0.3		0.26		7.0	
塔顶采出量（kmol/h）		1493.647	1493.647		1467.647		26.004	
塔底采出量（kmol/h）		149.116	149.116		175.12		149.116	
冷凝器负荷（10^6 kcal/h）		1.9	1.86		1.59		0.80	
再沸器负荷（10^6 kcal/h）		1.3	1.27		0.82		0.72	
塔顶温度（℃）		－34.2	－34.8		－37.05		4.71	
塔顶第 2 板温度（℃）		－19.5	－20.7		－23.7		5.44	
塔底温度（℃）		97.8	97.0		79.1		74.7	
塔顶压力［kgf/cm²（绝压）］		10.50	10.50		10.50		6.7	
第 2 板压力［kgf/cm²（绝压）］		10.75	10.75		10.75		—	
塔底压力［kgf/cm²（绝压）］		11.15	11.15		11.15		7.0	
精馏段负荷 L/V（kmol/h）	最大值	—	450	1944	381	1849	182	208
	最小值	—	329	1494	252	1468	140	174
提馏段负荷 L/V（kmol/h）	最大值	—	438	289	351	176	296	147
	最小值	—	149	188	175	101	140	138
塔顶主要组分	C_4H_6	1.1×10^{-2}	1.7×10^{-6}		3.3×10^{-6}		1.7×10^{-3}	
	C_4H_8	2.5×10^{-2}	3.9×10^{-6}		7.4×10^{-6}		3.1×10^{-3}	
	C_4H_{10}	—	7.1×10^{-9}		1.4×10^{-8}		1.2×10^{-5}	

续表

塔底 主要组分	C_3H_4	7.60×10^{-2}	4.53×10^{-4}	—	1.0×10^{-3}
	C_3H_6	2.85×10^{-1}	2.12×10^{-5}	—	2.3×10^{-4}
	C_3H_8	8.20×10^{-2}	1.14×10^{-5}	—	7.7×10^{-5}
进料位置 1		11	11	11	9
进料位置 2		12	12	12	—

2）高压塔 T-202 操作条件的优选

塔操作压力保持原设计压力不变，选择适宜的进料位置、回流比、塔顶采出量。优化的约束条件为：保证塔顶分离达标，塔釜温度不高于 80℃。采用化工通用流程模拟软件 ASPEN 或其他软件工具进行模拟优化。对优化参数进行灵敏度分析，以确定适宜操作的条件。

（1）进料位置的优选。

精馏塔在最佳位置进料可获得最佳的分离效果，于是在一定塔板范围内改变进料位置进行模拟，可以获得塔两端关键组分的变化。T-202 塔为 60 块塔板（实际塔板）的筛板塔，现以气相进料位置分别对塔顶 C_4 及塔底的 C_2H_4 两关键组分进行灵敏度分析，获得结果如图 6－3 和图 6－4 所示。

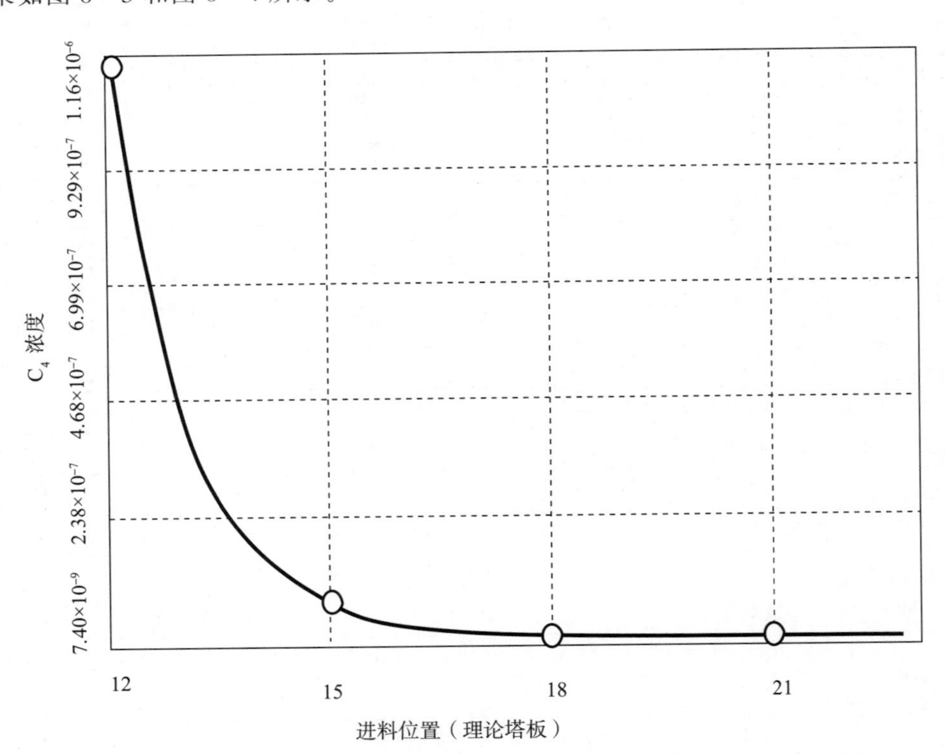

图 6－3　塔顶 C_4 馏分与进料位置关系

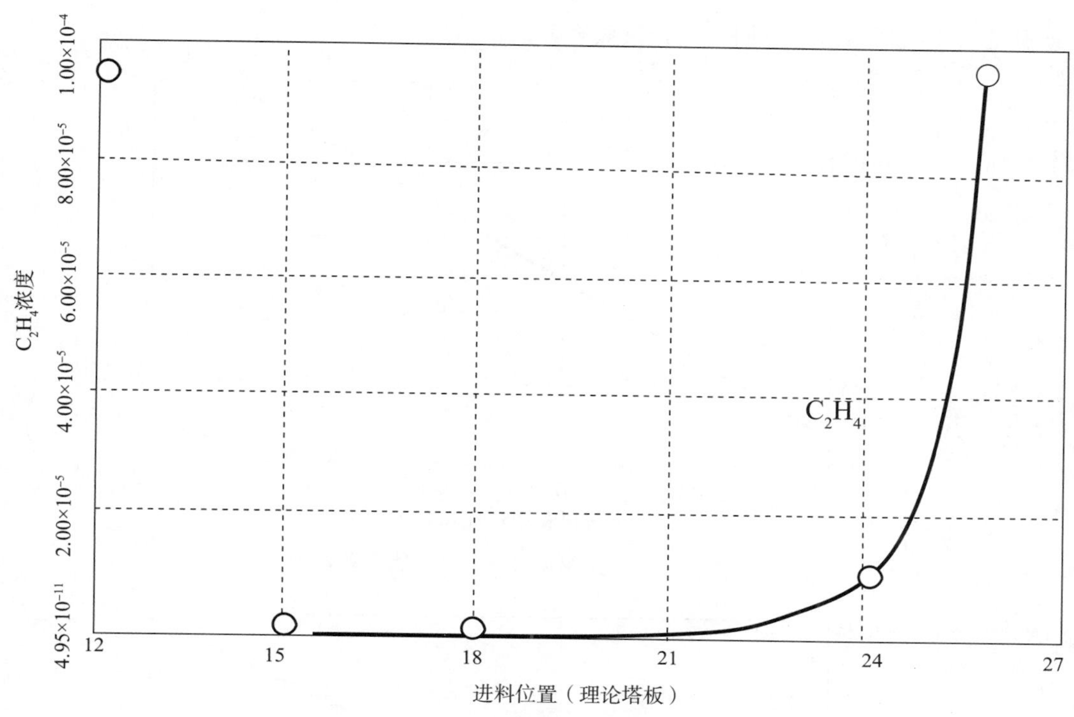

图 6－4　塔底乙烯含量与进料板位置关系

由图 6－3、图 6－4 可见，随着进料位置下移，塔顶 C_4 含量逐渐变小，而塔底釜液中的乙烯含量逐渐增大。显然，塔底、塔顶关键组分同时满足分离要求的范围，即为最佳进料板所在位置，由此可见，最佳进料位置在（12～21）（理论级）范围内，进料位置在较大的范围内变化对分离影响不大。在 12 板进料，塔顶 C_4 含量为 1.16×10^{-6}，也可满足分离要求。由于原塔中间设有隔断，调节不便，进料对分离影响不明显，可维持原进料位置不变。

（2）塔顶采出量的优化。

T-202 塔釜温度取决于塔压与釜液组成，而塔压已确定，不再改变，只可改变塔釜液的组成。其组成变化通过改变塔顶采出量实现。当塔顶采出量减少时，将有部分 C_3 进入塔底，使釜液组成变轻，导致温度下降，塔顶采出量减至一定量，可使塔釜温度降至安全温度（低于 80℃）。因此，采出量同样需要优化，可通过进行灵敏度分析，确定适宜采出量，使塔釜温度达到我们所期望的目标。现对采出量与塔釜温度进行灵敏度分析，如图 6－5 所示。

由图 6－5 中可以确定塔顶适宜采出量为 1467.6kmol/h，对应塔釜温度为 79.1℃，如采出量继续减少，釜液温度可进一步降低，为此，可根据具体情况进行调整。当塔顶采出量减少时，由于物平衡和相平衡关系的约束，塔顶 C_3 减少，塔顶组分变轻，引起塔顶温度下降，导致塔顶冷凝器的传热温差减小，影响其传热能力。现将塔顶采出量与塔

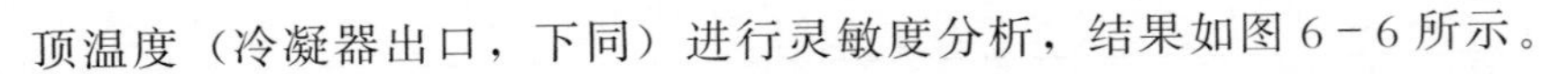

顶温度（冷凝器出口，下同）进行灵敏度分析，结果如图 6-6 所示。

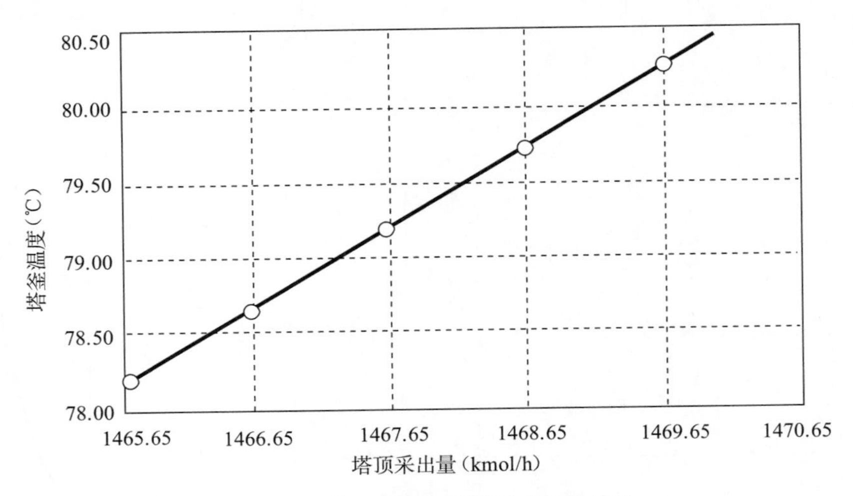

图 6-5　塔釜温度与塔顶采出量的关系

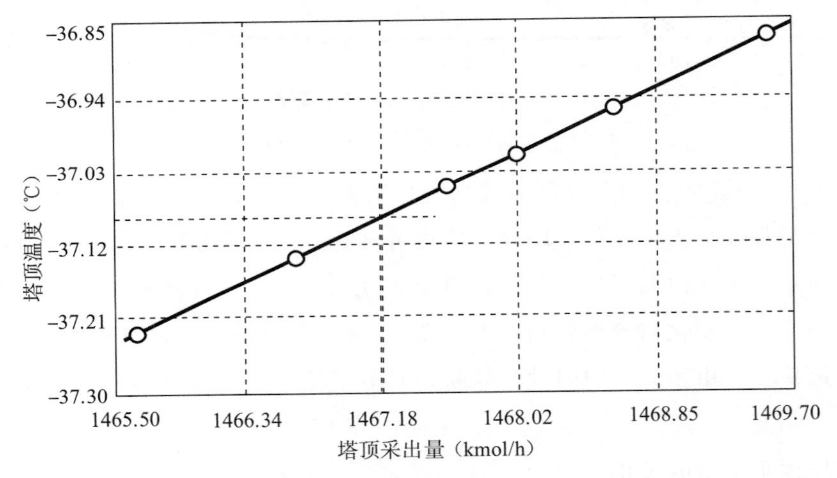

图 6-6　塔顶温度（冷凝器出口）与塔顶采出量的关系

由图 6-6 可确定塔顶冷凝器出口温度，当采出量为 1467. 6kmol/h 时，塔顶冷凝器入口温度为 -23. 7℃；塔顶冷凝器出口温度为 -37℃。原操作温度为 -34. 2℃，改造后下降了 3℃。所用冷剂为 -40℃的丙烯。

（3）操作回流比的优化。

在优化进料位置、适宜塔顶采出量的基础上，进行回流比的优化。要避免塔的过度分离，通过调节回流比使之回到适度分离的工况，减少不必要的能耗，也有利于生产能力的提高。回流比与塔顶 C_4 含量进行灵敏度分析，其结果如图 6-7 所示。

由图 6-7 可见，回流比在 0. 24～0. 25 之间时，C_4 的变化较快，塔的操作比较敏感。当回流比大于 0. 25 时，变化趋缓，影响减小。因此，适宜回流比取 0. 25～0. 27 为宜。原操作回流比为 0.3，下降了 13.3%。T-202 塔在优化的进料位置、塔顶采出量及回流比条件下进行模拟，为 T-203 塔提供进料。

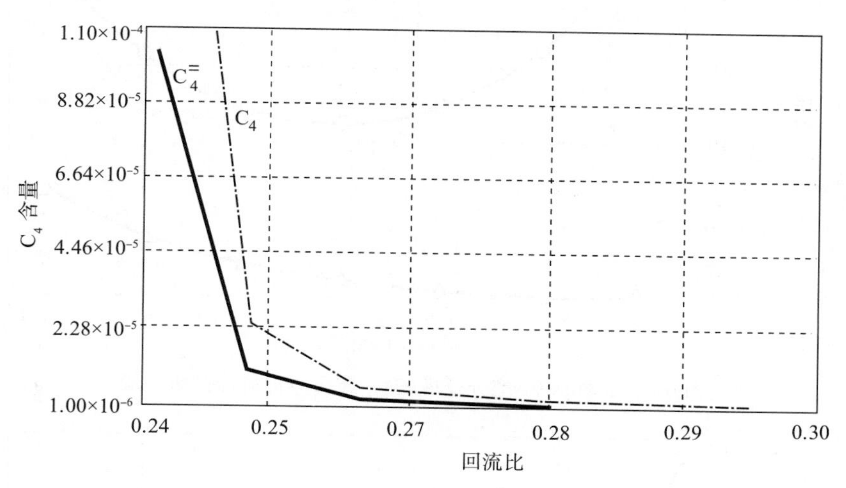

图 6-7　塔顶 C_4 含量与回流比的关系

3）低压塔 T-203 塔的操作参数优化

T-203 塔为一筛板塔，塔板数为 33 块（实际板），降压操作，作为低压塔，其进料由 T-202 塔釜排出液提供。该塔需要确定其适宜的操作压力、进料位置以及回流比。从何基点确定以上条件，这要从工艺给定的约束条件出发，其一是 C_3 与 C_4 应进行清晰分割，其二是塔釜温度必须在安全温度范围内（低于 80℃）。首先，可根据 T-202 塔提供的进料，按照分离要求进行物料衡算，确定适宜采出量及其相应组成。在优先满足塔釜温度的条件下，可根据 T-203 塔底采出的釜液组成及温度，计算塔釜液的泡点（低于 80℃）下的平衡压力作为初值，进料位置设在中部某一板作为初值，回流比先给定初值（初值为 5）。当给定一组初值后，即可对塔进行模拟计算，同时按前面介绍的方法进行操作参数优化，确定适宜的操作条件。

（1）进料位置的优化。

将进料位置分别与塔顶、塔底采出中的关键组分进行灵敏度分析，获得结果如图 6-8所示。图中两条曲线存在最小值，即塔顶 C_4 及塔底 C_3 含量最低对应的进料板为适宜进料位置。并且在范围内同时满足塔两端的分离要求。从图 6-8 中可以确定这个范围是9～11 板。这时，即可将原来初值进行修改，调到该范围内，继续进行优化计算。

（2）回流比 *R* 的优化

塔操作压力和塔的采出量是由约束条件推算出来的，故不致产生过大的偏离，因此先优化回流比。将回流比 *R* 与塔顶、塔底采出中关键组分进行灵敏度分析，结果如图 6-9所示。

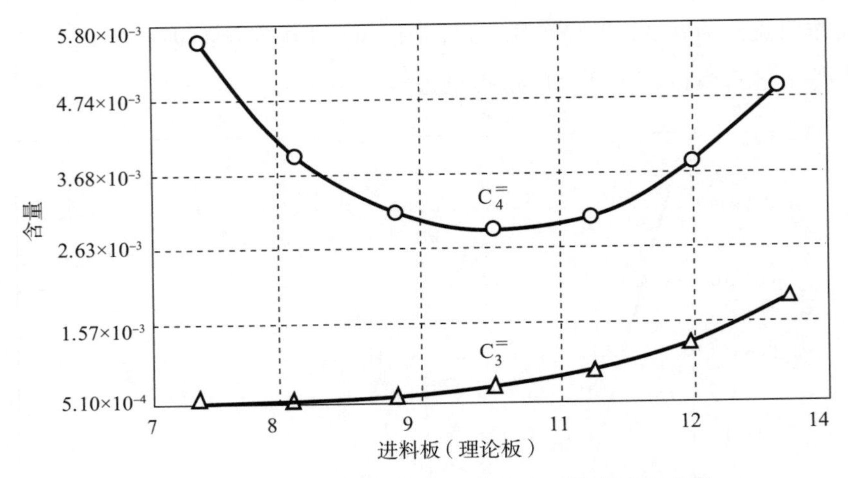

图 6－8　塔顶 C_4 馏分及塔底 C_3 馏分与进料位置的关系

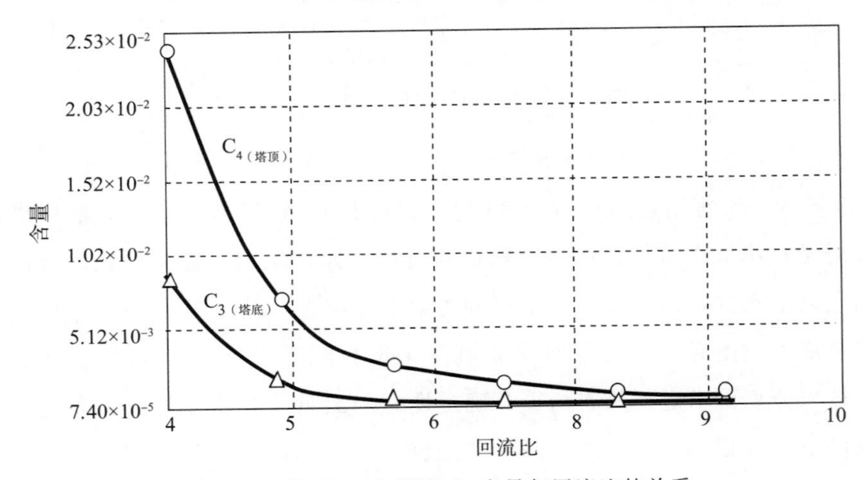

图 6－9　塔顶 C_4 与塔底 C_3 含量与回流比的关系

从图 6－9 中两条曲线的走势可见，当 $R=4\sim5$ 时，回流比 R 对 C_4、C_3 的影响非常明显，说明回流比 R 若低于 5 时，则塔的分离精度急剧下降。当 R 大于 5 时，塔的分离精度提高，并且变化趋缓。再增加回流比，对提高分离精度作用不大，故取适宜回流比在 6～8 之间为宜。

（3）操作压力的优化。

当釜液的组成一定时，塔釜的压力就决定了塔釜的温度，由于全塔压降不易估算，故塔的操作压力要留有足够的余地，避免塔釜超温（80℃）。现对操作压力与塔釜温度进行灵敏度分析，其结果如图 6－10 所示。

从图 6－10 中的曲线可见，几乎为一条直线，说明釜液温度与操作压力近似线性关系，随塔压升高而升高，如果选择塔釜温度为 75℃，其塔底对应的操作压力为 0.7MPa（绝压），塔顶的操作压力近似为 0.67 MPa（绝压），温度为 4.7℃。

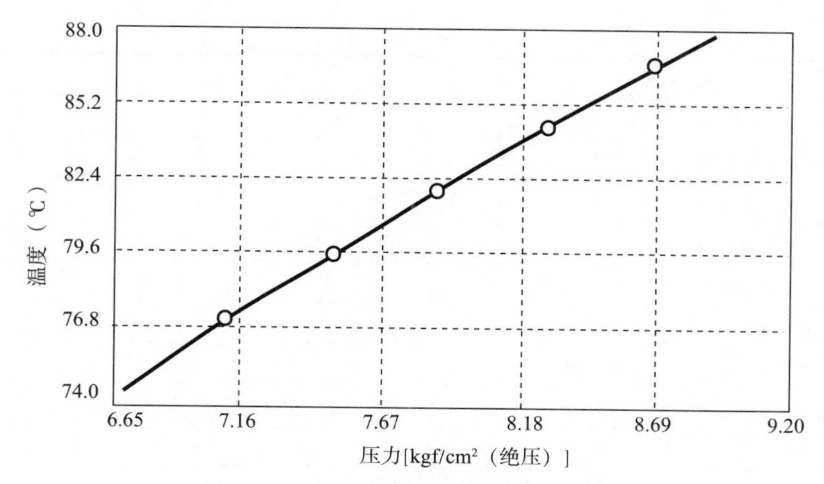

图 6－10　塔操作压力与塔底温度的关系

4）适宜操作条件

根据以上的优化结果，双塔流程各塔的适宜操作条件见表 6－2。

表 6－2　高低压塔的适宜操作条件

项　目		进料位置		回流比	操作压力（kgf/cm²）		塔顶采出量（kmol/h）	备　注
		理论板	实际板		顶	底		
T-202	F1	11	21	0.26	10.5	11.5	1761.12	扩产至 13.8×10⁴/a 乙烯
	F2	12	23					
T-203	F1	9～11	18～22	7.0	6.7	7.0	31.2	

注：表中为扩产至 13.8×10^4 t/a（扩产 20%），采出量为 1467.6×1.2＝1761.12 kmol/h；F1、F2 表示塔的两个进料物流。

5）适宜操作条件下模拟计算

按照扩产至 13.8×10^4 t/a 的生产能力，采取表 6－2 提供的适宜操作条件，对前脱丙烷高低压双塔流程进行模拟，模拟流程如图 6－11 所示，模拟结果见表 6－3，物流表见表 6－4。

表 6－3　扩产 13.8×10^4 t/a 适宜操作条件下的双塔流程模拟结果

塔参数	T-202		T-203	
回流比	0.26		7.0	
单位	kmol/h	kg/h	kmol/h	kg/h
塔顶采出量	1761.18	40.260	31.2	1316.2
塔顶回流量	57.9	16.636	218.4	9213.2
塔底采出量	210.1	12.811	178.9	11495
冷凝器负荷（10^6 kcal/h）	1.91		0.96	
再沸器负荷（10^6 kcal/h）	0.98		0.86	

续表

塔顶压力［kgf/cm²（绝压）］		10.50		6.7	
塔底压力［kgf/cm²（绝压）］		11.15		7.0	
塔顶温度（冷凝器出口）（℃）		-37		4.7	
塔底温度（℃）		79.2		74.7	
进料位置1		理论塔板 11	实际塔板 21	理论板 9～11	实际板 18～22
进料位置2		理论塔板 12	实际塔板 2		
精馏段负荷 L/V（kmol/h）	最大值	L = 457	V = 2219	L = 218	V = 250
	最小值	301	1762	168	209
提馏段负荷 L/V（kmol/h）	最大值	421	211	355	176
	最小值	210	121	168	166
塔顶主要重组分	C_4H_6	3.3×10^{-6}		1.7×10^{-3}	
	C_4H_8	7.4×10^{-6}		3.1×10^{-3}	
	C_4H_{10}	1.4×10^{-8}		1.2×10^{-5}	
塔底主要轻组分	C_3H_4			1.0×10^{-3}	
	C_3H_6			2.3×10^{-4}	
	C_3H_8			7.7×10^{-5}	

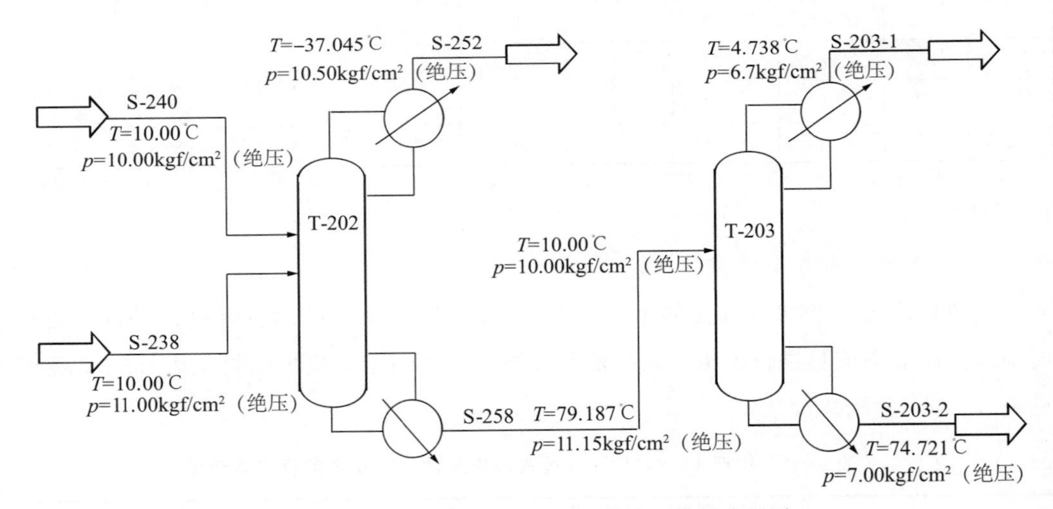

图6-11　适宜操作条件下的双塔流程模拟流程图

表6-4　适宜操作条件下的双塔流程模拟结果物流表

T-202—T-203（120%）						
物流号	S-203-1	S-203-2	S-238	S-240	S-252	S-258
来自	T-203	T-203			T-202	T-202
去向			T-202	T-202		T-203
温度（℃）	4.74	74.72	10.00	10.00	-37.4	79.10

续表

T-202—T-203（120%）						
压力（kgf/cm^2）	6.70	7.00	11.00	10.00	10.50	11.15
气相分率	0.00	0.00	0.02	1.00	1.00	0.00
摩尔流量（kmol/h）	31.20	178.94	107.76	1863.55	1761.18	210.14
质量流量（kg/h）	1316.17	11494.56	6302.02	46788.27	40259.55	12810.73
摩尔分数						
H_2	0.00000	0.00000	0.00169	0.14065	0.14893	
CO	0.00000	0.00000	0.00000	0.00080	0.00085	
CH_4	0.00000	0.00000	0.01896	0.24482	0.26021	
C_2H_2			0.00068	0.00171	0.00185	
C_2H_4			0.11079	0.34570	0.37257	
C_2H_6			0.04323	0.09320	0.10127	
C_3H_4-1	0.03536	0.0094	0.00281	0.00146	0.00099	0.00605
C_3H_6	0.90800	0.00022	0.14986	0.11048	0.10997	0.13500
C_3H_8	0.05121	0.00007	0.00591	0.00369	0.00335	0.00767
C_4H_6	0.00191	0.25260	0.09531	0.01878	0.00001	0.21538
C_4H_8	0.00351	0.31651	0.11307	0.02392	0.00001	0.27004
C_4H_{10}	0.00001	0.00540	0.00223	0.00039		0.00460
C_5-FRAC		0.26390	0.23018	0.01203		0.22472
C_6H_6		0.08148	0.11818	0.00099		0.06938
C_6-N-AR		0.05880	0.07654	0.00122		0.05007
C_7H_8		0.00572	0.00915	0.00002		0.00487
C_7-N-AR		0.01328	0.02032	0.00010		0.01131
C_8-AR		0.00038	0.00028	0.00002		0.00032
C_8-N-AR		0.00060	0.00065	0.00000		0.00051
C_9-FRAC		0.00010	0.00016	0.00000		0.00008
平均分子量	42.185	64.237	58.481	25.096	22.859	60.963

5. 顺序分离系列脱丙烷高低压双塔流程模拟（考察乙烯装置）（方案 2）

所考察的乙烯装置脱丙烷高低压双塔流程如图 6－2 所示。采用改造装置的物料流量、组成及热状态条件，应用考察装置的双塔流程的操作条件，进行模拟计算。在采用改造装置物料模拟之前，先采用考察装置物料及原操作条件进行模拟，确认所选物系的热力学模型。采用确认模型及改造装置物料为条件的流程模拟计算结果见表 6－5。

表 6-5　顺序分离系列脱丙烷双塔流程模拟确认及方案模拟结果

塔序号		DA-404	DA-404	DA-409	DA-409	T-202	T-203
项目名称		原设计条件	模拟计算	原设计条件	模拟计算	吉林石化物料采用盘锦流程	
回流比		1.028	1.028			0.3	7.0
塔顶采出量（kmol/h）		197.42	197.42			1493.65	80.0
塔底采出量（kmol/h）		128.14	128.14	96.73	96.73	229.12	149.112
冷凝器负荷（10^6kcal/h）		1.37	1.32	0.51	0.49	1.61	
再沸器负荷（10^6kcal/h）		0.86	0.79	0.46	0.49	0.97	0.55
塔顶温度（℃）		37.3	36.4	26.0	27.6	-34.6	53.7
塔底温度（℃）		82.0	82.4	78.4	78.3	78.9	74.5
塔顶压力［kgf/cm^2（绝压）］		14.51	14.51	5.73	5.73	10.50	6.7
塔底压力［kgf/cm^2（绝压）］		15.45	15.45	6.80	6.80	11.15	7.0
塔顶主要组分	C_4H_6	2.2×10^{-3}	2.5×10^{-3}			1.2×10^{-4}	
	C_4H_8	1.4×10^{-3}	3.6×10^{-3}			2.8×10^{-4}	
	C_4H_{10}		1.6×10^{-4}			5.8×10^{-4}	
塔底主要组分	C_3H_4			8.0×10^{-4}	1.2×10^{-3}		3.5×10^{-3}
	C_3H_6				6.7×10^{-5}		1.7×10^{-4}
	C_3H_8				2.5×10^{-4}		7.7×10^{-4}
进料位置 1		19	19	2	2	11	9
进料位置 2		28	28	4	4	12	

6. 高低压双塔流程的方案比较

现已获得两个原则流程方案的模拟结果，根据模拟结果比较分析，确认适宜的改造方案。可从原装置瓶颈解除的情况，生产能力提高幅度，节能负荷，投资费用、生产安全、清洁生产等方面进行比较，从而确定适宜的改造方案。现将各方案模拟结果的部分参数列表对比，见表 6-6。

表 6-6　流程方案操作工况比较（13.8×10^4 t/a）

方案比较项目	原流程方案 T-202	前脱丙烷双塔流程方案（1）		顺序分离系列脱丙烷双塔流程方案（2）	
		T-202	T-203	T-202	T-203
塔顶温度（℃）	-34.8	-37.05	4.7	-34.8	53.7
塔顶压力（kgf/cm^2）	10.5	10.5	6.7	10.5	6.7
塔顶冷凝负荷（10^6kcal/h）	2.28	1.906	0.959	1.932	0.51
塔顶采出量（kmol/h）	1792.37	1761.18	31.20	1792.37	96

续表

方案比较项目		原流程方案 T-202	前脱丙烷双塔流程方案（1）		顺序分离系列脱丙烷双塔流程方案（2）	
			T-202	T-203	T-202	T-203
精馏段负荷（kmol/h）	*V*	2333	2219	250		
	L	540	457	218		
提馏段负荷（kmol/h）	*V*	347	211	176		
	L	526	421	355		
塔底压力（kgf/cm^2）		11.15	11.5	7.0	11.5	7.0
塔底温度（℃）		97	79.2	74.7	78.9	74.5
塔底再沸器负荷（$10^6 kcal/h$）		1.56	0.983	0.863	1.164	0.66
回流比		0.3	0.26	7	0.3	7

由表 6－6 中所列数据的比较，可得出以下几点意见：

（1）塔底釜液温度：两双塔流程方案的釜温均可达到要求，低于 80℃。

（2）方案（1）与原装置分离序列工艺比较一致，改造比较方便有利。方案（2）与原装置差别较大，需要改动的管线较多。

（3）能量的消耗。

①双塔流程塔顶冷凝器冷量总负荷，方案（1）所耗冷量略高于原流程及方案（2）；方案（1）和方案（2）所用的冷量均高于原流程，但冷量的品位不同。

②塔底再沸器消耗的热负荷，两双塔流程所用热源总负荷均大于原装置，且方案（1）负荷略高于方案（2）负荷，但所用能量的品位不同。

本来能量剂从塔两端加入，可充分发挥能量在全塔的作用，提高用能的效率。由于一塔改为两塔后，没有进行能量集成，又增加了冷凝器、再沸器。相当于将部分热量、冷量移到中部加入，犹如原单塔中设中沸器、中冷器，降低了能量使用效率。因此，完成相同的分离任务，双塔流程将消耗更多的能量，但是能量的品位不同。

（4）生产能力。

①方案（1）由于塔顶采出量减少，部分 C_3 从 T-203 塔顶采出直接去 R-305 干燥加氢脱炔，使得进入工艺气压缩机 C-202、脱甲烷塔 T-301、脱乙烷塔 T-302 系统的负荷减小，有利于该过程系统的节能及扩产。方案（2）的低压塔塔顶采出没送出，而返回高压塔，因此方案（2）不能产生类似作用。

②方案（1）高压塔 T-202 塔顶采出量减小，回流比降低（从 0.3 降至 0.26），使得塔内气相负荷下降，将提高 T-202 塔的生产能力。方案（2）相当于一个塔的串联操作，与原装置塔顶比较，负荷没有大的改变，故改造不能提高塔的生产能力。

（5）设备改动：方案（1）符合现场设备情况，与原流程比较一致，增加和改动设备均少于方案（2）。如 T-202 塔不必改动，则增加换热设备少。

综上所述，方案（1）具有一定优势，选择方案（1）作为改造实施方案。

7. 装置主要单元设备的核算

如上所述，本次改造的任务是扩大装置的生产能力，扩产改造分两期完成。通过装置设备核算，确认一、二期改造中的瓶颈设备。新增设备按 15×10^4 t/a 乙烯能力设计。

现乙烯装置生产能力为 11.5×10^4 t/a，对系统内 10 台塔设备进行水力学性能核算，对换热设备再沸器、稀释蒸汽发生器、冷凝器共 26 台换热器进行核算，对冷冻系统的冷却设备共 14 台进行核算，以了解这些设备生产能力存在的裕度，为装置扩容提供技术支持。

1）塔设备核算（15×10^4 t/a）[1,5-7]

塔核算是在模拟计算的基础上进行的，通过模拟计算获得塔的水力学计算所需的基础数据，结合收集到的资料中的塔板结构参数，进行塔的水力学性能核算。关于塔的水力学性能核算方法，对常用的塔型如筛板塔、泡罩塔、浮阀塔等都有较成熟的方法，多数特殊塔型的核算方法均可在手册和专著中查到，也可采用通用模拟软件如 Aspen 等进行计算，获得一些重要参数。现对前脱丙烷塔 T-202 进行核算，其结果见表 6－7，塔的水力学负荷性能如图 6－12 所示。

T-202 塔水力学核算，操作压力塔顶为 1.075 MPa（绝压），塔底为 1.115 MPa（绝压）；操作温度塔顶为－23.67 ℃，塔底为 79.15 ℃。

表 6－7　T-202 塔水力学核算结果表

项目＼塔板区间	精馏段	提馏段	项目＼塔板区间	精馏段	提馏段
气相密度 ρ_V（kg/m³）	14.35	22.24	空塔气速 u（m/s）	0.48	0.066
液相密度 ρ_L（kg/m³）	518.7	501.6	泛点率 F_1	0.84	0.37
气相体积流量 V_V（m³/h）	4325.6	481.6	动能因子 F_o	12.3	9.054
液相体积流量 V_L（m³/h）	35.6	49.0	孔流气速 u_o（m/s）	3.26	1.92
液相表面张力 σ（dyn/cm）	10.643	8.018	降液管流速 u_b（m/s）	0.108	0.0267
塔内径 D（mm）	1800	1800	稳定系数 k	2.47	0.836
板间距 H_T（mm）	600	450	溢流强度 U_u［m³/（m·h）］	36.85	31.23
溢流型式	单流型	单流型	堰上液层高 h_{ow}（mm）	31	28
降液管与塔截面之比 A_d/A_T		20%	降液管清液层高 H_d（mm）	225.4	167.3
出口堰堰长 l_w（mm）	958	1569	单塔板阻力 h_f（mm）	124.5	74.3
弓形降液管宽度 b_d（mm）	140.6	458.5	降液管泡沫层高度 H_d/φ	409.9	304.2
出口堰高 h_w（mm）	57.5	48.7	降液管液体停留时间 t（s）	5.56	16.82
降液管底隙 h_b（mm）	37	37	底隙流速 u_d（m/s）	0.290	0.234

续表

塔板区间 / 项　目	精馏段	提馏段	塔板区间 / 项　目	精馏段	提馏段
边缘区宽度 b_c（mm）	80	206	气相负荷上限 V_{max}（m^3/h）	4700.7	1002
安定区宽度 b_s（mm）	90	50	气相负荷下限 V_{min}（m^3/h）	1754	649
塔板厚度 b（mm）	4	4	操作弹性	2.68	1.5
浮阀个数 N	309（F）	222（S）			
浮阀直径 d_o（mm）	39	20			
开孔率（%）	14.5	7			

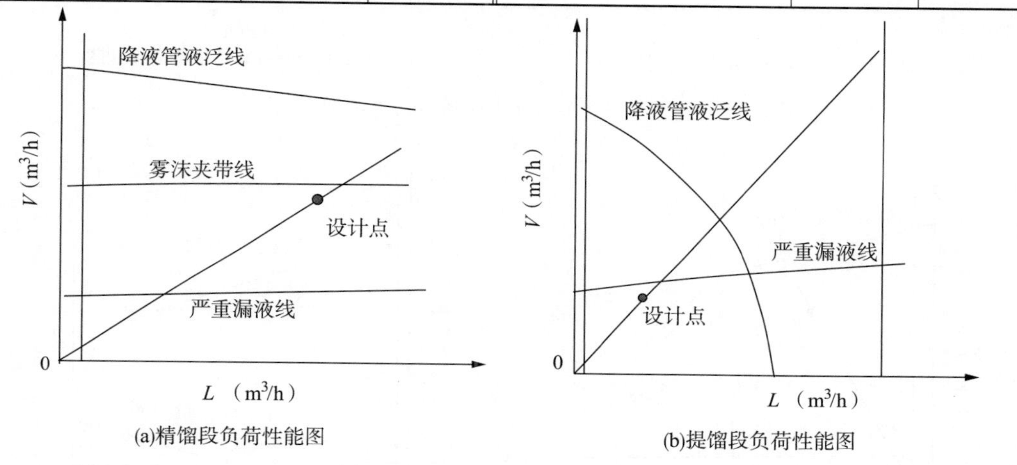

(a)精馏段负荷性能图　　(b)提馏段负荷性能图

图 6－12　T-202 塔负荷性能图

如果装置扩产目标不同，所涉及改造塔的数量也不同，扩产幅度越大，所需要改造的塔越多，投资越大，显然，需要权衡利弊，优选一个适宜扩产的目标。其他塔核算结果，各塔的水力学负荷性能如图 6－13 至图 6－21 所示，数据见表 6－8。

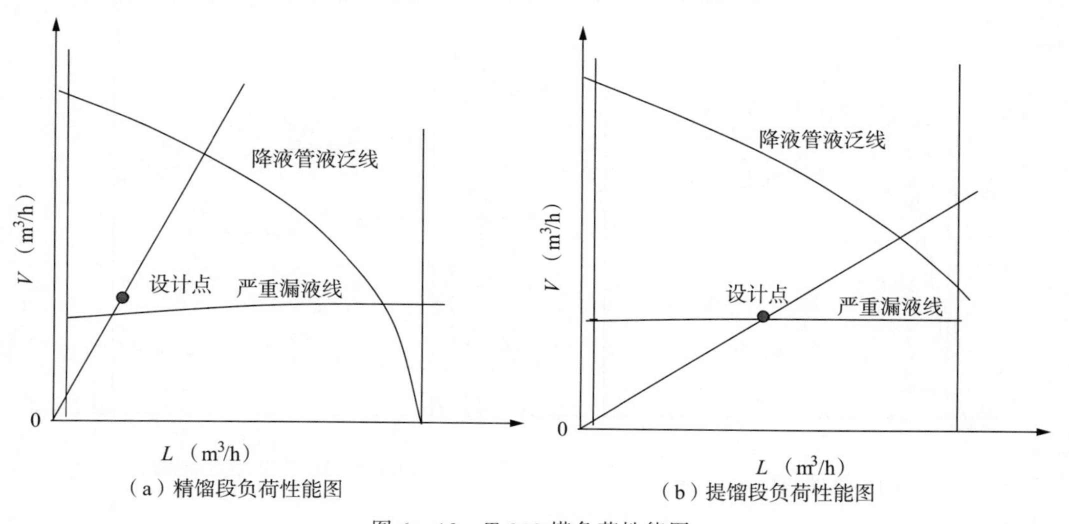

（a）精馏段负荷性能图　　（b）提馏段负荷性能图

图 6－13　T-203 塔负荷性能图

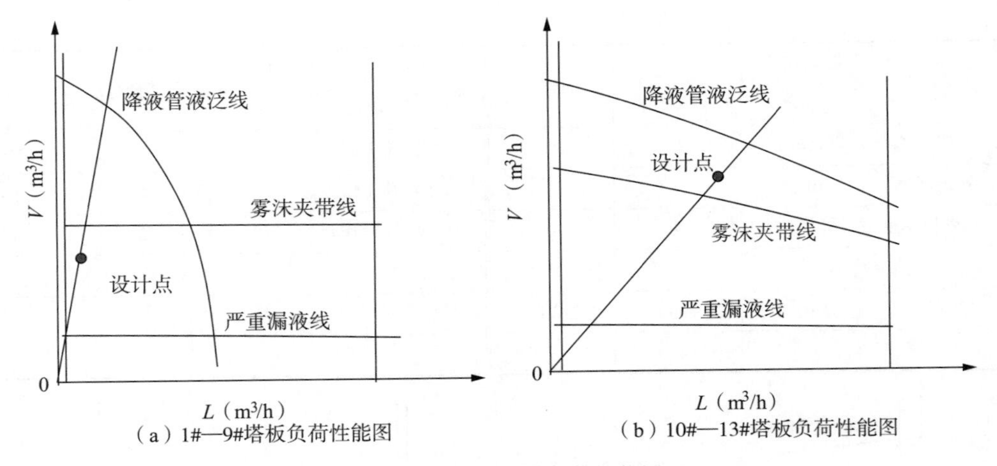

图 6－14　T-101 塔负荷性能图

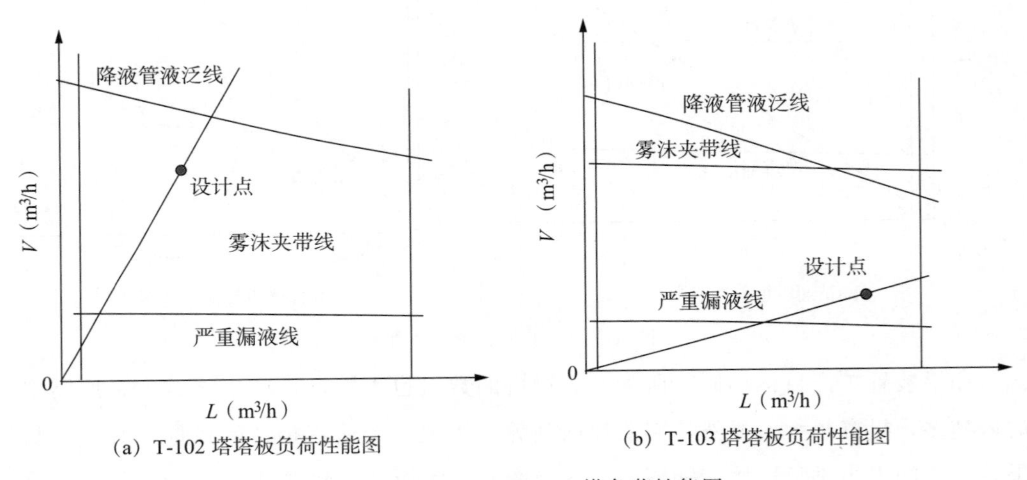

图 6－15　T-102 、T-103 塔负荷性能图

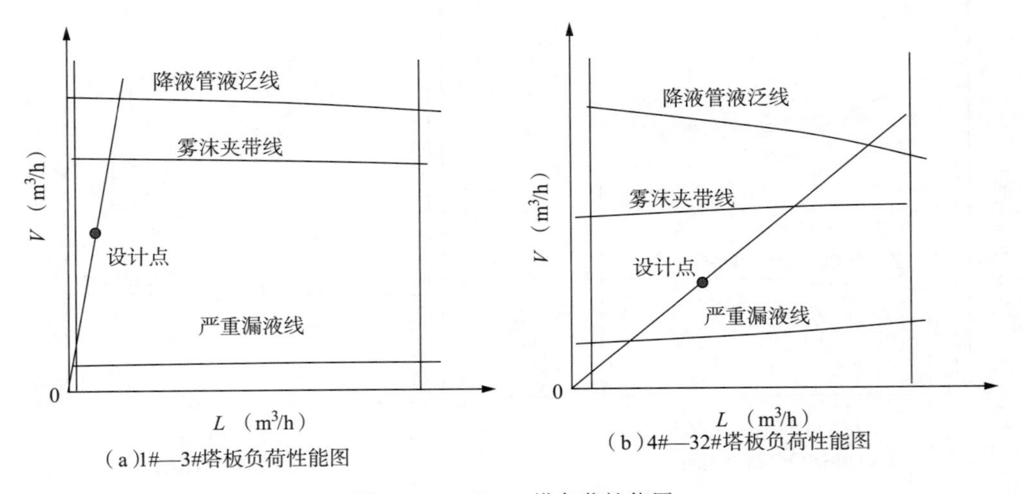

图 6－16　T-201 塔负荷性能图

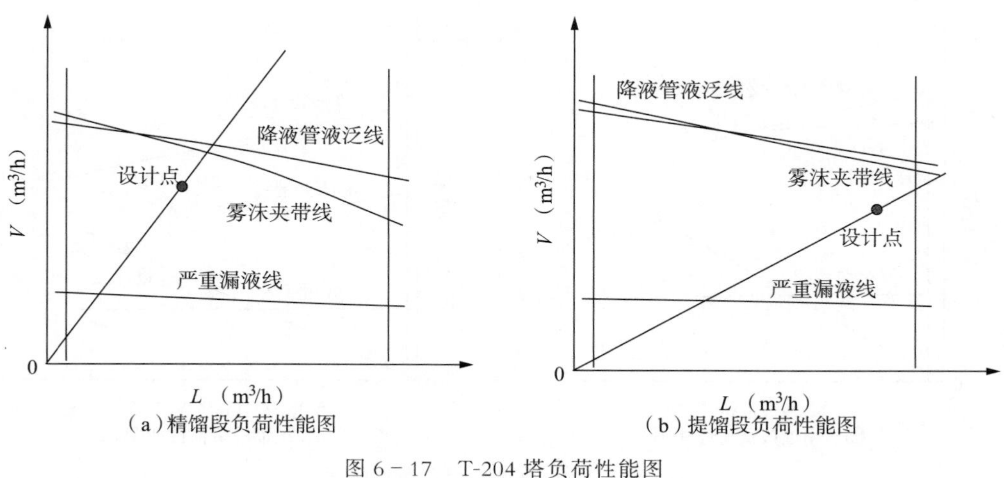

（a）精馏段负荷性能图　（b）提馏段负荷性能图

图 6－17　T-204 塔负荷性能图

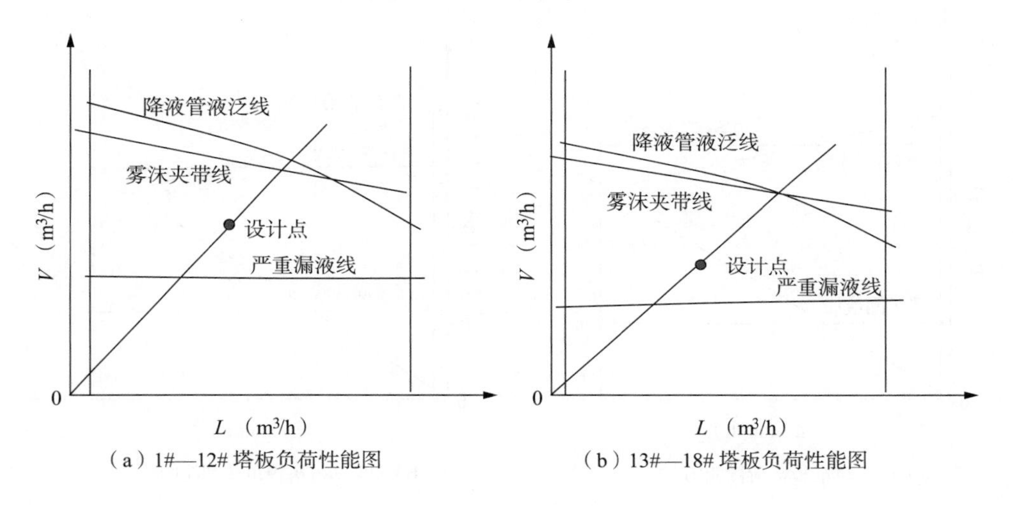

（a）1#—12# 塔板负荷性能图　（b）13#—18# 塔板负荷性能图

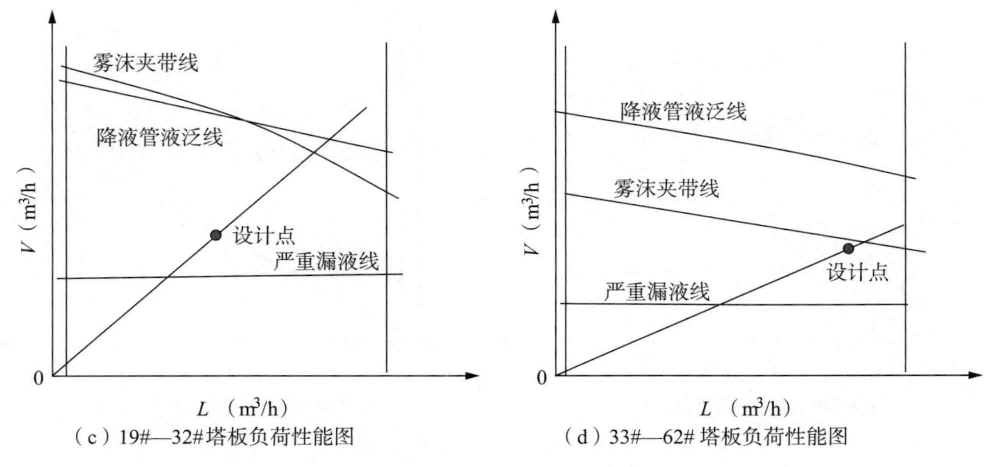

（c）19#—32# 塔板负荷性能图　（d）33#—62# 塔板负荷性能图

图 6－18　T-301 塔负荷性能图

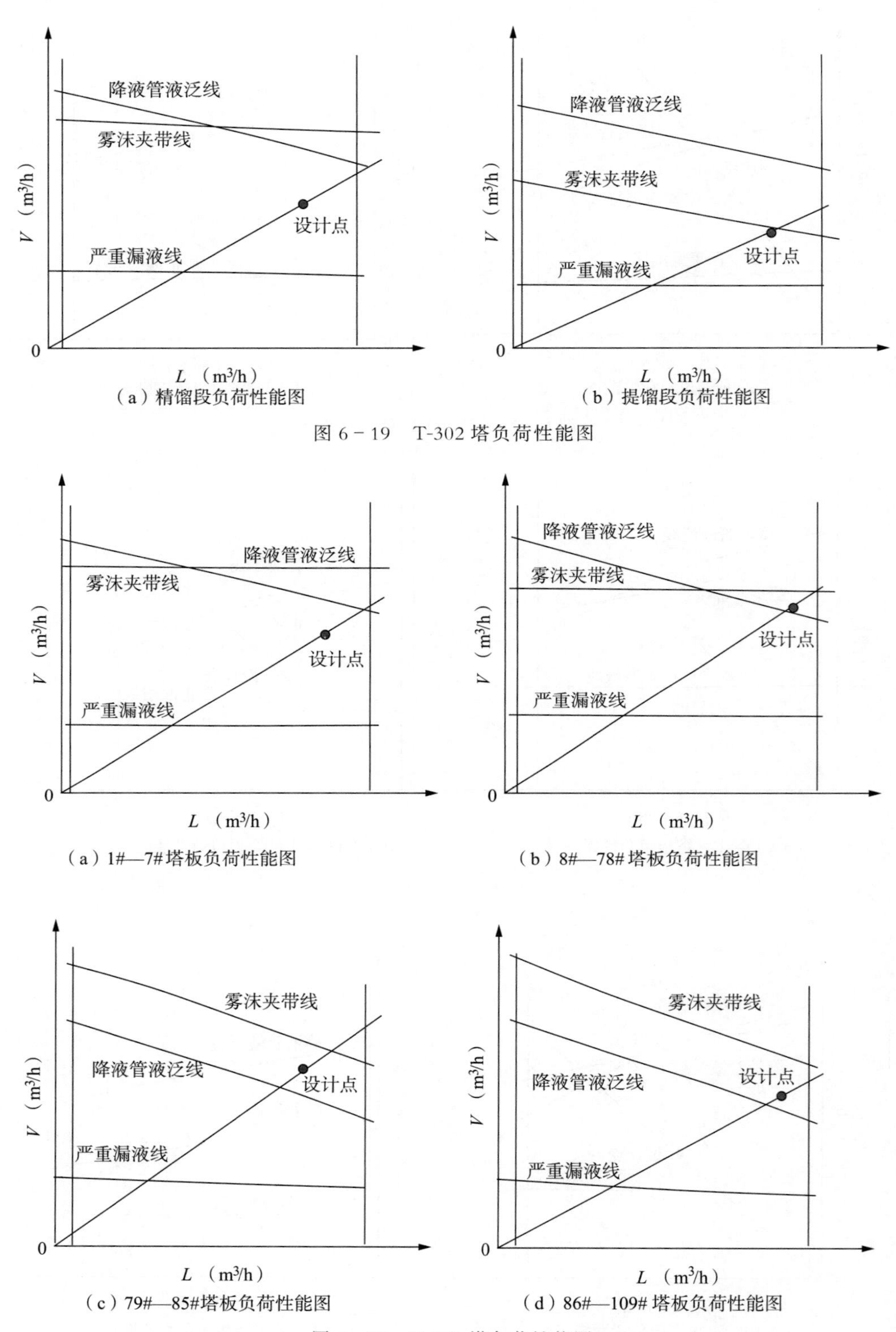

（a）精馏段负荷性能图

（b）提馏段负荷性能图

图 6-19　T-302 塔负荷性能图

（a）1#—7#塔板负荷性能图

（b）8#—78#塔板负荷性能图

（c）79#—85#塔板负荷性能图

（d）86#—109#塔板负荷性能图

图 6-20　T-303 塔负荷性能图

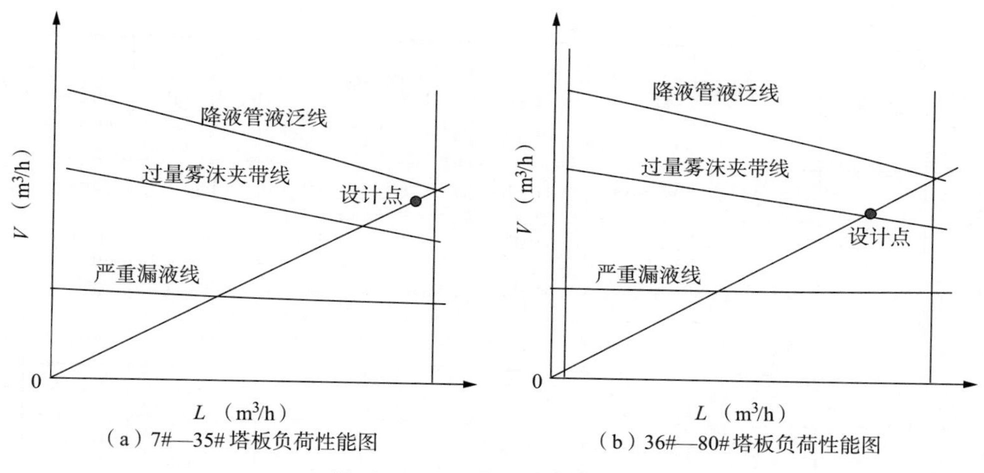

图 6－21 T-304 塔负荷性能图

以上通过塔盘水力学性能的核算，来估计系统内各塔的裕度。分析结果表 6－8 表明，扩产 20%，达 13.8×10^{4}t/a 乙烯，以上各塔都不必改造。当扩产 30%达 15×10^{4}t/a 乙烯时，T-101、T-303 和 T-304 需要改造。

上述通过计算来估算塔的裕度，有些塔板水力学模型尚不成熟，或受专利保护难以获取，这就只能采取大流量实验，来确认塔的生产能力上限。

表 6－8 塔盘水力学性能核算结果表（15×10^{4}t/a 乙烯）

序号	位号	塔名称	塔段	泛点率	降液管泡沫高度(mm)	降液管停留时间(s)	板间距 H_T(mm)	气相负荷上限(m^3/h)	实际气相负荷(m^3/h)	裕度(%)
1	T-203	脱丙烷塔(低压塔)	精馏段	0.42	248.7	22.0	450	1915	833.5	129.7
			提馏段	0.56	313.5	8.2	450	1204	687.8	75.05
2	T-101	汽油精馏塔	1#—9#	0.534	428	47	750	134439	114774.4	17.13
			10#—13#	0.886	697	7.0	750	111924.8	125915.4	-11.1
3	T-102	汽油解吸塔		0.181	404.9	12	450	2312	1832.5	26.17
4	T-103	工艺水汽提塔		0.453	386	3.6	450	6991.0	5992.6	16.7
5	T-201	碱洗塔	1#—3#	0.487	372	65	600	7178	3849.72	86.46
			4#—32#	0.431	338	10.4	600	6622	3847.7	72.10
6	T-204	脱丁烷塔	精馏段	0.628	422.8	10.6	450	1484	1236.2	20.05
			提馏段	0.611	422.3	4.5	450	1074	946.4	13.48

续表

序号	位号	塔名称	塔段	泛点率	降液管泡沫高度(mm)	降液管停留时间(s)	板间距 H_T(mm)	气相负荷上限(m^3/h)	实际气相负荷(m^3/h)	裕度(%)
7	T-301	脱甲烷塔	1#—12#	0.558	415.8	8.4	450	320.0	240.5	33.06
			13#—18#	0.558	391	8.7	450	368.0	243.0	51.44
			19#－24#	0.558	372.4	8.1	450	404.0	250.9	61.02
			25#—32#	0.558	435.7	3.8	450	355.0	301.73	17.65
			33#—62#	0.712	491.5	4.7	600	990.3	531.7	86.25
8	T-302	脱乙烷塔	精馏段	0.459	410.4	3.63	450	1205.5	1010.5	19.3
			提馏段	0.768	491.5	4.71	600	991.8	952.1	4.17
9	T-303	乙烯精馏塔	1#—7#	0.723	588.1	3.5	600	3065.9	2666.0	15.0
			8#—78#	0.747	524.3	3.26	450	2488.3	2601.4	－4.33
			79#—85#	0.595	564	3.76	450	1710.0	1872.2	－8.66
			86#—109#	0.552	529.1	3.5	450	1650.17	1744.0	－5.38
10	T-304	丙烯精馏塔	1#—6#	0.923	483.8	4.25	450		2233.0	－13.0
			7#—35#	0.928	486.2	4.22	450		2236.4	－15.4
			36#—80#	0.806	435.4	4.72	450		1924.4	－4.3

2）换热设备的核算（15×10^4 t/a）[1,3]

换热设备含塔的再沸器、冷凝器以及物料冷凝器、加热器，工艺物流间的换热器等。这些换热设备中，工艺物流间换热设备裕度调节取决于换热设备的性能及结构，因其两侧的工艺物流不能随意改变，只得从改变换热设备的结构解决。如果一侧为公用工程物流，其裕度调节除了考虑传热本身结构及性能外，还可考虑适当调节公用工程物流的流量和等级来提高其裕度，如再沸器在设计压力允许条件下可适当提高加热蒸汽压力，循环水冷凝器可适当提高循环水流量，或改为深井水和降低水入口温度的方法来提高其裕度，避免更换设备。

换热设备核算，同样由模拟提供物料的物性参数，并根据不同形式的换热设备，从手册、专著中查询相应的计算方法进行核算。更方便快捷的方法是应用 Aspen 软件中 Bjac 核算不同类型换热设备。脱乙烷塔再沸器 E-314 核算结果见表 6－9。其他换热设备核算所得裕度见表 6－10 至表 6－14。

表 6－9 脱乙烷塔再沸器 E-314 核算结果

	设备名称	脱乙烷塔再沸器 E-314		
	管壳程	壳 程	管 程	
	进口物料及相态	水蒸气	C_3—C_4 液态烃	
	出口物料及相态	水凝液	C_3—C_4 烃蒸气	
	物料流量（kg/h）	5343.0	53613.3	
	进口温度（℃）	127	68.0	
	出口温度（℃）	127	68	
	操作压力［MPa（绝压）］	0.25	2.857	
液相物性	比热容 C_p［kJ/（kg·℃）］	—	3.46	
液相物性	导热系数 λ［W/（m·℃）］	0.685	0.1348	
液相物性	密度 ρ（kg/m³）	937.3	417.92	
液相物性	黏度 μ（mPa·s）	0.2237	0.1097	
液相物性	表面张力 σ（N/m）	—	0.001794	
液相物性	汽化潜热 r（kJ/kg）	2185.4	217.8	
气相物性	密度 ρ（kg/m³）	—	41.626	
气相物性	黏度 μ（mPa·s）	—	0.0096	
气相物性	传热面积 A（m²）	110.0	传热管规格（mm×mm）	ϕ25×2.5
气相物性	传热管长 L（mm）	3000	排列方式	△
气相物性	管间距 T（mm）	32	管数目	501
气相物性	折流板数 NB	—	折流板间距（mm）	—
气相物性	壳体内径 D_i（mm）	900	—	—
	进口接管管径（mm）	—	250	
	出口接管管径（mm）	—	450	
	污垢热阻（m²·℃/W）	0.0002	0.0004	
	传热温差（℃）	59.00		
	传热系数标定值 K_o［W/（m²·℃）］	500.0		
	传热系数计算值 K_c［W/（m²·℃）］	922.54		
	传热负荷（kW）	3243.0		
	传热面积裕度（%）	84.53（原设计 100%负荷）		

注：扩产至 130%：热负荷为 4217.0 kW；传热面积裕度为 43.6%。

表 6－10 再沸器换热设备裕度

位 号	E-110	E-207	E-209	E-307	E-314	E-332	E-113	E-112
100%负荷裕度（%）	19.6	77.8	177	51.1	84.53	159	39.5	64.8
120%负荷裕度（%）	13.4	46.12	131	22.4	53.6	108.8	24.3	53.4
130%负荷裕度（%）	3.4	36.12	121	12.4	43.6	98.09	14.3	43.1

表 6－11　冷凝器换热设备裕度

位　号	E-103	E-333	E-210	E-205	E-206	E-322	E-315	E-203
100％负荷裕度（％）	42.8	91.0	74.0	27.9	21.9	22.4	17.6	38.1
120％负荷裕度（％）	20.1	59.5	44.9	20.1	16.8	10.6	12.8	22.7
130％负荷裕度（％）	10.1	49.5	34.9	10.1	6.3	0.6	2.8	12.7

表 6－12　换热器换热设备裕度

位　号	E-211	E-111	E-101	E-345	E-319	E-104	E-114	E-115	E-107	E-204
100％负荷裕度（％）	42.8	33.8	74.0	27.9	21.9	22.4	17.6	38.1	35.9	394
120％负荷裕度（％）	19.9	15.5	17.6	54.8	12.4	29.1	23.9	27.7	29.4	342
130％负荷裕度（％）	9.9	5.5	7.6	44.8	2.4	19.1	13.9	17.7	19.4	332

乙烯装置冷冻系统冷却器按换热器原设计条件核算，其中部分设备前期已进行了改造。核算结果见表 6－13 至表 6－15。

表 6－13　C-201 气体冷却器核算裕度

位　号	E-201	E-202	E-203
100％负荷裕度	*	*	*
120％负荷裕度	20.7	5.7	30.3
130％负荷裕度	22.5	6.2	32.9

* 按前期改造后的结构核算结果。

表 6－14　C-202 出口工艺气冷却器核算裕度

位　号	E-212	E-301	E-321	E-302	E-327	E-303
100％负荷裕度	60	有	50.8	21.7	有	9.8
120％负荷裕度	有	有	有	7.6	有	有
130％负荷裕度	20	5	3.2	14	5.7	－5.5

表 6－15　乙烯压缩机 C-401 出口气体冷却系统冷却器核算裕度

位　号	E-401	E-402	E-403	E-405	E-346
100％负荷裕度	5.0	17.0	13.3	23.0	29.5
120％负荷裕度	无	无	无	有	14.0
130％负荷裕度	无	无	无	无	无

从核算结果可见，装置扩容达 120％时，分离系统的再沸器、冷凝器及换热器的能力均可满足。而表 6－15 所示冷却系统，乙烯压缩机 C-401 出口气体冷却系统的换热设备 E-401、E-402 和 E-403 的能力有些问题，可考虑用调节冷剂来解决。

实际上全面进行设备能力标定的工作量较大，但也是必要的。尤其是根据生产操作数据和现象，发现有问题或质疑的设备，更有必要。但是，核算只是一种估算，其最终结果由大流量试验操作满足与否来决定。尤其在边缘情况下，更是如此。

3）机、泵核算[1]

（1）裂解气压缩机 C-201 及工艺气压缩机 C-202。

裂解气压缩机 C-201 及工艺气压缩机 C-202，在前期对转子及透平的喷嘴进行了改造，经实际运行检验，生产能力达到 14.5×10^4 t/a，可满足扩产 20%的要求。

（2）泵的生产能力分析。

本装置共有 73 个泵工艺位号，经过现场调查阀门开度、电动机限定电流与车间一起确认，其中 54 个工艺位号的泵可满足扩产 20%的生产要求。现对余下 19 个工艺位号的泵进行核算分析。核算分析方法主要依据泵厂家提供的泵特性曲线说明书，考察现场运行工况，对流量控制阀的开度、限定电流等进行分析诊断。

通过收集管路参数，如管径、管长、阀门、管件、位差以及输送流体的流量及物性，对其输送阻力、消耗功率进行估算，确定扩产后泵工作点的位置，判断泵能否完成扩产的生产任务。现对余下 19 个工艺位号的泵进行核算，其结果见表 6－16。核算结果表明，余下的泵均可满足扩产 20%的近期目的，扩产到 30%将受到限制。

表 6－16 相关离心泵核算结果

序号	泵位号	设备名称	台数	泵特性参数			管路特性参数		
				流量（高效区）（m³/h）	扬程（m）	电动机功率（kW）	流量（m³/h）	扬程（m）	电动机功率（kW）
1	P-102	急冷油循环泵	3	854～1060	143	560	2028	137.2	743.0
2	P-103	汽油精馏塔回流泵	2	574～658	65.8	165/162	698	60.8	105.5
3	P-104	重质汽油输送泵	2	14～16.8	88	11	16.80	81.4	2.7
4	P-106	水汽提塔进料泵	2	50.5～55.5	81.8	11	60.36	28.3	4.6
5	P-107	汽油精馏塔回流泵	2	45～54	48.2	11	54.04	43.2	5.2
6	P-108	稀释蒸汽槽加料泵	2	55～60.5	96.3	30	66.07	93.3	15.9
7	P201	裂解气压缩机一段吸入槽排出泵	1	10	17.2	1.5	2.527	10.6	0.073
8	P-202	汽油解吸塔供给泵	2	6.2～8.4	17.2	1.5	7.532	13.7	0.21
9	P-203	稀碱循环泵	2	13～16	22.7	3.7	15.71	18.1	0.85
10	P-204	稀碱循环泵	1	13～16	22.7	3.7	15.71	18.1	0.85
11	P-206	脱丙烷塔进料泵	2	8.4～11.4	64.1	5.5	10.10	61.1	1.05
12	P-207	脱丙烷塔回流泵	2	30.5～35.1	72.5	11	30.526	68.9	3.08
13	P-208	脱丁烷塔回流泵	21	20～26	70.2	7.5	23.985	67.4	2.51
14	P-301	脱甲烷塔回流泵	2	16.9～18.6	99.4	5.5	21.90	92.2	1.66
15	P-301	脱甲烷塔回流泵	2	25	110	7.5	20.23	102.5	1.706

续表

序号	泵位号	设备名称	台数	泵特性参数			管路特性参数		
				流量（高效区）(m^3/h)	扬程（m）	电动机功率（kW）	流量（m^3/h）	扬程（m）	电动机功率（kW）
16	P-302	脱乙烷塔回流泵	2	42.5～46.8	135	18.5	51.00	130.3	7.37
17	P-303	乙烯塔回流泵	2	164～180	110.6	45	197.00	102.9	22.5
18	P-304	成品乙烯泵	2	34.5～38	133	15	41.30	125.3	6.26
19	P-305	丙烯精馏塔回流泵	2	125～160	94.4	37	158.6	91.1	18.8
20	P-307	成品丙烯泵	2	16.7～18.4	74	5.5	20.12	67.4	1.748

8. 新增设备设计

1）T-203塔顶冷凝器E-208B

T-203塔是原流程T-202塔提馏段的备塔，现改作双塔流程的低压塔，必须增设冷凝器E-208B及相关的辅助设备、调节系统，并按最终扩产目标15×10^4t/a设计（扩产30%），设计条件见表6－17。

E-208B设计热负荷$Q=1210$kW，设计结果及工艺结构条件参数见表6－17，工艺条件如图6－22所示。

表6－17　E-208B设计结果

设备名称		T-203塔顶冷凝器E-208B		
管壳程		壳程	管程	
物料名称		丙烯冷剂C_3	T-203塔顶蒸汽C_3	
物料流量（kg/h）		10704.0	11406.33	
进口温度（℃）		－23.0	5.4	
出口温度（℃）		－23.0	4.7	
操作压力［MPa（绝压）］		0.19	0.67	
液相物性	比热容C_p［kJ/（kg·℃）］	—	1.443	
	导热系数λ［W/（m·℃）］	0.1277	0.111	
	密度ρ（kg/m³）	584.0	508.6	
	黏度μ（mPa·s）	0.140	0.1202	
	汽化潜热r（kJ/kg）	406.8	381.8	
气相物性	密度ρ（kg/m³）	3.766	13.635	
	黏度μ（mPa·s）	—	0.00833	
	传热面积A（m²）	200.0	传热管规格（mm×mm）	ϕ19×2
	传热管长L（mm）	6000	排列方式	△
	管间距t（mm）	25	管数目	560

续表

气相物性	折流板数 NB	5	折流板间距（mm）	—
	壳体内径 D_i（mm）	950	—	—
壳、管程数		1	1	
传热污垢热阻（m·℃/W）		0.0002	0.0002	
传热温差（℃）		28.07		
传热系数 K_c		443		
传热负荷（kW）		1210.0		
传热面积裕度（%）		105		

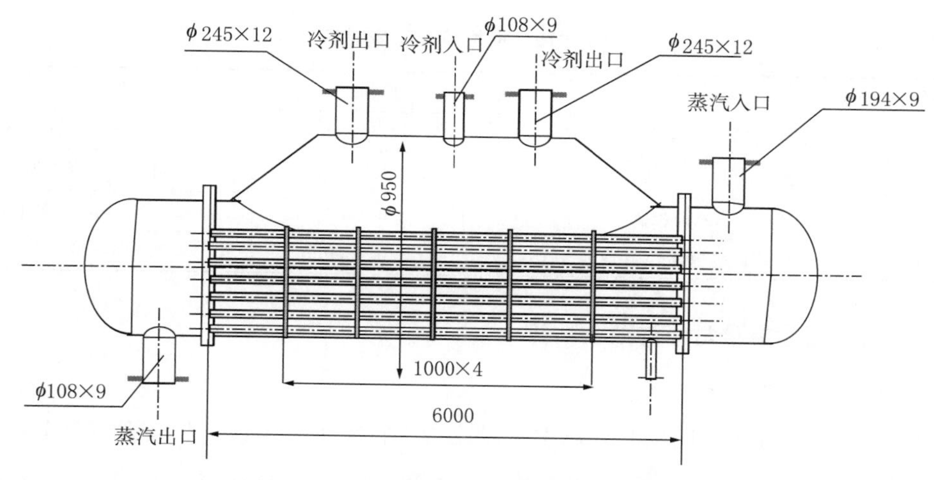

图 6-22　E-208B 工艺条件图（单位：mm）

2）丙烯制冷压缩机四段冷凝器 E-405E

根据核算结果判断，冷凝器 E-405A/D 不能满足生产要求，现场调查操作人员反映，在原负荷（100%）工况下操作紧张，经计算需增一台传热面积为 1584m^2 的换热器，当其扩产 30%时，裕度为 18.6%。选冷凝器结构同现有设备 E-405A。故可增加一台与现有 E-405A 结构相同的冷凝器 E-405E。

3）T-203 塔新增回流罐 V-209B

回流罐按液体停留 15min 进行设计，设计条件如下：

T-203 塔顶蒸汽凝液：流量 $F=11406$kg/h，密度 $\rho=508.6$kg/m^3，体积流量 $V=22.43$m^3/h。

回流罐容积：$V_t=22.43\times15/(0.7\times60)=8$m^3。

V-209B 尺寸：D1600mm×4000mm。

9. 新增泵

T-203 塔新增泵，根据管路计算结果，提出选泵参数（表 6-18）。

表 6-18　新增泵的流量及扬程数据

序号	设备位号	设备名称	流量 Q（m^3/h）	扬程 H（m）
1	P-207-2A/B	T-203 塔釜液泵	27	40
2	P-207-3A/B	T-203 塔回流泵	30	60
3	P-207-4A/B	T-203 塔馏出液泵	3.1	350

10. 新增控制仪表

图 6-1 所示的改造方案中，T-203 塔必须新增部分控制仪表，如塔顶压力、回流量、回流罐液面控制，以实现其精馏操作。新增控制仪表见表 6-19。

表 6-19　新增控制仪表的参数

序号	用途	数量	控制指标	备　注
1	T-203 塔回流定值控制	1	9213.2kg/h	控制 T-203 塔回流量
2	T-203 塔顶压力控制	1	$p=6.7kgf/cm^2$	控制 T-203 塔塔顶压力
3	E-208B 冷剂液面控制	1	$L=0\sim800mm$	E-208B 壳程丙烯液面控制
4	V-209 回流罐液面控制	1	$L=0\sim800mm$	T-203 回流罐液面控制

11. 改造验收考核与经济效益估算

1）技术改造验收考核

于 1995 年 9 月 26 日至 29 日对本技术改造进行了工艺考核。将装置的负荷提高，考察装置实际生产能力和改造后工艺参数的运行情况。按照规定的考核条件，经过 72 小时的严格考核，顺利通过。考核结论为：

（1）T-202 塔和 T-203 塔工艺操作参数与设计值相符，双塔均稳定操作，产品合格，改造达到了设计要求，乙烯年生产能力达到 13.92×10^4t，可以满足新建项目对乙烯、丙烯的需求。

（2）新增设备运转正常，顺利地通过了高负荷生产的考核。

2）经济效益估算

根据工厂财务提供的数据（表 6-20）计算效益，1995 年生产能力达 13.8×10^4t/a 乙烯，改造投资预算为 746.87 万元，其中含外汇 18 万美元。

装置改造前，每年生产乙烯 12.1×10^4t，丙烯 6.3×10^4t；改造后，乙烯产量增至 13.92×10^4t/a，丙烯产量为 7.6×10^4t/a。

乙烯年增产量：$13.92\times10^4\text{t}-12.1\times10^4\text{t}=1.82\times10^4\text{t}$。

丙烯年增产量：$7.6\times10^4\text{t}-6.3\times10^4\text{t}=1.3\times10^4\text{t}$。

表6-20　产品价格表

项目	产量（10^4t/a）	成本价（元/t）	售价（元/t）	售价（含税）（元/t）
乙烯	13.92	3019.7	3160.0	3663.0
丙烯	7.6	3000.0	3080.0	3603.6

乙烯增产效益：1.82×10^4t/a×（3663.0－3019.7）元/t

=1170.8万元/a。

丙烯增产效益：1.3×10^4t/a×（3603.0－3000.0）元/t

=783.9万元/a。

改造年总效益为：1170.8万元/a+783.9万元/a

=1954.7万元/a（含税）

由以上投入与产出的比可见，本技术改造可在半年至一年内回收投资，改造达到了设计要求，提升了企业技术水平，获得显著的经济效益。

二、乙烯精馏塔及乙烯和丙烯制冷系统节能改造

1. 概述

本部分主要介绍乙烯装置中，乙烯精馏塔DA-402与丙烯制冷系统关联构成的复杂冷剂热泵循环，以及丙烯制冷与乙烯制冷构成的复迭制冷系统出现的瓶颈问题的分析诊断。应用Aspen化工软件严格模拟分析，寻求解瓶颈的策略，提出具体的技术改造方案解除系统的生产瓶颈工程实例。

某厂乙烯装置是采用美国Lummus公司专利技术、1988年引进的由加拿大Lummus公司实行工程总承包的工程。装置分离采用顺序分离序列流程，标准工况2以拔头油轻烃为基本原料（乙烯收率40%）生产12×10^4t/a聚合级乙烯、6×10^4t/a聚合级丙烯，5台炉全开的工况4最大负荷年产乙烯14×10^4t。装置投产后由于原料基本为石脑油，乙烯收率大大下降，在急冷系统形成严重瓶颈，装置产能长期达不到10×10^4t/a。1996年，由某化学工程公司对本装置实施了14×10^4t/a乙烯挖潜达标改造，重点对原料、急冷系统、裂解气压缩系统、热分离系统、汽油加氢系统实施了脱瓶颈改造，并增设了一台4×10^4t/a CBL-2型裂解炉，装置基本上具备了14×10^4t/a乙烯的生产能力。但在高负荷运行条件下，装置暴露了一些瓶颈问题。如DA-402塔操作压力升高，塔釜乙烯跑损严重，丙烯制冷压缩机二段不能正常采出等，严重制约了正常生产，亟待解决。

1997年1月，厂方与大连理工大学开展技术合作，对现场生产工况进行分析诊断，找出原因，提出可行、有效的技术改造方案。实施技术改造解决制约生产最严重的瓶

颈，以解生产的燃眉之急，并提出了以下两方面的问题：

（1）乙烯精馏塔 DA-402 塔釜液含乙烯严重超标。DA-402 塔釜液乙烯组成一般高达 20%左右，设计为 0.5%。塔顶排出的不凝气中乙烯也明显超标，在系统内形成无效循环，引起能耗和物耗增加，引起中沸器 EA-603 能力下降，导致主再沸器负荷增大。

（2）制冷系统偏离设计工况运行。制冷系统的主要问题是 GB-501 运行偏离设计工况，表现为二段出口压力低于设计值，不能正常采出，导致三、四段负荷增加，离开设计点，从而引起 GB-501 能耗增加，效率下降。同时，导致再沸器 EA-403 的热源减小，影响冷量用户及冷回收系统的合理匹配。

2. 设计依据

厂、校双方签订了实施装置技术改造的合同，明确了任务和目标，规定了双方的责任和义务。通过深入现场调查研究，以及同类装置的考察，查阅档案资料和期刊以及生产操作、分析记录，收集相关的设计资料数据，作为技术改造的依据（表 6－21 至表 6－25）。

（1）乙烯装置原设计工艺包相关资料。

（2）乙烯装置 14×10^4 t/a 乙烯挖潜达标改造工程初步设计（1996 年 3 月）。

（3）乙烯装置工艺技术规程。

（4）乙烯装置 DA-402 塔相关设备图。

（5）厂方提供工艺基础数据。

表 6－21　乙烯精馏塔 DA-402 设计与操作条件

项目名称	工况 2（12×10^4 t/a）		工况 4（14×10^4 t/a）	
	设计值	操作值	设计值	操作值
塔顶温度（℃）	－34.71	－29.67	－34.7	－30.3
塔顶压力 [kgf/cm²（表压）]	16.69	18.15	16.58	17.781
乙烯产出（10^4 t/a）	15.87	15.226	19.88	19.9
塔釜温度（℃）	－11.2	－9.305	－11.2	－12.8
塔釜压力 [kgf/cm²（表压）]	17.47	18.56	17.49	18.31
塔釜采出量（t/h）	4.208	2.8416	4.97	5.365
进料温度（℃）	－27	－25.99	－27.52	－25.1
进料压力 [kgf/cm²（表压）]	17.37	(18.83)	17.28	18.58
进料流量（t/h）	22.268	19.26	27.51	24.3
回流罐压力 [kgf/cm²（表压）]	16.58	(17.54)	16.58	17.29
塔压差（kgf/cm²）	0.78	0.4144	0.91	0.524

注：（　）内为推算出的数据。

表 6－22　乙烯精馏塔 DA-402 进料组成

项目名称		工况 2（12×10^4t/a）		工况 4（14×10^4t/a）	
		设计值	操作值	设计值	操作值
进料组成［%（摩尔分数）］	H_2	0.02	0.05	0.02	0.06
	CH_4	0.14	0.24	0.15	0.13
	C_2H_4	78.87	88.55	79.84	83.76
	C_2H_6	20.87	11.16	19.9	16.05
	C_3H_6	0.09	—	0.09	—
乙烯产品［%（摩尔分数）］	CH_4	0.02	0.0044	0.02	0.0163
	C_2H_4	99.88	99.94	99.88	99.96
	C_2H_6	0.1	0.0541	0.1	0.0186

表 6－23　乙烯精馏塔 DA-402 塔釜采出　　单位：%（摩尔分数）

项目名称	工况 2（12×10^4t/a）		工况 4（14×10^4t/a）	
	设计值	操作值	设计值	操作值
C_2H_4	0.5	1.05	0.5	23.61
C_2H_6	99	98.72	98.99	76.21
C_3H_6	0.5	0.23	0.5	0.18

表 6－24　乙烯精馏塔 DA-402 塔顶排放气

DA-402 塔顶		工况 2（12×10^4t/a）		工况 4（14×10^4t/a）	
		设计值	操作值	设计值	操作值
排放气［%（摩尔分数）］	H_2	2.28	—	2.57	0.16
	CO	0.04	—	0.04	—
	CH_4	17.85	—	17.05	5.37
	C_2H_4	79.26	—	80.37	94.47
	C_2H_6	0.01	—	0.01	0.0022
塔顶排放气流量（t/h）		0.13843	0.11942	0.190	0.250
塔顶排放气温度（℃）		－44.72	－30.85	－44.16	－33.5
排放气压力［kgf/cm^2（表压）］		16.19	—	16.19	—

表 6－25　丙烯压缩机 GB-501 各段工艺设计参数

段　数	入口参数		出口参数	
	压力（kgf/cm^2）	温度（℃）	压力（kgf/cm^2）	温度（℃）
1 段	0.4	－98.4	—	—
2 段	1.64	－23.83	—	—
3 段	3.45	—	—	—

续表

段　数	入口参数		出口参数	
	压力（kgf/cm^2）	温度（℃）	压力（kgf/cm^2）	温度（℃）
4段	7.70	16.65	15.2	86
压缩机转子转速（r/min）	7020			
透平蒸汽消耗量（t/h）	44.2			
透平抽汽量（t/h）	30.1			
压缩机消耗功率（kW）	—			

注：实际运行中2段采出口采不出物料。

3. 乙烯精馏塔DA-402诊断分析[2]

1）现场调查分析

对精馏塔操作问题的诊断是一项影响因素复杂、难度大、技术性强的工作，尤其是塔内件存在故障，与操作条件变化、物料组成等原因关联在一起，引起塔盘水力学性能的改变，导致塔出现各种异常现象的诊断非常困难。对此，唯一的办法就是深入现场反复进行调查、仔细观察，尽可能多地找到一些有价值的信息相互验证，对塔存在的问题做出正确判断。在此基础上对过程进行严格模拟，进一步分析诊断。

通过对DA-402塔长期运行工况记录的考察及现场调查，将DA-402塔在改造或检修前后的运行状况进行比较，塔压降变化不大，操作稳定（$\Delta p=0.78kgf/cm^2$），没有发现疑似塔盘故障所引起的异常现象。可以排除塔本身因检修或运行失误造成故障而引发的异常现象，使诊断工作得到简化。可将注意力集中到操作条件变化、辅助设备性能等方面问题的诊断。调查发现，乙烯精馏塔DA-402在前期14×10^4t/a乙烯装置扩产改造后，出现以下几方面的问题，导致该系统的能耗、物耗增大，乙烯收率降低，在精馏塔操作中主要表现出如下现象：

（1）扩产14×10^4t/a乙烯装置改造后，塔压升高［16.69kgf/cm^2升至17.3 kgf/cm^2（表压）］。塔压常常维持在17.5kgf/cm^2（表压），接近放空的边缘，甚至因为放空，不得不减小装置的负荷。同时，塔顶温度升高，塔底温度降低。

（2）塔顶侧线乙烯产品中乙烷含量经常超标，为保证产品质量要求，不得不减少塔顶侧线产品的采出，而增加塔釜排放量（6.8t/h），釜液中乙烯含量高达20%，远高于0.5%设计指标，造成大量乙烯损失，降低了乙烯收率。

（3）塔顶不凝气中乙烯组成超标，排放量增大，增加了系统乙烯的无效循环。系统的能耗增加，减少了系统的生产能力。

（4）中沸器EA-603能力下降，提供的热负荷减小（并非能力下降，而是需求减小）；塔底再沸器EA-403负荷增大。

（5）乙烯制冷系统多消耗了丙烯冷剂，导致丙烯压缩机 GB-501 负荷增大。二段排出压力低于设计值，不能正常采出，导致三段、四段负荷增加，偏离设计点，效率下降能耗增大，同时，引起 EA-403 再沸器热源不足，需由防喘振循环气来补充。

由于 DA-402 塔能力的限制，装置运行平均进料负荷限制在 52t/h，日产乙烯 405t（16.875t/h 乙烯），乙烯损耗严重，高达 9654t/a 乙烯，成为工厂的沉重负担，为此 DA-402 的改造迫在眉睫。根据 DA-402 塔出现的问题，可从以下几方面进行分析：

首先，考察一下 DA-402 塔的容量性质，即处理能力，主要考察塔压差显示情况。根据扩产后塔运行状况的数据分析，负荷波动时，塔压差没有明显变化，塔压差稳定在 $\Delta p = 0.78\ kgf/cm^2$，比较稳定，说明该塔通过能力没有问题。

从操作分析，随着扩产塔负荷的提高，塔底再沸器负荷、塔顶冷凝器负荷必须同步增加，保证适宜回流比。而实际情况则是系统冷量不足，塔顶回流量最大只能达到 78t/h。扩产后，塔进料负荷提高了，侧线乙烯产品采出随之增大，而回流量不增加，则回流比下降，塔分离能力下降，必然导致乙烯产品乙烷含量超标，塔顶温度升高。为了保证乙烯产品质量，当提高回流比受到限制时，只得减少乙烯产品的采出量，增加塔底排放，将大量的乙烯压到塔釜，使得塔釜液的乙烯摩尔分数高达 20%左右。

系统冷量不足，无力提高塔顶回流量，塔顶热移不出去，蒸汽冷不下来，势必将塔压升高。为了控制塔压，必须增大不凝气排放量，引起塔顶的不凝气乙烯含量和排放量增加，无疑增加了无效循环，增大了系统的能耗及物耗。如果减小塔底加热负荷，将使塔釜液的乙烯含量增加。为提高产量保证质量，不得不降低产品回收率，牺牲资源，增加能耗。显然，这是一种无奈的选择。

由于塔顶回流不足，引起塔压升高，迫使中沸器 EA-603 减小负荷，同时减小了系统的冷回收，因而影响了乙烯制冷机 GB-601 的制冷。

因为塔的压力升高，引起塔顶的平衡温度相应升高。而塔釜由于乙烯含量过高，使釜液组成变轻，尽管塔压升高，但塔釜温度仍然下降。以上现象可通过对精馏塔DA-402 严格模拟进行论证。

通过以上分析诊断，明确了 DA-402 塔的问题所在，即冷量不足。对此可从两个方面采取措施进行解决：

其一，系统冷量不变，而采用增加塔理论级数的措施，即改造塔内件提高塔板效率满足生产要求，即可使 DA-402 恢复正常。

其二，增加系统的冷量提高回流比，保证塔正常运行。乙烯精馏塔 DA-402 是丙烯冷剂的主要用户，与丙烯制冷系统关联十分密切，构成了复杂的冷剂热泵循环；丙烯制冷还与乙烯制冷构成复迭制冷。需要通过 DA-402 的改造，实现合理用能匹配，改善 GB-501 运行工况，解决系统用冷问题，使 DA-402 恢复正常。

2）DA-402 塔的模拟分析

为了严格、准确地模拟一个化工过程，必须选择或建立描述该过程的数学模型。如对精馏过程，则是描述物流体系的热力学模型，这里应用原设计条件选择并确认适宜的热力学模型，然后应用所确认的模型模拟现场的操作工况以及提出的改造方案。

（1）DA-402 塔设计条件下模拟。

根据前期改造的设计条件（14×10^4 t/a 乙烯，工况 4，表 6－26），对 DA-402 进行模拟，如图 6－23 所示。模拟结果见表 6－27，模拟系统物流见表 6－28。塔内关键组分 C_2H_4、C_2H_6 在塔内液的分布如图 6－24 所示。塔内温度分布如图 6－25 所示。从表 6－27中数据可见，模拟结果与设计值符合较好。如图 6－24 所示，两关键组分 C_2H_4 及 C_2H_6 在塔内得到较清晰分割，达到了分离要求。从图 6－25 可见，中间再沸器 EA-603 所在位置（49-52）也比较适宜，说明模拟与设计结果符合较好。选择的热力学模型可用于本系统的过程分析及改造方案的模拟。

表 6－26　DA-402 塔模拟计条件

名　称		数　值
进料物流 S-550	温度（℃）	－27.52
	压力［MPa（绝压）］	1.728
	流量（t/h）	27.511
	组成［%（摩尔分数）］	H_2 0.02，CH_4 0.15
		C_2H_4 79.84，C_2H_6 19.9，C_3H_6 0.09
塔顶不凝气（S-557）流量（t/h）		0.19
塔顶乙烯（S-551）采出流量（t/h）		19.88
中沸器 EA-603 热负荷（10^6 kcal/h）		1.597
塔顶压力［MPa（绝压）］		1.669
全塔压差（MPa）		0.078
塔板数（含分凝器、再沸器）		理论板数 76，板效率＝0.6（下同）
进料 S-550 位置		47
塔顶乙烯（S-551）采出位置		5
中沸器 EA-603 位置		49，52

表 6－27　DA-402 塔设计条件下的模拟结果比较

名　称	设计值	模拟计算值
冷凝器 EA-405 热负荷（10^6 kcal/h）	6.886	6.76
冷凝器 EA-436 热负荷（10^6 kcal/h）	0.123	0.121
中沸器 EA-603 热负荷（10^6 kcal/h）	1.6	1.65
再沸器 EA-403 热负荷（10^6 kcal/h）	2.9342	2.889

续表

名　称	设计值	模拟计算值
塔顶温度（℃）	-34.7	-34.7
塔釜温度（℃）	-11.2	-11.4
塔顶乙烯产品乙烯含量［%（摩尔分数）］	99.88	99.91
塔顶乙烯产品乙烷含量	1000×10^{-6}	688×10^{-6}
塔釜含乙烯含量［%（摩尔分数）］	0.5	0.46
回流比	4.07	4.07
回流量（t/h）	81	81
中沸器 EA-603 抽出量（t/h）	20	20

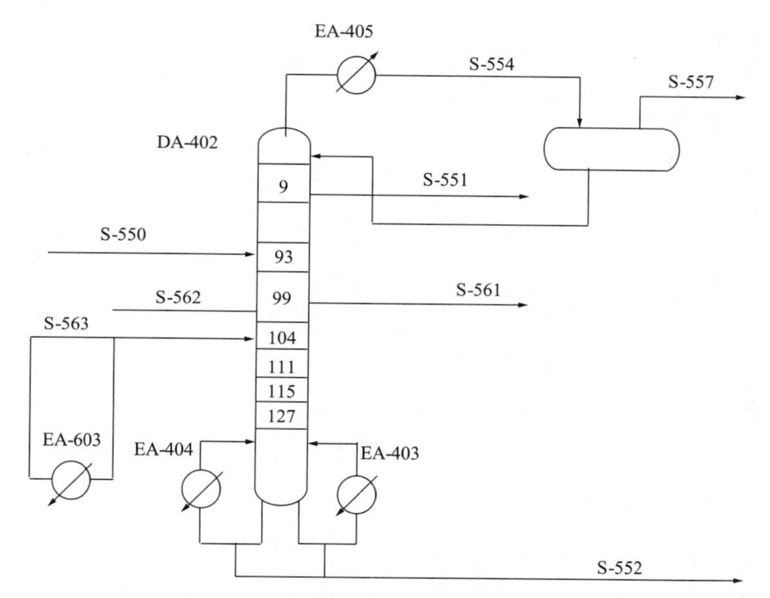

图 6-23　乙烯精馏塔（图中板数为实际板）DA-402 设计条件模拟流程

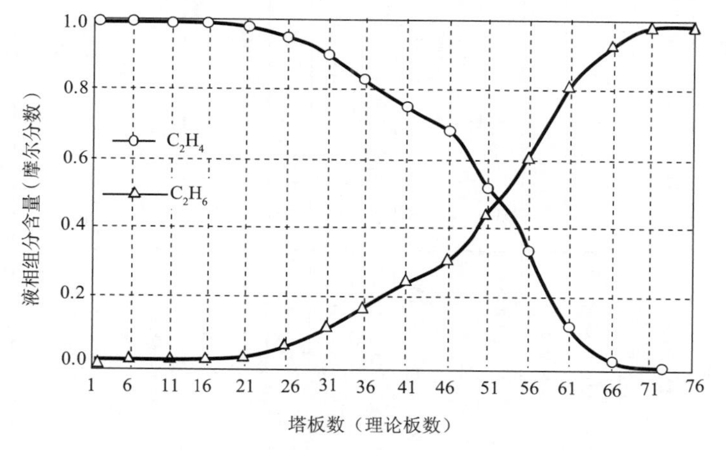

图 6-24　液相关键组分 C_2H_4 与 C_2H_6 在塔内的分布

表 6－28　14×10^4 t/a 乙烯 DA-402 塔模拟计算物流表（设计工况）

物流号		S-550	S-551	S-552	S-554	S-557	S-559	S-560	S-561	S-562	S-563
温度（℃）		－27.5	－34.2	－11.4	－37.2	－43.4	－43.4	－41.8	－27.1	－26.4	－23.6
压力［MPa（绝压）］		1.85	1.77	1.85	1.76	1.72	1.72	2.30	1.82	1.82	1.85
气相分率		1.000	0	0	1.000	1.000	0	0	0	0	1.000
摩尔流量（kmol/h）		967.192	708.717	165.011	44.190	7.543	36.647	36.647	85.921	715.274	715.274
质量流量（kg/h）		27511.109	19881.641	4970.247	1199.810	190.705	1009.105	1009.105	2468.520	20599.480	20599.480
体积流量（m^3/h）		828.042	48.397	12.832	39.057	6.846	2.375	2.383	6.110	51.066	619.556
质量分数	H_2	14×10^{-6}	135×10^{-9}	0	360×10^{-6}	0.002	44×10^{-6}	44×10^{-6}	5×10^{-9}	0	0
	CH_4	846×10^{-6}	100×10^{-6}	0	0.038	0.111	0.024	0.024	18×10^{-6}	4×10^{-6}	4×10^{-6}
	C_2H_4	0.787	0.999	0.004	0.961	0.886	0.975	0.975	0.651	0.617	0.617
	C_2H_6	0.210	738×10^{-6}	0.989	79×10^{-6}	48×10^{-6}	85×10^{-6}	85×10^{-6}	0.348	0.382	0.382
	C_3H_6	0.001	0	0.007	0				743×10^{-6}	756×10^{-6}	756×10^{-6}
气相比热容［kcal/(kg·K)］		－0.919			－0.785	－0.839					
液相比热容［kcal/(kg·K)］			－1.109	－209.936			－1.150	－1.146	－1.367	－1.396	

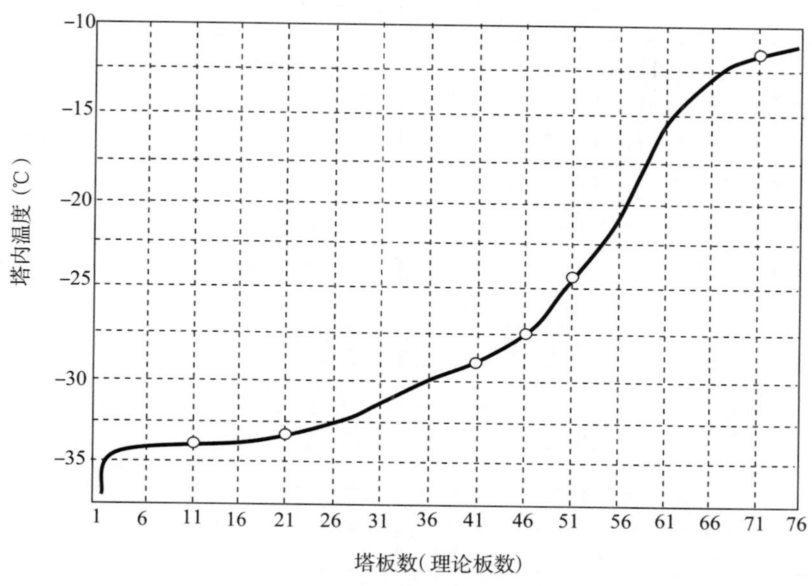

图 6－25　塔内温度的分布图

(2) 14×10^4 t/a 乙烯 DA-402 塔操作模拟。

采用已确认的模型，提取现场操作数据（表 6－29）对 DA-402 塔进行模拟计算，所得结果见表 6－30。

表 6－29　DA-402 塔操作工况模拟条件

名　称		数　值
进料物流 S-550	温度（℃）	－25.1
	压力［MPa（绝压）］	1.858
	流量（t/h）	27.2
	组成［%（摩尔分数）］	H_2 0.02，CH_4 0.13
		C_2H_4 83.76，C_2H_6 16.09
塔顶不凝气（S-557）流量（t/h）		0.19
塔顶乙烯（S-551）采出流量（t/h）		19.9
中沸器 EA-603 热负荷（10^6 kcal/h）		1.42
塔顶压力［MPa（绝压）］		1.729
全塔压差（MPa）		0.065
塔板数（含分凝器、再沸器）		理论级 76，$E=0.6$
进料 S-550 位置		47
塔顶乙烯（S-551）采出位置		5
中沸器 EA-603		49，52

表 6－30　DA-402 塔操作工况模拟结果

名　称	设计值	计算值
冷凝器 EA-405 热负荷（10^6kcal/h）		6.76
冷凝器 EA-436 热负荷（10^6kcal/h）		0.121
中沸器 EA-603 热负荷（10^6kcal/h）		1.65
再沸器 EA-403 热负荷（10^6kcal/h）		2.889
塔顶温度（℃）	－30.3	－32.6
塔釜温度（℃）	－12.8	－12.6
塔顶乙烯产品乙烯组成 [%（摩尔分数）]	99.96	99.95
塔顶乙烯产品乙烷组成	690×10^{-6}	700×10^{-6}
塔釜含乙烯组成 [%（摩尔分数）]	23	13
回流比	4.07	4.07
回流量（t/h）	81	81
中沸器 EA-603 抽出量（t/h）	17	17

（3）设计及操作条件下模拟结果的比较。

从以上设计及操作两种条件下模拟结果可以说明，前面对操作工况下各种异常现象的分析是合理的。扩产之后塔顶回流量维持 81t/h 达不到分离要求（表 6－30），说明 DA-402 塔的实际板效率低于设计值，要达到生产指标必须增大回流量。现场操作的进料量为 27.2t/h，比较接近设计值 27.511t/h，实际乙烯产品采出量 19.9t/h 与设计值相同，但是实际进料中乙烯含量为 0.8376，高于设计值 0.7984，乙烯量高出 4.91%，却获得相同的产品量，显然，多出的乙烯被排放了。从现场操作数据可见，塔釜的乙烯含量为23%（摩尔分数），模拟值为 13%，设计指标为 0.5%。从操作模拟结果可见，当操作压力比设计压力高 1.2kgf/cm^{2}时，塔顶温度为－32.6℃，高于设计值－34.7℃，而由于塔釜乙烯含量过高（13%），则温度为－12.6℃，低于设计值－11.4℃，塔顶不凝气排放量为 0.25t/h，高于设计值 0.19t/h，增加系统无效循环，此结果与以上分析相吻合。

4. 制冷系统压缩机操作参数核算

1）丙烯压缩机 GB-501 现场工况与设计工况 4 的比较

丙烯压缩机制冷系统既为 DA-402 塔提供冷剂，同时，GB-501 二段采出也为 DA-402塔塔底再沸器 EA-403 提供热源，在提供热源的同时，也回收了冷量。

根据制冷系统的流程，考虑压缩机的生产能力、不同冷级的蒸发压力及制冷负荷、中间采出、各级的流动阻力、压缩的多变效率等，均采用 Lummus 公司工艺包工况 4 的设计数据；工况 4 的 DA-402 塔生产能力为 19.88t/h 乙烯，相当于 14×10^4t/a 乙烯（不含系统循环量）。采用美国科学模拟公司 Pro/Ⅱ4.03 软件计算，模拟设计工况 4 所得结果列于表 6—31 中。其核算结果与设计值基本符合。

表 6－31　丙烯压缩机 GB-501 设计参数（工况 4）及核算值

段数		乙烯负荷		入口参数		出口参数		多变效率(%)	压缩功(kW)
		质量流量(kg/h)	体积流量(m^3/h)	压力[kgf/cm²(绝压)]	温度(℃)	压力[kgf/cm²(绝压)]	温度(℃)		
1 段	设计值	75352	25089	1.35	-40.0	2.61	-6.8	75.4	840
	核算值	75352	25267	1.35	-40.0	2.61	-7.3	—	863
2 段吸入	设计值	28812	—	261	-23.9	—	—	—	—
	核算值	28812	5211	261	-23.9	—	—	—	—
2 段	设计值	104164	19994	2.61	-11.5	4.90	19.3	81.3	1160
	核算值	104164	19913	2.61	-11.8	4.90	18.8	—	1148
2 段采出	设计值	12989	—	4.90	19.3	—	—	—	—
	核算值	12989	1445	4.90	18.8	—	—	—	—
3 段	设计值	91175	10227	4.90	19.3	9.14	51.6	80.4	1110
	核算值	91175	10145	4.90	18.8	9.14	51.2	—	1091
4 段吸入	设计值	4637	—	9.14	15.6	—	—	—	—
	核算值	4637	251	9.14	15.6	—	—	—	—
4 段	设计值	95812	6150	9.14	49.8	16.60	83.0	77.8	1220
	核算值	95812	6105	9.14	49.5	16.60	83.5	—	1201
总内功率（kW）									4330 (4303)

注：（　）括号内为核算值。

现场装置中，GB-501 运行不正常，二段出口压力低于设计值 0.67kgf/cm²，难以正常采出，此现象在国内同类丙烯压缩机也存在，推测其原因是没有适用中间抽出工况的压缩机设计软件，整机设计制造未达到工艺要求。为此，导致 DA-402 塔的热源减少，冷量不足；丙烯压缩机三、四段负荷增大，偏离设计点运行，能耗增大、效率下降。采集现场数据，其他数据参考工况 4 设计数据，对现场工况进行模拟，功耗明显高于设计值。模拟结果见表 6－32。

表 6－32　丙烯压缩机 GB-501 现场操作参数（工况 4）核算值

段数	丙烯负荷		入口参数		出口参数		多变效率(%)	压缩功(kW)
	质量流量(kg/h)	体积流量(m^3/h)	压力[kgf/cm²(绝压)]	温度(℃)	压力[kgf/cm²(绝压)]	温度(℃)		
1 段	75669	24473	1.41	-38.4	2.61	-7.83	75.4	810
2 段吸入	32741	6031	2.61	-20.0	—	—	—	—
2 段	108409	20751	2.61	-11.5	4.23	12.7	78.4	943

续表

段　数	丙烯负荷		入口参数		出口参数		多变效率（%）	压缩功（kW）
	质量流量（kg/h）	体积流量（m^3/h）	压力[kgf/cm^2（绝压）]	温度（℃）	压力[kgf/cm^2（绝压）]	温度（℃）		
2段采出	0.0	0.0	—	—	—	—	—	—
3段	108409	13771	4.23	12.7	8.65	50.5	78.0	1527
4段吸入	5279	306	8.65	16.7	—	—	—	—
4段	113687	7686	8.65	49.0	16.46	86.0	76.5	1576
总内功率（kW）								4856

将GB-501在设计工况4（14×10^4t/a乙烯）有无二段抽出的条件下，所得模拟结果进行比较，见表6－33。

表6－33　丙烯压缩机不同工况的功耗模拟结果

压缩机段	压缩机1段	压缩机2段	压缩机3段	压缩机4段	合　计
工况4功耗核算值（kW）	863	1148	1091	1201	4303
现场功耗计算值（kW）	810	943	1527	1576	4856
增加率（%）	－6.1	－17.6	40.0	30.6	12.8

从表6－33中数据说明，GB-501由于二段没有正常采出，没有形成该级热泵循环，造成效率下降，功耗提高了12.8%，制冷能力未达到设计要求。因制冷量与功耗成比例，在二段有正常采出时，近似估算每提高1%冷量，功耗将增加1.355%。故改造后二段有正常采出，且功率提高到当前水平时，可为系统多提供约设计值9.48%的冷量，由此可满足改造的需要。

表6－34　几种不同工况功耗的比较

工况生产负　荷	14×10^4t/a（工况4）功耗（kW）	15×10^4t/a（10.7%）功耗（kW）	17×10^4t/a（24.3%）功耗（kW）	备　注
二段有采出	4303	4928	5575	
二段无采出	4856	5496	6195	
同比增率（%）	12.85	11.5	11.1	相同产量下的增率
有采出增率①（%）	0.0	14.5	29.56	
无采出增率①（%）	12.85	27.7	43.97	

①均为相对工况4有采出工况的功耗增率。

根据工厂的要求，对装置扩产工况进行探讨。按照以上方法，在工况4的基础上，分别扩产到15×10^4t/a乙烯、17×10^4t/a乙烯，即分别增加10.7%及24.3%的负荷。按照二段正常采出、无采出的两种条件，对以上扩产方案进行模拟。模拟结果，所得各段功耗及总功耗见表6－34。

表6－34中数据说明，当装置扩产到15×10^4t/a乙烯后继续扩产，GB-501的功耗增率较

快，与扩产并非呈线性关系。尤其是二段不能正常采出时，扩产到 17×10^4t/a 乙烯，其功耗增幅高达 43.97%。如果 GB-501 不进行改造，很难满足扩产的需要。只有采取措施，实现二段采出制冷热泵循环，并且实施透平、压缩机的改造才可能满足 17×10^4t/a 的扩能要求。

2）乙烯制冷压缩机 GB-601 核算

按工况 4 负荷（14×10^4t/a 乙烯）设计条件进行核算，其结果见表 6－35。

表 6－35　乙烯压缩机 GB-601 设计条件（工况 4）及核算结果

段数		乙烯负荷		入口参数			出口参数			多变效率(%)	压缩功(kW)
		质量流量(kg/h)	体积流量(m^3/h)	压力[kgf/cm^2(绝压)]	温度(℃)	C_pC_v	压力[kgf/cm^2(绝压)]	温度(℃)	C_pC_v		
1段	设计值	3485	1537	1.14	－101.0	—	4.25	－7.8	1.273	67.2	—
	核算值	3485	1542	1.14	－101.0	1.357	4.25	－5.78	1.289	67.2	117.98
2段吸入	设计值	7397	—	4.25	－75.0	—	—	—	—	—	—
	核算值	7400	957	4.25	－75.0	—	—	—	—	—	—
2段	设计值	10882	1667	4.25	－53.5	—	6.96	－14.7	1.260	63.1	—
	核算值	10885	1608	4.25	－52.1	1.355	6.96	－11.8	1.325	63.1	158.42
3段吸入	设计值	7091	—	6.96	－62.8	—	—	—	—	—	—
	核算值	6810	557	6.96	－62.8	—	—	—	—	—	—
3段	设计值	17973	1708	6.96	－33.2	—	27.21	73.0	1.228	70.9	—
	核算值	17695	1742	6.96	－31.3	1.360	27.21	80.5	1.316	70.9	767.19
总功率（kW）											1060 (1043.6)

注：（　）括号内为核算值。

以工况 4 为基准扩产 10.7%，考虑各温位下冷量负荷及管径阻力变化，功耗由 1043.6kW 增至 1178.2kW，功耗增加 12.9%。结果见表 6－36。

表 6－36　乙烯压缩机 GB-601 负荷增加 10.7%设计参数

段数	乙烯负荷		入口参数			出口参数			多变效率(%)	压缩功(kW)
	质量流量(kg/h)	体积流量(m^3/h)	压力[kgf/cm^2(绝压)]	温度(℃)	C_pC_v	压力[kgf/cm^2(绝压)]	温度(℃)	C_pC_v		
1段	3858	1755	1.11	－101.0	1.356	4.12	－6.13	1.288	67.2	130.20
2段吸入	8192	1082	4.17	－75.0	—	—	—	—	—	—
2段	12050	1839	4.12	－52.3	1.352	6.78	－11.7	1.323	63.1	177.52
3段吸入	7539	620	6.83	－62.8	—	—	—	—	—	—
3段	19588	1955	6.78	－31.7	1.352	27.62	83.0	1.313	70.9	870.55
总功率（kW）										1178.2

根据工厂要求，按 GB-601 现场运行状况，在相当于工况 4 负荷基础上扩大 36.4%，即扩产到 17×10^4 t/a 乙烯，功耗由 1043.6kW 增至 1511.12kW，增大 44.8%，模拟结果见表 6－37。

表 6－37　乙烯压缩机 GB-601 工艺参数（负荷增加 36.4%）

段　数	乙烯负荷		入口参数			出口参数			多变效率（%）	压缩功（kW）
	质量流量（kg/h）	体积流量（m^3/h）	压　力 [kgf/cm^2（绝压）]	温　度（℃）	C_pC_v	压　力 [kgf/cm^2（绝压）]	温　度（℃）	C_pC_v		
1 段	4757	2247	1.07	－101.0	1.355	4.05	－4.56	1.285	67.2	163.64
2 段吸入	10100	1351	4.12	－75.0	—	—	—	—	—	—
2 段	14858	2315	4.05	－51.8	1.350	6.72	－10.4	1.320	63.1	223.56
3 段吸入	9296	769	6.80	－62.8	—	—	—	—	—	—
3 段	24152	2444	6.72	－30.3	1.355	28.78	88.38	1.309	70.9	1123.92
总功率（kW）										1511.12

装置扩产到 17×10^4 t/a 乙烯，功耗增大 44.8%，一般设备不会有如此大的余量，不进行改造难以满足扩产要求。

5. 改造方案的提出

根据以上诊断，分析 DA-402 塔两端分离不达标的原因，并非塔盘损坏及结构缺陷等原因造成，而是塔本身理论板数和操作条件所致。提高塔的分离能力，可从改进塔设备和塔的操作条件两方面着手：改进设备则可改进塔盘结构或更换新型塔板，以增加理论板数提高塔的分离能力；优化操作条件，增大回流比，提高各板上汽、液两相间传质推动力，提高塔分离能力。两种方案均可保证达到塔分离要求的目标。现根据采集现场数据，分别进行两种方案的模拟。

1）增加塔理论板数方案（方案一）[5]

在塔顶回流量不变的条件下，增加理论板数，优化进料位置，在保证塔分离达标的前提下，通过理论板数对分离目标要求的灵敏度分析，确定增加理论板数 12 块。

（1）增加塔理论板数方案（方案一）模拟。

增加理论板数 12 块，按现场操作条件进行模拟，结果见表 6－38。

表 6－38　增加 12 块理论板模拟结果

名　称	设计值	计算值
冷凝器 EA-405 热负荷（10^6kcal/h）	—	6.76
冷凝器 EA-436 热负荷（10^6kcal/h）	—	0.121

续表

名　称	设计值	计算值
中沸器 EA-603 热负荷（10^6kcal/h）	—	1.60
再沸器 EA-403 热负荷（10^6kcal/h）	—	2.93
塔顶温度（℃）	-34.7	-34.87
塔釜温度（℃）	-11.4	-11.54
乙烯产量（t/h）	22	22
塔顶乙烯产品乙烯组成［%（摩尔分数）］	99.88	99.93
塔顶乙烯产品乙烷组成	500×10^{-6}	535×10^{-6}
塔釜含乙烯组成［%（摩尔分数）］	0.5	0.48
回流比	—	3.7
回流量（t/h）	81	81
中沸器 EA-603 抽出量（t/h）	20	20

（2）操作参数的优化。

增加12块理论板，塔的操作条件应进行适当调整。通过优化来确定具体参数，现对主要操作条件进行灵敏度分析表6-39、表6-40、图6-26和图6-27，确定操作条件的适宜范围。

表6-39　中沸器位置的灵敏度分析结果

中沸器 EA-603			塔顶产品		塔底产品
抽出位置	返回位置	温　度（℃）	乙烯含量［%（摩尔分数）］	乙烷含量	乙烯含量［%（摩尔分数）］
57	60	-27.3	99.90	790×10^{-6}	0.2
59	62	-27.2	99.92	607×10^{-6}	0.3
61	64	-27.1	99.93	535×10^{-6}	0.48
63	66	-27.0	99.93	505×10^{-6}	0.73
65	68	-26.8	99.93	489×10^{-6}	1.9

表6-40　进料位置的灵敏度分析结果

进料位置	塔顶乙烯产品乙烯［%（摩尔分数）］	塔顶乙烯产品乙烷	塔底釜液乙烯［%（摩尔分数）］	进入中沸器 EA-603 流股温度（℃）
50	99.89	848×10^{-6}	0.5	-27.2
52	99.91	675×10^{-6}	0.49	27.1
54	99.93	535×10^{-6}	0.48	-27.1
56	99.94	422×10^{-6}	0.47	-27.1
58	99.94	333×10^{-6}	0.47	-27.0
60	99.95	260×10^{-6}	0.47	-27.0

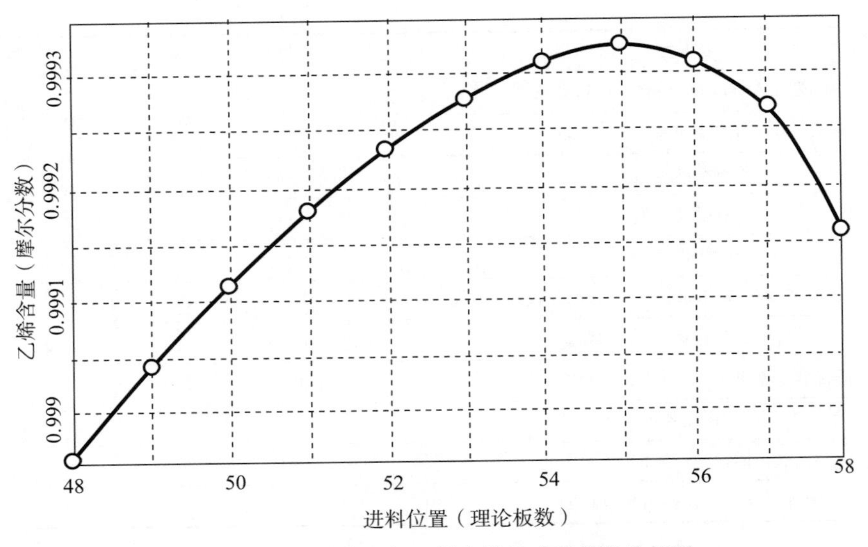

图 6-26　进料位置与乙烯产品组成灵敏度分析图

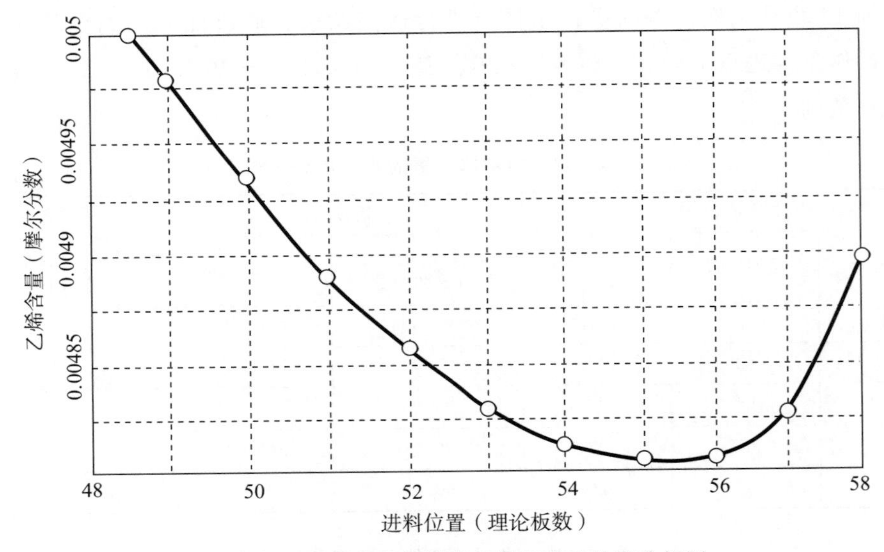

图 6-27　进料位置与塔釜乙烯组成灵敏度分析图

从表 6-38 可知，增加 12 块理论板，DA-402 塔的分离可达标（塔釜乙烯含量为 0.48%），塔顶的冷凝器负荷仍维持 6.76×10^{6} kcal/h，回流量为 81t/h 不变。通过优化确定适宜操作条件，见表 6-41。

表 6-41　适宜操作条件

参　数	回流量（t/h）	进料位置（理论板数）	中沸器位置（理论板数）	备　注
数值	81	54～56	59～61	增加 12 块理论板

（3）塔盘水力学性能核算[1,5,7]。

扩产到 15×10^4t/a 乙烯，因冷量不足，通过增加塔板数来弥补。但增加什么形式的塔板，还待塔盘的水力学性能核算来确定。塔盘水力学性能核算结果见表 6－42。

表 6－42　DA-402 乙烯精馏塔水力学性能核算结果

项目＼塔盘区间	1＃—8＃	9＃—82＃	项目＼塔盘区间	1＃—8＃	9＃—82＃
气相密度 ρ_V（kg/m^3）	31.96	32.25	空塔气速 u（m/s）	0.221	0.209
液相密度 ρ_L（kg/m^3）	411.1	410.11	泛点率 F_1	0.736	0.863
气相体积流量 V_V（m^3/h）	2601	2590.7	动能因子 F_o	10.82	9.5
液相体积流量 V_L（m^3/h）	202.5	152.2	孔流气速 u_o（m/s）	1.914	1.66
液相表面张力 σ（dyn/cm）	4.86	4.81	降液管流速 u_b（m/s）	0.105	0.139
塔内径 D（mm）	2200	2200	稳定系数 k	2.16	1.89
板间距 H_T（mm）	450	400	溢流强度 U_u［m^3/（m·h）］	43.27	59.43
溢流形式	四流型	双流型	堰上液层高 h_{ow}（mm）	38	43
降液管与塔截面之比 A_d/A_T	0.038×4	0.065×2	降液管清液层高度 H_d（mm）	196	203.4
出口堰堰长 l_w（mm）	1170	1390	单塔板阻力 h_f（mm）	117.0	106.7
弓形降液管宽度 b_d（mm）	171	265	降液管泡沫层高度 H_d/φ（mm）	393.0	369.9
出口堰高 h_w（mm）	40	50	降液管液体停留时间 Γ（s）	4.27	3.38
降液管底隙 h_b（mm）	110	100	底隙流速 u_d（m/s）	0.109	0.152
边缘区宽度 b_c（mm）	70	70	气相负荷上限 V_{max}（m^3/h）	2914.0	2520.0
安定区宽度 b_s（mm）	55	55	气相负荷下限 V_{min}（m^3/h）	1345.0	1560.0
塔板厚度 b（mm）	4	4	操作弹性	2.17	1.99
浮阀个数 N	316	362			
浮阀直径 d_o（mm）	39	39			
开孔率（%）	9.9	11.4			

注：操作压力塔顶为 1.63MPa（绝压），塔底为 1.7MPa（绝压）；操作温度塔顶为－34.7℃，塔底为－11.7℃。φ 为降液管中泡沫层高度。

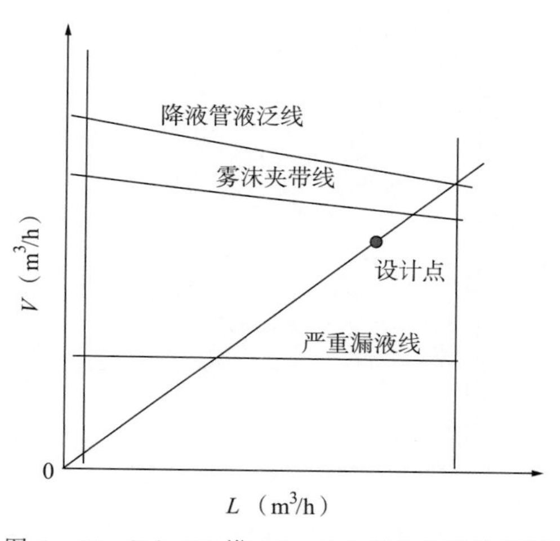

图 6－28　DA-402 塔 1＃—8＃塔盘负荷性能图

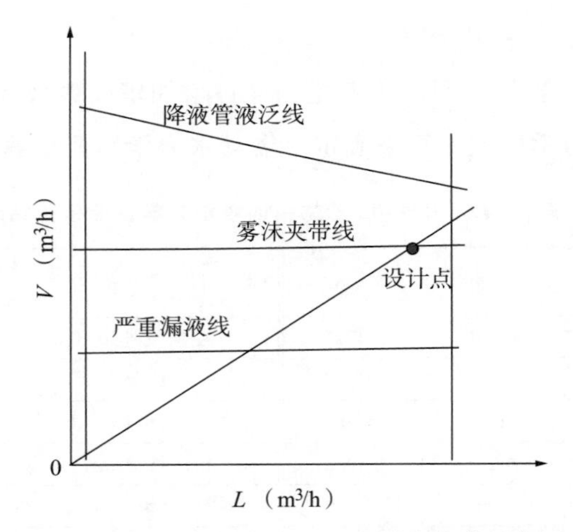

图 6－29　DA-402 塔 9＃—82＃塔盘负荷性能图

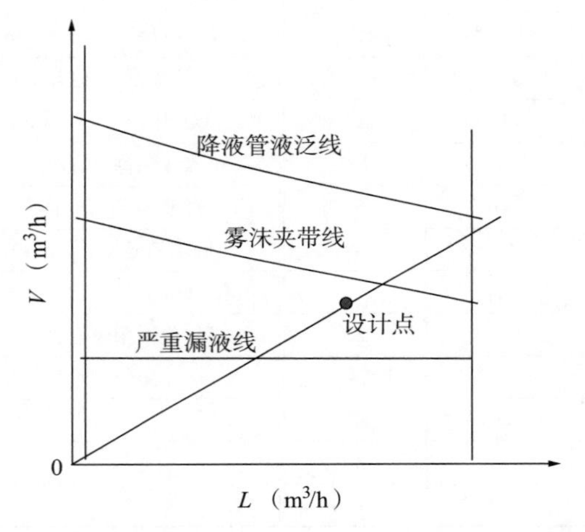

图 6－30　DA-402 塔 83＃—100＃塔盘负荷性能图

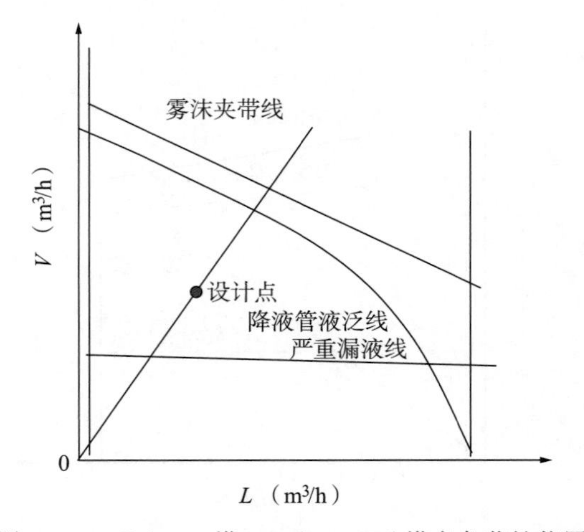

图 6－31　DA-402 塔 101＃—127＃塔盘负荷性能图

从塔盘水力学性能核算结果可知，在塔的精馏段 9＃—83＃塔盘扩产后接近雾沫夹带线，其他塔段裕度较大，如图 6－28 至图 6－31 所示，采用原塔盘结构不大适宜。考虑提高分离能力的同时提高塔的通量，需将 10＃—81＃塔盘共 72 块塔盘拆除，采用 250Y 整装填料替代，相当于总板数增加 12 块理论板，使塔的性能得到较大的改善，如图 6－32 所示，也可选用其他高效高通量塔盘。

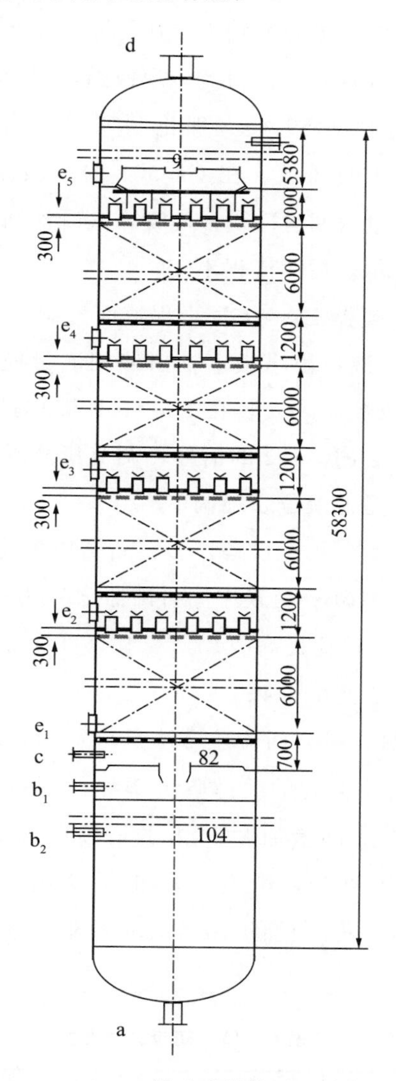

图 6－32　DA-402 塔改造结构图（单位：mm）

a—塔釜排液接管；b_1，b_2—中沸器接管；c—进料接管；d—塔顶气体出口接管；e_1，e_2，e_3，e_4，e_5—人孔

2）提高塔的操作回流比方案（方案二）

本方案要求不改变塔内件，通过优化操作条件，合理匹配用能。采取措施恢复 GB-501 的二段采出，新增塔顶冷凝器 EA-405B 和中沸器 EA-403B，更换中沸器

EA-603。提高塔的回流量，保证塔两端分离达标。模拟首先对主要操作条件进行优化选择，确定适宜操作条件。然后，按优化的操作条件模拟改造方案。乙烯精馏塔 DA-402 系统改造工艺流程如图 6－33 所示。

在原设计中 GB-501 二段的采出，需连接 FA-503 与 GB-501 三段排出气体混合后作为 EA-403 的热源。由于 GB-501 二段实际排出压力较设计值 4.90kgf/cm^2 低约 0.67kgf/cm^2，难以采出。此外，该压力下的冷凝温度约为－10℃，与设计塔釜温度－11.4℃几乎无温差，作为 EA-403 的热源推动力太小，为此，现改造将其作为中沸器 EA-403B 的热源，中沸器 EA-403B 设在塔底上部 59 板（理论板）处。为增大输送推动力，特增设 EA-403B、FA-416B，构成新的通道。在 GB-501 的二段采出丙烯气通过新增的系统 EA-403B、FA-416B 放出热量（回收冷量）冷凝，其凝液回到 FA-502。丙烯制冷压缩机系统改造流程如图 6－34 所示。后续流程不变。

调节控制：新增塔顶冷凝器 EA-405B 壳程液面控制，调节－40℃丙烯冷剂的液位；新增中沸器 EA-403B 壳程的液位由塔板上抽出液相流量控制；EA-403B 管程丙烯气流量由集液罐 FA-416B 的液位控制。安装在 FA-416B 液相排出管上的调节阀，接收 GB-502 二段采出气体流量调节器 FIC-502 的信号，调节集液罐 FA-416B 的液位，同时控制采出气体流量，该调节系统是低液位超驰调节。

本改造流程新增设备 3 台，更换设备 1 台：新增塔顶冷凝器 EA-405B、中间再沸器 EA-403B 及丙烯集液罐 FA-416B；更换中间再沸器 EA-603。

根据原设计条件工况 4，负荷提高 10.7%（15×10^4t/a 乙烯），对回流量初步的调优（表 6－43），模拟计算结果见表 6－44。

初步模拟计算结果表明，提高回流比方法是可行的，塔釜乙烯可降到 0.5%以下，见表 6－44。但是，最终解决问题的关键取决于如何通过系统的改造，保证系统的冷量为塔顶提供足够的回流量。即增加 8.1t/h 的塔顶回流量，同时增加塔釜的加热量。由前面 GB-501 的模拟分析可知，恢复二段正常采出，GB-501 的制冷能力可提高 9.5%，而回流量的提高幅度为当前的 10%，两者非常接近，通过其他措施，基本可满足回流要求。

表 6－43　初步调优参数

名　称	设计值（工况 4）	调优值	增加幅度（%）
冷凝器 EA-405 热负荷（10^6kcal/h）	6.886	7.43	7.9
冷凝器 EA-436 热负荷（10^6kcal/h）	0.123	0.1295	5.0
中沸器总热负荷（10^6kcal/h）	1.6	1.6	0
再沸器总热负荷（10^6kcal/h）	2.9342	3.45	17.6
最佳进料位置	47	46	

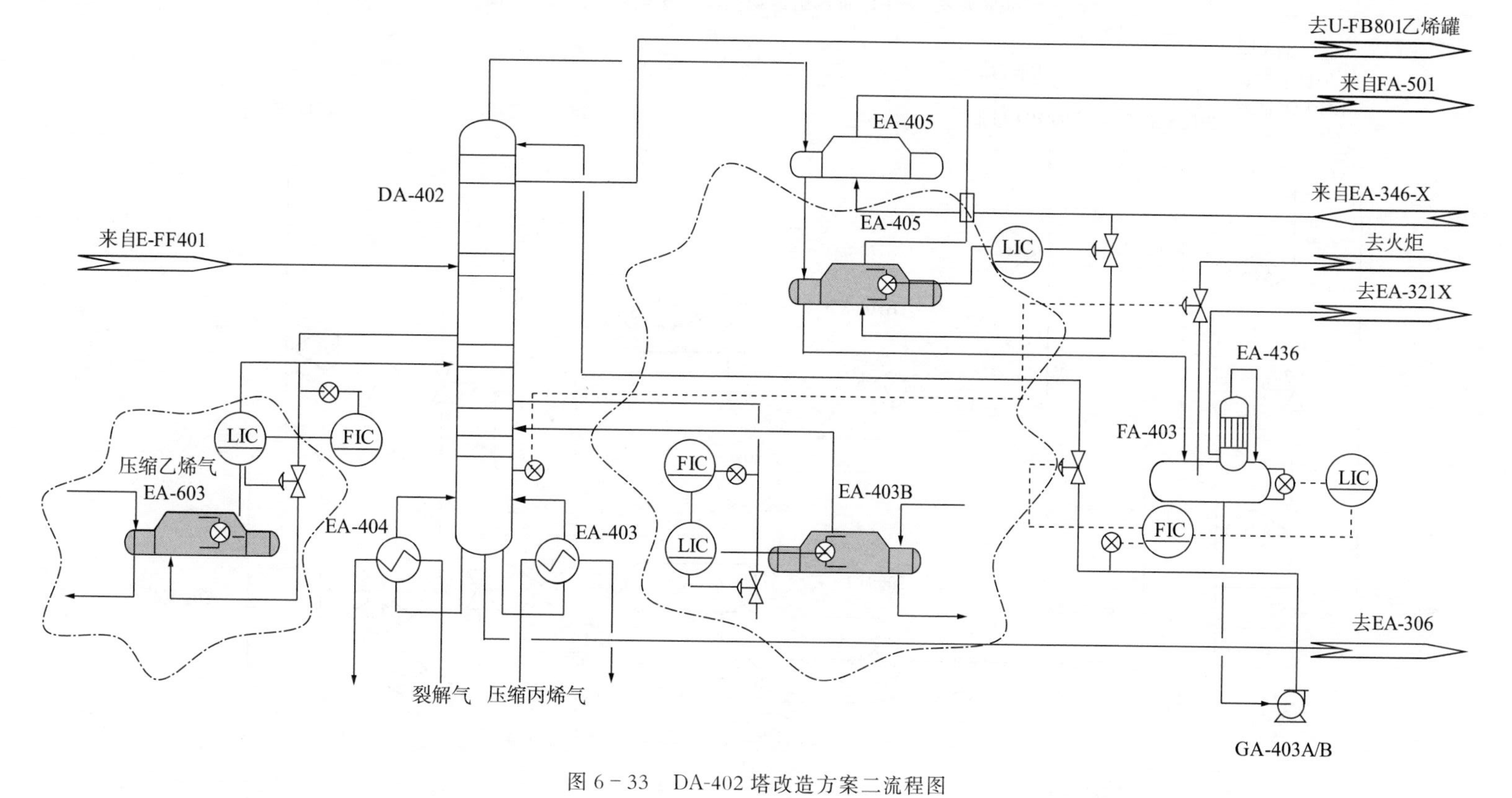

图 6－33　DA-402 塔改造方案二流程图

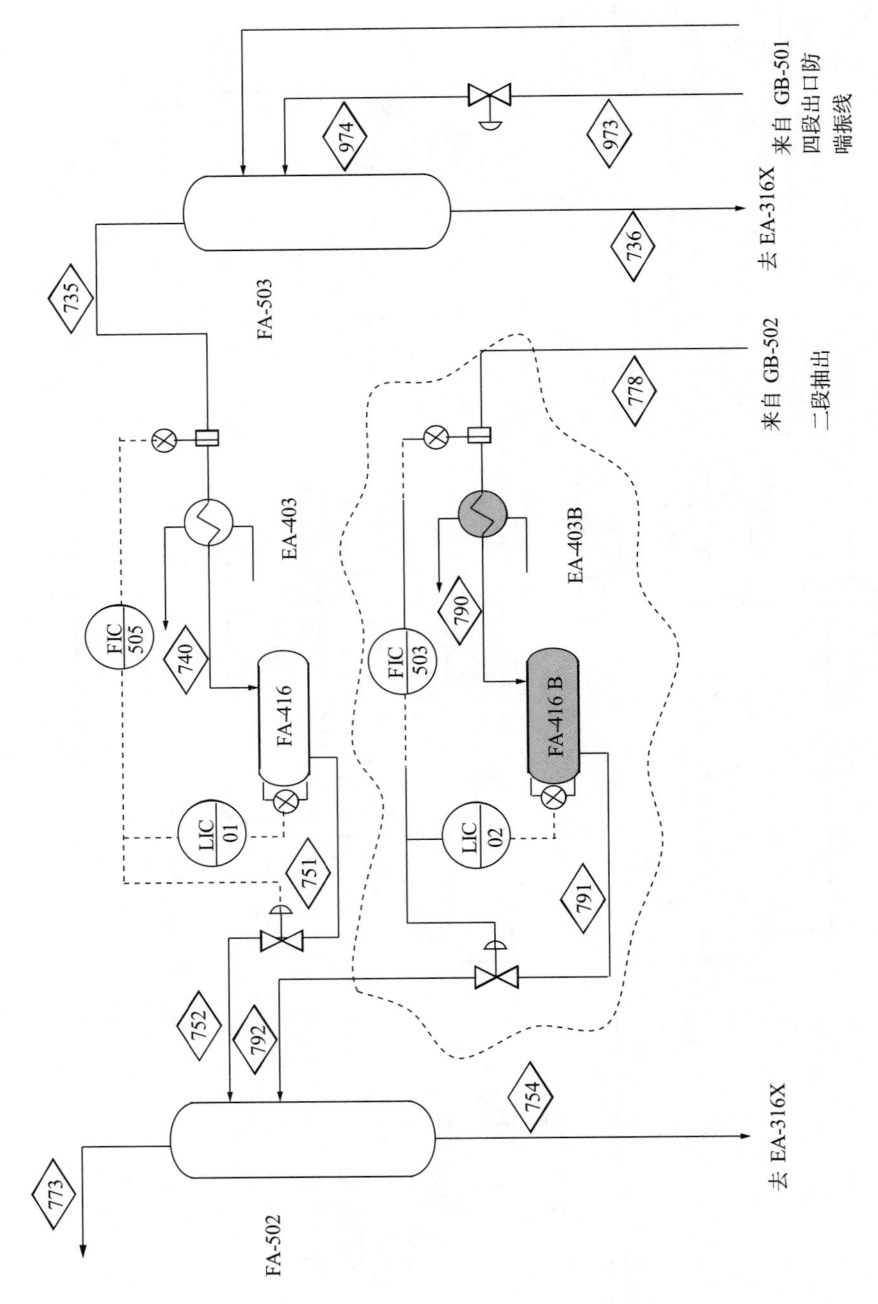

图 6-34 改造方案二制冷丙烯压缩机 GB-501 系统流程图

表 6－44　初步模拟计算结果

名　称	目标值	模拟值
冷凝器 EA-405 热负荷（10^6kcal/h）	—	7.43
冷凝器 EA-436 热负荷（10^6kcal/h）	—	0.1295
中沸器总热负荷（10^6kcal/h）	—	1.60
再沸器总热负荷（10^6kcal/h）	—	3.45
塔顶温度（℃）	－34.7	－34.8
塔釜温度（℃）	－11.4	－11.2
乙烯产量（t/h）	22	22
塔顶乙烯产品乙烯组成［%（摩尔分数）］	99.88	99.93
塔顶乙烯产品乙烷组成	500×10^{-6}	500×10^{-6}
塔釜含乙烯组成［%（摩尔分数）］	0.5	0.35
回流比	—	4.05
回流量（t/h）	81	89.1
中沸器 EA-603 抽出量（t/h）	20	20

3）两种方案的比较

经过以上模拟计算分析，两种方案进行比较如下：

方案一：不增加塔的回流量，通过增加塔理论板数（增加 12 块理论板），提高塔的分离能力。拆除 72 块塔板，改为填料替代塔盘。塔内增设液相分布器、再分布器、填料支撑、压盖等内件。塔再沸器和冷凝器保持原工况的负荷，可满足分离要求。其特点为技术可行，改造涉及面小。除塔内件改动外，其他设备基本不动，但工作量大，难度较高。

方案二：不改塔内件，主要目标是增加回流量以提高塔的分离能力。优化塔的操作条件，改善系统用能过程；优化系统用能匹配，合理用能，充分挖掘设备潜力，保证塔的分离要求。本方案通过改善 GB-501 的工况，新增中沸器 EA-403B 及塔顶冷凝器 EA-405B，更换中沸器 EA-603，使系统用能得到优化。满足了系统热源、冷剂的平衡，使 DA-402 达到分离要求。其特点为技术可行，改造涉及面大，工作量大，但实施改造相对比较容易。

两个方案经过反复分析论证，听取各方面的意见，厂方认为方案一在理论和技术上均是可行的，但是，由于停工检修时间有限，而塔内件改造、原内件拆除、塔壁处理、内件安装等工期太长，难以保证检修进度，不能采纳，选择方案二。方案二具有以下优势：

（1）方案二不改塔内件，新增设备均可提前预制，保证检修工期，则解除了以上约束。由于新增了塔顶冷凝器 EA-405B 和中沸器 EA-403B 以及更换了中沸器 EA-603，从而提高了为塔供热的能力，同时也提高了塔顶冷凝的能力，为增加塔的回流量提供了条件，提高了塔的分离能力，保证达到分离要求。

（2）方案二提出改善 GB-501 的工况，恢复二段正常采出。由于二段采出压力低于原设计值，则其冷凝温度有所下降，不能作主再沸器 EA-403 的热源，故另增一中沸器 EA-403B 来使用该热源。这样既可利用低温热源，同时又可回收 DA-402 塔的冷量。GB-501 因二段的正常采出，减小三、四段负荷，提高效率，即提高了 GB-501 的制冷能力。

6. 改造方案二模拟

1）DA-402 塔操作条件的优化

通过 DA-402 塔的模拟优化，对主要操作参数进行灵敏度分析，选择适宜的操作条件。按图 6－37 所示流程及优化的操作条件，对 DA-402 塔进行严格模拟，为设计提供基础数据。

生产负荷按扩产至 14.5×10^4 t/a 乙烯计算，进料组成采用工厂提供的数据，通过调整操作回流比，使塔两端分离要求达到规定的指标。以此条件模拟结果为基础，对塔的主要操作参数进行优化：即以塔顶或塔底分离指标为目标，对进料位置、中间再沸器位置、回流比（或回流量）进行灵敏度分析，优选其适宜值或适宜条件的范围。进料位置的灵敏度分析如图 6－35 和图 6－36 所示。

中沸器 EA-603 及 EA-403B 抽出位置影响传热温差及中沸器的传热能力，同时削弱下方塔盘的分离能力，影响塔两端的分离结果。因此，选择适宜的安装位置是十分必要的。将两中沸器的抽出位置上下平移来考察对两端分离结果的影响，分析结果见表 6－45。

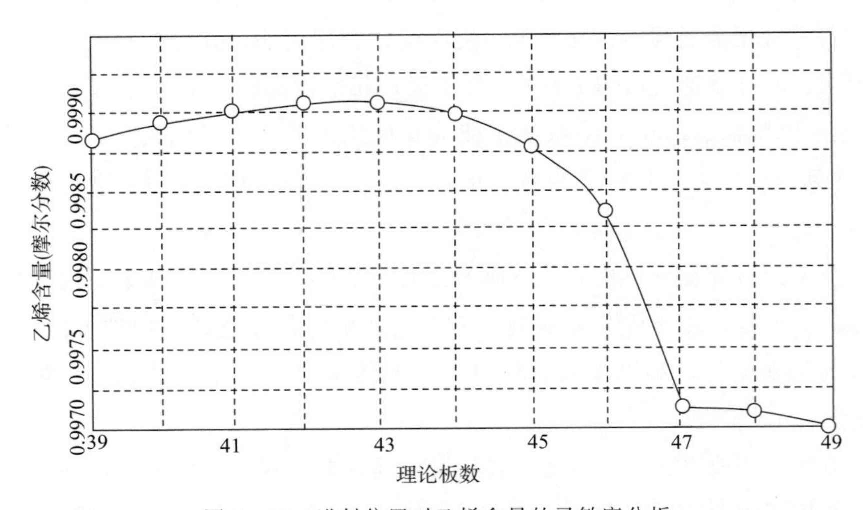

图 6－35　进料位置对乙烯含量的灵敏度分析

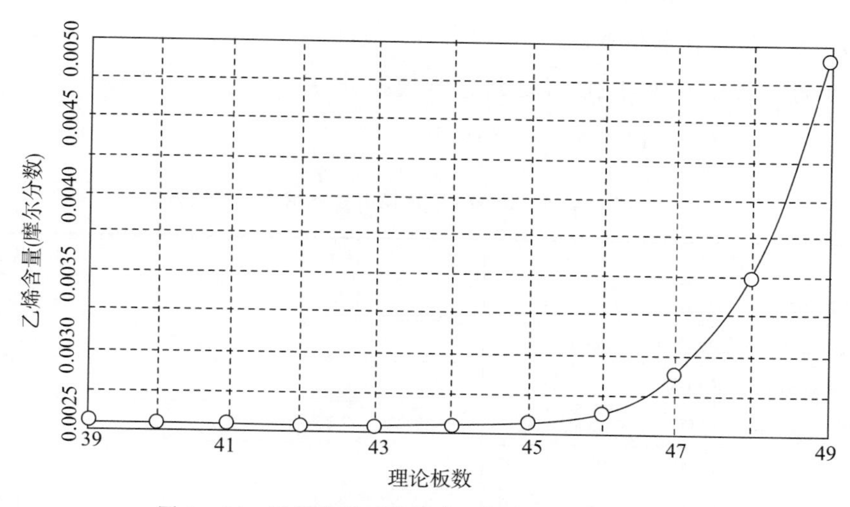

图 6－36　进料位置对釜液中乙烯含量的灵敏度分析

表 6－45　中沸器抽出位置对塔两端分离的影响

EA-603		EA-403B		塔顶产品		塔底产品
抽出位置	温度（℃）	抽出位置	温度（℃）	乙烯含量［%（摩尔分数）］	乙烷含量	乙烯含量［%（摩尔分数）］
45	－27.1	57	－15.2	99.81	1677×10^{-6}	0.17
47	－26.9	59	－15.0	99.90	758×10^{-6}	0.24
49	－26.7	61	－14.8	99.92	553×10^{-6}	0.35

表 6－45 中两塔板数为 EA-603、EA-403B 抽出位置，抽出经中沸器后返回下方第三板或第二板。例如 47（理论级）即表示 EA-603 从 47 抽出，返回 50 板；59（理论级）即表示 EA-403B 从 59 抽出，返回 61 板。塔顶回流量经优化由 81t/h 升至 86.25t/h，回流比为 4.05，经过以上优化可确定 1 组优化条件，见表 6－46。

当生产负荷由 15×10^4t/a 调为 14.5×10^4t/a 时，优化回流量由前面初步优化值 89.1t/h 降至 86.25t/h。相对原回流量 81.0t/h 增加 6.48%；改造所需补充的冷量，远小于 GB-501 改造后增加的冷量（增加 9.5%）。为此，方案二所需补充的冷量基本解决。

表 6－46　乙烯塔 DA-402 优化参数（14.5×10^4t/a 乙烯）

项　目	现 场 参 数	优 化 参 数
进料位置	$N_T=44$（理论级）	$N_T=44$
塔板数	理论板 $N_T=76$，实际板 $N_P=127$	$N_T=76$，$N_P=127$
EA-603 中沸器	47 板抽出，返回 50 板（理论级）	理论板 $N_T=47$ 抽出，返回 $N_T=50$
EA-403B 中沸器		$N_T=59$ 抽出，返回 $N_T=61$
回流比	4.06（回流量 81t/h）	4.05（回流量 86.25t/h）

2）DA-402模拟计算结果

按以上优化操作参数对DA-402塔进行模拟计算，所得分离结果见表6－47，所得物流见表6－48。模拟流程如图6－37所示。

表6－47　14.5×10⁴t/a乙烯模拟计算结果（改造方案）

名　称	目标值	模拟值
冷凝器EA-405热负荷（10⁶kcal/h）	—	7.0
冷凝器EA-436热负荷（10⁶kcal/h）	—	0.121
原中沸器EA-603热负荷（10⁶kcal/h）	—	1.70
新中沸器EA-403B热负荷（10⁶kcal/h）	—	1.213
主再沸器热负荷（10⁶kcal/h）	—	1.876
塔顶温度（℃）	－34.7	－34.85
塔釜温度（℃）	－11.4	－11.4
乙烯产量（t/h）	22	21.3
塔顶乙烯产品乙烯含量［%（摩尔分数）］	99.88	99.90
塔顶乙烯产品乙烷含量	500×10^{-6}	758×10^{-6}
塔釜含乙烯含量［%（摩尔分数）］	0.5	0.24
回流比	—	4.05
回流量（t/h）	81	86.0
原中沸器EA-603抽出量（t/h）	20	20.0
新中沸器EA-403B抽出量（t/h）	—	14.7

注：在乙烯产量由14.5×10^4t/a降至14.0×10^4t/a，回流量保持86t/h的条件下，产品中乙烷含量为498×10^{-6}。

7. DA-402塔水力学性能核算[1,5,7]

改造后DA-402塔内的气液流量、温度、压力的分布，以及气液组成均发生变化，导致物流性质变化，这些变化将影响塔盘的水力学性能，为此，采用模拟计算获得的基础数据以及塔盘的结构数据进行核算。模拟结果表明，塔内的气液流量、温度、压力的分布等与方案一基本相当，而仅新增中沸器下方的气液流量变化较大。为此，仅对114#—127#塔段进行核算，其结果见表6－49，其负荷性能如图所6－38所示。生产能力为14.5×10^4t/a乙烯。

在方案一中已对全塔进行了核算，从9#—82#塔盘水力学性能核算结果及负荷性能图设计点的位置看，设计点靠近物沫夹带线，并不表示塔已经发生了问题，只能说明其工作状态不太理想，塔板效率有所下降，但不至于影响正常生产。方案二在该塔段气液负荷与方案一基本相当，负荷下调至14.5×10^4t/a乙烯，完成任务不应成为问题，但塔处于上限运行。

表 6－48　14.5×10^4 t/a 乙烯 DA-402 塔模拟计算物流（设计工艺）

物流号		S-1	S-2	S-550	S-551	S-552	S-554	S-557	S-559	S-560	S-561	S-562	S-563	S-MIX
温度（℃）		－15.0	－14.2	－27.0	－34.2	－11.5	－37.1	－43.0	－43.0	－41.3	－26.9	－26.9	－24.9	－26.9
压力［MPa（绝压）］		1.83	1.83	1.92	1.77	1.85	1.76	1.72	1.72	2.30	1.82	1.82	1.82	1.82
气相分率		0.000	1.000	1.000	0.000	0.000	1.000	1.000	0.000	0.000	0.000	0.000	1.000	0.000
摩尔流量（kmol/h）		493.080	493.080	988.034	758.059	136.575	44.125	7.532	36.593	36.593	85.869	716.564	716.564	802.433
质量流量（kg/h）		14700.000	14700.000	28033.000	21266.000	4106.062	1199.810	192.420	1007.390	1007.390	2468.520	20599.480	20599.480	23068.000
体积流量（m^3/h）		37.564	448.812	806.116	51.767	10.619	38.965	6.810	2.378	2.386	6.113	51.013	633.208	57.127
质量分数	H_2	0	0	7×10^{-6}	67×10^{-9}	0	184×10^{-6}	0.001	23×10^{-6}	23×10^{-6}	0	0	0	0
	CH_4	0	0	854×10^{-6}	100×10^{-6}	0	0.039	0.113	0.025	0.025	1×10^{-6}	1×10^{-6}	1×10^{-6}	1×10^{-6}
	C_2H_2	—	—	—	—	—	—	—	—	—	—	—	—	—
	C_2H_4	0.120	0.120	0.821	0.999	0.002	0.961	0.886	0.975	0.975	0.640	0.640	0.640	0.640
	C_2H_6	0.880	0.880	0.178	845×10^{-6}	0.998	90×10^{-6}	55×10^{-6}	97×10^{-6}	97×10^{-6}	0.360	0.360	0.360	0.360
气相比热容［kcal/（kg·K）］		—	－1.526	－0.896	—	—	－0.786	－0.841	—	—	—	—	－1.042	—
液相比热容［（kcal/（kg·K）］		－1.845	—	—	－1.109	—	—	—	－1.149	－1.145	－1.378	－1.378	—	－1.378

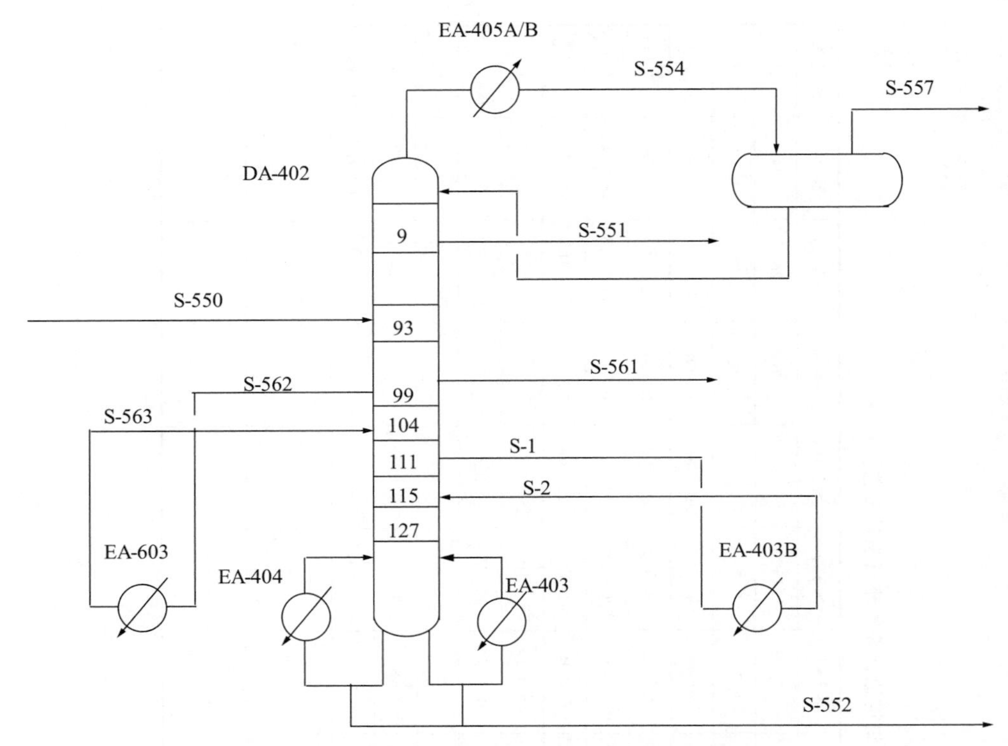

图 6－37　乙烯精馏塔 DA-402 模拟流程图（改造方案）

表 6－49　DA-402 塔 114＃—127＃（68～76 理论级）塔板水力学性能核算结果

项　目 ＼ 塔盘区间	114＃—127＃	项　目 ＼ 塔盘区间	114＃—127＃
气相密度 ρ_V（kg/m^3）	33.05	空塔气速 u（m/s）	0.0616
液相密度 ρ_L（kg/m^3）	388.17	泛点率 F_1	0.271
气相体积流量 V_V（m^3/h）	691.7	动能因子 F_o	5.6
液相体积流量 V_L（m^3/h）	69.52	孔流气速 u_o（m/s）	0.97
液相表面张力 σ（dyn/cm）	4.77	降液管流速 u_b（m/s）	0.0282
塔内径 D（mm）	2200	稳定系数 k	1.11
板间距 H_T（mm）	400	溢流强度 U_u［m^3/（m·h）］	22.422
溢流形式	双流型	堰上液层高 h_{ow}（mm）	23
降液管与塔截面之比 A_d/A_T（%）	18	降液管清液层高度 H_d（mm）	163.7
出口堰堰长 l_w（mm）	1560	单塔板阻力 h_f（mm）	87.4
弓形降液管宽度 b_d（mm）	320	降液管泡沫层高度 H_d/φ（mm）	297.6
出口堰高 h_w（mm）	50	降液管液体停留时间 Γ（s）	14.17
降液管底隙 h_b（mm）	40	底隙流速 u_d（m/s）	0.155
边缘区宽度 b_c（mm）	70	气相负荷上限 V_{max}（m^3/h）	1478
安定区区宽度 b_s（mm）	55	气相负荷下限 V_{min}（m^3/h）	621

续表

项 目 \ 塔盘区间	114#—127#	项 目 \ 塔盘区间	114#—127#
塔板厚度 b（mm）	4	操作弹性	2.40
浮阀个数 N	166		
浮阀直径 d_o（mm）	39		
开孔率（%）	5.2		

注：操作压力塔顶为 1.63MPa（绝压），塔底为 1.70MPa（绝压）；操作温度塔顶为 −34.7℃，塔底为 −11.7℃。φ 为降液管中泡沫层相对密度。

在新增中沸器的下方 114#—127# 塔盘，从图 6−38 中可见，设计点在气相下限上方，且有一段距离。其他塔盘经核算其裕度较大，可完成 14.5×10^4t/a 乙烯的生产任务。实际运行结果证明，以上判断是正确的。

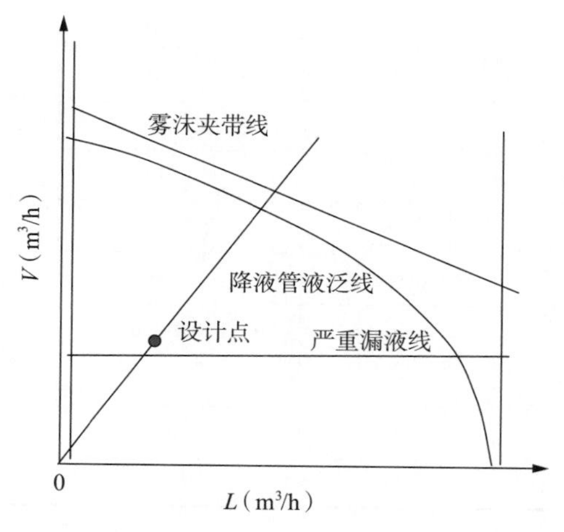

图 6−38 DA-402 塔 114#—127# 塔盘水力学负荷性能图

8. 换热设备的核算

根据以上改造方案的模拟结果，提取各换热设备的热负荷及相关基础数据，结合设备结构进行核算。塔顶冷凝器 EA-405 核算结果见表 6−50，其他换热器核算结果见表 6−51。

表 6−50 精馏塔顶冷凝器 EA-405 核算结果

设备名称	乙烯精馏塔塔顶冷凝器 EA-405			
管壳程	壳程	管程	项目	数据
物料名称	丙烯 冷剂	乙烯精馏塔 塔顶蒸汽	总传热系数 K [W/(m²·℃)]	554.8
物料流量（kg/h）	67773.0	81716.0	传热温差（℃）	4.1
进口温度（℃）	−40	−34.7	换热器形式	釜式

续表

设备名称		乙烯精馏塔塔顶冷凝器 EA-405			
管壳程		壳程	管程	项目	数据
出口温度（℃）		-40	-36.89	壳体内径 D_i（mm）	1800/2400
传热负荷（kW）		7730.56		传热面积 A（m^2）	3132
操作压力［MPa（绝压）］		0.15	1.73	排列方式	△
定性温度（℃）		-40	-35.8	管中心距 T（mm）	25
液相物性	比热容 C_p［kJ/（kg·℃）］	2.22	—	传热管长 L（mm）	12000
	导热系数 λ［W/（m·℃）］	0.142	—	管数目	4464
	密度 ρ（kg/m^3）	603.0	—	折流板间距（mm）	1176
	黏度 μ（mPa·s）	0.176	—	折流板数 NB	9
	表面张力 σ（N/m）	—	—	—	—
	汽化潜热 r（kJ/kg）	429.2	—	—	—
气相物性	比热容 C_p［kJ/（kg·℃）］	1.34	2.14	—	—
	导热系数 λ［W/（m·℃）］	0.011	0.0174	—	—
	密度 ρ（kg/m^3）	3.22	31.23	—	—
	黏度 μ（mPa·s）	0.007	0.009	—	—
污垢热阻（m^2·℃/W）		0.000086	0.000086	—	—
流动阻力（MPa）		—	—	—	—
程数		1	2	—	—
传热面积裕度（%）		-8.5			

表 6-51　其他换热设备核算结果（14.5×10⁴ t/a 乙烯）

序　号	位　号	热负荷（kW）	传热面积（m^2）	总传热温差（℃）	总传热系数［W/（m·℃）］	裕度（%）
1	EA-436	156.4	16.8	22.89	708	73.8
2	EA-403	2784	1072×2	3.64	425.4	26.8
3	EA-404	667.56	169	8.49	561	7.9
4	EA-405	7730.56	3132	4.1	554.8	-8.5
5	EA-603	1864	385	7.0	320	-44.9

从核算结果可知，塔顶冷凝器 EA-405、中沸器 EA-603 的能力不足，为保证塔的回流量，必须增设一台冷凝器 EA-405B；为补充系统热量的不足，回收 GB-501 二段抽出气体热量，在原中沸器 EA-603 下方增设一台中沸器 EA-403B。同时，用新的中沸器 EA-603 替换原中沸器 EA-603。

9. 新增换热器及集液罐设计

1）新增塔顶冷凝器设计[9,10]

现以EA-405B设计为例，按14.5×10^{4}t/a乙烯产能负荷设计，传热管为光管、低翅片管两方案设计，设计结果见表6－52和表6－53。

表6－52　乙烯精馏塔顶冷凝器EA-405B设计结果（采用光管）

设备名称		乙烯精馏塔塔顶冷凝器EA-405B	
管壳程		壳程	管程
物料名称		丙烯冷剂	乙烯精馏塔塔顶蒸汽
物料流量（kg/h）		16718.0	84604.0
进口温度（℃）		－40	－36.12
出口温度（℃）		－40	－37.20
传热负荷（kW）		1933.2	
操作压力［MPa（绝压）］		0.193	1.79
定性温度（℃）		－40	—
液相物性	比热容 C_p［kJ/（kg·℃）］	2.22	2.92
	导热系数 λ［W/（m·℃）］	0.142	0.116
	密度 ρ（kg/m^3）	603.0	446.2
	黏度 μ（mPa·s）	0.176	0.0751
	汽化潜热 r（kJ/kg）	429.2	
气相物性	比热容 C_p［kJ/（kg·℃）］	1.34	2.14
	导热系数 λ［W/（m·℃）］	0.011	0.0174
	密度 ρ（kg/m^3）	3.22	31.23
	黏度 μ（mPa·s）	0.007	0.009
污垢热阻（m^2·℃/W）		0.000086	0.000086
流动阻力（MPa）		—	—
传热温差（℃）		3.37	
总传热系数 K［W/（m·℃）］		478	
换热器形式		釜式	
传热面积 A（m^2）		1439	
传热管规格（mm×mm）		ϕ19×2	
排列方式		△	
管中心距 T（mm）		25	
传热管长 L（mm）		12000	
管数目		2040	
折流板间距（mm）		1480	
折流板数NB		7	

续表

设备名称	乙烯精馏塔塔顶冷凝器 EA-405B	
管壳程	壳程	管程
壳体内径 D_i（mm）	1200/1950	
程数	1	2
传热面积裕度（%）	21.9	

表 6－53　塔顶冷凝器 EA-405B 设计结果（采用低翅片管）

设备名称		乙烯精馏塔塔顶冷凝器 EA-405B	
管壳程		壳程	管程
物料名称		丙烯冷剂	乙烯精馏塔塔顶蒸汽
物料流量（kg/h）		16718.0	84604.0
进口温度（℃）		－40	－36.12
出口温度（℃）		－40	－37.20
传热负荷（kW）		1933.2	
操作压力［MPa（绝压）］		0.193	1.79
定性温度（℃）		－40	—
液相物性	比热容 C_p［kJ/（kg·℃）］	2.22	2.92
	导热系数 λ［W/（m·℃）］	0.142	0.116
	密度 ρ（kg/m³）	603.0	446.2
	黏度 μ（mPa·s）	0.176	0.0751
	汽化潜热 r（kJ/kg）	429.2	—
气相物性	比热容 C_p［kJ/（kg·℃）］	1.34	2.14
	导热系数 λ［W/（m·℃）］	0.011	0.0174
	密度 ρ（kg/m³）	3.22	31.23
	黏度 μ（mPa·s）	0.007	0.009
污垢热阻（m²·℃/W）		0.000086	0.000086
流动阻力（MPa）		—	—
传热温差（℃）		3.37	
总传热系数 K［W/（m·℃）］		574.4	
换热器形式		釜式	
传热面积 A（m²）		1200	
传热管规格（mm×mm）		ϕ19×2（低翅片管）	
排列方式		△	
管中心距 T（mm）		25	
传热管长 L（mm）		9000	
管数目		2236	

续表

设备名称	乙烯精馏塔塔顶冷凝器 EA-405B	
管壳程	壳程	管程
折流板间距（mm）	1480	
折流板数 NB	5	
壳体内径 D_i（mm）	1200/1950	
程数	1	4
传热面积裕度（%）	20.2	

2）新增中间再沸器设计[1,9]

新的 EA-603 代替原中沸器 EA-603；新增 EA-403B 中沸器，置于中沸器 EA-603 下方。中沸器 EA-603 及 EA-403B 设计结果见表 6－54。

表 6－54 EA-405B 及 EA-403B、EA-603 换热器设计结果（14.5×10⁴ t/a 乙烯）

序号	位号	管型	热负荷（kW）	传热面积（m²）	管规格（mm×mm）	管长（mm）	换热器形式	裕度（%）
1	EA-405B	光管	1933.2	1434	$\phi29\times2$	12000	釜式	21.9
		低翅管		1200	$\phi29\times2$	9000	釜式	20.2
2	EA-403B	光管	1400	1500	$\phi29\times2$	9000	釜式	26.4
		低翅管		1118	$\phi29\times2$	9000	釜式	13.4
3	新 EA-603	光管	2000	779	$\phi29\times2$	9000	釜式	25.6
		低翅管		637	$\phi29\times2$	9000	釜式	17.3

3）新增集液罐

FA-416B 取原 FA-416 相同结构尺寸及材质，按 FA-416 的图纸生产制造。

10. 新增控制仪表

新增 EA-403B 及 EA-405B 换热器的管、壳物流控制系统，均可参考装置同类设备的调节系统进行设置。例如，EA-403B 壳程控制参考 EA-603 壳程的控制；管程气体流量控制可参考 EA-403 管程的控制；EA-405B 釜内冷剂液面的控制可参考 EA-405 的控制。

（1）EA-403B 调节控制：

①管程排出液相流量控制。

②FA-416B 液面的控制。

③壳程入口液相流量的控制。

④壳程内液位控制。

（2）EA-405B 调节控制：壳程内液位的控制，分别见图 6－33 和图 6－34。

11. DA-402 塔改造投运状况

DA-402 塔的挖潜工艺改造实施于 1998 年大修期间，于当年 6 月 25 日全部正式投运。

经过较长时间的运行考察认定，DA-402塔的操作状态得到了明显改善，如塔顶冷凝量增大，回流量由原来的78t/h稳定在86t/h的水平；乙烯产品产量提高，并稳定在22t/h左右（原为19.5/h，含系统循环量）。而塔釜乙烯的摩尔分数由20%左右降至0.5%以下；釜液的排放量由6.8t/h降至4.6t/h；DA-402塔的乙烯损耗大幅度下降；塔釜温度由-17℃回升至-12.5℃，同时塔顶温度下降恢复至-35℃；塔压有所回落，离开放空的边缘。

中沸器EA-603更新后，循环量由15t/h提高到19t/h，使GB-601出口乙烯全部冷凝，减少了C_3冷剂消耗，改善了GB-601工况。新增中沸器EA-403B使原来GB-501二段实现正常采出，采出量由0提高至10t/h，为主再沸器减轻了负荷，保证了DA-402塔所需热量，同时回收系统的冷量。尤其是恢复了GB-501二段的采出，改善了GB-501的运行工况，提高了效率，提高了制冷能力。

改造后，在高温季节创造了装置平均负荷为54t//h（原负荷为52t/h）的好水平。乙烯收率由32.5%提高到现在的34%。改造前，乙烯的平均日产量为405t。而改造后（在当年8月份），创造了历史最高日产纪录457t乙烯，平均日产量保持在477t乙烯水平。乙烯收率提高1.5%，进入国内同行的先进行列。公司在总结中指出：DA-402塔改造是成功的，采取有效措施，实现GB-501二段的正常采出，并进行了合理应用，较大地改善了GB-501的运行状态，使乙烯精馏塔DA-402经受了夏季高温、高负荷的考验，运行指标达到同行的先进水平，为全年达到14×10^4t/a乙烯产量奠定了坚实的基础。乙烯精馏塔DA-402运行参数见表6-55。

表6-55 DA-402塔运行综合指标平均统计表（由厂方提供）

项目 时间	乙烯 采出量（t/h）	塔顶压力 （MPa）	EA-603循环量 （t/h）	塔釜排量 （t/h）	塔釜乙烯含量 [%（摩尔分数）]	GB-501二段采出量 （t/h）
改造前	19.5	1.85	15.0	6.8	20	0.0
改造后	21.5	1.83	19.0	4.6	0.4	10

12. 经济效益分析

乙烯精馏系统改造，解决了14×10^4t/a扩能改造后发现的丙烯压缩机二段不能采出、乙烯塔冷量不够、分离能力差、乙烯损失大等瓶颈问题，实现了节能、降耗和扩产的目标，投入小，利用检修期间完成，总体效益显著。简单的经济效益分析如下：

（1）新增销售收入。

改造完成后，厂方进行了严格的验收考核，对改造的投入及产出进行全面核算。DA-402塔系统改造，总投资580万元。运行后分离效果明显提高，考核认为达到了预定的设计值，原塔底乙烯含量为20%（摩尔分数），改造后为0.5%（摩尔分数）以下。在没有增加定员即人工成本、没有增加新的物耗的基础上，大幅度降低了乙烯的跑损量。乙烯的回收量为：

改造前塔釜平均排放量为6.5t/h，釜液乙烯含量为20%（摩尔分数）；

改造后塔釜平均排放量为4.6t/h，釜液乙烯含量0.5%（摩尔分数）。

运行时间按7560h/a计算，改造后每年回收的乙烯量为：

$$(0.20\times6.5t/h-0.005\times4.6t/h)\times7560h=9654t$$

按厂内成本价，乙烯为3800元/t，年创效益为3800元/t×9654t=3668万元。

（2）15年折旧计算：580×0.95/15=36.7万元。

总计新增成本36.7万元。

（3）年创利润：3668万元-36.7万元=3631.3万元。

（以上数据来自公司1998年8月乙烯精馏塔系统挖潜技术改造报告中的经济效益分析）

三、脱甲烷塔制冷系统节能改造

1. 概述

本部分介绍乙烯装置冷箱与脱甲烷塔DA-301生产系统瓶颈问题的分析诊断。应用Aspen及PRO-Ⅱ软件对系统进行严格的模拟分析诊断，确定装置瓶颈所在。通过挖掘系统设备制冷潜力，提高制冷能力；优化用冷网络，提高系统冷量的回收率，提出解瓶颈的具体方案，实施技术改造，解除了生产瓶颈，从而减少了塔顶乙烯损耗，使生产恢复到正常水平。

本实例与前例同属一套乙烯装置，由于脱甲烷塔系统冷量不足，导致脱甲烷塔DA-301塔顶排出气相中乙烯含量严重超标，部分去作燃料或排至界区他用等，造成严重的乙烯跑损和乙烯的无效循环。在生产中表现出的问题是操作参数偏离设计条件，如深冷冷箱系统，裂解气在逐级部分冷凝中温度不达标；作为回流的高压甲烷进入脱甲烷塔前温度过高，温度冷不到位，回流量达不到设计指标；而返回GB-302的低压甲烷温度过低，冷量回收不充分等。因此，本次改造的主要任务，就是挖掘系统制冷潜力，提高冷量的回收率，保证DA-301的回流量，提高脱甲烷塔的分离能力，减少塔顶乙烯损失，使之达到合理水平。

2. 改造依据

1996年的改造使装置基本达到14×10^4t/a乙烯的生产能力，冷分离系统在Lummus公司原设计的最大工况下，已具有14×10^4t/a能力，基本未做改动。但在14×10^4t/a改造后装置运行时，系统仍存在瓶颈制约生产。尤其以上提及的由于DA-301塔的进料及回流的预冷不到位，供冷不足造成预冷系统偏离设计值，导致乙烯大量损失。

某公司积极对外寻求合作单位进行技术攻关，破解生产难题，推动企业的技术进步。于1997年底，某公司与大连理工大学合作，对外厂乙烯装置进行考察，了解脱甲烷塔生产及改造的情况，收集相关资料作为本次改造的技术支持和设计依据，获得的资料包括基本资料和装置操作信息。

（1）基本资料：

①原装置引进的设计相关资料，如PID图、PFD图。

②生产操作手册。

③乙烯装置脱甲烷塔改造资料。

④乙烯相关资料。

⑤本装置 14×10^4 t/a 乙烯挖潜改造工程初步设计。

⑥部分生产操作记录和物料分析数据。

（2）装置操作信息：

通过现场调查收集和厂方技术部门提供获得相关信息。乙烯装置脱甲烷塔DA-301预冷系统在高负荷（14×10^4 t/a）操作时，操作参数偏离设计，达不到设计值要求，导致系统大量的乙烯损失。DA-301塔顶蒸汽中乙烯含量高达6%，裂解气逐级部分冷凝温度不到位，使得裂解气的第三级冷凝分离罐FA-306的温度升高，气相中乙烯跑耗量增大。以及脱甲烷塔DA-301塔顶回流量、温位不达标，影响DA-301塔分离能力。

偏离设计值的具体表现如下：

（1）操作温度偏离设计值的流股。

①脱甲烷塔DA-301第4进料（395）流股（从上至下数，下同）现场温度为－74.8℃，高于设计值（－76.45℃）。

②脱甲烷塔DA-301塔顶气相出料流股，现场温度为－133℃，高于设计值（－133.9℃）。

③低压甲烷产品流股，即裂解气末级冷凝的集液罐FA-311，排出液相流股现场温度为－167℃，高于设计值（－173℃）。

④高压甲烷回流进入E-E326的流股，现场温度为－64.4℃，高于设计值（－70℃）。

⑤流出E-E326的高压甲烷回流流股现场温度为－94.5℃，高于设计值（－98℃）。

⑥流出EA-309X的回流高压甲烷流股，现场温度为－126℃，高于设计温度（－136℃）。

⑦流出E-E321X的冷物流低压甲烷，现场温度常在22℃左右，低于设计值（26.7℃）。

（2）操作压力偏离设计值的流股。

①高压甲烷水冷却器 EA-323 排出高压甲烷压力为 38.50kgf/cm^2（表压），低于设计值［39.53kgf/cm^2（表压）］。

②DA-301 塔顶排出气相压力，即流股压力现场为 5.40kgf/cm^2（表压），高于设计值［5.33 kgf/cm^2（表压）］。

（3）流量偏离设计值流股。

现场的操作负荷约为设计值的 86%，唯有高压甲烷回流的流量约为设计值的 65%，明显低于与其他流股相匹配的设计值（现场值为 2188kg/h，相应设计值为 3350kg/h）。

3. DA-301 塔分离及其深冷系统的分析诊断[2]

从以上收集数据可见，系统的温度和流量有一定的偏差。尤其 GB-302 甲烷压缩机甲烷循环系统的操作参数偏离设计值比较明显，系统压力、高压甲烷回流的流量、温度的偏差，将直接影响脱甲烷塔 DA-301 的分离能力。例如，生产装置高压甲烷回流的流量，现场值为 2188kg/h，远低于相应的设计值（2881.0kg/h）；同时，温度偏高，这将导致 DA-301 塔的分离能力降低。引起这些偏差的原因是冷量不足，如回流高压甲烷流量本来偏小，而在流出 EA-309X 时却未冷到位，现场温度为 −126℃，远高于设计温度（−136℃）。系统阻力增大也不利于回流高压甲烷的冷凝及节流。值得注意的是，提供精馏塔回流的流量不仅要看流量，还应考察其热状态。由于冷不到位，温度升高则气化率增大，大量气相存在却起不到回流作用，并使回流比减小，精馏段液气比（L/V）减小，即精馏操作线斜率减小。精馏段操作线斜率（L/V）的减小随之带来提馏段操作线斜率（L'/V'）增大，导致操作线靠近相平衡线，使得塔内各板的传质推动力减小，塔的分离能力下降。

塔分离能力的下降，还有其他原因，如进料状态和进料位置的影响。有些进料流股温度升高，进到塔内也将发生气化。有些进料流股由于未冷到位，引起进料组成变化，偏离适宜进料位置。这些进料流股温度升高、气化率升高，说明部分热量未从塔底加入，而是从塔的中部或上部加入。这些能量剂没有在全塔发挥驱动作用，并且还削弱了进料下方的塔板分离能力。此外，由于塔的运行偏离设计条件，导致塔内组成分布发生改变，也会引起最佳进料位置漂移，与设计进料位置不符，使塔的分离能力进一步降低。

当 DA-301 塔的两端分离不能达标时，为保证塔底甲烷不超标，只得增加塔顶气相采出，从而又使塔顶气相中的乙烯含量进一步增大，使脱甲烷塔 DA-301 塔顶乙烯跑损现象加剧。为此，降低 DA-301 塔顶的乙烯含量，其关键是为 DA-301 塔提供足够符合要求的冷量。

冷量来自三个方面：其一，在运行装置中，低温单元过程排出或循环物流的冷量回收，如 DA-301 塔顶排出的低温甲烷及其中沸器、塔底再沸器的冷量回收等。其二，带压工艺物流节流制冷，如高压甲烷的节流制冷、低压甲烷的节流制冷，以及裂解气逐级部分冷凝时的节流制冷等均可获得冷量。这些均属于系统的能量回收。装置从这些途径获得所需的部分冷量。其三，冷量的缺额部分，则由公用工程制冷系统如丙烯制冷、乙烯制冷和甲烷制冷为装置提供所需的不同级别的冷剂。

在提出改造方案之前，要明确两方面的问题：其一，系统的冷量回收是否充分及合理；其二，公用工程的制冷系统能力是否有裕量。

在装置中，如果系统中携带冷量的冷物流排放温度过低，说明系统冷量回收不充分，冷量回收单元传热温差过大，说明冷回收匹配不合理。对于制冷系统，压缩机生产负荷的裕量，可根据其工作点在特性曲线中所处的位置、压缩机入口压力变化大小等信息进行判断。如果系统冷量回收不充分，压缩机制冷能力还有裕度，那么就应从冷用户的设备能力考虑，增大传热面积；反之，就应采取措施提高系统冷回收及制冷能力，或改造制冷系统和其他设备的挖潜等，为系统提供足够冷量，改善 DA-301 塔当前运行工况，使之恢复正常运行，降低乙烯的损耗。

从前面调查中获得的信息可知，以上列举的④⑤⑥条问题，均是高压甲烷在冷却时未冷到位，高于设计温度。这说明高压甲烷在返回途中未得到足够的冷量，原因有二：其一是在发现高压甲烷流经冷箱的通道堵塞时，装置进行了跨线改造，如图 6－39 所示。改走跨线后，失去了在原流程中获取冷量的机会，由公用工程提供的冷剂和系统的冷回收提供冷量，由于冷量不足使之难以冷到位。同样，低压甲烷的冷量在回收过程中，因高压甲烷跨线绕行减少了冷用户，使得低压甲烷离开 EA-321X 时温度过低（22℃），比设计值（26. 7℃）低 4. 7℃，可见低压甲烷的冷量回收不充分。但是，由于局部冷箱堵塞，恢复原流程已没有可能。

作为回流的高压甲烷通过系统的冷回收和提供的－40℃、－75℃的冷剂冷却，在 EA-372 中应将高压甲烷冷到－70℃，实际上只冷到－64. 4℃。系统内－75℃冷剂尚有余量，而流出 EA-372 的高压甲烷却未冷到位，说明是 E-E372 能力不足。由于 EA-372 未将高压甲烷冷却到位，从而使 EA-326 负荷增大，提高了－101℃乙烯冷量的需求。调查获悉，厂方确认目前乙烯压缩机转速已达上限没有调节空间，一段负荷过大，吸入压力过高；二段尚有裕量，用户不足。即现状是－101℃冷量不足，－75℃冷量盈余，没有能力提供更多－101℃的冷剂量。因系统－101℃的冷剂量本来不足，难以维持，却要提供更多－101℃的冷量，将高压甲烷从－64. 4℃冷到－98℃更加难以实现。由此可见，如何使－101℃级的冷剂满足要求成为解决问题的关键。可是系统冷回收无济于事，乙烯制冷系统增加－101℃冷量又没有可能，必须另辟蹊径。

解决问题可以有多个途径和方法：其一，一步到位获得－101℃的冷剂补充供给装置；其二，寻找可将高压甲烷由－64. 4℃冷到某温度下（－88℃）的新冷源，减少对－101℃冷剂的需求。然后采用－101℃乙烯冷剂将高压甲烷从－88℃继续预冷到要求的温度（-98℃），使 DA-301 的回流达到设计要求。

甲烷压缩机 GB-302 出口冷却器 EA-329 排出压力低于设计值［$\Delta p = 39.53 - 38.5 = 1.03$（$kgf/cm^2$）］，说明高压甲烷通过水冷器 E-E329 的阻力增大，比设计值高 1.03kgf/cm^2。显然，壳程的阻力增加，对高压甲烷的冷凝及节流制冷不利。

由于节流膨胀所获得的温度降与压力差及节流的初温相关，增大压差或降低气体的初始温度，皆可增加节流效果。为此，系统阻力损失过大，降低了气体节流的压力，导致回流高压甲烷在进入 DA-301 之前的节流时压差减小，以及高压甲烷冷不到位使得初温升高，对节流膨胀制冷不利。这也是促使 DA-301 获得的冷量品位偏低、冷量不足的原因之一。

4. 改造方案的提出

1）提高制冷能力的途径选择

从以上分析可知，供冷不足的关键是 -101℃级别的冷量不足，其他级别的冷量可从提高系统的冷回收、调节冷公用工程系统的分配予以保障。为提出改造方案，首先要找到新的制冷途径，为系统提供高品位的冷量。现从系统制冷单元进行挖潜出发，提高系统的制冷能力。整个冷冻系统的冷量是由丙烯—乙烯—甲烷复迭制冷提供的，能力由各压缩机的轴功率提供。具体有裂解气压缩机（裂解气轻组分节流）、丙烯压缩机（制冷剂供冷）、乙烯压缩机（制冷剂供冷）和甲烷压缩机（甲烷节流），以下分别考查各压缩机的能力。

（1）裂解气压缩机、丙烯压缩机。

裂解气压缩机的主要目的是通过升压提高裂解气的露点，可在脱甲烷预冷过程中用较低品位的冷量使裂解气逐级冷却并部分冷凝，为脱甲烷塔提供进料。通过部分气体或液体节流膨胀，获得更低温位的冷量。由于装置扩能裂解气压缩机能力和五段出口压力已无调节余地，故不予考虑。丙烯制冷能力也因乙烯精馏塔等用冷量的增加而无余量。

（2）乙烯压缩机。

厂方已确认乙烯压缩机当前运行工况是：因一段负荷过大，吸入压力过高，二段尚有裕量，用户不足，目前乙烯压缩机转速已达上限没有调节空间。其状况是 -101℃级别的冷量不足，-75℃级别冷量盈余。由于乙烯压缩机转速已达上限，再不能提高一段进气的负荷，其压缩比为本机性能所定不易调节。为此，提高乙烯制冷系统供 -101℃冷量的能力没有可能。

（3）甲烷压缩机。

装置甲烷压缩机设两台，正常时一开一备。在一台压缩机运行时，制冷能力不够，是导致系统冷量不足的原因之一。故利用备用甲烷压缩机的潜力制冷，为系统提供高品位的冷量是比较适宜的。厂校双方讨论形成共识，方案可行。并提出初步方案，如图6－40所示。

2）改造方案流程的说明

现场原流程如图6－39所示，甲烷压缩机为往复式，无油润滑，采用石墨环密封，长期运行产生的石墨细粉易堵塞冷箱。装置因为冷箱的局部堵塞进行改造，采用了高压甲烷跨线流程，减少了换热面积，削弱了系统冷回收能力，以及供冷不足，导致高压甲烷未能冷到位（－70℃），实际冷到－64℃，从而增加了－101℃冷剂的需求，加剧高品位冷量的不足。

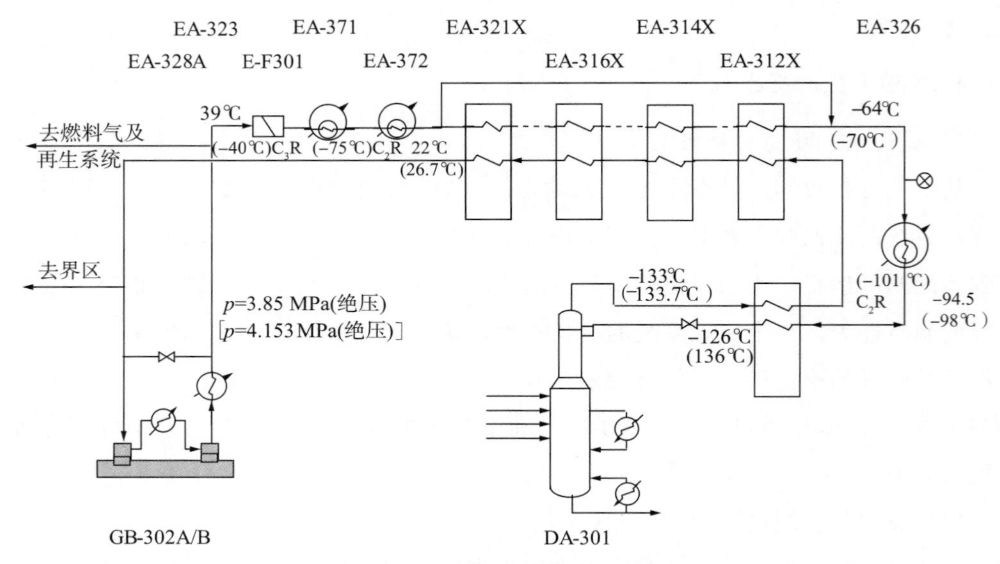

图6－39 脱甲烷冷冻系统原流程

（括号外为实际值，括号内为设计值）

改造方案如图6－40所示，将GB-302A/B两台投用负荷设定至75%，在原流程的EA-372之前增设冷箱EA-381X，在EA-372之后增设冷箱EA-382X。停用EA-371省去－40℃的丙烯冷剂。高压甲烷从GB-302A/B排出〈1〉经多次预冷，从EA-372排出的高压甲烷〈5〉冷至－70℃，并分流部分高压甲烷〈10〉经阀门V2节流至0.63MPa（绝压），温度降至－104.95℃。节流的甲烷〈11〉作为E-E382X的冷源，将高压甲烷〈6〉从－70℃冷至－82.8℃〈7〉，远超过原设计值（－70℃），减轻了EA-326的负荷，即减小了－101℃冷剂的需求。经节流膨胀制冷的高压甲烷在E-E382X内回收冷量后，温度升至－75℃〈12〉，再进入EA-381X进一步回收冷量，温度升至26.7℃〈18〉返回甲烷压缩机入口。

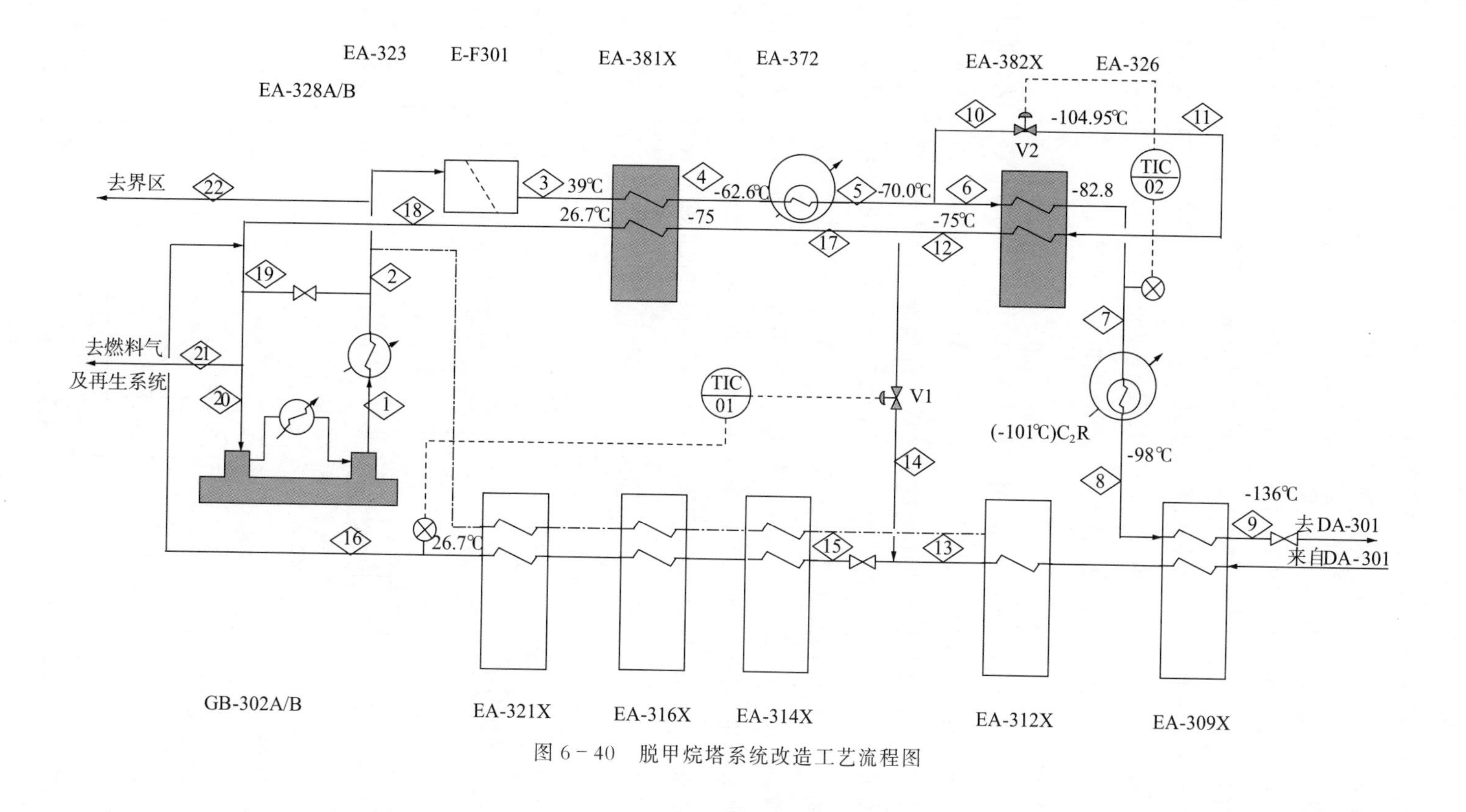

图6-40　脱甲烷塔系统改造工艺流程图

来自 DA-301 塔顶低压甲烷经 EA-309 及 EA-312X 冷箱回收冷量后，流股〈13〉分为两股：一股〈15〉按原流程不变，经冷箱 EA-314X、EA-316、EA-321X 进一步冷回收冷量，温度升至 26.7℃的甲烷〈16〉，返回甲烷压缩机入口；另一股〈14〉分出的流股与流出 EA-382X 的节流的高压甲烷〈12〉混合成〈17〉，一起进入 EA-381X 回收冷量，温度升至 26.7℃〈18〉返回甲烷压缩机入口。通过调节低压甲烷〈14〉的流量，控制流出 EA-321X 的低压甲烷〈16〉的温度（26.7℃），使系统冷量得到充分回收。通过高压甲烷〈11〉节流流量来控制流出 EA-382X 的回流高压甲烷〈7〉温度（－82.8℃）。－82.8℃回流高压甲烷经 EA-326 冷至－98.0℃〈8〉，再进入冷箱EA-309X冷至－136.0℃〈9〉。最后节流进入 DA-301 塔。具体的操作条件有待系统的严格模拟进一步确定。

3）DA-301 塔理论板数对分离影响

DA-301 塔顶带出乙烯含量超标，说明塔 DA-301 的分离能力不够，以上提出了增加回流量来提高分离能力、减少乙烯损失的方案。现考察塔理论板对分离的影响，在不改变回流量的条件下，通过增加塔的理论板数提高塔的分离能力，以减少装置乙烯的跑损。在一般精馏塔中当回流比大到一定程度之后，回流比对分离的影响将逐渐减少以至于影响甚微。故回流比大到一定程度，再继续增加已无意义。同样，在回流比一定的条件下，不断地提高理论板数，塔顶各板会不断地增浓，推动力不断减小。当推动力减小到一定程度时，再增加理论板数也将不起明显作用，这种情况下，只能采取增加回流比的措施。通过严格模拟可确认塔板数及回流量两个参数变化时，影响塔分离性能的敏感程度。

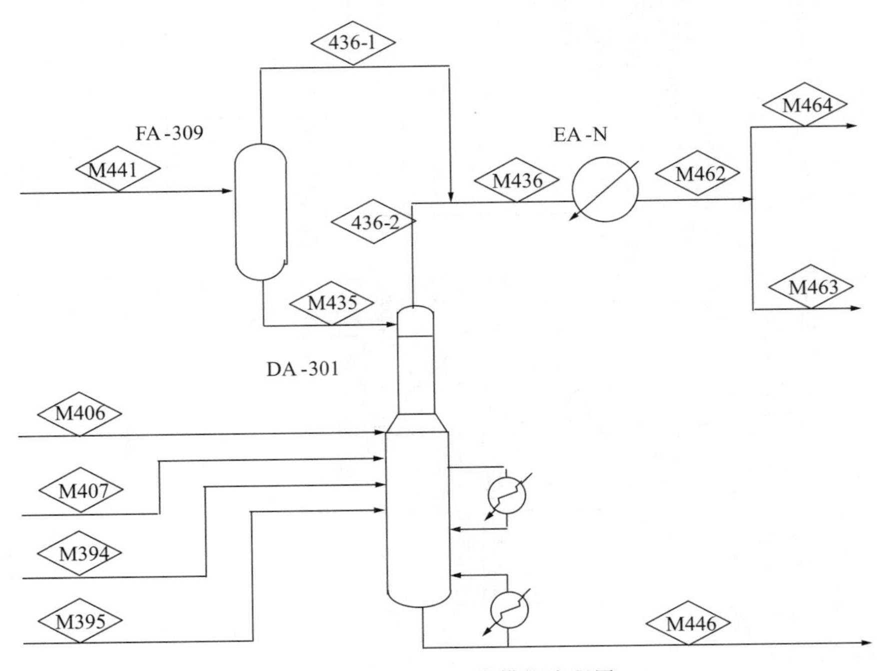

图 6－41　DA-301 塔模拟流程图

5. 脱甲烷塔 DA-301 设计工况模拟分析[2]

严格模拟为改造方案的论证或选择提供依据，改变操作回流比或改变塔的理论板数对 DA-301 分离能力的影响进行模拟和分析如下：

1）按设计工况 4 进行模拟（改变回流量）

工况 4 的生产能力为 14×10^4 t/a 乙烯，按现场数据塔顶回流量取 2121.3kg/h，塔顶排出气相带乙烯 3%（摩尔分数）。其他条件取工况 4 的条件进行模拟计算。所模拟结果物流见表 6－56。模拟流程如图 6－41 所示。

表 6－56　关键流股模拟结果数据（理论板数设计值 $N=36$）

物流号		M446	436-2	M435	M463	M436
温度（℃）		－53.9	－122.7	－140.0	26.7	－123.1
压力［kgf/cm^2（绝压）］		6.8	6.3	7.0	5.8	6.3
气相分率		0.000	1.00	0.009	1.000	1.000
摩尔流量（kmol/h）		1116.010	656.00	129.480	294.400	668.489
质量流量（kg/h）		35734.063	10409.435	2121.301	4634.256	10522.917
摩尔分数	H_2	0.041	0.005	0.049	0.049	
	CH_4	96×10^{-6}	0.926	0.960	0.918	0.918
	C_2H_4	0.626	0.030	0.032	0.030	0.030

当理论级 $N=36$ 时，改变回流量分别进行模拟计算，并将回流量对塔顶气相带乙烯的摩尔分数进行比较，见表 6－57。

表 6－57　回流量对塔顶乙烯损失的影响（$N=36$）

回流量（kg/h）	回流温度（℃）	塔顶乙烯含量［%（摩尔分数）］
3349.9	－140.3	0.2
3000.9	－140.3	0.5
2800.0	－140.2	0.7
2698.9	－140.2	1.0
2586.9	－140.2	1.3
2500.5	－140.1	1.6
2121.3	－140.0	3.0

2）按工况 4 条件增加理论板数

现按工况 4 的设计条件增加 10 块理论板，在适宜的进料位置条件下，适当改变回流比，对 DA-301 进行模拟计算，模拟结果见表 6－58 和表 6－59。

表 6－58 增加 10 块理论板（$N=46$），回流量为 2121.1kg/h（现场值）

物流号		M446	436－2	M435	M463	M436
温度（℃）		－53.9	－123.6	－140.0	26.7	－123.9
压力［kgf/cm²（绝压）］		6.8	6.3	7.0	5.8	6.3
气相分率		0.000	1.00	0.009	1.000	1.000
摩尔流量（kmol/h）		1117.360	654.90	129.730	293.05	667.468
质量流量（kg/h）		35772.02	10371.287	2121.112	4603.685	10485.623
摩尔分数	H_2	0	0.041	0.005	0.049	0.049
	CO	0.003	0.002	0.003	0.003	
	CH_4	92×10^{-6}	0.929	0.962	0.920	0.920
	C_2H_2	0.014	72×10^{-6}	78×10^{-6}	71×10^{-6}	71×10^{-6}
	C_2H_4	0.626	0.028	0.030	0.027	0.027
	C_2H_6	0.133	32×10^{-6}	34×10^{-6}	31×10^{-6}	31×10^{-6}

表 6－59 增加 10 块理论板（$N=46$）回流量取 3036.9kg/h

物流号		M446	436－2	M435	M463	M436
温度（℃）		－54.0	－133.6	－140.3	26.7	－133.9
压力［kgf/cm²（绝压）］		6.8	6.3	7.0	5.8	6.3
气相分率		0.000	1.00	0.009	1.000	1.000
摩尔流量（kmol/h）		1130.64	701.500	189.610	279.770	720.706
质量流量（kg/h）		36144.633	10914.479	3036.915	4305.430	11091.073
摩尔分数	H_2	0	0.039	0.006	0.051	0.051
	CH_4	83×10^{-6}	0.957	0.990	0.944	0.944
	C_2H_4	0.631	0.002	0.002	0.002	0.002

当理论级 $N=46$ 时，改变回流量分别进行模拟计算，并将模拟结果、回流量对塔顶气相带乙烯的摩尔分数进行比较，见表 6－60。

表 6－60 回流量大小对塔顶乙烯损失的影响（$N=46$）

序号	回流流量（kg/h）	回流温度（℃）	DA-301 塔顶乙烯含量［%（摩尔分数）］
1	3056.9	－140.3	0.2
2	2800.0	－140.2	0.8
3	2698.4	－140.2	1.0
4	2121.1	－140.0	2.7

由表 6－60 可见，增加理论板数，同时增加回流量措施，对减少塔顶乙烯的跑损量没有明显的优势，当回流量从 2698.4kg/h 增至 3036.9kg/h 时，塔顶的乙烯含量为

0.01～0.002，相差不明显。结合现场情况，不改塔内件，采用提高供冷量、增大回流方案要比增加塔板数的方案简单易行、安全可靠，保证了工期。因此，最终选择塔内件不变，提高回流量的方案。

6. 高压甲烷制冷方式的选择[10]

1）节流膨胀的初温和压差的选择

在气体的节流膨胀过程中，增加压力差或降低气体的初温皆可使节流效应增加，或获得冷量品位更高。在实际生产装置改造中，带压力的气体膨胀前的压力取决于上游的压缩机的特性和沿程的流动阻力，膨胀终态压力取决于下游单元设备的操作压力和流动阻力，为此，其膨胀压差不存在选择的问题。但在改造中尽可能减少系统的流动阻力，以提高节流膨胀的压差。而膨胀的初温需要设计者根据需要和可能来选定。需要什么品位的冷量，应根据用户要求确定所需冷量品位。由冷量品位及冷剂的性质、膨胀压差，推算节流时的初温。此外，还要根据现场条件，是否有合适的冷剂可将气体冷到所需的初温，需要进行综合考虑。如果用户冷却温度变化范围较宽，显然可采用不同品位的冷剂，为节流制冷初温的选择提供大空间。如果为预冷提供高品位冷剂的条件不具备，则只能选择提高初温、降低冷量品位要求，以满足用户部分需求。

如图 6－40 所示，高压甲烷经 EA-381X 预冷后，由 EA-372X 采用－75℃乙烯冷剂将其冷至－70℃。并且－75℃的乙烯冷剂尚有盈余，故将高压甲烷冷至－70℃的条件具备。根据后续单元设备的操作压力及流动阻力，膨胀至 0.63MPa（绝压）可保证系统正常运行。节流膨胀后温度降至－104.95℃，获得的冷量用于预冷回流的高压甲烷，提供冷量后，温度升至－75℃，如图 6－40 中 EA-382X 所示。当节流膨胀的终温确定后，通过调节气体流量来保证 EA-382X 具有合理传热温差。由于甲烷压缩机 GB-302 的负荷有较大的裕度，可满足系统的流量调节，因此此方案是可行的。

系统主要缺少－101℃级别的冷量，为此现以三种不同初温下的节流膨胀进行模拟比较，以确认适宜的方案。节流初温拟定－70℃、－98℃、－136℃三种条件分别节流至 0.63MPa（绝压），节流高压甲烷的初始压力为 4.028MPa（绝压），膨胀压差 Δp = 3.398MPa（绝压），流量 F = 10t/h，模拟结果见表 6－61 和表 6－62。

表 6－61　三种不同节流条件模拟结果比较（节流量为 10t/h）

方案	节流初温（℃）	节流终温（℃）	供冷后温度（℃）	节流获得冷量（10⁶kcal/h）		
				30～－70℃	－70～－98℃	－98～－136℃
1	－70	－103.55	－75	0.7076	—	—
2	－98	－134.23	－105.36	0.7076	0.7134	—
3	－136	－142.34	－133.70	0.7076	0.7134	0.5259

表 6-62　三种不同节流条件模拟结果比较（节流量为 10t/h）

方　案	节流初温（℃）	节流终温（℃）	节流获得冷量（10^6kcal/h）
1	-70	-103.55	0.1590
2	-98	-134.23	0.7091
3	-136	-142.34	1.0770

表 6-62 的模拟结果说明，对于同一介质，在膨胀压差相同的条件下，初温越低，获得的冷量越多，品位越高。初温越低，预冷需提供的冷量越多，节流获得的冷量越多，品位越高，符合能量守恒的原理。但是，本装置高品位 -101℃ 的冷剂不足，-75℃冷剂比较富裕，因此表 6-62 中所列 -98℃、-136℃的初温是难以实现的；-70℃的初温是可行的，在 -70℃节流可达到 -104.95℃，为 EA-382X 提供冷源。当按 GB-302A/B 100%负荷设计时，可将回流高压甲烷从 -70℃冷到 -87.7℃；当按 GB-302A/B 75%负荷设计时，可将回流高压甲烷从 -70℃冷到 -82.8℃；节流甲烷供冷后温度升至 -75℃（表 6-63、表 6-64）。

按 GB-302A/B 75%负荷设计，EA-382X 获得的冷负荷为 40.46kW（0.0348×10^6kcal/h），EA-326 原设计所需 -101℃ 的冷量负荷为 0.2471×10^6 kcal/h，改造后 EA-326的负荷减至 0.1828×10^6 kcal/h，使得 -101℃ 的冷量负荷相对设计需求降低 26.0%。可见，高压甲烷节流膨胀制冷满足改造的要求，且有一定的余量。选择 -70℃ 为节流初温，获得冷量的品位及负荷均满足用户预冷的需要，方案可行。

2）膨胀机制冷[11]

将高压甲烷的节流膨胀制冷改为膨胀机制冷。膨胀机制冷是一个做外功等熵过程，在膨胀机中完成制冷。膨胀机既有往复式的，也有叶轮式的，在理论上均为等熵过程，其膨胀为压缩的逆过程。膨胀过程与节流膨胀有较大的区别，在膨胀的压力差及初温相同的条件下，等熵膨胀即膨胀机制冷获得的温降 Δt_s 远大于等焓节流膨胀所得的温降 Δt_h。

在高压甲烷膨胀压差及流量相同的条件下，选择膨胀机制冷方案，膨胀机制冷可提供品位更高、负荷更大的冷量，结果见表 6-65。可使 DA-301 获得更高的分离能力，使塔顶乙烯损失降至更低。但是，由于构造复杂的膨胀机投入大、操作条件苛刻，如低温润滑，膨胀机内不允许气体液化，否则会造成很大困难，同时有可能发生操作不稳、效果不好等问题，成为装置的不确定因素。远不如节流阀节流制冷操作安全可靠、节省投资。为此，通常情况下不会选择膨胀机制冷这一方案。

3）高压甲烷制冷系统模拟

按以下三个方案进行高压甲烷制冷：

方案一：按 GB-302A/B 100%设计负荷运行，节流膨胀制冷。

方案二：按 GB-302A/B 75%设计负荷运行，节流膨胀制冷。

方案三：按 EGB-302A/B 75%设计负荷运行，采用膨胀机方式制冷。

模拟流程如图 6-40 所示，模拟结果见表 6-63 和表 6-64。模拟以为 DA-301 塔提供合格的低温甲烷回流为前提和系统的冷量平衡为条件，对系统高压甲烷的流量进行合理分割，即对系统进行热量及物料核算，确定回流及节流量。

表 6-63 GB-302A/B 100%设计负荷节流膨胀制冷模拟结果（方案一）

项目 \ 物流号	〈1〉	〈2〉	〈3〉	〈4〉	〈5〉	〈6〉	〈7〉
温度（℃）	100	39	39	-59.13	-70	-70	-87.80
压力［kgf/cm²（绝压）］	40.53	40.43	40.43	40.36	40.28	40.28	40.26
流量（kg/h）	6920.9	6920.9	6920.9	6920.9	6920.9	3350.0	3350.0
项目 \ 物流号	〈8〉	〈9〉	〈10〉	〈11〉	〈12〉	〈13〉	〈14〉
温度（℃）	-98.00	-136.00	-70.00	-104.95	-75.00	-75.00	-75.00
压力［kgf/cm²（绝压）］	39.94	39.87	40.28	6.30	6.28	6.20	6.20
流量（kg/h）	3350.0	3350.0	3570.8	3570.8	3570.8	11227.0	4292.5
项目 \ 物流号	〈15〉	〈16〉	〈17〉	〈18〉	〈19〉	〈20〉	〈21〉
温度（℃）	-75.00	26.70	-62.56	26.70	26.69	26.69	26.69
压力［kgf/cm²（绝压）］	6.20	6.07	40.36	6.14	6.07	6.07	6.07
流量（kg/h）	6934.5	6934.5	5190.8	6133.8	13068.1	5190.9	7877.2

表 6-64 GB-302 A/B 75%设计负荷节流膨胀制冷模拟结果（方案二）

项目 \ 物流号	〈1〉	〈2〉	〈3〉	〈4〉	〈5〉	〈6〉	〈7〉
温度（℃）	100.00	39.00	39.00	-62.57	-70.00	-70.00	-82.80
压力［kgf/cm²（绝压）］	40.53	40.43	40.43	40.36	40.28	40.28	40.28
流量（kg/h）	5190.9	5190.9	5190.9	5190.9	5191.1	3033.1	3033.1
项目 \ 物流号	〈8〉	〈9〉	〈10〉	〈11〉	〈12〉	〈13〉	〈14〉
温度（℃）	-98.00	-136.00	-70.0	-104.95	-75.00	-75.07	-75.07
压力［kgf/cm²（绝压）］	39.94	39.87	40.28	6.30	6.28	6.20	6.20
流量（kg/h）	3033.1	3033.1	2158.1	2158.1	2158.1	10910	3975.8
项目 \ 物流号	〈15〉	〈16〉	〈17〉	〈18〉	〈19〉	〈20〉	〈21〉
温度（℃）	-75.07	26.70	-75.07	26.70	26.69	26.69	26.69
压力［kgf/cm²（绝压）］	6.20	6.07	6.20	6.14	6.07	6.07	6.07
流量（kg/h）	6934.5	6934.5	6133.8	6133.8	13068.1	5190.9	7877.2

采用膨胀机制冷方式制冷模拟物流表从略。以上三个模拟方案，每个换热设备的热负荷见表6－65。

表6－65　三个模拟方案换热设备负荷的比较　　单位：10^6kcal/h

方案	EA-323	EA-381	EA-372	EA-382	EA-326	EA-309	备　注
方案一	0.2635	0.4349	0.0572	0.0575	0.1828	0.1737	GB302A/B 100％
方案二	0.1976	0.3394	0.0297	0.0348	0.1828	0.1598	GB302A/B 75％
方案三	0.1976	0.3394	0.0297	0.0533	0.1828	0.1707	GB-302A/B 75％；采用膨胀机

由以上模拟结果可见，在相同的初始条件下，相同的轴功，采用膨胀机制冷可比节流膨胀获得品位更高、负荷更大的冷量，表现为获得回流高压甲烷的温度低、流量大，显然对DA-301的分离有利，使塔顶乙烯跑损量进一步降低，由0.5％降至0.2％。但是，由于上述原因，一般情况下不会采纳膨胀机制冷。

实际上，用于节流制冷和回流高压甲烷流量的分配可由物料衡算和冷量平衡确定，根据前面模拟计算中，甲烷回流量对塔顶乙烯含量影响灵敏度分析可知，甲烷回流量取3000kg/h为宜，可使DA-301塔顶乙烯降至0.5％（摩尔分数），节流的初温为－70℃，节流后温度降至－104.95℃，预冷回流高压甲烷后温度升至－75℃，通过热衡算及物料衡算确定节流所需的高压甲烷量，如图6－40中EA-382X所示。设节流高压甲烷流量为F_H，对EA-382X换热器进行物料及热量衡算，则有：

$$F_H + F_R = F_{TOL} \tag{6-1}$$

$$F_H H_{HI} + F_R H_{RI} = F_H H_{HO} + F_R H_{RO} \tag{6-2}$$

$$F_H = F_R(H_{RI} - H_{RO})/(H_{HO} - H_{HI}) \tag{6-3}$$

式中　F_R——回流高压甲烷流量3000kg/h；

H_{RI}——回流高压甲烷进口焓，kJ/kg；

H_{RO}——回流高压甲烷出口焓，kJ/kg；

H_{HI}——节流高压甲烷进口焓，kJ/kg；

H_{HO}——节流高压甲烷出口焓，kJ/kg。

式（6－2）中各物流的组成及温度均已设定或已知，为此可计算各相关的焓值，并求得F_H，将F_H作为初值代入流程模拟中，进行迭代计算，使之逼近流程系统的解。

7. 改造方案模拟结果

根据以上调查研究分析以及严格模拟计算结果论证和比较，选择利用甲烷压缩机GB-302A/B的生产裕量，采取节流膨胀的方法制冷，补充系统－101℃级冷量不足。GB-302A/B在100％及75％的负荷下操作，均可满足系统冷量的需求，并具有一定的余量。

（1）GB-302A/B 及 DA-301 操作条件。

改造流程方案的操作条件，按 DA-301 设计工况 4、回流量取 3000kg/h，GB-302A/B 在 75%设计负荷运行，进行节流膨胀制冷。改造流程的操作条件见表 6－66，模拟流程如图 6－41 所示，脱甲烷塔模拟结果见表 6－67。

表 6－66　GB-302 及 DA-301 操作条件

序　号	位　号	名　称	操作条件
1	GB-302A/B	甲烷压缩机	75%设计负荷
2	DA-301	脱甲烷塔	操作压力为 6.3kgf/cm²，回流量为 3000kg/h

表 6－67　脱甲烷 DA-301（回流量 3000kg/h，理论板 N＝36）模拟结果

物流号		M446	436-2	M435	M463	M436
温度（℃）		－54.0	－132.3	－140.0	26.7	－132.6
压力[kgf/cm²（绝压）]		6.8	6.3	7.0	5.8	6.3
气相分率		0.000	1.00	0.009	1.000	1.000
摩尔流量（kmol/h）		1129.280	700.193	186.943	281.130	719.040
质量流量（kg/h）		36106.102	10917.000	3000.907	4336.000	11090.088
摩尔分数	H_2	0	0.039	0.006	0.051	0.051
	CO	0	0.003	0.002	0.003	0.003
	CH_4	111×10^{-6}	0.954	0.987	0.942	0.942
	C_2H_2	0.014	6×10^{-6}	7×10^{-6}	6×10^{-6}	6×10^{-6}
	C_2H_4	0.630	0.005	0.005	0.005	0.005

表 6－67 中回流（M435）量为 3000kg/h 时，塔顶气相乙烯（M436）含量为 0.5%，达到了改造的工艺要求。

（2）换热设备操作条件。

经严格模拟获得节流膨胀制冷系统换热器的操作参数，见表 6－68。

表 6－68　换热设备操作条件（GB-302A/B 75%负荷）

序　号	位　号	冷物流			热物流			热负荷（10^6kcal/h）
		T_{IN}（℃）	T_{OUT}（℃）	F（kg/h）	T_{IN}（℃）	T_{OUT}（℃）	F（kg/h）	
1	EA-381X	－75	26.7	6133.8	39	－62.6	5190.9	0.3394
2	EA-372	－75	－75	冷剂	－62.6	－70	5190.9	0.0279
3	EA-382X	－105.0	－75.0	2158.1	－70.0	－82.8	3033.1	0.0348
4	EA-326	－101.0	－101.0	冷剂	－82.5	－98.0	3033.1	0.1828

（3）V1 低压甲烷调节阀：阀前压力为 0.62MPa（绝压），阻力小于 0.005MPa。

（4）V2 高压甲烷节流阀：阀前压力为 3.982MPa（绝压），阀后压力为 0.63MPa。

（5）DA-301 塔塔顶回流量为 3000kg/h，塔顶气相含乙烯 0.5%。

8. 新增换热设备设计[8,9]

1）设计条件

为系统的冷量回收和向系统补充高品位的冷量，改造中增设了 EA-381X 及 EA-382X两个冷箱。通常专用设备由专业厂家设计制造，本冷箱由杭州制氧机厂承接设计制造，由大连理工大学提供冷箱操作参数（表 6－69 至表 6－71）。冷箱示意流程如图 6－42 所示。

表 6－69　EA-381X 操作参数（按 GB-302A/B 100%负荷设计）

介质名称	高压甲烷	低压甲烷
流量（kg/h）	6920.8	7863.3
操作温度（℃）	39.0/－59.13	－75.0/－26.7
操作压力（MPa）	40.43	0.614
阻力（MPa）	0.006	0.003

表 6－70　EA-382X 操作参数（按 GB-302A/B 100%负荷设计）

介质名称	高压甲烷	低压甲烷
流量（kg/h）	3350.0	3571.6
操作温度（℃）	－70/－87.7	－104.95/－75
操作压力（MPa）	40.28	0.63
阻力（MPa）	0.006	0.003

表 6－71　高压甲烷组成表

介质名称		高压甲烷	低压甲烷
摩尔分数	氢	0.05	0.05
	甲烷	0.945	0.945
	乙烯	0.005	0.005

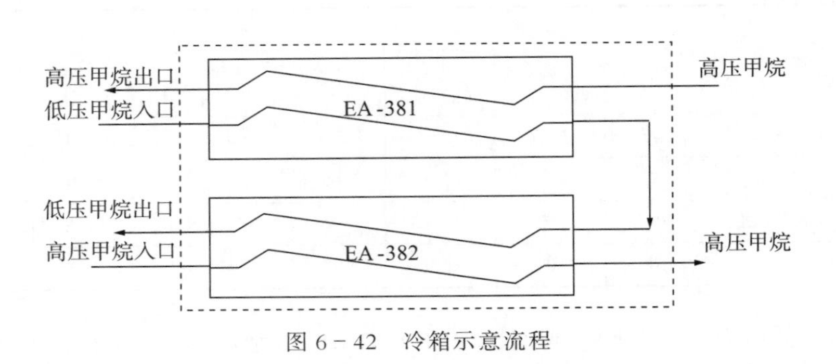

图 6－42　冷箱示意流程

2）设计结果（由杭州制氧机厂提供）

冷箱设计结果见表 6－72。

表 6－72　冷箱设计结果

位　号		EA-381X	EA-382X	备　注
外形尺寸（mm×mm×mm）		3500×600×518	1700×400×410	冷箱总阻力： 高压甲烷侧 1.64kPa， 低压甲烷侧 1.88kPa
质量（kg）		1500	480	
换热面积（m^2）	高压甲烷	279	62	
	低压甲烷	590	130	
流动阻力（kPa）	高压甲烷	6.76	1.64	
	低压甲烷	5.45	1.88	

9. DA-301 塔板水力学核算[1]

按 14×10^4t/a 乙烯生产负荷模拟结果提取基础数据，根据塔内气、液流量分布的情况，分段进行核算，核算结果见表 6－73，负荷性能如图 6－43 至图 6－46 所示。

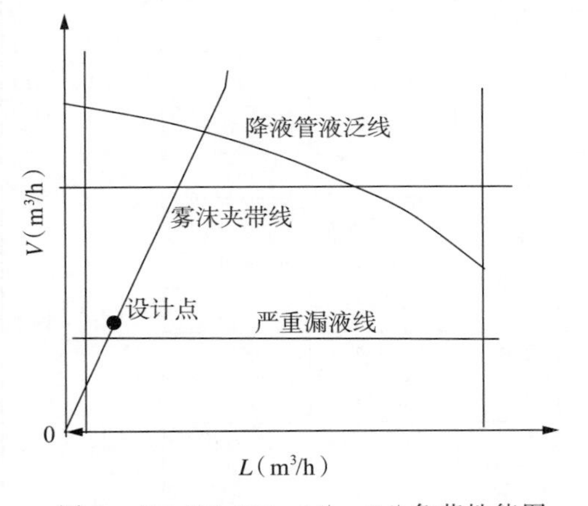

图 6－43　DA-301　1#—9#负荷性能图

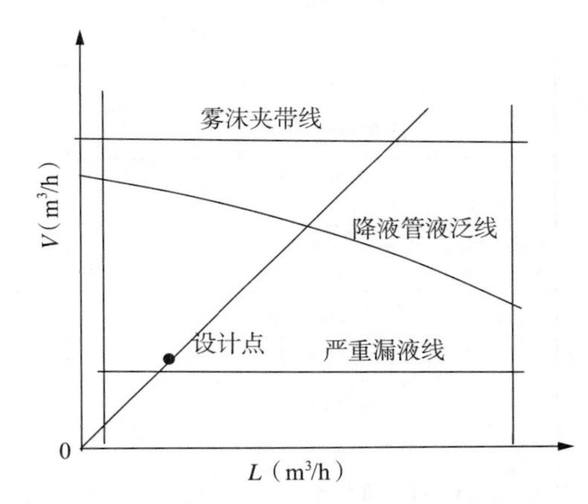

图 6－44　DA-301　10#—24# 负荷性能图

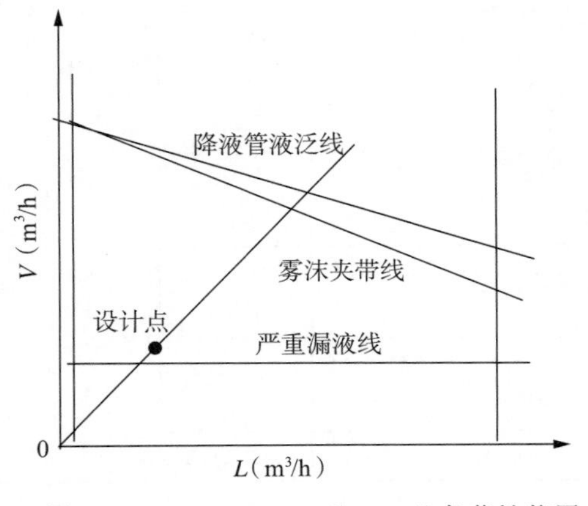

图 6－45　DA-301　25#—39#负荷性能图

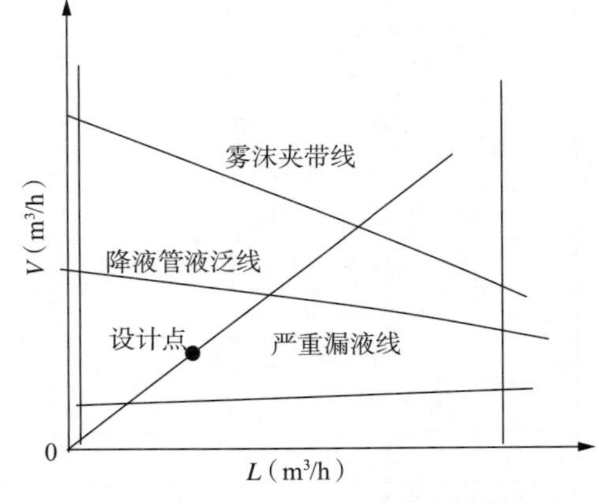

图 6－46　DA-301　40#—74#负荷性能图

表 6－73　DA-301 塔板水力学核算结果[1,4]

项目＼塔板区间	1#—9#	10#—24#	25#—39#	40#—74#	备　注
气相密度 ρ_V（kg/m^3）	8.398	8.122	9.111	11.453	各段塔板结构尺寸不同
液相密度 ρ_L（kg/m^3）	458.0	531.8	550.9	535.9	
气相体积流量 V_V（m^3/h）	1257.6	871.7	935.2	759.9	
液相体积流量 V_L（m^3/h）	5.84	8.865	46.127	64.58	
液相表面张力 σ（dyn/cm）	16.84	15.209	14.02	11.81	
塔内径 D（mm）	1300	1300	1600	1600	
板间距 H_T（mm）	550	470	470	500	
溢流形式	单流型	单流型	单流型	单流型	
降液管与塔截面之比 A_d/A_T	0.0596	0.0596	0.2201	0.2201	
出口堰堰长 l_w（mm）	812.5	812.5	1424	1424	
弓形降液管宽度 b_d（mm）	142.4	142.6	435.2	435.2	
出口堰高 h_w（mm）	65	65	19	19	
降液管底隙 h_b（mm）	20	20	125	125	
边缘区宽度 b_c（mm）	50	50	70	70	
安定区区宽度 b_s（mm）	40	40	43	43	
塔板厚度 b（mm）	3	3	3	3	
浮阀个数 N	146	100	110	57	各段塔板结构尺寸不同
浮阀直径 d_o（mm）	39	39	39	39	
开孔率（%）	17.53	12.01	14.47	7.5	
空塔气速 u（m/s）	0.28	0.194	0.166	0.135	
泛点率 F_1	0.341	0.228	0.323	0.335	
动能因子 F_o	5.801	5.777	5.967	10.491	
孔流气速 u_o（m/s）	2.003	2.027	1.977	3.100	
降液管流速 u_b（m/s）	0.021	0.031	0.029	0.041	
稳定系数 k	1.16	1.554	1.193	2.100	
溢流强度 U_u［m^3/（m·h）］	7.191	10.911	32.395	45.351	
堰上液层高 h_{ow}（mm）	11	14	29	37	
单塔板阻力 h_f（mm）	90	84	67	85	
降液管清液层高度 H_d（mm）	167	168	116	143	
降液管泡沫层高度 H_d/φ①（mm）	335	336	231	285	
降液管液体停留时间 Γ（s）	26.77	15.1	16.23	12.3	
底隙流速 u_d（m/s）	0.10	0.152	0.072	0.101	
气相负荷上限 V_{max}（m^3/h）	2962	2228	2334	1240	
气相负荷下限 V_{min}（m^3/h）	1115	759	795	383	
操作弹性	2.66	2.94	2.94	3.24	

①φ 为降液管中泡沫层相对密度。

从通过塔板水力学性能核算所得的负荷性能图可见，塔内每段塔盘的操作点均在适宜区域内，改造不会引起塔板上的异常流动，塔可正常运行。

10. 新增调节系统及管路变化说明

1）新增调节系统

为保证充分回收系统低温甲烷的冷量，为高压甲烷节流膨胀制冷补充足够的冷量，增加两个温度控制调节回路。

（1）温度控制：通过 V1 调节低压甲烷分支〈14〉的流量，控制低压甲烷返回GB-302甲烷压缩机入口的温度（26.7℃），以充分回收低压甲烷的冷量。

（2）通过 V2 调节高压甲烷〈11〉的节流量，以保证回流高压甲烷〈7〉流出 EA-382X 时的温度为－82.8（－87.7℃），保证回流高压甲烷冷到位。

2）新增管路说明

新增管路输送的介质多数温度较低，应注意管路材质的选择。管路多数存在两相流及节流过程，应考虑管内流动阻力变化对输送的影响，至于管长只能结合现场设备位置确定。

11. 经济效益估算

经过系统的改造，为系统补充了所需的高品位（－101℃）冷量，节省了部分－40℃的丙烯冷剂，降低了回流的温度，提高了高压甲烷的回流量，满足了 DA-301 回流的要求，使 DA-301 塔顶气相中乙烯的含量降至 0.5%以下，大幅度减少了乙烯的跑损量，其具体获得效果如下：

（1）增设 EA-381X 冷回收换热器，可停开 EA-371 冷凝器节省－40℃的丙烯负荷：17×10^4kcal（197.7kW）。

（2）利用 GB-302A/B 生产负荷的余量，采用高压甲烷节流制冷，增设 EA-382X 向系统补充冷量，分担了 EA-326 冷却器的部分负荷，减少了－101℃级别冷剂的需求，减少冷负荷为：5.6×10^4kcal（65.1kW），将缓解 GB-601 的压力，使 GB-601 一段吸入压力恢复原设计值。保证回流高压甲烷温度冷却达标，使 DA-301 恢复正常回流。

（3）改造前后 DA-301 脱甲烷系统乙烯的损失见表 6－74。改造后塔顶气相乙烯含量不超过 0.5%。

表 6－74 DA-301 脱甲烷系统乙烯损失量

序号	物流号	物流名称	流量(kmol/h)	现场值		改造后计算值	
				乙烯组成(摩尔分数)	乙烯损失流量(kmol/h)	乙烯组成(摩尔分数)	乙烯损失流量(kmol/h)
1	402	FA-306 排出气体	390.94（现场值为 452）	0.0038	1.718	0.0013	0.5081

续表

序号	物流号	物流名称	流量(kmol/h)	现场值		改造后计算值	
				乙烯组成(摩尔分数)	乙烯损失流量(kmol/h)	乙烯组成(摩尔分数)	乙烯损失流量(kmol/h)
2	463	去燃料气和再生系统	279.8	0.0316	8.842	0.005	1.399
3	468	高压甲烷到界区	231.72	0.0316	7.322	0.005	1.1586
合计					17.882①		3.066②

①折合质量流量为500.7kg/h。
②折合质量流量为85.8kg/h。

由表6-74的数据可得，乙烯损失量减少414.9 kg/h；年乙烯损失量减少3319200kg/h，即3319.2t/a。

厂方在改造完成后，经过一段时间的连续运行，于1988年8月最热月进行考核，与改造前的同年4—5月生产状况进行比较，乙烯损失平均减少量为0.33t/h，推算全年乙烯损失最低减少：

$$0.33\text{t/h} \times 8000\text{h} = 2640\text{t}$$

按乙烯最新成本价3900元/t计，每年可得效益：

$$3900\text{元/t} \times 2640\text{t} = 1029.6\text{万元}$$

本项目工程结束后，经专业人员统计，本工程总造价为125万元，投资费用当年可以回收（数据厂方提供）。

装置改造顺利开车，成功投入运行得到公司的认可。在装置大修投产开车时，改造部分能够按计划投用，效果良好，基本达到了设计指标。在乙烯装置不增员的情况下，经过改造获得显著的经济效益，改造获得圆满成功。

参考文献

[1] 大连理工大学化工原理教研室.化工原理课程设计[M].大连：大连理工大学出版社，1994.

[2] 姚平经.化工过程系统工程[M].大连：大连理工大学出版社，1992.

[3] 王松汉.石油化工设计手册[M].第4卷.北京：化学工业出版社，2002.

[4]《化学工程手册》编写委员会.化学工程手册[M].第3篇.北京：化学工业出版社，1986.

[5] 兰州石油机械研究所.现代塔器技术[M].北京：烃加工出版社，1990.

[6] 石化部第六设计院.大孔径筛板塔的设计[J].化学工程，1976(6)：63-74.

[7] 于鸿寿.大孔径筛板塔的流体力学计算[J].化学工程,1973(5):49-58.
[8] 尾花英郎.热交换器设计手册(上)[M].徐忠权译.北京:石油工业出版社,1982.
[9] 时钧,汪家鼎,余国宗,等.化学工程手册[M].2 版.北京:化学工业出版社,1996.
[10] Chopey N P.化学工程计算手册[M].中译本.大连:大连理工大学出版社,1996.
[11] 朱自强等.化工热力学[M].北京:化学工业出版社,1987.

第七章　节能优化效果评价

乙烯装置作为石油化工系统的龙头单元，其能耗指标的高低往往被看作是衡量一个国家石油化工发展水平的重要标志。通过节能改造，采取技术上可行、经济上合理、有利于环境、社会可接受的措施，提高现有乙烯装置的能源效率和能源利用的经济效果，以最少的能源消耗和最低的支出成本，生产出更多高品质的产品是每一家乙烯企业都努力追求的目标。因此，如何对企业拟开展的乙烯节能项目进行评价审核，分析其经济、节能、环境等方面的效益，对推动我国乙烯节能工作具有十分重要的意义。

第一节　世界乙烯装置能源消耗指标分析

乙烯装置的生产是一个连续、多工序、多层次的加工过程，每个单元或每台设备的用能均涉及其他相关系统的能量分配利用；同时，在乙烯工厂中，乙烯装置既是用能重心，也是用能管网的中心，在蒸汽、燃料、脱盐水等的平衡中往往处于枢纽位置，在能源的优化利用和节能中十分重要；乙烯装置在炼化结合一体化方面，在原料、公用工程优化上，互惠互利，潜力很大。如果忽略其他相关环节，仅仅简单地根据某一个具体的优化指标去判断装置的整体节能效果，最终可能造成无法对拟开展的节能项目实现客观准确的评价。因此，为了避免在评价过程中因片面而产生的不当评价结果，需要从多个方面系统而全面地对该项目的节能效果和经济性进行分析考察。

乙烯装置能量的利用效率通常有两种表征方式：一种是单位高价值产品（HVC）所消耗的能量（英制单位为 Btu/lb，国际单位制单位为 J/kg）；另一种是能源效率系数 EEI［EEI＝装置的能耗量（实测）÷同类装置的最低能耗量×100］。单位产品能耗为装置生产各种产品的能耗提供了一个标准，而 EEI 引入了一个反映严格的热裂解能量消耗模型的技术参数，可以反映出带有现代裂解炉和与之相匹配的分离系统的烯烃装置。

表 7－1 汇总了世界不同地区的乙烯单位产品能耗与 EEI 数据。表中数据显示，亚洲的乙烯装置为行业内能源利用的领跑者，跟随其后的是欧洲和拉丁美洲的装置。北美和中东的装置在能耗方面仍然处于落后地位。

表 7-1　世界各地区单位乙烯能源消耗

地　区	单位产品能耗（Btu/lb）	单位产品能耗（kJ/kg）	单位产品能耗（GJ/t）	EEI
北美	7878	18323	18.323	153
欧洲	6820	15862	15.862	138
亚洲	5992	13937	13.937	120
拉丁美洲	7310	17002	17.002	144
中东/非洲	7905	18386	18.386	150
全球	7041	16377	16.377	139

第二节　世界乙烯装置运行水平分级

世界乙烯装置单位产品消耗水平分类见表 7-2。其中，装置最好水平 EEI 为 112，相比 PYPS（Pyrolysis Yield Prediction System from Lummus）模型计算的能量消耗基准约高 12%。

表 7-2　EEI 与单位产品能耗的分级

分　级	单位产品能耗（Btu/lb）	单位产品能耗（kJ/kg）	单位产品能耗（GJ/t）	EEI
第一级	5495	12781	12.781	112
第二级	6683	15544	15.544	133
第三级	7555	17572	17.572	149
第四级	9336	21714	21.714	177

EEI 数据第一等级的装置涵盖了基本所有区域的装置，包括所有产能、所有技术类别（除最老的以外）、所有原料类型（除乙烷、丙烷以外）的装置。这类装置普遍展现了最高的产能利用率、最低的维修费用、最好的装置稳定性和维修有效率，以及最低的能耗费用和现金运营费用。相比较于低运行水平的装置，第一等级的装置还在裂解产品价值方面与理论模型的基准最为接近（如 PYPS 模型中的技术发展水平数据）。

第三节　我国乙烯装置能源消耗指标分析

随着我国乙烯装置规模的提高以及各石化企业在原料优化、工艺优化、优化蒸汽平衡、加强设备维护与检修、减少非计划停车等方面采取多项措施，我国的乙烯装置能源消耗有了大幅度的降低。

从表 7-3 可以看出，我国乙烯行业从整体技术水平来看，能耗趋于下降。2007 年我国乙烯装置平均能耗为 720kg（EO）/t，2008 年下降到了 697kg（EO）/t，2009 年下降到了664kg（EO）/t。参考表7-2可以发现，我国乙烯行业整体技术水平约处于世界第三级，并接近第二级650kg（EO）/t水平。

表7-3　2007—2009年我国乙烯平均能耗行业水平情况

时　间	2007年	2008年	2009年
平均能耗［kg（EO）/t］	720	697	664
平均能耗（GJ/t）	17.21	16.66	15.87

当然，不可否认，我国的乙烯装置能耗水平与国外先进水平相比仍有较大差距。国外乙烯能耗一般为500～550kg（EO）/t，先进水平为440kg（EO）/t。即使考虑到计算方法上的差别，与国外先进水平相比，我国乙烯工业能耗差距也是非常明显的，节能潜力也是相当巨大的。如以2010年我国乙烯产量达到1300×10^4t、乙烯综合能耗能降到630kg（EO）/t测算，则与2006年相比可节能约61×10^4t标准油，减排二氧化碳210×10^4t以上。

第四节　乙烯节能技措项目优化效果评价的方法和指标

一、乙烯节能技措项目的划分

以节能降耗（含节水）为目的，对现有乙烯装置的生产工艺和设备进行技术改造的项目称为乙烯节能技措项目，乙烯节能技措项目可分为以下几种类型：

（1）增收型节能技措项目：能直接带来产出，以增加高附加值产品（“三烯”或特定副产品）收入为主实现节能的技措项目。

（2）节支型节能技措项目：使装置能耗降低、成本减少、效益增加的乙烯节能技措项目。

（3）一次性节能技措项目：通过采用各种添加剂，改善工艺、降黏减阻、提高燃烧效率和传热效率，以减少生产过程中的能源消耗，投入少、见效快，是“短、平、快”项目，是一次性的乙烯节支型技措项目。

二、乙烯节能技措项目优化效果评价的原则

乙烯节能技措项目优化效果评价的原则有：

（1）以经济效益为主，进行“有无对比”分析和多方案比选。

（2）以价值量分析为主，兼顾实物量指标。

（3）以增量分析为主，兼顾总量指标。

（4）以项目财务分析为主，综合考虑项目的社会效益，对社会效益进行定量或定性分析。

（5）动态分析与静态分析相结合，由分厂、车间组织实施的小型节能技措项目可以静态评价指标为主。

（6）费用与效益计算口径相一致。

三、乙烯节能技措项目优化效果评价的步骤

1. 乙烯节能技措项目财务分析

（1）计算节能项目的投入：

①估算节能项目的投资。

②估算节能项目的成本费用。

（2）估算节能项目的产出；估算项目的收入或项目的节约额。

（3）计算评价指标。

①增收型项目计算的指标有增量投资内部收益率、增量投资净现值和增量投资回收期。

②节支型项目计算的指标有固定资产平均年成本、年成本节约额（包括乙烯单位能耗降低、能源利用效率提高，也可折合为单位投资的能耗降低和能源效率提高率作为衡量标准）和投资回收期等指标。

③一次性节能技措项目计算的指标有成本节约额和年增净收益。

（4）对于建成投产年限很长的乙烯装置，需更换设施投资已回收，可不考虑是否需要进行技措的比选，直接进行技措后效益的计算；对投资还没有回收完的乙烯装置设施进行技措时，应通过计算固定资产年平均成本来确定是否需要技措的比选，然后再进行技措效益的计算。

（5）应根据计算结果判断乙烯节能项目的经济可行性。

（6）增收型乙烯节能项目应进行不确定性分析，包括盈亏平衡分析和敏感性分析；节支型乙烯节能项目应进行简要的敏感性分析。

2. 乙烯节能技措项目间接效益的分析

在乙烯节能技措项目财务分析的基础上，对社会效益显著的项目宜进行间接效益分析：

（1）项目对优化能源结构的积极作用，如以气代油，降低原油消耗等，可分析、计算替代能源产生的效益。

（2）项目对环境保护的作用，如减少二氧化碳和二氧化硫等大气污染物排放量，使

之达到环保标准。

3. 乙烯节能技措项目实物量指标计算

为考核乙烯节能技措项目实施效果，应计算一些实物量指标作为辅助性指标。

四、乙烯节能技措项目费用和效益的计算

1. 乙烯节能技措增收型项目费用和效益的计算

1）乙烯节能技措增收型项目费用

（1）总投资：乙烯节能技措项目总投资由建设投资、建设期利息和流动资金组成。

①建设投资：项目投资估算采用增量法计算建设投资，即直接计算为实施技术改造所需投入的所有费用，包括工程费用、工程建设其他费用和预备费用。工程费用包括设备购置费、安装工程费和建筑工程费；工程建设其他费用主要有建设管理费、勘察设计费、专利及专有技术使用费、联合试运转费、研究试验费等，这些可根据项目实际情况计取；预备费用包括基本预备费和价差预备费。

②流动资金：乙烯节能技措项目流动资金估算只计算新增部分的流动资金，流动资金估算宜采用扩大指标法。

③建设期利息：根据节能技措项目资金来源渠道和规定的利率计算建设期利息。

（2）总成本费用：总成本费用包括生产成本、管理费用、营业费用和财务费用。

生产成本是指乙烯装置在生产过程中实际消耗的直接材料费、直接燃料动力费、直接人员费用、其他直接支出和制造费用。生产成本按成本要素分解为外购原材料费、外购辅助材料费、外购燃料费、外购动力费、人员费用、折旧费、修理费和其他制造费。

管理费用是指公司一级管理部门为管理和组织生产经营活动所发生的各项费用，在项目中应按合理比例进行分摊。

营业费用是指公司在销售商品过程中发生的各项费用以及专设销售机构的各项经费，在技措项目中可忽略不计。

财务费用是指长期和短期贷款在生产期应支付的利息。

（3）经营成本费用属经常性支出，何时发生就何时计入，不作分摊，从总成本和费用中扣除折旧、摊销费和利息支出。经营成本计算采用不含增值税的价格。

（4）固定成本和可变成本：固定成本包括人员费用、折旧费、修理费、其他管理费用和利息支出等。可变成本包括外购原材料费、外购辅助材料费、外购燃料费、外购动力费等。

2）乙烯节能增收型项目效益

（1）增量营业收入。增量营业收入的计算公式为：

$$R = Qrp \tag{7-1}$$

式中　R——增量营业收入；

Q——增量产量；

r——商品率，%；

p——产品价格。

增量产量是指乙烯节能技措项目直接增加的产品量。这种增加量应按相关标准测试和计算，当增量产量为多种产品时，可分别计算和测算，也可按当量法换算。当增量产量还需进行再加工时，其计算公式为：

$$R = Q_J S_r rp \tag{7-2}$$

式中　Q_J——加工量；

S_r——产品收率，%。

营业收入计算采用不含增值税的价格。评价中价格一般取商品的实际出厂价。

如果增量产品为企业"自用"，其价格可按企业内部价格计算；如果增量产品对外销售，其价格可按市场价格计算。

(2) 营业税金及附加。营业税金及附加包括城市建设维护税、教育费附加和资源税。

(3) 利润总额。利润总额的计算公式为：

$$L = R - C - S_J \tag{7-3}$$

式中　L——利润总额；

C——总成本费用；

S_J——营业税金及附加。

(4) 所得税。所得税为应纳税所得额乘以所得税率。

一般有税收优惠的项目，根据《中华人民共和国企业所得税法》第二十七条规定，从事符合条件的环境保护、节能节水项目的所得可以免征、减征企业所得税。企业购置用于环境保护、节能节水、安全生产等专用设备的投资额，可以按一定比例实行税额抵免。

五、乙烯节能技措节支型项目费用和效益的计算

1. 乙烯节能技措节支型项目费用

1) 乙烯节能技措节支型项目总投资

乙烯节能技措节支型项目总投资是指设备更换、采用新材料等投资。其估算应按增收型项目的规定执行。根据节能技措项目资金来源渠道和规定的利率计算建设期利息。流动资金可以忽略不计。

2) 项目运行成本

应计算与乙烯节能技措项目相关的运行成本，包括直接燃料费、直接动力费、折旧

费、修理费和直接人员费用。

2. 乙烯节能技措节支型项目效益

节支型项目效益应依据节能量计算其节约额，节能量测试与计算应符合相关标准规定。

六、乙烯节能一次性技措项目费用和效益的计算

1. 乙烯节能一次性技措项目费用

一次性技措项目费用为购买添加剂的支出及增加辅助材料的费用。有需要购置少量加药设备的项目，为简化计算，可将增加的设备折旧费计入成本。

2. 乙烯节能一次性技措项目效益

乙烯节能一次性技措项目效益年成本节约额为实施项目能耗降低费用与实施项目增加费用之差，两者之差为正数，说明项目是有效益的。如果该一次性技措同时还能增加收入，在效益计算中应加上这部分收入。

第五节　乙烯节能技措项目经济效益评价指标计算

一、乙烯节能技措项目价值量指标

1. 乙烯装置增收型节能项目指标

1）财务内部收益率

财务内部收益率是指能使项目计算期内净现金流量现值累计等于零时的折现率，其表达式为：

$$\sum_{i=1}^{n}(CI-CO)_i\ (1+FIRR)^{-i}=0 \tag{7-4}$$

式中　FIRR——财务内部收益率，%；

CI——现金流入量；

CO——现金流出量；

$(CI-CO)_i$——第 i 年的净现金流量；

n——项目计算期，a。

在项目建设期，建设投资属现金流出；正常生产期内主要的现金流入是营业收入，主要的现金流出是经营成本、流动资金、营业税金及附加和所得税；到项目计算期的最后一年，应回收固定资产余值和流动资金作为现金流入。

一般来说，如果乙烯节能技措项目财务内部收益率不小于基准收益率或设定的折现率，则项目在经济上是可行的。

2）财务净现值

财务净现值是指按设定的折现率，将乙烯节能技措项目计算期内各年净现金流量折现到建设期的期初现值之和。它是考察项目在计算期内盈利能力的动态评价指标，其表达式为：

$$\mathrm{FNPV}=\sum_{i=1}^{n}(\mathrm{CI}-\mathrm{CO})_{i}\ (1+i_{\mathrm{c}})^{-i} \tag{7-5}$$

式中　FNPV——财务净现值；

i_{c}——基准收益率，%。

财务净现值可根据现金流量表计算求得。财务净现值大于或等于零的项目是可以考虑接受的。

3）投资回收期

投资回收期是指以乙烯节能技措项目的净收益抵偿全部投资（建设投资、流动资金）所需要的时间，它是考察节能项目在财务上的投资回收能力的主要指标。投资回收期（用年表示）一般从建设年开始算起，如果从投产年算起，应予注明，其表达式为：

$$\sum_{i=1}^{P_{\mathrm{i}}}(\mathrm{CI}-\mathrm{CO})_{i}=0 \tag{7-6}$$

式中　P_{i}——投资回收期，a。

投资回收期计算公式为：

$$P_{\mathrm{i}}=T-1+\frac{\mathrm{NCF}_{i-1}}{\mathrm{CF}_{i}} \tag{7-7}$$

式中　T——累计净现金流量开始出现正值年份数；

NCF_{i-1}——上年累计净现金流量的绝对值；

CF_{i}——当年净现金流量。

乙烯节能技措项目投资回收期应小于项目的经济寿命期，对于设备的更换，应考虑主体设备已运行时间。

2. 乙烯装置节能技措节支型项目评价指标

1）固定资产平均年成本

该项目成本是指资产引起的现金流出的年平均值，其计算公式如下：

（1）静态固定资产平均年成本为：

$$C_{\mathrm{aj}}=\frac{I-S_{\mathrm{v}}}{n}+C_{\mathrm{y}} \tag{7-8}$$

式中　C_{aj}——静态固定资产平均年成本；

I——建设投资；

S_v——固定资产余值；

C_y——年运行成本；

n——固定资产使用年限。

（2）动态固定资产平均年成本为：

$$C_{ad} = \frac{I + C\ (P/A,\ i,\ n)\ - S_v(P/F,\ i,\ n)}{(P/A,\ i,\ n)} \tag{7-9}$$

式中 C_{ad}——动态固定资产平均年成本；

$(P/A,\ i,\ n)$——年金现值系数，i 为折现率，n 为年数；

$(P/F,\ i,\ n)$——复利现值系数，i 为折现率，n 为年数。

当比较是否需要采取拟选择的乙烯节能技措项目时，如果实施项目的固定资产平均年成本低于不进行技措项目的固定资产平均年成本，则说明采取节能技措项目可行；反之，不可行。当用于多方案比选时，应选用固定资产平均年成本最小的方案。

2）年成本节约额

如果是通过计算固定资产平均年成本来评价是否需要固定资产更新决策的项目，其年成本节约额的计算公式为；

$$\Delta C = C_{Ha} - C_{Qa} \tag{7-10}$$

式中 ΔC——年成本节约额；

C_{Ha}——实施技措项目的固定资产年平均成本；

C_{Qa}——未实施技措项目的固定资产年平均成本。

年成本节约额为负值时，说明采取技措项目可行；反之，不可行。

如果旧设备的投资已回收完毕，则无须进行是否需要采取技措项目比较的项目，其年成本节约额的计算公式为：

$$\Delta C = C_H - C_Q \tag{7-11}$$

式中 C_H——“有项目”年成本；

C_Q——“无项目”年成本。

3）投资回收期

采取年节约成本作为项目的“受益”来计算静态投费回收期，其计算公式为：

$$P_i = \frac{I}{\Delta C_y - \Delta C_i} \tag{7-12}$$

$$\Delta C_i = \frac{I - S_v}{n} \tag{7-13}$$

式中 ΔC_i——年新增折旧额。

4）单位节能成本

单位节能成本是指项目实施带来的单位节约能源量所需要花费的成本。其计算公式如下：

$$C_{Da}=\frac{C_a}{E} \tag{7-14}$$

式中　C_{Da}——单位节能成本；

E——年节约能源量。

3. 乙烯装置一次性技措项目评价指标

1）年成本节约额

年成本节约额是指乙烯装置节能技措实施后成本额与节能技措实施前成本额的差值。该指标采用局部比较的分析方法进行计算，即用耗能较少带来的成本节约额，减去购买添加剂增加的投入及购买设备的折旧费，其计算公式如下：

$$\Delta C=\Delta C_n-C_i \tag{7-15}$$

式中　ΔC_n——“有项目”节能措施后带来的能源消耗费用降低额，用项目实施前“无项目”的能耗费用减去实施后“有项目”的能耗费用；

C_i——实施添加剂项目增加的费用，包括购买添加剂增加的年费用和购买设备增加的折旧费。

购买添加剂增加的年费用是指用项目实施后“有项目”的添加剂年费用减去实施前“无项目”的购买添加剂年费用。

购买设备增加的折旧费是用设备购置费除以折旧年限。

2）年增加净收益

年增加净收益主要用于能同时带来降低能耗和提高产品受益的一次性乙烯节能技措实施项目。乙烯节能一次性技措的净收益等于一次性技措能耗减少带来的成本节约额加上新增营业收入减去实施项目增加的投入，其计算公式如下：

$$\mathrm{NR}=(\Delta C_n+R-C_i)=(\Delta C+R) \tag{7-16}$$

式中　NR——年增加净收益。

二、乙烯装置节能技措项目实物量指标及计算

1. 以能量单耗降低计算节能量

以能量单耗降低计算节能量的计算公式为：

$$\mathrm{E}=Q_h(D_q-D_h) \tag{7-17}$$

式中　D_q——技措前单耗；

D_h——技措后单耗；

Q_h——技措后的年产量（工作量）。

2. 以能量利用效率提高计算节能量

以能量利用效率提高计算节能量的计算公式为：

$$E = L_h\left(\frac{\eta'}{\eta} - 1\right) \tag{7-18}$$

式中 L_h——技措后耗能量；

η'——技措后效率，%；

η——技措前效率，%。

3. 以节能率计算节能量

以节能率计算节能量的计算公式为：

$$E = \frac{L_h S_L}{1 - S_L} \tag{7-19}$$

式中 S_L——节能率，%；

L_h——技措后耗能量。

第六节 项目不确定性分析[1]

一、盈亏平衡分析

盈亏平衡分析是通过确定乙烯装置节能技措项目的产量盈亏平衡点，分析、预测产品产量（或生产能力利用率）对项目盈亏的影响。根据生产年份增加的产品产量或销售量、可变成本、固定成本、产品价格和营业税金及附加等数据计算，用生产能力利用率或产量来表示项目的抗风险能力。

（1）采用生产能力利用率表示，可按下式计算：

$$\mathrm{BEP_S} = \frac{C_g}{R - C_v - S_J} \times 100 \tag{7-20}$$

式中 $\mathrm{BEP_S}$——用生产能力利用率表示的盈亏平衡点，%；

C_g——年固定成本；

C_v——年可变成本；

S_J——营业税金及附加。

生产能力利用率越低，项目的抗风险能力越强。

（2）用产量表示，可按下式计算：

$$BEP_B = \frac{C_g}{P - DC_v - DS_J} \tag{7-21}$$

式中 BEP_B——用产量表示的盈亏平衡点；

P——单位产品价格；

DC_v——单位产品可变成本；

DS_J——单位产品营业税金及附加。

二、敏感性分析

（1）敏感性分析是通过乙烯装置节能技措项目的主要不确定因素发生变化时对经济评价指标的影响，从中找出敏感因素，并确定其影响程度。

（2）在乙烯装置节能技措项目计算期内，可能发生变化的主要因素有建设投资、产品产量、产品价格、成本费用或主要原材料与动力价格、建设工期等。敏感性分析通常宜分析这些因素单独变化或多因素变化时对乙烯节能项目内部收益率的影响，必要时也应分析对其他经济评价指标的影响。

（3）乙烯装置节能技措项目对某种因素的敏感程度可以表示为该因素按一定比例变化时（通常在±20%范围变化，如±10%）引起评价指标变动的幅度，也可以表示为评价指标达到临界点时允许某个或几个不确定因素变化的最大幅度及极限变化。超过极限，则项目在经济上不可行。

（4）乙烯装置节能技措节支型项目敏感性分析主要是分析价格、生产能力对成本节约额的影响。

第七节 乙烯装置节能项目评价指标和方法的选择

乙烯装置节能项目的评价可以按照经济性和节能减排特点考虑，相关的关键评价指标有投资回收期、财务内部收益率、经济净现值等，其他指标可根据需要选用。如果节能项目投资数额较小，可由企业自筹资金，尤其对于不改变主要设备、主要工艺的简单节能技术改造项目，可只进行财务评价；如果节能项目投资数额较大，对社会、行业会有一定影响的，应根据相关主管部门的要求，开展项目国民经济评价。另外，当乙烯节能项目寿命期较短（5年内），或投资额较小（小于500万元）时，一般静态和动态投资回收期的计算结果接近，为简化起见，计算静态投资回收期即可。而在需要国民经济评价的项目中，项目的取舍主要取决于国民经济评价的结果，并应在保证对国民经济有利的前提下，兼顾企业经济效益。经济净现值小于0的项目不可取，一票否决；经济净现值大于或等于0的项目可取，值大者较优。在只有财务评价的项目中，财务内部收益率小于部门或行业的基准收益率时，项目不可取，一票否决；财务内部收益率大于或等于基准收益率时项目可取，值大者较优。项目可取情况下，分别计算项目主要评价指标，多个项目方案比较时，分别列出相应指标，综合考虑，决定项目取舍。另外，还可以采用评级给分[2]的方式，如设定一个标准，把各指标值转化为评级分值，再根据各指标的重要程度设定各指标的评分比重，然后对各指标的评级分值依据各指标的评分比重进行加权平均，最后得到项目综合评价分值，综合评价分值高的项目为较优项目。

第八节　乙烯装置节能优化效果评价实例

现拟通过采用增收型节能项目指标中的投资回收期法、财务净现值（FNPV法）和财务内部收益率（FIRR法）对某一化工节能项目进行优化效果经济评价，同时比较三种方法的优劣。

例：一台4t的燃油锅炉，排烟温度为325℃，设计一台热管换热器来预热助燃空气，以提高锅炉效率，节省燃油。排烟量为5000m^3/h，空气量为4700m^3/h，烟气出换热器温度为200℃ 。

经计算所需2m长热管85根，回收热量234.8kW，设备总投资为17200元，年度运行费用为1619元，年度节约收益为13720元（燃油为平价70元/t）。

投资回收期法：

年度净收益R = 13720元 - 1619元 = 12101元。

回收期年限：

$$P_i = \frac{17200\text{元}}{12101\text{元}} = 1.42$$

这种方法概念清楚、计算简单，是一种以回收年限来静态反映节能效益的方法，既没有考虑回收年限以后的效益，也没有考虑使用寿命、时间因素以及资金贴现率的影响。因而不能全面地反映方案的经济性，一般只能作为项目评价的一个辅勘指标，不宜单独使用。

财务净现值（FNPV法）：

取基准收益率为i_c = 6%，设热管换热器的使用寿命为3年，代入式（7 - 5）中，得：

FNPV = 12101元 × 1.06 + 12101元 × 1.06^{-2} + 12101元 × 1.06^{-3} = 33757元

33757元 - 17200元 = 16557元

计算结果表明，投资17200元后，可以获得现值为16557元的净收益，概念清楚。此方法既考虑了投资的时间因素，又全面地考虑了在整个寿命期内的收益情况，能够反映出方案的经济性。当复杂的财务净现值确定后，整个计算是很简单的。

内部收益率法：

热管换热器的使用寿命同上，由迭代法计算得 FIRR 约为 31%，有了 FIRR 值后还需与基准贴现率进行比较。这里取基准贴现率为 12%（贷款利率），则所得的 FIRR 值远大于基准贴现率。这就说明该节能方案在经济上是合算的。FIRR 法计算比 FNPV 法复杂，但是其概念是清楚的，不必事先给定贴现率，与 FNPV 法相同，既考虑了时间因素，又考虑了在整个寿命期内的收益情况。在多方案比较时，适用性好。

第九节　节能优化方案实施效果评价

乙烯装置节能优化方案具有方案数量多、投资额变化大等特点，既有对操作参数、局部流程调整的不投资、少投资优化方案，也有对现有生产工艺和设备进行技术改造的投资优化方案。当乙烯装置原料性质、加工负荷、产品质量和结构、环境温度等发生较大变化时，乙烯装置节能优化方案本身节能增效效果很容易被以上因素所带来的节能增效效果所掩盖，因此选择适宜的实施效果评价方法，从而较准确地评价节能优化方案的真实节能增效效果显得尤为重要。

一、实施效果评价内容

主要内容包括：

(1) 节能效果，包括节能量、乙烯装置综合能耗下降情况。

(2) 经济效益增长情况。

(3) 工艺技术路线、加工流程改善情况。

(4) 对生产安全、环境、职业卫生的影响等。

二、实施效果评价方法

实施效果评价的方法可根据项目合同约定的方法计算，也可参照下面方法计算[1,3]。

1. 基期及报告期的确定

基期、报告期分别为优化方案实施前后的统计时限，是实施效果评价的基础。基期和报告期的数据统计范围和计算方法应该前后一致，原料性质、加工量、产品结构应该尽可能一致，同时要接近优化方案的实施时间，并采用连续 72 小时以上的标定数据或操作稳定工况的统计数据。

2. 节能量计算

优化方案实施后所产生的节能量可按中国石油天然气集团公司规定的节能量计算方

法计算产品节能量：

节能量=（报告期乙烯装置综合能耗-基期乙烯装置综合能耗）×报告期乙烯产品产量

如果报告期与基期相比，如加工量、环境温度以及非优化方案产生的原料性质、产品结构等因素发生较大变化时，节能优化方案的节能效果很容易被以上因素所带来的节能效果所掩盖。因此，需要对节能量进行必要的修正，消除原料性质、加工负荷、产品质量和结构、环境温度等因素的影响，以便较准确地评价节能优化方案的真实节能效果。此时优化方案所产生的节能量可参照式（7-22）计算（节能量计算值为正时表示节能）：

$$\Delta E = \Delta E_0 - \Delta E_x \tag{7-22}$$

式中 ΔE——优化方案实施后产生的节能量，10^4t（标准煤）；

ΔE_0——依据中国石油天然气集团公司规定的节能量计算方法计算的产品节能量，10^4t（标准煤）；

ΔE_x——报告期加工量、环境温度及非优化方案产生的原料性质、产品结构等影响因素与基期相比发生较大变化时的节能量修正值，10^4t（标准煤）。

ΔE_x 可按式（7-23）计算：

$$\Delta E_x = G \times \sum_{i=1}^{n} (e_{ji} - e_{bi}) \tag{7-23}$$

式中 G——报告期乙烯产品产量，10^4t；

e_{ji}——基期第 i 个影响因素的乙烯装置综合能耗，t（标准煤）/t；

e_{bi}——报告期第 i 个影响因素的乙烯装置综合能耗，t（标准煤）/t；

n——能耗影响因素总数。

当加工负荷或环境温度发生较大变化时，节能量修正值可采用代表性的历史数据绘制能耗—影响因素关系图查询的方法进行计算，在进行某单因素修正时，应充分考虑其他因素相对稳定。另外，企业都留有加工负荷和加工能耗相关的历史数据，环境温度数据可从当地气象部门获得。以某公司乙烯装置能量系统优化为例，基期为2010年3月，乙烯产量为86.17t/h，乙烯装置综合能耗为632.8kg（EO）/t；报告期2010年11月，乙烯产量为79.61t/h，乙烯装置综合能耗为639.75kg（EO）/t。根据代表性历史数据得到加工负荷与能耗关系图，拟合得到乙烯产量与能耗的关系式 $y = -3.6873x + 949.48$（图7-1）。

因此，可计算节能量修正值 $\Delta E_x = [-3.6873 \times (86.17 - 79.61)] \times 79.61 = -1925$kg（EO）/h，则节能优化方案报告期实际节能量 $\Delta E = (632.8 - 639.75) \times 79.61 - (-1925) = 1371$kg（EO）/h。

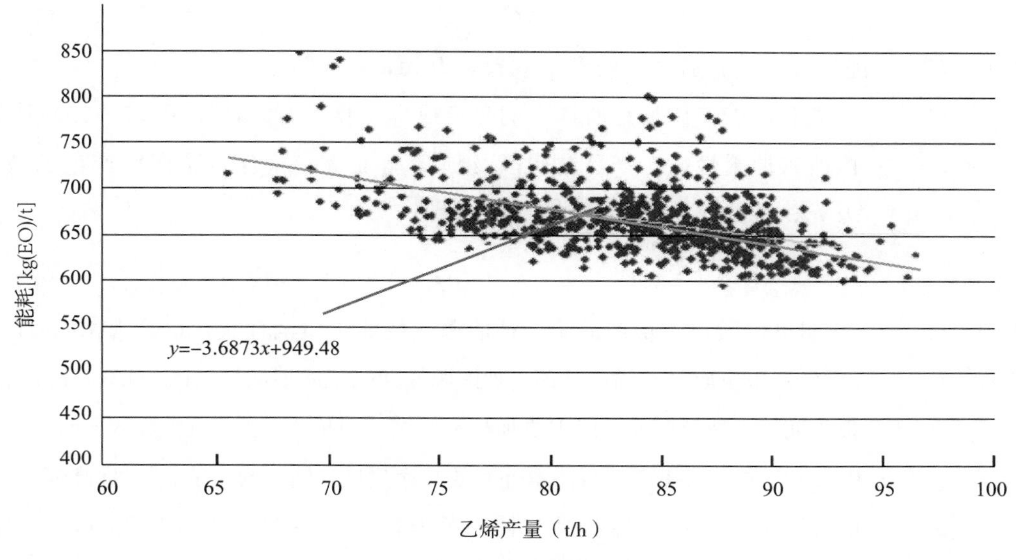

图 7-1　乙烯产量与能耗关系图

原料性质或产品质量和结构变化对乙烯装置的能耗也具有很大的影响，但不是单因素的影响，而是复杂的非线性关系，很难固定其他变量来考察原料性质或产品质量和结构对能耗的影响。因此，无法通过采用代表性的历史数据绘制能耗—影响因素关系图，而基于已经建立的完整方案研究模型进行模拟可以很好地解决这一问题。然而，通过已经建立的完整作为方案研究的模拟模型可以很好地解决这一问题。应用装置和全厂模型，并将与能耗相关的数据提取到模型的 EXCEL 表格中，在 EXCEL 中建立数据与能耗的计算公式。当原料性质、产品结构和质量单独或同时发生变化时，只需将变化后的情况输入模型当中，将模型调整至与现场操作基本一致，模型收敛后相关能耗数据自动传递到 EXCEL 表格中，EXCEL 自动计算出变化后工况的能耗。当原油性质发生变化或某些产品结构和质量变化对下游装置能耗有较大影响时，可通过建立全厂模型与开发全厂能耗计算程序来计算全厂能耗的变化情况。亦可找到受影响的主要装置和系统，建立受影响的主要装置和系统的模型，并开发相关能耗计算程序，找出影响能耗的具体情况。对于加工负荷变化的影响因素，也可通过模拟模型来计算其对能耗的影响。

3. 经济效益计算

节能优化方案具有数量多、投资额小等特点，一般对企业人工成本、折旧费等生产成本和管理费影响很小，因此在计算优化方案实施产生的经济效益时，一般只计算节能经济效益和原料与产品优化经济效益，计算方法见式（7-24）。对于投资额较大的优化方案，可参照 SY/T 6493—2009《石油企业节能技措项目经济效益评价方法》进行经济效益评价。

$$C = C_1 + C_2 \tag{7-24}$$

式中 C——优化方案实施后产生的经济效益，万元；

C_1——能源和耗能工质变化所产生的生产成本变化，万元，按式（7-25）计算；

C_2——因改善原料性质、产品结构以及提高加工量、综合商品率所产生的效益，万元，按式（7-26）计算。

$$C_1 = G \times [\sum_{i=1}^{n}(m_{ji} - m_{bi})p_i + (q_j - q_b)p_b] - \Delta E_x \times p_{tce} \tag{7-25}$$

式中 m_{ji}——基期单位质量乙烯产品第 i 种能源或耗能工质消耗量，t/t、kW·h/t 等；

m_{bi}——报告期单位质量乙烯产品第 i 种能源或耗能工质消耗量，t/t、kW·h/t 等；

p_i——报告期第 i 种能源或耗能工质加权平均结算单价，元/t、元/（kW·h）等；

q_j——基期单位质量乙烯产品与体系外有效交换热量，输入为正值，t（标准煤）/t；

q_b——报告期单位质量乙烯产品与体系外有效交换热量，输入为正值，t（标准煤）/t；

p_b——报告期与体系外有效交换热量所节约的主要能源的加权平均结算单价，元/t（标准煤）；

p_{tce}——标准煤单价，可按报告期主要节约能源的单价经加权平均计算，元/t（标准煤）；

n——能源和耗能工质种类总数。

$$C_2 = 10^{-6} \times [\sum_{i=1}^{m}(g_b y_{bi} - g_j y_{ji})p_{bi} - \sum_{k=1}^{n}(g_b x_{bk} - g_j x_{jk})p_{bk}] \times T \tag{7-26}$$

式中 g_b——报告期单位时间原料加工量，t/h；

y_{bi}——报告期第 i 种产品加权平均商品率，%；

g_j——基期单位时间原料加工量，t/h；

y_{ji}——基期第 i 种产品加权平均商品率，%；

p_{bi}——报告期第 i 种产品加权平均销售单价，元/t；

x_{bk}——报告期第 k 种原料比例，%；

x_{jk}——基期第 k 种原料比例，%；

p_{bk}——报告期第 k 种原料加权平均采购单价，元/t；

T——报告期时间，h；

m——基期和报告期产品种类数；

n——基期和报告期原料种类数。

以某公司乙烯装置 C_2 的计算为例，假设某公司乙烯装置基期和报告期的数据见表 7-4。

表 7－4　某公司乙烯装置基期和报告期的数据（部分价格为估算价格）

原料		报告期	基期	报告期第 k 种原料加权平均采购单价 p_{bk}（元/t）
总流量（t/h）		$g_b=259.91$	$g_j=257.88$	
		原料所占比例 x_{bk}（%）	原料所占比例 x_{jk}（%）	
1	加氢裂化尾油	18.79	20.75	4308
2	高砷石脑油	54.71	64.90	4350
3	低砷石脑油	19.79	7.61	4402
4	液化石油气	2.28	1.08	4327
5	丙烷/液化石油气	4.41	5.65	5028
6	化工轻油	0.03	20.75	4320
小计		100	100	
产品		y_{bi}（%）	y_{ji}（%）	报告期第 i 种产品加权平均销售单价 p_{bi}（元/t）
1	乙烯	32.92	31.32	6000
2	聚合级丙烯	1.36	1.10	10000
3	化学级丙烯	14.21	13.30	9500
4	C_4 馏分	9.43	8.72	4271
5	乙炔	0.23	0.23	3666
6	裂解汽油外引	0	3.08	5000
7	C_5 馏分	3.02	3.56	5028
8	加氢汽油	13.12	15.88	4830
9	C_9 馏分	3.07	3.42	6000
10	产品氢气	0.07	0.082	17000
11	甲烷	15.02	12.65	2800
12	PGO	1.06	0.53	4357
13	PFO	6.47	6.12	3412

取年开工时间为 $T=8000\text{h}$，将上述数据代入式（7－26）中：

$C_2=10^{-6}\times[\sum_{i=1}^{m}(g_b y_{bi}-g_j y_{ji})p_{bi}-\sum_{k=1}^{n}(g_b x_{bk}-g_j x_{jk})p_{bk}]\times T$ 中，即可得到 $C_2=30333$ 万元/a。

参考文献

[1] SY/T 6473—2009 石油企业节能技措项目经济效益评价方法[S].

[2] 张建国，刘海燕，康艳兵，等.节能项目技术经济评价指标和方法研究[J].中国能源，2009，31(1)：23-44.

[3] GB/T 50441—2016 石油化工设计能耗计算标准[S].